Mia Neff 11

Mehr Informationen
4e4r4a

Auf einigen Seiten im Buch finden Sie Terra-**Codes**. Diese führen Sie zu weiteren Informationen im Internet. Geben Sie den Code einfach in das Suchfeld auf schueler.klett.de ein.

Klett Erklärfilm

An einigen Stellen im Buch gelangen Sie über Terra-Codes zu **Erklärfilmen**, z. B. zum Thema anthropogener Treibhauseffekt auf der Seite 57 oder zum Thema Klimawandel auf den Seiten 63, 67 und 79.

Erwerben ...

... und ha...

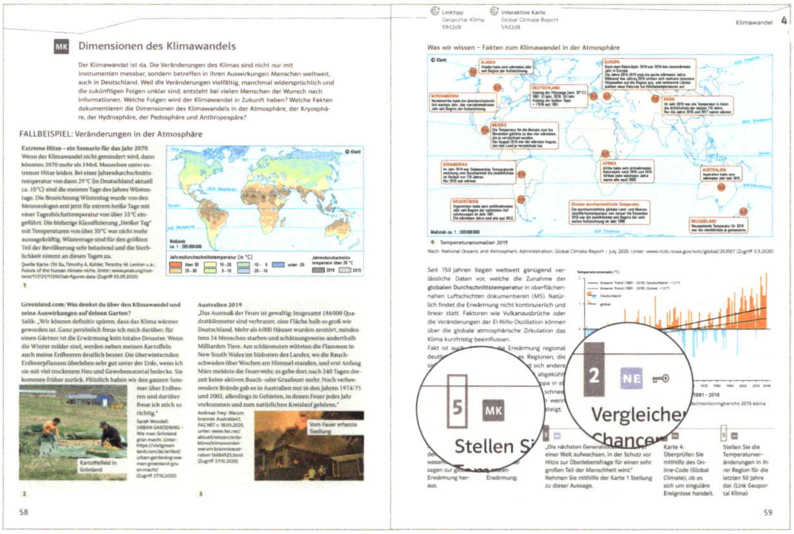

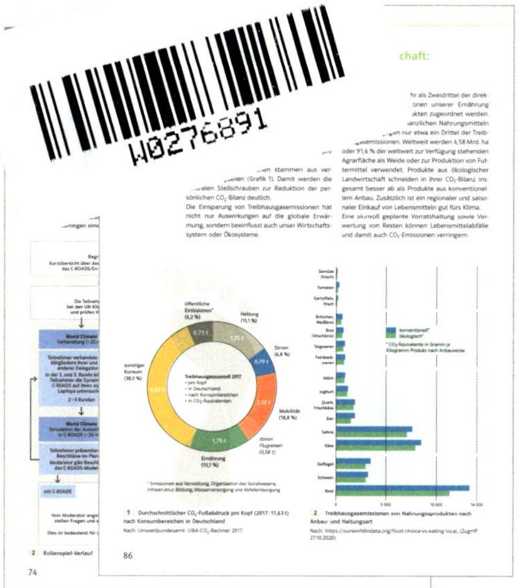

Mit den **Arbeits**seiten erwerben Sie die wichtigsten Kompetenzen. **Wichtige Begriffe** sind fett gedruckt, werden auf der Abschlussseite geübt und im Glossar erklärt.

Zusatzaufgaben dienen der Anwendung und Vertiefung des Erlernten, vorzugsweise im Nahraum. Das **Schlüsselsymbol** weist auf eine Lösungshilfe im Anhang hin.

Auf den **Methoden**seiten lernen Sie Schritt für Schritt wichtige Methoden. Die **Handlungs**seiten bieten Ihnen die Möglichkeit, den Schritt vom Wissen zum Handeln zu vollziehen.

Nachschlagen

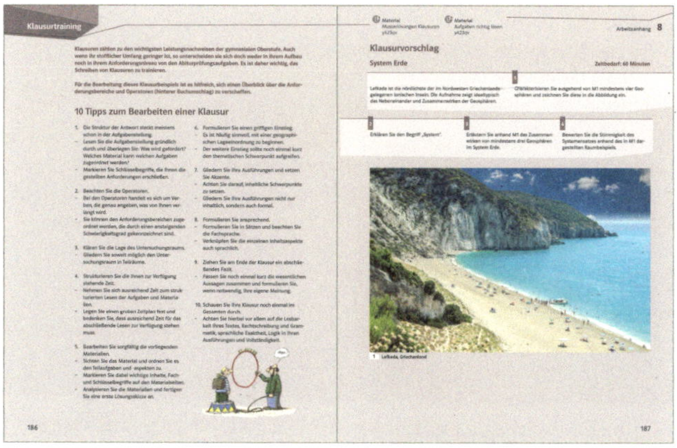

Im Arbeitsanhang finden Sie wichtige Hilfen zur Klausurvorbereitung sowie für den Kompetenzerwerb im Fach Geographie (Glossar, Sachregister, Methodenrepetitorium, Lösungshilfen, Operatoren und Anforderungsbereiche).

Symbole im Buch

	Partnerarbeit
	Gruppenarbeit
	Lösungshilfen ab S. 202

→ „nachholende Entwicklung“ und „Ressourcenflucht“ S. 158 verweist auf andere Seiten im Buch

MK kennzeichnet Aufgaben und Seiten zum Thema Medienkompetenz

NE kennzeichnet Aufgaben und Seiten zum Thema nachhaltige Entwicklung

Coverbild: unten Brøndby, Haveby, Gartenstadt in Kopenhagen, Dänemark
©ShutterStock.com RF (Dimitri Weber), New York, NY

Grafik- und Kartennachweis:
Butz, Steffen, Karlsruhe: **186**;
Eckenfelder, Bettina, Hörselberg-Hainich: **29.2**; **36.3**; **44.3**; **47.3**; **56.o.li.**; **59.5**; **61.8**; **61.9**; **63.14**; **65.3**; **66.6**; **66.7**; **67.8**; **67.9**; **72.2**; **76.3**; **77.4**; **76.1**; **78.5**; **81.3**; **81.4**; **85.13**; **85.15**; **92.m.li.**; **92.2**; **92.3**; **107.5**; **119.11**; **121.4**; **121.5**; **127.4**; **127.5**; **131.25**; **133.5**; **140.m.li.**; **143.2**; **143.4**; **145.4**; **145.5**; **147.5**; **149.5**; **149.7**; **151.3**; **153.7**; **153.8**;
Jäckel, Diana, Erfurt: **43.2**; **56.4 li.**; **65.4**; **74.2**; **88.1**; **89.2**; **89.3**; **103.4**; **106.2**; **108.2**; **111.11**; **116.1**; **120.2**; **121.3**; **124.10**; **127.6**; **136.1**; **137.2**; **153.9**; **157.4**; **158.1**; **159.2**; **161.4**; **164.1**; **165.2**; **165.3**; **182.1**;
Klett-Archiv, Stuttgart: **9.5**; **10.6**; **11.9**; **27.7**; **46.1**; **53.2**; **58.1**; **59.4**; **62.11 u.re.**; **68.1**; **81.5**; **111.12**; **113.18**; **114.1**; **118.6**; **122.1**; **124.9**; **125.14 li.**; **137.3**; **143.3**; **145.3**; **147.3**; **147.4**; **149.4**; **149.6**; **152.4**; **152.5**; **155.3**; **155.4**;
Mensch, Mario, Hamburg: **29.3**; **79.7**;
Schaar, Wolfgang, Grafing: **7.2**; **9.4**; **10.7**; **11.8**; **12.11**; **12.12**; **13.13**; **13.14**; **17.5**; **18.o.li.**; **18.u.li.**; **19.o.re.**; **19.u.re.**; **20.o.li.**; **20.u.li.**; **21.o.re.**; **21.u.re.**; **22.o.li.**; **22.u.li.**; **23.o.re.**; **23.u.re.**; **24.o.li.**; **24.u.li.**; **25.15**; **32.1**; **38.1**; **39.4**; **48.1**; **52.1**; **57.5**; **64.1**; **68.2**; **69.3**; **70.5 o.**; **73.5**; **80.2**; **84.11**; **86.1**; **86.2**; **97.8**; **98.1**; **100.1**; **101.5**; **123.6 o.**; **134.1**; **157.2**;

1. Auflage 1 6 5 4 3 2 | 25 24 23 22 21

Herausgeber: Dr. Thomas Hoffmann, Christoph Rausch, Matthias Scholliers
Autorinnen und Autoren: Dr. Thomas Hoffmann, Dr. Wilfried Korby, Christoph Rausch, Andreas Schmid, Matthias Scholliers
Mit Beiträgen von: Rüdiger Engelhardt, Lena Führinger, Prof. Dr. Florian Kapmeier, Arno Kreus, Andreas Thierer

Externe Redaktion: Artalis, Mühlhausen/Fechta (Jacqueline Böttcher); Christoph Rausch, Frickenhausen-Linsenhofen

Entstanden in Zusammenarbeit mit dem Projektteam des Verlages.

Gestaltung: normaldesign, Jens-Peter Becker, Schwäbisch Gmünd
Umschlaggestaltung: normaldesign, Jens-Peter Becker, Schwäbisch Gmünd
Illustrationen: Steffen Butz, Karlsruhe; Bettina Eckenfelder, Hörselberg-Hainich; Diana Jäckel, Erfurt; Mario Mensch, Hamburg; Wolfgang Schaar, Grafing

Satz: satz.zeichen, Erfurt (Diana Jäckel)
Reproduktion: Druckmedienzentrum Gotha GmbH, Gotha
Druck: Firmengruppe APPL, aprinta druck, Wemding

Printed in Germany
ISBN 978-3-12-104716-1

9 783121 047161

Terra

Geographie
Kursstufe Basisfach

Dr. Thomas Hoffmann (Hrsg.)
Dr. Wilfried Korby
Christoph Rausch (Hrsg.)
Andreas Schmid
Matthias Scholliers (Hrsg.)

Ernst Klett Verlag
Stuttgart · Leipzig · Dortmund

Inhalt

Legende
MK Seiten und Aufgaben zum Thema Methodenkompetenz
NE Seiten und Aufgaben zum Thema Nachhaltige Entwicklung

Inhalt

Legende
MK Seiten und Aufgaben zum Thema Methodenkompetenz
NE Seiten und Aufgaben zum Thema Nachhaltige Entwicklung

6 Globale Herausforderung: disparitäre Entwicklungen 138

7 Entwicklungszusammenarbeit zum Abbau von Disparitäten 166

8 Arbeitsanhang 184

1

Welt verstehen – Welt gestalten

1 Die Geographie stellt ganz bestimmte Fragen an die Welt.

Ziel des Geographieunterrichts ist es, zu verstehen, warum und wie Räume sich entwickelt haben. Das wollen wir uns am Beispiel der indonesischen Hauptstadt Jakarta genauer ansehen. Dabei müssen wir vielfältige Verknüpfungen, Prozesse und Wirkungen zwischen der naturräumlichen Welt und jener der menschlichen Gesellschaften berücksichtigen.

Auf dieser Grundlage können Entwicklungen beurteilt und die zukunftsfähige Gestaltung von Räumen geplant werden. Das besondere geographische Denken basiert auf einer Kombination von Zugängen, den Basiskonzepten. Mithilfe dieser geographischen Denk- und Arbeitsweisen kann jeder Teilraum der Erde analysiert und verstanden werden – auch Jakarta.

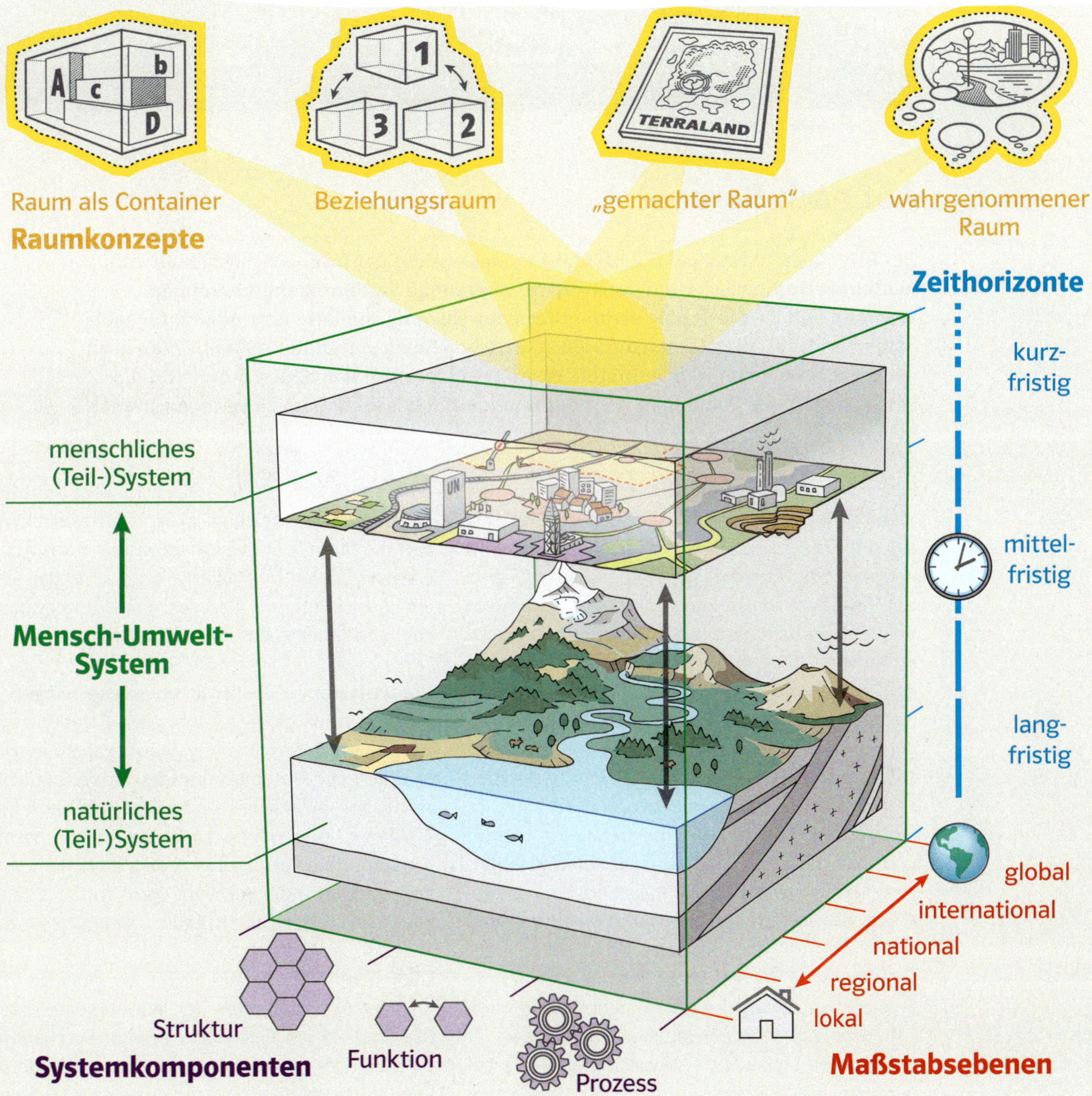

2 Zugänge (Basissysteme) der Geographie

3 Blick über Jakarta

Auf nach Borneo!

Der Blick über Jakarta, die Hauptstadt Indonesiens auf der Insel Java, lässt eine mit modernen Hochhausvierteln durchsetzte, weitläufige Stadtlandschaft erkennen. Während sich die Metropole an den Ufern des Ciliwung von ihrer villengeprägten wohlhabenden Seite zeigt, lassen die vom städtischen Smog verhüllten Außenbezirke auch andere urbane Realitäten vermuten. Warum, so stellt sich von außen betrachtet die Frage, werden die Planungen, die Hauptstadt auf die Insel Borneo zu verlegen, immer konkreter?

Eine geographische Analyse beginnt stets mit der Klärung der Frage, wo die dargestellte Situation auf der Erde zu verorten ist. Die Bildunterschrift informiert darüber, dass es sich bei der dargestellten Großstadt um Jakarta, also die Hauptstadt Indonesiens handelt. Die Schrägluftaufnahme eröffnet den Blick über ein ausgedehntes Stadtgebiet, das sich beiderseits des verhältnismäßig kleinen Flusses bis zum Horizont erstreckt. Im Vordergrund ist ein Stadtquartier mit ein- bis zweistöckigen, wohlhabend erscheinenden Gebäuden zu erkennen, das von Grünflächen durchsetzt ist. Jenseits des Flusses wird die Bebauung dichter und auch höher. Über den gesamten Ausschnitt verteilt, sind inselartig Hochhauskomplexe eingestreut, die als Büro-, aber auch als Wohngebäude identifiziert werden können. Mit zunehmender Entfernung wird die über der Stadt liegende Smogglocke deutlich und verhindert die Identifikation weiter entfernt gelegener Stadtteile.

Geographen stellen sich angesichts dieser Gegebenheiten die Fragen: Warum hat sich diese Stadt hier entwickelt? Wie ist dieser Entwicklungsprozess verlaufen? Und wie wird voraussichtlich die weitere Entwicklung Jakartas aussehen? Werden die Stadt und der Ballungsraum noch weiter wachsen? Oder wird Jakarta angesichts der lokalen Auswirkungen globaler Herausforderungen eine ganz andere Entwicklung nehmen?

Die umfassende Beantwortung dieser Fragen ist möglich, wenn die geographischen Basiskonzepte als Analyseinstrument angewendet werden. Dies erfordert die Untersuchung der naturräumlichen sowie der politischen und wirtschaftlichen Entwicklung. Notwendig dazu ist die Analyse der naturräumlichen Bedingungen, also etwa der klimatischen oder geologischen Verhältnisse ebenso wie der gesellschaftlichen Strukturen und Prozesse. All diese Aspekte sind dabei von der lokalen über die regionale bis hin zur globalen Ebene über einen längeren Zeitraum hinweg in den Blick zu nehmen. Eine solche Analyse von Räumen trägt zum Weltverständnis bei. Dies ist wiederum Voraussetzung für die nachhaltige Gestaltung unseres Planeten.

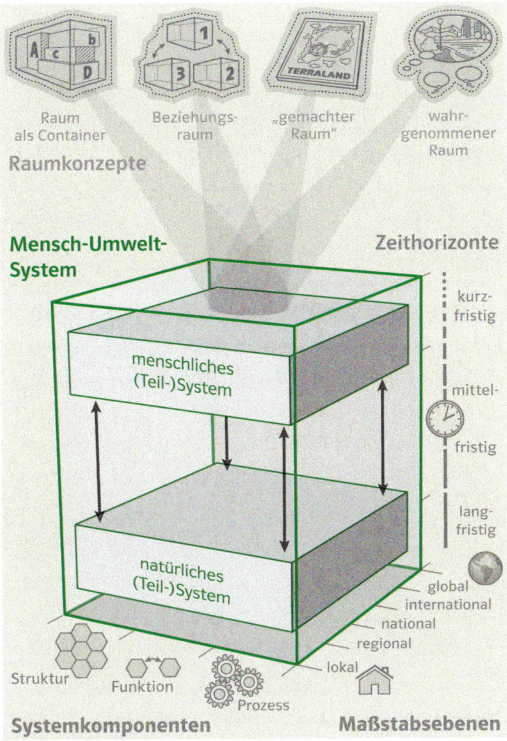

4 Zugang Mensch – Umwelt

Nach J. Fögele 2016

Zugang Mensch-Umwelt-System

Grundlegend für das Basiskonzept Mensch-Umwelt-System ist, dass die Erde als System erkannt wird, in dem der Mensch ein sehr dominant gestaltender Faktor ist. In diesem System stellt die Umwelt alle für die menschliche Existenz erforderlichen Lebensgrundlagen wie Luft, Wasser, Boden, Vegetation und Rohstoffe bereit. Je nach Art, wie wir Menschen diese Ressourcen nutzen, wirkt sich dies auf die Umwelt aus. Solange sich diese Folgen im Toleranzbereich des natürlichen Systems bewegen, bleibt dessen Regenerationsfähigkeit erhalten. Greifen wir durch unsere Art der Nutzung jedoch in dieses ein, verändern wir es vorübergehend oder schädigen es sogar dauerhaft. Damit beeinträchtigen wir das System Erde zu unserem Nachteil, denn wir schwächen damit unsere eigene Lebensgrundlage. Während wir von dieser existenziell abhängig sind, gilt dies umgekehrt nicht: Die Umwelt kann auf den Faktor Mensch verzichten! Die systemerhaltende Verhaltensweise wird als **Nachhaltigkeit** bezeichnet.

Jakarta: Binnen weniger Jahrzehnte vervielfachte sich die Einwohnerzahl der Agglomeration Jabodetabek und erstreckt sich heute als zweitgrößter Ballungsraum der Welt (> 30 Mio. Menschen) über die gesamte Bucht von Jakarta an der Nordwestküste Javas. Seit dem 12. Jahrhundert sind die höher gelegenen Areale des Mündungsgebiets des Ciliwung und der benachbarten Flüsse besiedelt. Mit der Gründung Batavias als Hauptstadt des niederländischen Kolonialreiches beginnt die globale Dimension der Stadt als Handelszentrum und damit ihre dynamische Entwicklung.
Mit dem Wachstum der Megacity erhöht sich der Druck auf den relativ weichen Untergrund der Küstenregion. Da gleichzeitig die anhaltend hohe Entnahme von (Trink-)Wasser aus dem Untergrund diesen Prozess verstärkt, sinkt das Stadtgebiet Jakartas an manchen Stellen um 3 cm, an anderen um bis zu 20 cm pro Jahr ab. Dies, die weitläufige Versiegelung der Oberfläche, die hohen Niederschläge der inneren Tropen mit 1 770 mm/Jahr sowie die mit dem Klimawandel einhergehende Häufung von Extremniederschlägen erhöhen die Hochwassergefahr in Jakarta extrem. Zugleich führt der Klimawandel zum Anstieg des Meeresspiegels in der Bucht von Jakarta um 4 – 6 mm/Jahr. Das Zusammenwirken dieser Prozesse hatte 2007, 2013 und 2019 extreme, bis zu 60 % des Stadtgebiets betreffende, lang anhaltende Überschwemmungen zur Folge.
Hochwasserereignisse verschärfen die ohnehin großen sozialen Disparitäten, denn sie treffen in erster Linie die städtischen Armutsschichten, die bedingt durch den innerstädtischen Platzmangel genau die natürlichen Retentionsflächen entlang der 13 Flüsse der Stadt besiedeln. Die ohnehin stark ausgeprägten sozialräumlichen Disparitäten Jakartas sind durch weitläufige Armenviertel neben mondän anmutenden, zentral gelegenen Geschäftsvierteln, exklusiven Villenvierteln und ausufernden Industrieanlagen sichtbar und werden insbesondere durch die Überflutungen noch deutlich verschärft. Zugleich führt der Klimawandel auch zu massiven Schädigungen landwirtschaftlicher Produktion auf Java und damit zur Abwanderung ländlicher Armutsgruppen. Diese finden meist nur in den ohnehin ausufernden Slums der großen Städte – etwa 1 Mio./Jahr allein im Ballungsraum Jakarta – eine vermeintliche Zukunft und verstärken ihrerseits die Problemkonstellation.

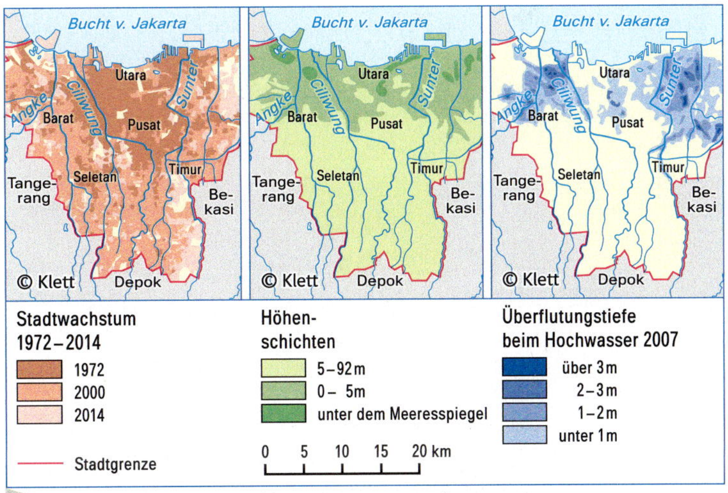

5 Jakarta: Stadtwachstum, Landabsenkung, Überschwemmung

Nach M. Garschagen/G. Ayu Ketut Surtiari: Hochwasser in Jakarta – zwischen steigendem Risiko und umstrittenen Anpassungsmaßnahmen. In: Geographische Rundschau, Jg. 70/April 2018/H. 4, S. 10 – 15

Zugang Struktur – Funktion – Prozess

Struktur. Struktur besteht aus Faktoren wie Relief, Klima, Meeresströmungen, Fauna oder handelnden Menschen, die in ihrer räumlichen Anordnung zueinander ein System bilden. Das kann auch eine Stadt sein. Im Kern bestehen Strukturen somit aus Punkten (etwa Orten oder Bergen), Linien (etwa Flüssen oder Straßen) und Flächen (etwa Gemarkungen oder Ländern).

Jakarta: Städtische Strukturen lassen je nach berücksichtigtem Kriterium Stadtgebiete mit unterschiedlichen Funktionen (Wohnen, Arbeiten, Verwalten, usw.) oder unterschiedlichem Wohlstand erkennen. Jakartas Stadtstruktur ist infolge des enormen Wachstums seit den 1970er-Jahren auf heute etwa 10 Mio. Menschen angewachsen, die Agglomeration Jabodetabek gar auf 30 Mio. Menschen. Dabei wurden zunehmend vormals von den 13 Flüssen durchzogene, niedriggelegene Feuchtgebiete von Zuwanderern und der städtischen Armutsbevölkerung besiedelt, während die Industriegebiete und Villenviertel auf höheren und damit hochwassersichereren Arealen liegen. Die Armenviertel erstrecken sich zwar über das gesamte Stadtgebiet, weisen aber in Küstennähe und in den ehemaligen Feuchtgebieten eine höhere Konzentration auf.

Funktion. Einzelne Faktoren einer Struktur stehen nicht unverbunden nebeneinander, sondern in unterschiedlichen Beziehungen zueinander. Jeder Faktor übernimmt dabei zumindest eine Funktion im System.

Jakarta: Städtische Funktionen reichen weit über die Belange der eigenen Stadtbevölkerung hinaus und wirken weit ins städtische Umland hinein. Je größer die Städte sind, desto deutlicher und über größere Distanzen hinweg werden diese Funktionen wirksam. Dies wird etwa im Bereich der Gesundheitsversorgung, der Funktion als Arbeitsstätte oder dem Bildungsbereich deutlich. So pendeln etwa 3,5 Mio. Menschen täglich nach Jakarta zur Arbeit und abends wieder in ihre Wohnbereiche in der Agglomeration oder darüber hinaus. Eine besondere Funktion ist im Falle Jakartas die Hauptstadtfunktion und damit auch der Sitz der Regierung.

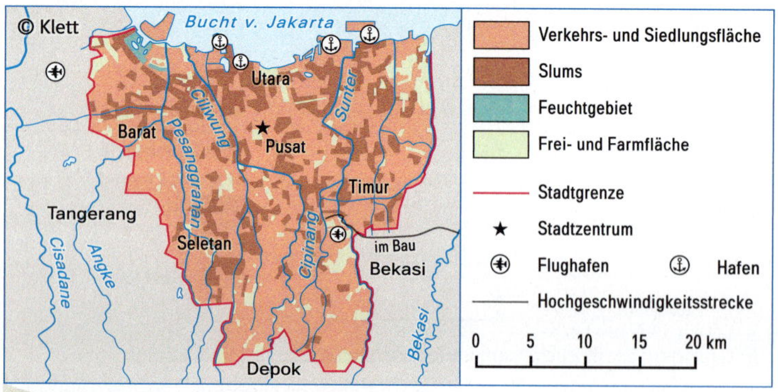

6 Jakarta: städtische Entwicklung, Slums

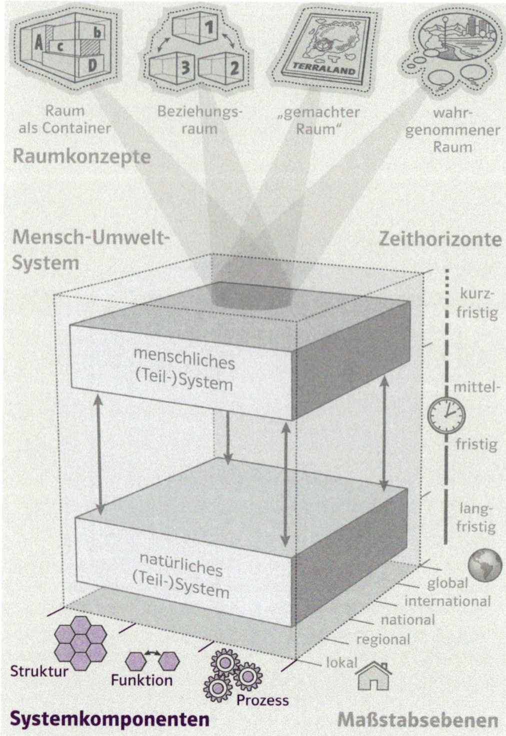

7 Zugang Struktur – Funktion – Prozess
Nach J. Fögele 2016

Prozess. Da jeder einzelne Faktor ständigen Veränderungen unterliegt, wandelt sich auch das gesamte System bzw. die Struktur permanent. Diese Veränderungen können kurzfristig oder langfristig wirken und nur lokale oder aber globale Veränderungen bewirken.

Jakarta: Die Hauptstadt Indonesiens ist seit geraumer Zeit sehr mächtigen, sich gegenseitig zum Teil verstärkenden Prozessen unterworfen. Zum einen führen Bevölkerungswachstum und ein enormer Zuzug zur rapiden Ausdehnung der Stadt. Die damit einhergehende Wasserentnahme aus dem Untergrund hat zur Folge, dass die Stadt um bis zu 20 cm pro Jahr absinkt. Zugleich führt der voranschreitende Klimawandel zu Extremniederschlägen, die über die natürliche Entwässerung aus dem südlich gelegenen Bergland in die Bucht von Jakarta fließen und die Hochwassergefahr ansteigen lassen. Dies wird zusätzlich durch den Anstieg des Meeresspiegels unterstützt, wobei in erster Linie die städtischen Armutsviertel betroffen sind. Das wiederholte Zusammenspiel dieser Prozesse verändert die Struktur Jakartas.

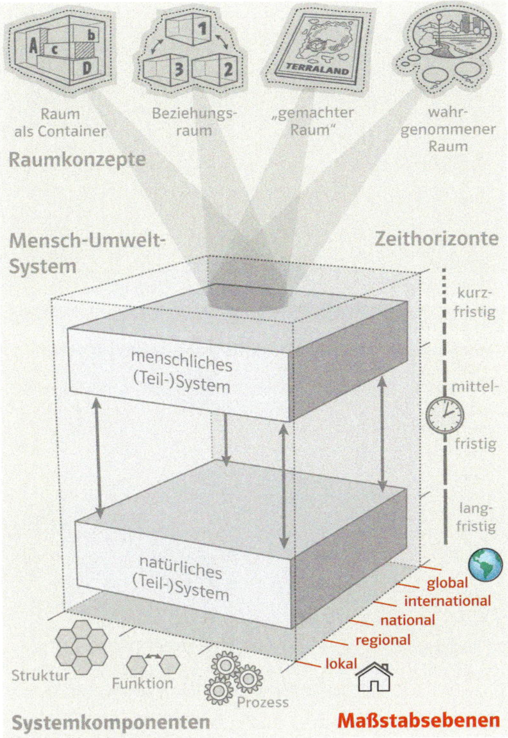

8 **Zugang Maßstab**

Nach J. Fögele 2016

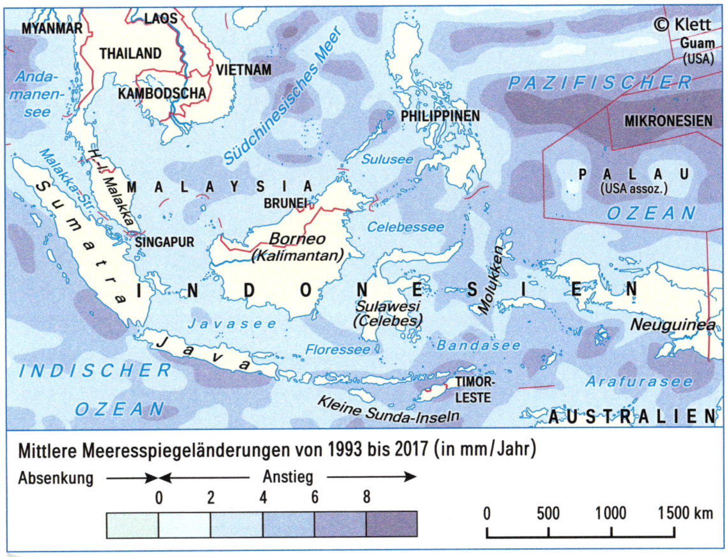

9 **Lokaler Meeresspiegeltrend in Indonesien (1993–2017)**

Nach: Deutsches Klima Konsortium/Konsortium Deutsche Meeresforschung – Zukunft der Meeresspiegel, Berlin 2019. Unter: www.deutsches-klima-konsortium.de/meeresspiegel.html (Zugriff: 30.07.2020)

10 **Jakarta: Überflutung 2013**

Zugang Maßstabsebenen

Alles auf der Welt Vorhandene und Geschehende hat einen Raumbezug, der in der Regel einem konkreten Ort zugeordnet werden kann und damit lokal ist. Dies gilt für die Auswirkungen des Klimawandels ebenso wie für die Entwicklung von wirtschaftlichem und gesellschaftlichem Wohlstand oder Naturereignisse wie Erdbeben oder Vulkanausbrüche. Und doch zeigen diese Beispiele, dass lokale Ereignisse Verbindungen zu übergeordneten regionalen oder globalen Maßstäben haben – sei es hinsichtlich ihrer Ursachen oder ihrer Auswirkungen. So führen weltweit verursachte Treibhausgasemissionen zum Klimawandel, der dann regional und lokal unterschiedliche Auswirkungen zeigt. Es sind oftmals politische Entscheidungen zwischen Staaten oder durch Institutionen wie der Welthandelsorganisation, die tiefgreifende Konsequenzen für die Entwicklung von Gesellschaften oder Regionen haben. Und es sind großräumige geologische und plattentektonische Strukturen, die Erdbeben und Vulkanausbrüche verursachen. Geographisches Denken integriert die Faktoren und Prozesse auf den verschiedenen Maßstabsebenen und untersucht deren Auswirkungen auf die jeweils anderen räumlichen Ebenen.

Jakarta: 2007, 2013 und Ende 2019 wurde Jakarta von ausgeprägten Hochwasserereignissen heimgesucht. Ursache dafür waren Starkniederschläge im gebirgigen Hinterland, die kleinräumig mit einer ausgeprägten Sturmflut zusammentrafen. Diese drückten den ohnehin ansteigenden Meeresspiegel noch weiter in die tiefgelegenen ehemaligen Auebereiche der in die Bucht von Jakarta mündenden Flüsse.
Dieses in immer kürzeren Zeitabständen sich wiederholende lokale Ereignis führt dazu, dass rund um die Bucht von Jakarta tiefgelegene Areale in absehbarer Zeit aufgegeben werden. Selbst die Verlegung der Hauptstadt ist in konkreter Planung. Millionen Menschen – bis 2050 rechnet man allein in Indonesien mit 40 Mio. Umweltflüchtlingen – müssen folglich umgesiedelt werden. Auf der regionalen Ebene werden insbesondere die im Verhältnis zu Java mit seinen ca. 1 000 Einwohnern/km^2 sehr viel geringer besiedelten Inseln Sumatra, Borneo oder Sulawesi als Ansiedlungsgebiet gewählt werden. Die neue Hauptstadt wird aller Voraussicht nach im Osten Borneos entstehen. Ein Teil der Bewohner wird versuchen, zumindest für einige Zeit auf den globalen Arbeitsmärkten, etwa rund um den Persisch-Arabischen Golf, Arbeit zu finden.

11 **Standorte und Zeitplan zur Verlegung der Hauptstadt**

Nach www.conventuslaw.com/report/indonesia-moves-capital-city-an-illusion-or-an-era

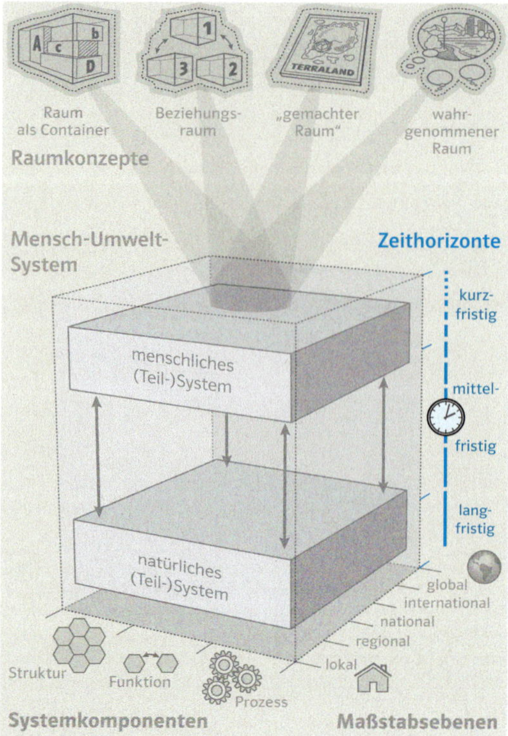

12 **Zugang Zeithorizont**

Nach J. Fögele 2016

Zugang Zeithorizonte

Das System Erde ist in all seinen Bestandteilen und Teilsystemen – ob Geologie, Klima, Böden, Vegetation, Hydrosphäre oder Weltgesellschaft – in permanenter Veränderung. Nichts ist statisch und von Dauer, auch wenn dies gerade bei Gebirgen oder Landschaften so scheint. Da viele dieser Veränderungen über lange Zeiträume, manche sogar über Millionen Jahre hinweg vonstattengehen, können wir Menschen dies so nicht wahrnehmen und gewinnen letztlich einen falschen Eindruck. Veränderungsprozesse in ihren unterschiedlich lange wirksamen Zeithorizonten in den Blick zu nehmen, ist daher ein weiterer zentraler Zugang geographischen Denkens. Dabei sind Unterscheidungen zwischen kurz-, mittel- und langfristigen Betrachtungszeiträumen und/oder Veränderungsprozessen sinnvoll. Dies gilt für zurückliegende Zeiten ebenso wie für zukünftig auf uns zukommende Veränderungen. Die Impulse, die Veränderungen anstoßen, liegen zum Teil im naturräumlichen System begründet, gehen in unserer Zeit aber vor allem von Menschen auf der lokalen Ebene in unterschiedlichsten Teilen der Welt aus und entfalten vielfache Wirkungen bis hin zur globalen Ebene.

Jakarta: Die vergangene sowie die sich in den Planungen bereits abzeichnende Geschichte der indonesischen Hauptstadt kann in kurz-, mittel- und langfristiger Perspektive dargestellt und/oder analysiert werden. Der kurzfristige Gründungsakt Ende des 12. Jahrhunderts sowie die nachfolgenden Eroberungen bis hin zur Neugründung durch die Niederländer unter dem Namen Batavia im Jahr 1619 setzen immer auch langfristige und über die lokale Stadtstruktur hinausreichende Weiterentwicklungen und Veränderungen in Gang. Sei es als regionales Machtzentrum, als Verwaltungssitz des niederländischen Kolonialreiches oder als Hauptstadt des unabhängigen Indonesien. Auch die kurzfristig auftretenden Überflutungen von bis zu 60 % des Stadtgebietes können zu monatelang anhaltenden Überschwemmungen führen. Mittelfristig ist zu klären, ob das bereits im Bau befindliche und bis 2025 fertiggestellte „Giant Sea Wall Project“ die erhoffte Lösung bringen wird oder ob Jakarta langfristig doch aufgegeben und die Hauptstadt umgesiedelt werden muss.

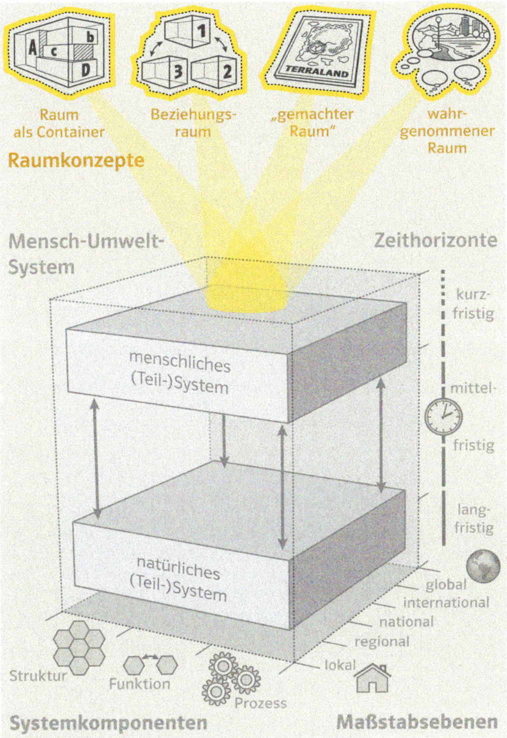

13 Zugang Raumkonzepte
Nach J. Fögele 2016

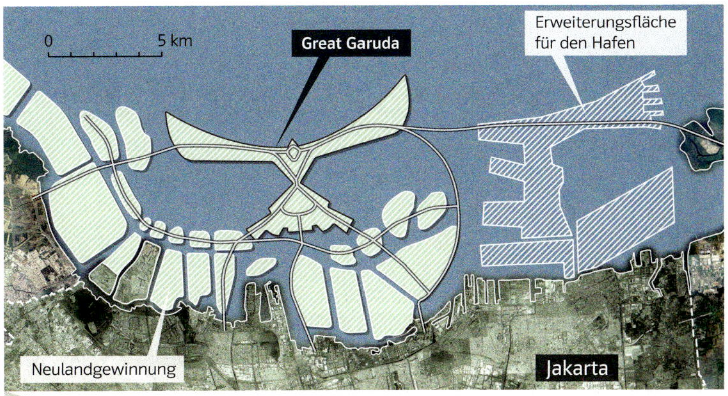

14 Great Garuda Project, Bucht von Jakarta
Nach Straits Times Graphics

Zugang Raumkonzepte

Räume können auf vier verschiedene Arten analysiert werden.

Raum als Beziehungsraum. Dieses Raumkonzept rückt Fragen in den Fokus, die sich mit der Bedeutung einzelner Standorte, den Distanzen zwischen ihnen sowie den Lagebeziehungen zueinander befassen.

Jakarta: Aus dieser Perspektive stehen die Gegebenheiten und kausalen Beziehungen des Stadtgebietes Jakarta im Zentrum des Raumverständnisses. Bedeutsam sind dabei folgende Tatsachen und Verknüpfungen:
- die Lage im Mündungsbereich vieler Flüsse;
- ergiebige Niederschläge aufgrund des innertropischen Klimas;
- der weiche Untergrund;
- das extreme Wachstum der Stadt;
- die massive Entnahme von Grundwasser;
- die Auswirkungen des Klimawandels, insbesondere der Anstieg des Meeresspiegels sowie häufige Überflutungen.

Raum als Container. Die physische Welt (z.B. Küsten, Meeresströmungen, Rohstoffe) sowie der handelnde Mensch werden als Faktoren eines Raumes betrachtet.

Jakarta: Der inventarische Blick auf den Raum Jakarta erfasst dessen Ausdehnung, die Art der Bebauung, die Infrastruktur vom Hafen über die Verkehrsadern bis hin zum Flughafen, die Einwohner, gesellschaftliche Organisation und Struktur der Metropole.

Raum als „gemachter Raum". Im Mittelpunkt dieses Raumkonzeptes steht die Überzeugung, dass Räume „gemacht" werden. Daher geht es um die Frage nach Bedingungen und Interessen, unter denen ein Raum wahrgenommen wird. Durch die permanente Wiederholung dieser Kommunikation werden Räume fortlaufend gemacht und bestätigt. Ein Konstrukt entsteht.

Jakarta: Dem Szenario, Jakarta aufgeben und die Hauptstadt verlegen zu müssen, steht das „Great Garuda Project" entgegen. Danach soll in Gestalt des indonesischen Göttervogels Garuda ein gewaltiges Küstenschutzbauwerk errichtet werden. Dieses Projekt eignet sich, Jakarta als „gemachten" Zukunfts- und lukrativen Investitionsstandort zu sehen.

Raum als wahrgenommener Raum. Die Wahrnehmung von Räumen ist von Mensch zu Mensch unterschiedlich. Dieser Tatsache wird hier Rechnung getragen, indem subjektive Raumeindrücke wahrgenommen und diskutiert werden.

Jakarta: Die Wahrnehmung Jakartas variiert massiv je nachdem, ob sie aus der Perspektive eines vom Hochwasser betroffenen Slumbewohners, einer in einem Villenviertel lebenden Unternehmerin oder eines Stadtplaners erfolgt. Aus ihrer jeweiligen Perspektive nehmen sie die jährliche Zuwanderung von etwa 1 Mio. Menschen unterschiedlich wahr. Denn ihre Perspektive ist durch ihre jeweilige Aufgabe, Erwartung oder ihre wirtschaftliche Situation und Erwartungen geprägt.

2

System Erde

1 Blick über den kleinen Ort Fontainhas, der an der Nordküste Santo Antãos, der nordwestlichsten Insel der Kapverden, etwa 100 Meter über dem Meer liegt.

Die Erde ist ein hochkomplexes Zusammenspiel vielfältiger, sich gegenseitig beeinflussender und verändernder Geofaktoren. Kurz: Die Erde ist ein System. Auch wir Menschen sind in diesem Sinn ein Geofaktor. Um die dahinterstehenden Mechanismen und Kräfte verstehen zu können, ist es sinnvoll, die bedeutendsten Teil- oder Subsysteme des Systems Erde zu identifizieren und ihr Wirken zu analysieren.

Das Zusammenwirken der Teilsysteme findet – wenn auch in unterschiedlicher Kombination, Dimension und Intensität – an jedem Ort der Erde statt. Und doch gleicht sich die Erde an keinem Ort, sondern zeigt eine faszinierende Vielfalt lokaler und regionaler Landschaften. Trotz großer landschaftlicher Unterschiede wirken immer die gleichen Faktoren mit, etwa Wasser oder Gesteine. Können Sie weitere Teilsysteme identifizieren?

2 Die Gletscherzunge des Athabasca-Gletschers. Dieser fließt aus dem Columbia Icefield im Grenzbereich der kanadischen Provinzen British Columbia und Alberta und endet auf etwa 2 000 m Höhe.

Sie untersuchen ...

3 Der Ort Fontainhas, Kapverden

4 Die Gletscherzunge des Athabasca-Gletschers, Kanada

Die Analyse der beiden Landschaftsausschnitte von Fontainhas und dem Athabasca-Gletscher zeigt, dass in beiden Orten zentrale Geosphären des Systems Erde zu erkennen sind: Lithosphäre, Pedosphäre, Hydrosphäre, Atmosphäre, Biosphäre und Anthroposphäre. Zugleich ist zu beobachten, dass die konkrete lokale Ausbildung dieser Sphären offenkundig sehr unterschiedlich ist. In der Summe dieser Teilentwicklungen entstehen vollkommen verschiedene Landschaftseindrücke: Der randtropischen Insellandschaft der Kapverden mit ihren hochaufragenden vulkanischen Gebirgszügen steht eine in den gemäßigten Breiten gelegene Hochgebirgslandschaft auf 2000–3500 m Höhe entgegen, die vom Athabasca-Gletscher und dessen Schmelzwasser geprägt ist. Von entscheidender Bedeutung ist neben anderen Faktoren die Breitenkreislage der Beispielräume.

GRUNDWISSEN System Erde

Ein aus mehreren Einzelteilen zusammenhängendes Ganzes bezeichneten die Griechen der Antike als „sýstema", woraus sich unser Wort „System" abgeleitet hat. Systeme bezeichnen in unserem heutigen Verständnis aus vielen Faktoren und Einflussgrößen bestehende Sinn- oder Zweckeinheiten. Systeme sind grundsätzlich dynamisch. Aufgrund der Interaktion ihrer Einzelteile entwickeln die Teilsysteme der Erde sich permanent weiter, beispielsweise die Natur, das Klima, der Boden, die Gesellschaft oder die Wirtschaft.
Mit der Veränderung der Teilsysteme verändert sich auch das äußerst komplexe System Erde.

Diesen Fragen zum System Erde werden Sie nachgehen:

- Aus welchen Teilsystemen ist das komplexe System Erde aufgebaut und wie wirken diese zusammen?
- Welche Sphären und Faktoren umfasst das System Erde und wie wirken diese zusammen?
- Wie lässt sich das Zusammenspiel der verschiedenen Sphären modellhaft darstellen?
- Um das vielfältige Zusammenwirken der einzelnen Faktoren und Sphären in diesem komplexen Gefüge des Systems Erde verstehen zu können, sind ausgehend von der realen Landschaft die einzelnen Sphären in den Blick zu nehmen. Dabei steht das Zusammenwirken der Geosphären im Mittelpunkt. Ziel ist es, die Erde als System zu verstehen, in dem der Mensch ein sehr wirkmächtiger Faktor ist.

1 Identifizieren Sie die verschiedenen Sphären in beiden Landschaftsbildern (S. 14/15).

2 Überprüfen Sie Ihre Zuordnung mithilfe der Bilder 3 und 4.

3 Erläutern Sie das Zusammenwirken der Sphären anhand der beiden Raumbeispiele.

Sie knüpfen an ...

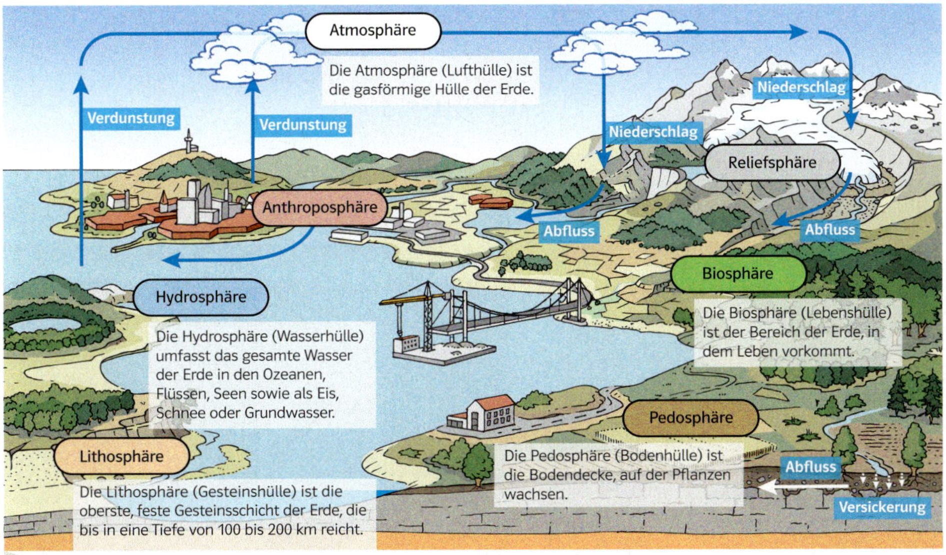

5 Vereinfachte Darstellung der Geosphären

Bekannte Begriffe

- Ablagerung
- Abtragung
- Atmosphäre
- Boden
- Klima
- Klimazone
- Lithosphäre
- Vegetationszone
- Verwitterung
- Wetter

GRUNDWISSEN Sphären der Erde

In die modernen Geowissenschaften ging der Begriff „Sphäre" ein, um mit der „Geosphäre" den festen Erdkörper samt der ihn umgebenden Gashülle zu erfassen und verschiedene Sphären des Systems Erde zu bezeichnen.
So ist der Erdkörper schalenförmig aufgebaut und gliedert sich in Erdkern, Erdmantel und Erdkruste, wobei Letztere mit dem obersten Teil des Erdmantels als Lithosphäre bezeichnet wird. Darüber liegt mit der dünnen Bodenschicht die Pedosphäre, während die verschiedenen Wasservorkommen der Erde die Hydrosphäre bilden. Von dieser ist die aus Eis bestehende Kryosphäre zu unterscheiden. Die Gashülle der Erde, die Atmosphäre, die ihrerseits in verschiedene Sphären (Troposphäre, Stratosphäre, Mesosphäre, Thermosphäre, Exosphäre) gegliedert ist, schafft im Zusammenspiel mit Pedosphäre und Hydrosphäre die Voraussetzungen für pflanzliches und tierisches Leben, das als Biosphäre zusammengefasst wird. Aus dieser ausgegliedert ist der vom Menschen geprägte Bereich des Systems Erde, der als Anthroposphäre bezeichnet wird.

Das wissen Sie schon!

Seit der 5. Klasse wurden die bedeutendsten Geosphären im Geographieunterricht angesprochen, insbesondere die Atmosphäre, die Hydrosphäre, die Lithosphäre, die Biosphäre und die Anthroposphäre.

Auch die zwischen diesen Sphären bestehenden Einflussnahmen waren bereits Thema, denken Sie etwa an die Bedeutung der atmosphärischen Rahmenbedingungen für die Vegetation oder die Verfügbarkeit von Wasser für die Existenz menschlicher Siedlungen.

4

Erläutern Sie die Sphärendarstellung in Grafik 5.

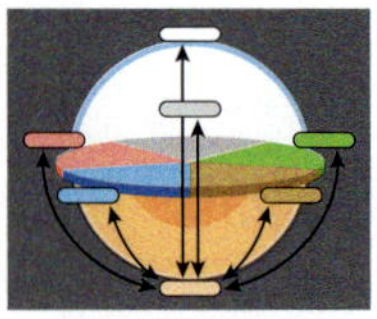

- Lithosphäre
- Pedosphäre
- Hydrosphäre
- Atmosphäre
- Biosphäre
- Anthroposphäre
- Reliefsphäre

Die Geosphären im Blick

1

Erarbeiten Sie sich mithilfe der Seiten 18–25 sowie der Analysematrix (Online-Code) Grundlagen zu den einzelnen Sphären sowie deren Ausprägung anhand der beiden Raumbeispiele.

Charakteristisch für die Insel Santo Antão sind hoch aufragende Gebirge vulkanischen Ursprungs. Die steil aus dem Meer aufragenden Berge an der Nordküste rund um Fontainhas sind wie die anderen Erhebungen der Insel durch mehrere Hundert Meter mächtige Basaltfelsen geprägt. Das überwiegend schwarze, durch Verwitterungsprozesse außen aber auch mal grau oder braun erscheinende Gestein ist sehr hart und widerstandsfähig gegenüber Erosionsprozessen. Aufgrund dieser Eigenschaften können sich daher sehr steile Wände bilden, die hier bei Fontainhas auf über 500 m ansteigen. Die Widerstandsfähigkeit der verhältnismäßig jungen Basaltgesteine kommt zudem in den scharfkantigen Graten und Pfeilern zum Ausdruck, die das Landschaftsbild hier prägen.

1 Fontainhas, Santo Antão, Kapverden

Das Columbia Icefield wird gerahmt von einer Vielzahl um 3 500 m hoher Berge der östlichen Abdachung der Rocky Mountains an der Grenze der beiden kanadischen Provinzen British Columbia und Alberta. Die Rocky Mountains sind wie die Alpen, die Pyrenäen, die Anden oder der Himalaya das Resultat der jüngsten, durch intensive plattentektonische Prozesse geprägten Gebirgsbildungsphase der Erdgeschichte. Diese setzte vor etwa 170 Mio. Jahren ein, führte aber erst vor 70–40 Mio. Jahren zur Erhebung des Gebirges. Im Zuge dieses Prozesses kam es an der Ostseite der Rocky Mountains zur Aufstellung von Sedimentschichten des Mesozoikums zu zum Teil spektakulär steilen Erhebungen. Dies sowie das geringe Alter der Rocky Mountains erklären die steil aufragenden, vielfach scharfen Kanten und Grate der Gipfelregionen.

2 Athabasca-Gletscher, Kanada

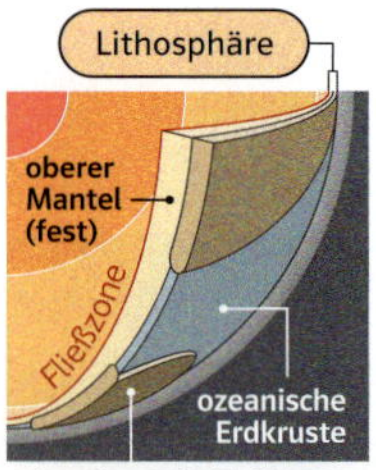

kontinentale Erdkruste

GRUNDWISSEN Lithosphäre

„Lithos" ist das altgriechische Wort für „Stein". Die Lithosphäre bezeichnet folglich die 100–200 km mächtige steinerne Erdkruste. Diese umfasst die ozeanische und die kontinentale Erdkruste sowie den obersten Erdmantel. Nach unten wird die Lithosphäre von der Astenosphäre begrenzt. Diese im Vergleich weichere Schicht hat große Bedeutung für die plattentektonischen Prozesse. Wenngleich aus massiven Gesteinen aufgebaut, ist die Lithosphäre bis zu einem gewissen Grad elastisch und somit formbar. Anhaltender seitlicher Druck etwa kann zur Aufwölbung von Gesteinsschichten führen. Ein Beispiel dafür sind Vogesen und Schwarzwald, die im Zuge der alpidischen Gebirgsbildung durch Hebung entstanden. Durch Erdbeben hervorgerufene abrupte Krafteinwirkungen führen zu landschaftsprägenden Brüchen und Verwerfungen.

Aufgebaut ist die Lithosphäre zum einen aus vulkanischen Gesteinen und zum anderen aus Sedimenten, wobei beide infolge von Druck und damit einhergehenden hohen Temperaturen metamorphisiert werden können.

Die Bodenbildungsprozesse in Fontainhas an der Nordküste von Santo Antão sind bestimmt zum einen von dem weit verbreiteten basaltischen Ausgangsgestein und vulkanischen Aschen, der vorherrschenden randtropischen Vegetation, den ganzjährig zwischen 21 °C und 26 °C liegenden Temperaturen sowie der ausgeprägten Trockenzeit zwischen Januar und Juli bzw. der niederschlagsreichen Phase zwischen August und Dezember mit einem Niederschlagsmaximum von 120 mm im September. Aufgrund dieser Voraussetzungen entwickelten sich auf den westlichen Kapverden und auch auf Santo Antão vor allem Andosole. Die „dunklen Böden" sind braun bis tiefschwarz, von grober Struktur und können viele Meter mächtig werden. Die grobe Struktur führt zu ihrer charakteristischen Lockerheit, die wiederum ihre gute Durchwurzelbarkeit begründet. Andosole sind sehr fruchtbare Böden und bieten eine gute Voraussetzung für die Landwirtschaft.

3 **Fontainhas, Santo Antão, Kapverden**

Die Bodenbildungsprozesse im Umfeld des Athabasca-Gletschers auf über 2 000 m Höhe am 52. Grad nördlicher Breite werden von extremen Bedingungen beherrscht. Zwar stehen mit 458 mm ganzjährig ausreichend Niederschläge zur Verfügung, doch aufgrund der geringen Jahresdurchschnittstemperatur von lediglich 2,2 °C sind keine günstigen Bedingungen für Bodenbildungsprozesse gegeben. Hinzu kommt, dass der Athabasca-Gletscher in den zurückliegenden Jahrzehnten sicherlich weite Teile der aktuell sichtbaren Umgebung überdeckt hat und so eventuelle Ansätze einer Bodenbildung verhinderte oder beim Vorrücken zerstörte. Dennoch finden sich zwischen den glazialen Schottern Ansammlungen feineren Materials, die allererste Anzeichen von Bodenbildungsprozessen aufweisen könnten. Aufgrund deren Unvollständigkeit spricht man von „Skelettböden".

4 **Athabasca-Gletscher, Kanada**

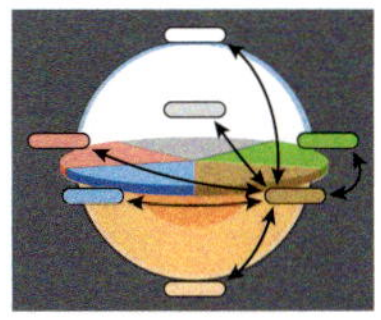

Lithosphäre
Pedosphäre
Hydrosphäre
Atmosphäre
Biosphäre
Anthroposphäre
Reliefsphäre

GRUNDWISSEN Pedosphäre

Den Erdboden bezeichneten die Griechen als „pédon". Von diesem Wort leitet sich wiederum die Bezeichnung der weltweiten Bodendecke ab, die gelegentlich auch als „dünne Haut der Erde" bezeichnet wird. Böden markieren die Grenzfläche zwischen der Lithosphäre, der klimabestimmenden Atmosphäre, der von Flora und Fauna geprägten Biosphäre sowie der Hydrosphäre. Ausprägung und Wirksamkeit dieser Sphären sind über die Erde hinweg sehr unterschiedlich. Dies führt unter Berücksichtigung der Dauer der Bodenbildungsprozesse zu einer enormen Vielfalt von Bodentypen und Bodenarten, die ihrerseits wiederum unterschiedlichste Eigenschaften aufweisen. So finden sich in den inneren Tropen extrem mächtige, bis zu 50 m tief reichende, aber ausgesprochen unfruchtbare Böden, während die deutlich geringmächtigeren Böden der gemäßigten Breiten in der Regel ein hohes Maß an Bodenfruchtbarkeit aufweisen. Böden können je nach der Beschaffenheit der bodenbildenden Faktoren sehr stark und tiefgründig verwittert sein oder aber nur Ansätze des Bodenbildungsprozesses aufweisen.

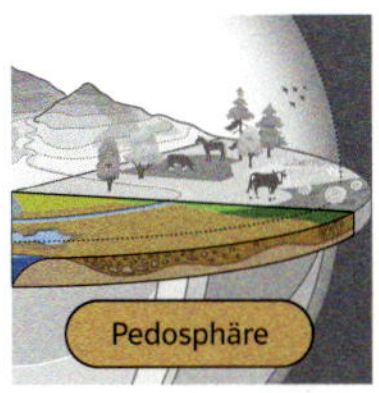

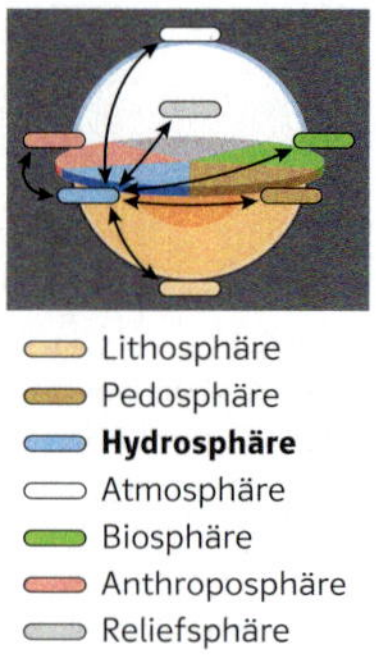

Die Hydrosphäre wird beim Blick über Fontainhas in erster Linie durch den Atlantik repräsentiert. Die Ozeane und Meere bzw. Nebenmeere bedecken nahezu 70 % der Erdoberfläche. Ihnen kommt durch die Verdunstung eine enorme Bedeutung für den globalen Wasserkreislauf und damit für die Niederschläge zu. In Küstenlagen kommt es zudem zur Herausbildung kleinräumiger Windsysteme, vor allem dem Land-Seewind-System. Dieses sowie der saisonale Einfluss des Nordostpassates bringen der steilen Nordküste Santo Antãos Niederschläge von etwa 250 mm/Jahr. Diese als Regen fallenden Niederschläge versickern zum Teil im Untergrund, zum Teil fließen sie oberflächlich in kleinen Bächen ab. Der große Höhenunterschied führt dabei zu einer hohen Fließgeschwindigkeit und damit großer Erosionskraft, was wiederum die tief eingeschnittenen Tälchen zur Folge hat.

5 **Fontainhas, Santo Antão, Kapverden**

Aufgrund der absoluten Höhe von etwa 2 000 m auf dem 52. nördlichen Breitengrad grenzen an der Gletscherzunge des Athabasca-Gletschers Kryosphäre und Hydrosphäre aneinander. Aus dem über 3 000 m hoch gelegenen Columbia Icefield gespeist, fließt der Athabasca-Gletscher dem Relief folgend in tiefere Lagen. Die graue und stark zerfurchte Oberfläche des Gletschers signalisiert dessen Abschmelzen, während leuchtend weiße Gletscheroberflächen dessen Wachstum durch anhaltenden Nachschub in Form von Schnee erkennen lassen. Die saisonal schwankenden Temperaturen führen zur Ausbildung der mal tiefer und mal höher gelegenen Gletscherzunge samt dem markanten Gletschertor. Aus diesem fließt das an der Unterseite des Gletschers sich sammelnde und aufgrund des Transports feinen Gesteinsmehls eingetrübte Gletscherschmelzwasser und bildet zugleich den Beginn des Athabasca-Rivers.

6 **Athabasca-Gletscher, Kanada**

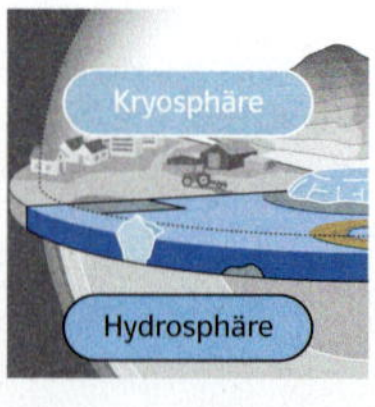

GRUNDWISSEN Hydrosphäre und Kryosphäre

Abgeleitet ist der Begriff vom altgriechischen Wort „hýdor“, das mit „Wasser“ zu übersetzen ist. Der mit Wasser bedeckte Teil der Erdoberfläche wird folglich als Hydrosphäre bezeichnet. Ursprünglich umfasste dieser Begriff die Gesamtheit des Wassers, also Süß- und Salzwasser sowie Wasser in all seinen Aggregatzuständen. Keine Bestandteile der Hydrosphäre im umfassenden Sinn sind jedoch das Bodenwasser, die Grundwasserkörper und -ströme. Sie werden in Teilen der Lithosphäre bzw. der Pedosphäre zugerechnet. Die Besonderheit des gefrorenen Wassers, das als Gletscher oder Inlandseismasse die polaren und Hochgebirgsregionen landschaftlich prägt, ist die Kryosphäre. Der Begriff wird abgeleitet vom griechischen „krýos“ für „Eiskälte“, „Frost“ oder „Eis“. Die verschiedenen Teilsphären der Hydrosphäre stehen durch den Mechanismus des globalen Wasserkreislaufs in permanentem Austausch.

Die Troposphäre über Fontainhas zeigt einen nahezu wolkenfreien Himmel, der lediglich eine lockere, aus Nordwesten aufziehende Bewölkung zeigt. Eine solche Bewölkung entsteht, wenn die vom Meer kommenden, feuchtigkeitsgesättigten warmen Luftmassen aufsteigen müssen. Dabei kommt es zur Kondensation des Wasserdampfs und damit zur Wolkenbildung. Sie bringen vor allem der nordexponierten Seite der Insel ergiebige Niederschläge. Mit Überschreiten des Gebirges lösen sich die Wolken wieder auf und die Niederschläge fallen deutlich geringer aus.
Vor allem die zweite Jahreshälfte ist in Fontainhas niederschlagsreich. Grund dafür ist die Lage Santo Antãos auf dem 16. nördlichen Breitengrad und damit einerseits in den Randtropen und andererseits im Einflussbereich der Passatzirkulation. Dies führt zu überwiegend aus Nordosten über den Atlantik heranströmenden feuchten Luftmassen, die verstärkt durch den Effekt des Steigungsregens an der steil aufragenden Küste von Fontainhas abregnen. Demgegenüber steht Fontainhas in der ersten Jahreshälfte überwiegend unter dem Einfluss des randtropischen Hochdruckgürtels, was kaum Niederschläge zur Folge hat.

7 **Fontainhas, Santo Antão, Kapverden**

Die Troposphäre über der Zunge des Athabasca-Gletschers zeigt eine sehr dichte und tiefreichende Bedeckung mit weiß-grauen Wolken. Wolken in tiefen und mittleren Höhen der Troposphäre bestehen aus Wassertröpfchen. Sie entstehen, wenn die relative Luftfeuchtigkeit von Wassermassen 100 % und damit den Sättigungsgrad erreicht hat. In einer solchen Situation kommt es zur Kondensation, das heißt, dass gasförmiger Wasserdampf in den flüssigen Aggregatzustand übergeht. Dabei gilt die Regel: Je höher die Lufttemperatur, desto größere Massen an Wasserdampf können pro Volumeneinheit atmosphärischer Luft enthalten sein. Die auf dem Columbia Icefield vorherrschenden tiefen Temperaturen führen zu niedrigen bodennahen Lufttemperaturen. Da kühlere Luft weniger Wasserdampf aufnehmen kann, setzt der Kondensationsprozess ein. Die so entstehenden Wassertröpfchen bilden Wolken. Neben diesen lokalen Prozessen können die Wolkenmassen auch durch die regional vorherrschenden Westwinde herangeführt werden. Im Zusammenspiel dieser Prozesse verzeichnet der Athabasca-Gletscher 450 mm Niederschläge pro Jahr.

8 **Athabasca-Gletscher, Kanada**

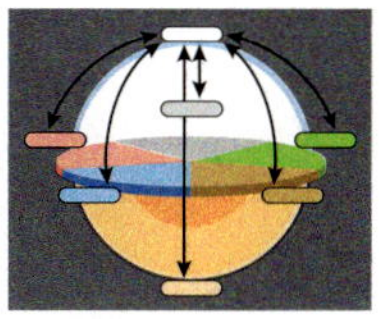

Lithosphäre
Pedosphäre
Hydrosphäre
Atmosphäre
Biosphäre
Anthroposphäre
Reliefsphäre

GRUNDWISSEN Atmosphäre

„Dampf“ bedeutet das griechische Wort „atmós“, das der Gashülle der Erde ihren Namen gab. Diese Gashülle besteht in den unteren 90 km zum überwiegenden Teil aus Stickstoff (78 %) und Sauerstoff (21 %) sowie einer Vielzahl zum Teil klimawirksamer Spurengase. Deren wirkmächtigste sind Methan (CH_4), Kohlenstoffdioxid (CO_2) und Lachgas (N_2O). Die Atmosphäre wird vertikal aufgrund sich ändernder Temperatur- bzw. Druckverhältnisse in mehrere Teilsphären gegliedert. In den oberen Lagen der Atmosphäre, konkret in der Stratosphäre, kommt dem dort angereicherten Ozon große Bedeutung als lebensschützender UV-Filter der eingestrahlten Sonnenenergie zu. Für das Wettergeschehen und damit für die Ausprägung von Leben am bedeutendsten ist der unterste Teil der Atmosphäre: die Troposphäre. Diese ist über den Polen bis zu acht und über dem Äquator bis zu 18 km mächtig. In der Atmosphäre bilden sich aufgrund der unterschiedlichen Energieverteilung auf der Erde Windsysteme heraus, die ein sehr bestimmender Faktor des Weltklimas sind.

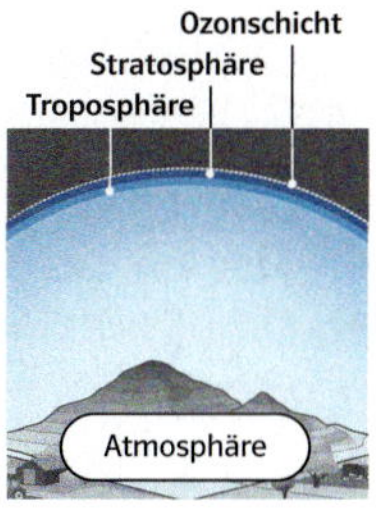

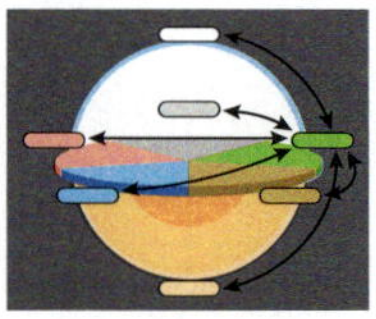

Lithosphäre
Pedosphäre
Hydrosphäre
Atmosphäre
Biosphäre
Anthroposphäre
Reliefsphäre

Die ganzjährig zwischen 21°C und 26°C liegenden Temperaturen auf Santo Antão führen in Kombination mit den über 250 mm Jahresniederschlag und der ausgeprägten Bodenfruchtbarkeit der vorherrschenden Andosole zu einer ausgeprägten, wenn auch nicht üppigen tropischen Vegetation. Diese ist gekennzeichnet durch vereinzelt stehende Palmen, Sträucher und niederwüchsige Pflanzen an den steilen Hängen Fontainhas. Zugleich dokumentiert die über die gesamte Höhenerstreckung zu erkennende vertrocknete Vegetation die Lage Santo Antãos im randtropischen, durch saisonale Trockenheit geprägten Raum. Die Ansicht gibt dennoch Hinweise auf die für die Kapverden typische Höhenstufung der Vegetation. In der Regel lassen sich von unten nach oben drei Höhenstufen identifizieren: die Halbwüsten- oder Wüstenzone, die Savannenstufe sowie die Stufe der „Federbuschvegetation". Offensichtlich kann der Pflanzenwuchs jedoch durch Bewässerung deutlich intensiviert werden, wie die als Terrassen angelegten landwirtschaftlichen Nutzflächen erkennen lassen.

9 Fontainhas, Santo Antão, Kapverden

Der in der Höhe von über 2000 m von ganzjährig niedrigen Temperaturen und dem zusätzlich kühlenden Gletscher geprägte Raum bietet keine günstigen Voraussetzungen zur Ausbildung einer Vegetationsbedeckung – nicht einmal zur Entstehung einer lichten Pflanzendecke. Selbst die günstige Situation im August lässt nur an einigen wenigen Hangbereichen einen schütteren Vegetationsflaum mehr erahnen als konkret erkennen. Und doch eröffnen sich kleinräumig Ansatzpunkte für pflanzliches Leben. Windgeschützt zwischen Steinen und Felsblöcken und aufsitzend auf kleinsten Ansammlungen von Feinmaterial siedeln kleinwüchsige, oft grell blühende Hochgebirgspflanzen. Zwischen Oktober und Mai aber verschwinden auch diese wieder unter einer geschlossenen mächtigen Schneedecke. Nur sehr kälteresistente Pflanzen mit einer ausgesprochen kurzen Vegetationszeit, etwa Moose und Flechten, kommen mit diesen harschen Rahmenbedingungen zurecht und können ihrerseits einer ebenso spezialisierten Fauna eine karge Nahrungsgrundlage bieten.

10 Athabasca-Gletscher, Kanada

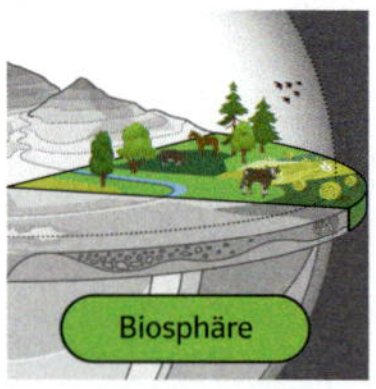

GRUNDWISSEN Biosphäre

„Bios" ist das griechische Wort für „Leben", das dieser besonderen Sphäre ihren Namen gab. Als Biosphäre werden alle Räume der Erde bezeichnet, die Leben beheimaten. Dies gilt gleichermaßen für Flora und Fauna, also für pflanzliches wie tierisches Leben. Die ungeheure Anpassungsfähigkeit und Spezialisierung von Leben führt dazu, dass Leben im Sinne von Organismen, die einen Stoffwechsel praktizieren, von etwa 5 km unter der Erdoberfläche bis in etwa 60 km darüber vorkommt, wobei in den Extremen nur Mikroorganismen existieren können. Die in ständiger Veränderung befindliche Ausbildung der Biosphäre wird einerseits durch Klima, Böden, Nährstoffe und Energie beeinflusst und andererseits durch die im Zuge der Evolution entwickelten vielfältigsten Spezialisierungen und Anpassungsstrategien tierischen und pflanzlichen Lebens. Letztlich ist auch der Mensch Teil der Biosphäre. Er hat durch seine Handlungsmöglichkeiten jedoch eine eigene Sphäre geschaffen, die Anthroposphäre.

Trotz des extrem steilen Reliefs gelang es den Menschen, das Örtchen Fontainhas an der Nordküste von Santo Antão zu gründen und über Jahrhunderte hinweg zu besiedeln. Auf schmalen Graten, die künstlich verbreitert wurden, konnten mehrstöckige Wohn- und Wirtschaftsgebäude errichtet und wenn auch sehr schmale, so doch funktionsfähige Wege angelegt werden. Neben der Anlage des Dorfes und der Verkehrsinfrastruktur, die bis Fontainhas von Pkws genutzt werden kann und jenseits des Dorfes als befestigter Fußweg seine Fortsetzung findet, kommt die raumprägende Wirkung menschlichen Handelns insbesondere im Bereich der landwirtschaftlichen Nutzflächen zum Tragen. Die steilen Hänge begünstigen in Kombination mit den saisonal intensiven Niederschlägen die Bodenerosion. Um diese einzudämmen und eine dauerhafte landwirtschaftliche Nutzung zu ermöglichen, legten die Bewohner bereits vor Jahrhunderten Terrassen an. Diese verhindern nicht nur die Erosion des fruchtbaren vulkanischen Bodens, sondern bieten zudem gute Möglichkeiten, die so angelegten kleinen Felder effektiv zu bewässern und so den landwirtschaftlichen Ertrag als Lebensgrundlage zu sichern.

11 **Fontainhas, Santo Antão, Kapverden**

Bedingungen mit einer Jahresdurchschnittstemperatur von lediglich 2,2 °C limitieren die Entwicklung einer Vegetation, die ihrerseits als Lebensgrundlage autarker menschlicher Siedlungen dienen könnte. Das bedeutet jedoch nicht, dass Menschen auch unter diesen Bedingungen den Raum nicht prägen würden. Die zur Förderung des Tourismus angelegte und die Nationalparks Banff und Jasper verbindende Straße Nr. 93 führt in nur 2 km Entfernung am Gletschertor des Athabasca-Gletschers vorbei, wo ein „Visitor Center" eingerichtet wurde, das zugleich Ausgangspunkt für Touren zum Gletscher ist. Über 1,2 Mio. Besucher kommen pro Jahr hierher. Diese touristische Nutzung ist es auch, die im Bildausschnitt erkennbar ist, etwa in Gestalt der Fahrspuren oder aber des Flachbaus, der zur wind- und kältegeschützten Beobachtung des Gletschers und der Hochgebirgswelt rund um das Columbia Icefield errichtet wurde. Das touristische Angebot geht sogar so weit, dass der Gletscher selbst mit schweren Kettenfahrzeugen befahren und damit zumindest überformt, wenn nicht geschädigt wird. Überdies nehmen diese Aktivitäten auch Einfluss auf die ohnehin spärliche Flora und Fauna.

12 **Athabasca-Gletscher, Kanada**

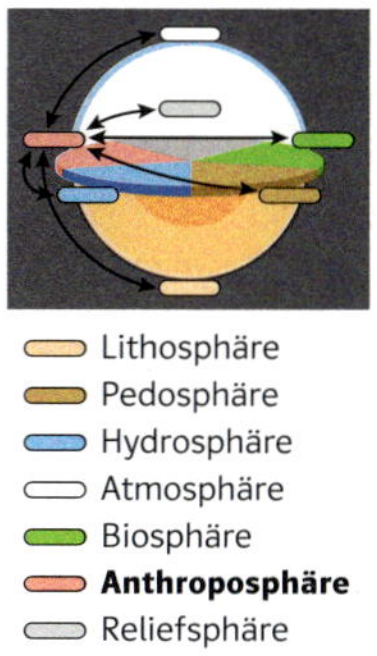

GRUNDWISSEN Anthroposphäre

Abgeleitet vom griechischen Wort „anthropos" für Mensch, beschreibt die Anthroposphäre den vom Menschen geschaffenen und geprägten Lebensraum. Im Laufe der Menschheitsgeschichte wurde dieser Raum immer größer und die Wirkmächtigkeit menschlichen Handelns immer intensiver. Vom Jäger und Sammler über die Sesshaftwerdung des Menschen bis hin zur Industrialisierung wuchs dieser Einfluss rapide an. Mit der Industrialisierung, spätestens aber mit dem ebenso rapiden Anwachsen der Weltbevölkerung seit der zweiten Hälfte des 20. Jahrhunderts von 2,5 Mrd. Menschen 1950 auf heute knapp 8 Mrd. Menschen und der weltweiten Verbreitung moderner Technologien ist der Mensch zweifelsfrei zum prägendsten Geofaktor im System Erde geworden. Großflächige Aufschüttungen wandeln Küstenlinien um, der Bau von gewaltigen Kanälen und Staudämmen modifiziert Ökosysteme, großflächiger Bergbau gestaltet das Relief, die energiebedingten Emissionen verändern die Zusammensetzung der Atmosphäre wie auch den Chemismus der Ozeane, und die ausufernden Megacities schaffen ganz eigene Räume. Artenschwund, Klimawandel und Ozeanversauerung sind die heute allgegenwärtigen Resultate dieser Handlungen. Diese Entwicklung findet ihren Niederschlag im Anthropozän-Ansatz.

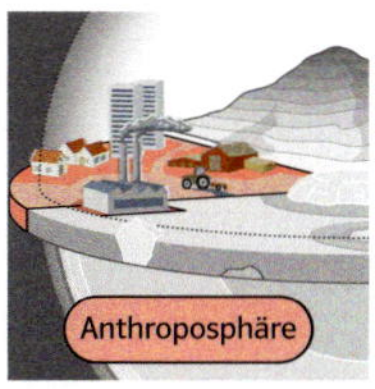

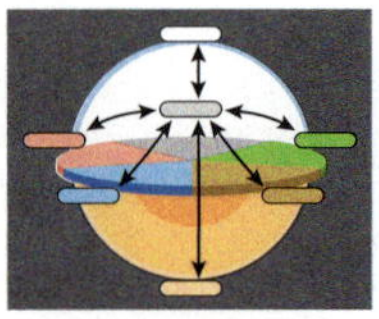

Die Landschaft um Fontainhas zeigt ein für die Insel Santo Antão typisches Landschaftsbild. Der vulkanische Ursprung der Insel kommt in den steil aufragenden, widerstandsfähigen Basalten mit scharfen Kanten und Graten zum Ausdruck. Da diese Bergzüge dem niederschlagsreichen Nordostpassat ausgesetzt sind, kommt es hier von August bis November zu ergiebigen Niederschlägen. Die großen Höhenunterschiede führen dazu, dass die niederschlagsgespeisten Wasserläufe eine hohe Fließgeschwindigkeit und damit Erosionskraft aufweisen. Die sich daraus ergebenden Erosionsprozesse führen zu tief eingeschnittenen Tälchen, die das ohnehin wilde Landschaftsbild zusätzlich formen. Der Einfluss des Geofaktors Mensch führt durch die Anlage von Siedlung, Verkehrs- und Bewässerungsinfrastruktur sowie der landwirtschaftlich genutzten Terrassen in gewisser Weise zur „Beruhigung" der Naturlandschaft.

13 Fontainhas, Santo Antão, Kapverden

Das Zusammenspiel der verschiedenen Geosphären führt insbesondere durch die dominante Rahmensetzung der Atmosphäre in Kombination mit hoher Breitenkreislage und absoluter Höhe zur Ausbildung einer Glaziallandschaft, also der vom Eis geprägten Landschaft des Athabasca-Gletschers. Dieser wirkt an seiner Unterseite wie an seinen seitlichen und frontalen Rändern selbst landschaftsformend. Die aufgehäuften Schotter zeugen ebenso davon wie die abgeschliffenen Flanken der Berge im Hintergrund sowie die Trübung des Schmelzwassers. Die Pedosphäre sowie die Biosphäre werden unter diesen Rahmenbedingungen kaum wirksam. Und auch der Geofaktor Mensch hat nur einen geringfügigen unmittelbaren Einfluss auf die Ausprägung dieses Landschaftsbildes. Der mittelbare Einfluss aber ist etwa mit Blick auf den Klimawandel, der natürlich auch auf den Gletscherschwund in den Rocky Mountains einwirkt, deutlich größer.

14 Athabasca-Gletscher, Kanada

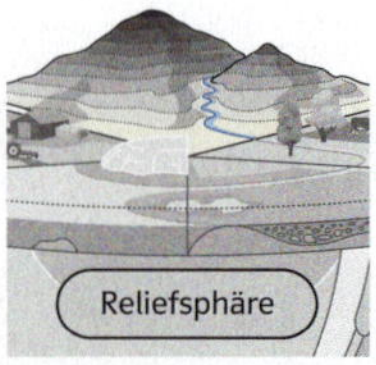

GRUNDWISSEN Reliefsphäre

Die Reliefsphäre ist gleichzusetzen mit der oberen Begrenzung der Lithosphäre. Sie ist letztlich das Resultat eines komplexen Prozesses, der durch exogene und endogene Kräfte bestimmt wird. Endogene Kräfte sind solche, die aus dem Erdinneren heraus wirken, wie vulkanische Aktivitäten oder seismische Ereignisse. Sie verändern die Erdoberfläche im Zusammenwirken mit exogenen Kräften, die von außen auf die Lithosphäre wirken, darunter Verwitterung, Transport und Ablagerung als bedeutendste Faktoren der Bio-, Hydro- und Atmosphäre.

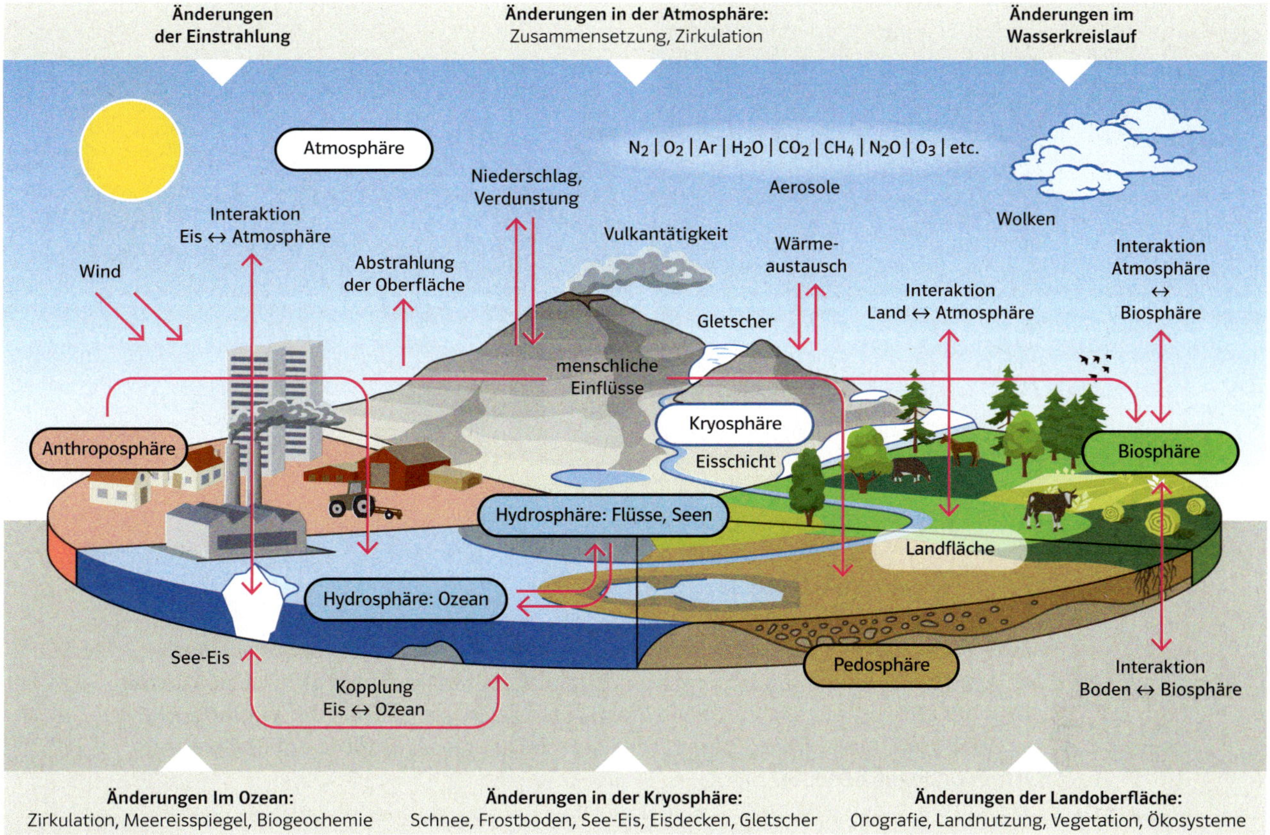

15 System Erde

Nach IPCC, 2007: Climate Change 2007: The Physical Science Basis. Contribution of Working Group I to the Fourth Assessment Report of the Intergovernmental Panel on Climate Change, S.104, FAQ 1.2, Fig. 1, www.ipcc.ch (Zugriff 30.10.2020)

Vom Modell zum Systemverständnis

Schon Albert Einstein wusste um die Bedeutung der Vereinfachung zum Verständnis des Komplizierten, als er sagte: „Man muss die Dinge so einfach wie möglich machen. Aber nicht einfacher!“. Denn, so die nicht ausgesprochene Erkenntnis: Sonst wird es in der Sache falsch. Um die komplexe Wirklichkeit der Erde als Ganzes oder auch in ihren lokalen Ausschnitten besser verstehen zu können, werden Modelle entworfen. Diese reduzieren vermeintlich die Komplexität, indem sie Prozesse und Sachverhalte zunächst reduzieren. Durch die Reduktion der Faktoren und die vereinfachte Darstellung von Prozessen durch Pfeile oder ähnliche grafische Symbole können komplexe Zusammenhänge klarer erfasst werden.

16

Geosphären-Modell des Systems Erde

Das hier abgebildete Geosphären-Modell ist ein solcher Versuch. Veranschaulicht werden die vielfältigen geo-bio-chemischen Prozesse und Energieflüsse, die permanent zwischen den einzelnen Geosphären stattfinden. Sie führen zu kontinuierlichen, wenn auch meist nicht unmittelbar sichtbaren Veränderungen der Erdoberfläche.

Die Eigenheiten eines Systems, also eine aus vielen Faktoren und Einflussgrößen bestehende Sinn- oder Zweckeinheit, werden ebenso deutlich wie die grundsätzliche Dynamik von Systemen. Erkennbar wird auch, dass die Teilsysteme der Erde sich permanent aufgrund der Interaktion ihrer Einzelteile weiterentwickeln. Dies gilt für die Natur ebenso wie für den Kulturraum.

17

2 Erklären Sie den Begriff Reliefsphäre.

3 Arbeiten Sie die zentralen Aussagen aus der Modellabbildung Geosphären heraus (Grafik 15).

4 Überprüfen Sie, ob Ihre Erkenntnisse aus der Analyse der beiden Raumbeispiele Fontainhas und Athabasca-Gletscher in dieser Modellzeichnung adäquat berücksichtigt sind.

5 MK Entwerfen Sie gegebenenfalls eine modifizierte Modellzeichnung.

1 Dubai Küstengestaltung

2 Shanghai

Geofaktor Mensch

Die künstlich angelegten Inseln vor der Küste Dubais, die Megacity Shanghai, der tief in die Natur eingreifende Bergbau in Virginia, aber auch das im arktischen Meereis wie in der Witjas-Tiefe anzufindende Plastik sind sichtbare Zeichen der Wirkungskraft des Geofaktors Mensch im System Erde. Wie groß ist dieser Einfluss auf das gesamte System und was bedeutet dies?

Als „Homo sapiens" wird nach der biologischen Systematik die einzige heute lebende Art der Gattung Homo bezeichnet. Die Entstehung des Homo sapiens wird auf etwa 300 000 Jahren vor heute datiert.

Mit dem Zusatz „sapiens" werden die uns Menschen von uns selbst zugeschriebenen Eigenschaften angesprochen: weise, klug, vernünftig.

Als das Deutsche Museum in München 2015 die erste große Ausstellung über das „Anthropozän" ausrichtete, bewarb es diese mit einem sehr einprägsamen Logo. Auf einem stilisierten Globus fand sich ein menschlicher Fingerabdruck. Die Botschaft war klar: Der Mensch drückt der Erde seine ganz eigene Form auf. Und genau darin ist der Grundgedanke des Anthropozän-Ansatzes zu erkennen. Danach leben wir im erdgeschichtlichen Zeitalter des Menschen, des „anthropos". Nicht mehr die Natur erweist sich als prägendster Geofaktor, etwa durch besondere Variationen des Klimas, spezifische Lebensformen oder kosmische Ereignisse, sondern der Mensch durch seine Lebens- und Wirtschaftsweise. Dies habe Dimensionen erreicht, die es rechtfertigen, die derzeitige erdgeschichtliche Epoche als **Anthropozän** zu bezeichnen und somit das Holozän zu beenden. Dieses war, der Logik der Erdzeitalternamen folgend, als „das ganz Neue" bezeichnet worden, für das vor allem die Entstehung großer Schwemmlandschaften charakteristisch sind.

Zwar prägen auch andere Lebewesen den Planeten – man denke an Termitenbauten oder Höhlensysteme –, doch zwei elementare Unterschiede sind zu konstatieren: die Dimensionen sowie die nicht mit dem natürlichen System verträgliche Stofflichkeit künstlich erzeugter Substanzen. Beide bringen die weitreichende Resilienz des Systems an ihre Grenzen bzw. überschreiten diese „planetary boundaries" bereits massiv und schwächen dessen Regenerationsfähigkeit. Das zentrale Erkennungszeichen des Anthropozän ist daher die wachsende Macht der Menschheit über die Natur. Der Homo sapiens wird vom „Homo dominatus" abgelöst, der sich durch eine Kultur des „jetzt sofort und überall immer mehr" auszuzeichnen scheint.

Die Idee zum Anthropozän stammt von Paul Crutzen. Seine Forschungen zur Atmosphäre hatten zur Entdeckung des Ozonlochs geführt und ihm den Nobelpreis eingebracht. Zugleich erkannte er, wie stark wir Menschen das System Erde verändern. Es ist naheliegend, dass diese Einsicht auch zu der Frage führt, was zur Korrektur von Fehlentwicklungen wie dem Artensterben, dem Klimawandel oder der Bodendegradation getan werden kann. Insofern sind die Ansätze des Geo-Engineering eng mit dem Anthropozän-Ansatz verbunden.

3 Bergbau, Virginia

6 Plastik im arktischen Eis, Nordwest-Passage

Die Systematik der Erdzeitalter
Im 19. Jh. löste man sich allmählich von der Vorstellung, dass das Alter der Erde allein aus der Bibel heraus zu berechnen sei, und erkannte, dass die Erde sehr viel älter sein musste. Um diese gewaltigen Zeiträume handhaben zu können, wurde ein System entwickelt. Dieses gliederte zunächst in die drei großen Abschnitte Erdaltertum (Paläozoikum), Erdmittelalter (Mesozoikum) und Erdneuzeit (Känozoikum). Mit zunehmendem Wissen wurde diese Gliederung immer weiter präzisiert, wobei die für eine Zeit typischen Erscheinungen namensgebend wurden. So heißt die erdgeschichtliche Zeit, in der eisenhaltige Sandsteine entstanden, „Buntsandstein“ oder eine Zeit, in der ein an Muscheln reiches Meer die Voraussetzungen für die t schalenreicher Kalksteine bot, „Muschelkalk“. Entsprechend dieser Logik schlug Paul Crutzen vor, das „Holozän“ für beendet zu erklären. Da die Erde aktuell vor allem durch Menschen geprägt wird, sollte dies in einer neuen Phase zum Ausdruck gebracht werden: Anthropozän.

4

Eine neue Epoche: Anthropozän
Dieser Vorschlag führt umgehend zu der Frage, wann denn diese neue Epoche der Erdgeschichte begonnen haben soll. Diesbezüglich stehen zwei Positionen zur Diskussion. (1) Das Anthropozän beginnt mit der Industriellen Revolution an der Wende vom 18. zum 19. Jh. (2) Der Beginn der neuen Epoche ist auf die Mitte des 20. Jh. zu datieren, denn da begann ein Prozess, der heute als „Great acceleration“, die große Beschleunigung, benannt wird. Dieser zeigt massiv ansteigende Zahlen für eine Fülle von Parametern des gesellschaftlichen und wirtschaftlichen Bereichs (s. Abb. S. 29, M2). Der Anthropozän-Ansatz stößt aber auch auf dezidierte Kritik. So argumentiert Harald Welzer, dass die heute zu konstatierenden Eingriffe der Spezies Homo sapiens nicht zwangsläufig mit dessen Wesen zu erklären sind, sondern vielmehr durch die weltweit etablierte kapitalistische Wirtschaftsweise. Folgerichtig, so der Gesellschaftswissenschaftler, sollte nicht vom Anthropozän, sondern vom „Monetozän“ gesprochen werden. Demgegenüber vertritt James Lovelock die Auffassung, dass das Anthropozän bereits überwunden sei und die aktuelle Epoche der Erdgeschichte angesichts von massiv voranschreitenden Veränderungen durch künstliche Intelligenz und zu erwartenden Cyborg-Wesen als „Novozän“ bezeichnet werden sollte.

5

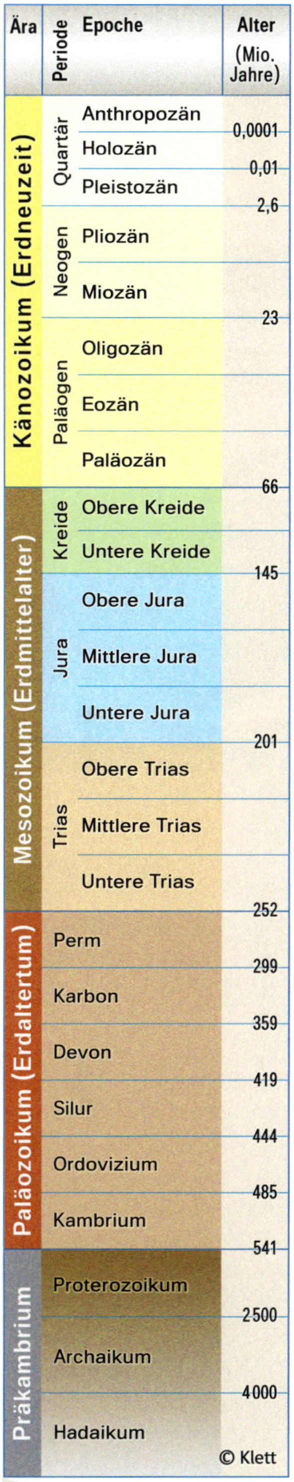

7 Erdzeitalter

1 NE
Nennen Sie ausgehend von den Bildern weitere Beispiele menschlichen Handelns, die tief in das System Erde eingreifen.

2
Erklären Sie den Grundgedanken der Bezeichnung der Erdzeitalter.

3
Erläutern Sie den Grundgedanken des Anthropozän-Ansatzes.

Zurück ins Holozän?

Die systemverändernden Eingriffe menschlichen Handelns in den Naturhaushalt sind offenkundig. Ebenso unzweifelhaft ist, dass dieser letztlich die eigene Existenzgrundlage in Gefahr bringen kann. Die Frage lauter: Wie kann oder muss die Weltbevölkerung im 21. Jh. mit dieser Tatsache und Erkenntnis umgehen?

1

Die Moderne hat der Menschheit eine Fülle positiver Entwicklungen beschert. Erkenntnisse über Hygiene, medizinische Versorgung und gesunde Ernährung finden ihren Ausdruck in einer noch immer steigenden Lebenserwartung, industrielle Revolution und technologischer Fortschritt sind wesentliche Ursachen für schier grenzenlose Mobilität und einen enorm gestiegenen Lebensstandard. Zugleich bescheren Demokratie, Rechtsstaatlichkeit und soziale marktwirtschaftliche Ordnung in Teilen der Welt für privilegierte gesellschaftliche Gruppen die individuelle Freiheit und Kaufkraft für ein unbeschwertes Leben. Zum einen ist diese Entwicklung auf die Befreiung des Denkens infolge der Aufklärung und die damit einhergehenden Fortschritte in Wissenschaft und Technik begründet, zum anderen durch die nahezu unbegrenzte Verfügbarkeit von Energie. Doch die Art der Energiebereitstellung durch die Verbrennung fossiler Energiestoffe bringt ganz wesentlich die Gefährdung des naturräumlichen Systems Erde mit sich.
Dies erkennend stellt sich die Frage, wie die Problematik, das System Erde nicht dauerhaft zu überfordern, gelöst werden könnte. Ist ein Zurück in vorindustrielle Zeiten, gleichsam ins Holozän, der richtige Weg? Oder gilt es in erster Linie zu erkennen, dass wir Menschen derzeit der wirkmächtigste Geofaktor im Systems Erde sind und wir aufgrund unseres Wissens und unserer Fähigkeiten die Verantwortung für eine zukunftssichernde Gestaltung der Erde annehmen müssen? Diese Auffassung geht mit dem Anthropozän-Ansatz einher und fordert die Überwindung eines Dualismus, der den bösen Menschen der guten Natur gegenüberstellt, zugunsten der Überzeugung, dass Menschen Teil der Natur sind. Dies schließt wiederum einfache Lösungen aus und fordert stattdessen systemische Ansätze zur Überwindung der vermeintlichen Apokalypse. Geo-Engineering kommt dabei eine zentrale Rolle zu.

Geo-Engineering

Geo-Engineering folgt der Überzeugung, dass globale Herausforderungen wie der **Klimawandel** durch technische Lösungsansätze gemindert und Degradationserscheinungen etwa von Ökosystemen verbessert werden können. Oder, um es mit den Worten von Paul Crutzen zu sagen: „Kluge Entscheidungen für eine kluge Zukunft treffen!". Der Eintrag von Schwefelverbindungen in die Stratosphäre zur Reduktion der solaren Energieeinstrahlung oder die Düngung der Meere mit Eisensulfat zur Belebung des Kieselalgenwachstums und damit letztlich zur verstärkten marinen Sauerstoffproduktion sind prominente Vorschläge dieses Ansatzes.
Kritiker sehen in Maßnahmen des Geo-Engineering weniger die Lösung bestehender Probleme als vielmehr die Ursache ganz neuer, durch diese Vorgehensweise erst geschaffener Herausforderungen. Denn mögliche Folgen solcher Eingriffe könnten angesichts der Komplexität des Systems Erde von niemandem wirklich abgeschätzt und schon gar nicht begrenzt werden.

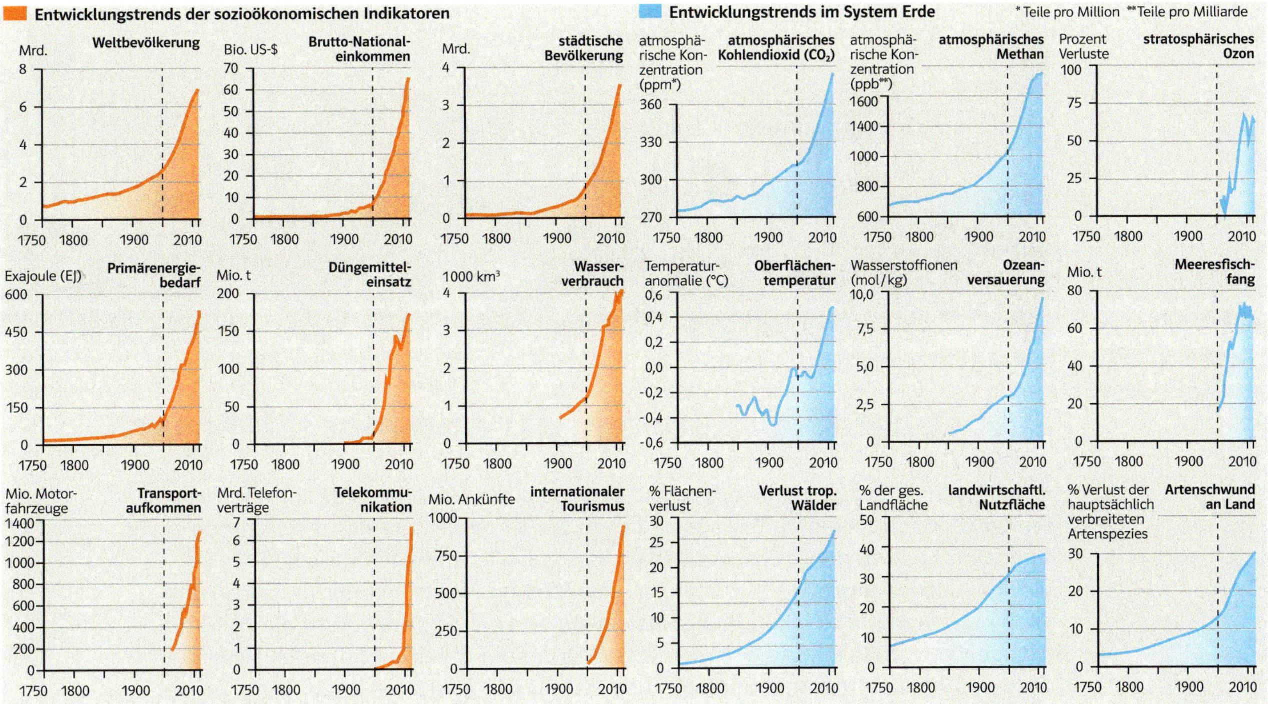

2 Die große Beschleunigung

Will Steffen u. a.: The trajectory of the Anthropocene: The Great Acceleration. The Anthropocene Review, 2015, Fig. 1, 3, www.bpb.de

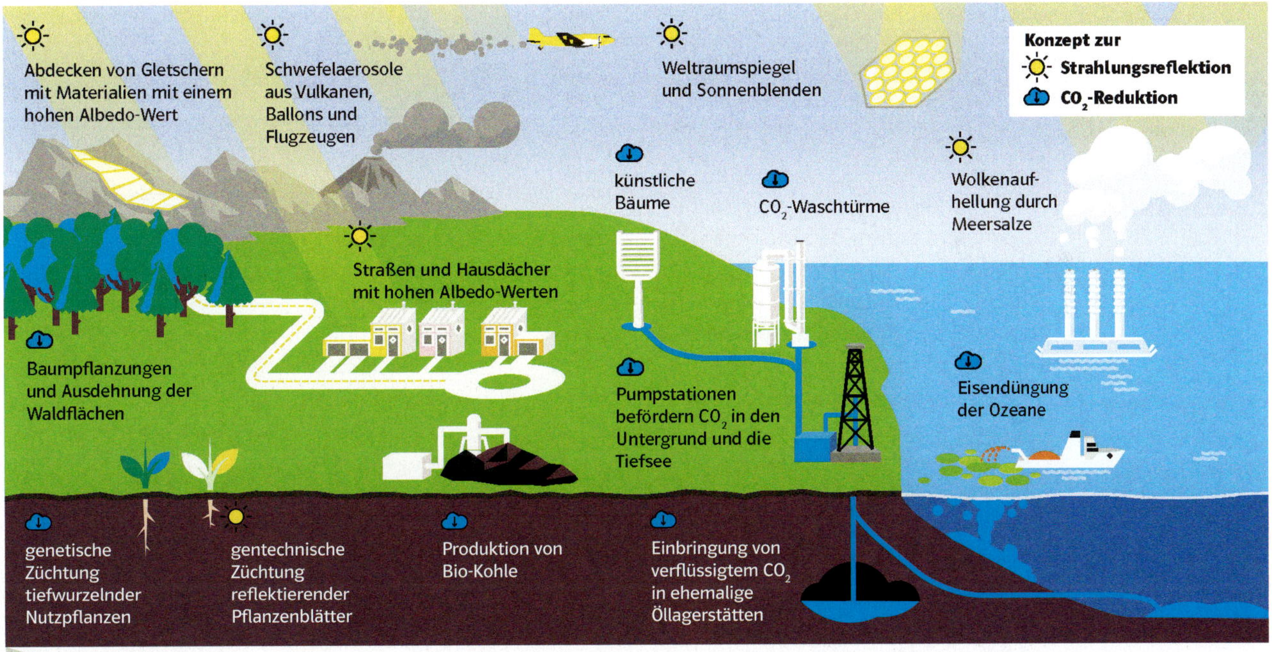

3 Geo-Engineering

1 Fassen Sie mithilfe der Grafik 2 globale Veränderungen seit Mitte des 20. Jh. zusammen.

2 Stellen Sie unterschiedliche Lösungsansätze im Umgang mit den Veränderungen des Systems Erde dar.

3 NE Erläutern Sie die Grundüberlegungen des Geo-Engineering-Ansatzes mithilfe der Grafik 3.

4 Bewerten Sie den Anthropozän-Ansatz aus Ihrer eigenen Sichtweise auf die Welt.

1 Schüler debattieren

Eine Debatte durchführen: der Anthropozän-Ansatz

Debatten sind nicht gleichzusetzen mit Diskussionen. Im Gegensatz zur offenen und weitgehend ungeregelten Diskussion liegen der Debatte klare Regeln zugrunde, etwa ihre zeitliche Befristung. Ziel von Debatten ist es, die rationale Urteilsbildung zu stärken und individuelle Positionen zu umstrittenen Fragen herauszuarbeiten und auch argumentativ zu behaupten. Entscheidungen werden durch formale Abstimmungen getroffen. Ihr Zweck ist folglich, Mehrheiten für eine Position zu gewinnen. Neben rationalen Argumenten sind auch emotionale Ansichten erlaubt, um auf der Grundlage möglichst vieler Aspekte eine Meinung bilden zu können.

Vorbereitung

Eine Debatte muss gut vorbereitet sein. Sie wird von einem Moderator geleitet. Ihm oder ihr kommt es zu, auf die Einhaltung der Regeln zu achten. Dazu zählen ausgeglichene Redezeiten ebenso wie die Gewähr, dass jeder Sprecher seine Gedanken entwickeln und seine Argumente ungestört von Unterbrechungen vortragen kann.

Bei einer Pro-Contra-Debatte sitzen sich zwei Gruppen gegenüber. Jede dieser Gruppen bestimmt einen Gruppensprecher. Sie halten stellvertretend für ihre Gruppen das Einstiegsplädoyer. Dazu bedarf es einer sorgfältigen Vorarbeit:

- Bereiten Sie die Debatte mithilfe der zur Verfügung stehenden Informationen inhaltlich und argumentativ arbeitsteilig vor.
- Die Experten für einzelne Themenaspekte können ihre Vorbereitung durch weitergehende (Internet-)Recherchen ausweiten und aktualisieren.
- Die Themenexperten fassen ihre Argumente auf Karteikarten zusammen.
- Diskutieren Sie zur Vorbereitung der eigentlichen Debatte in Ihrer Gruppe Ihre Argumentation und beziehen Sie in diese auch mögliche Gegenargumente ein.
- Plakatieren Sie eine strukturierte Argumentation.
- Verfassen Sie gemeinsam das Einstiegsplädoyer Ihrer Gruppe.

Durchführung

Die Durchführung einer Debatte unterliegt klaren Regeln und Abfolgen.

- Die Debatte beginnt mit einer kurzen thematischen Einführung durch den Moderator. Dabei wird nochmals kurz auf die Regeln hingewiesen.
- Jeder Gruppensprecher hält sein Plädoyer. Das Wort erteilt der Moderator, der auch auf die Einhaltung der Redezeit (maximal drei Minuten) achtet.
- Die Gruppen ziehen sich nach den Plädoyers zu einer kurzen Strategiebesprechung zurück, um sich auf die Argumente der Gegenseite vorzubereiten und eine Argumentationsstrategie festzulegen.
- Nachdem der Moderator den Gruppensprechern das Wort erteilt hat, legen diese ihre Gegenargumentation dar.
- Geleitet vom Moderator hat nun das Plenum die Möglichkeit, den Gruppensprechern Fragen zu stellen.
- Eine abschließende Abstimmung ermöglicht einen Eindruck, welche Position mehrheitsfähig ist. War zu Beginn der Debatte eine solche Abstimmung bereits erfolgt, wird deutlich, wie stark die eine oder andere Argumentation das Plenum überzeugen konnte.

Der Mensch erhebt sich über die Erde

Kritik am Anthropozän-Konzept kommt vor allem aus den Geisteswissenschaften, insbesondere aus der Philosophie. Das zentrale Argument richtet sich dabei auf die Rolle des Menschen im System Erde. Der Mensch, so die Kritiker, werde mit dem Anthropozän-Ansatz gleichsam aus dem System Erde herausgehoben und über dieses gestellt. Folglich stelle der Mensch eben keine Alternative dar, um die Veränderungen der Welt im Sinne des Systems zu erzielen. Vielmehr werden die massiven Eingriffe menschlichen Handelns in das System Erde als Argument dafür missbraucht, um als vermeintliche Korrektur oder Reparatur im Grunde noch massiver in das System Erde einzugreifen. Ansätze wie die Injektion von Schwefelverbindungen in die Stratosphäre zur Reduktion der solaren Energieeinstrahlung und damit zur Bekämpfung des Klimawandels repräsentieren solche fraglichen Geo-Engineering-Überlegungen. Würden solche Eingriffe möglich werden, erhöbe sich der Mensch endgültig über das System Erde und spielte gleichsam Gott. Die wirkliche Lösung aber, so die Kritik, müsse doch in der wirklichen Integration des Menschen in das System Erde bestehen. Nur wenn wir uns in die natürlichen Gegebenheiten einfügen und eben nicht diese zu beherrschen suchen, könnten die globalen Herausforderungen überwunden werden.

Anstelle von immer mehr technischen Lösungsansätzen, die letztlich ja nur ein Behandeln von Symptomen darstellten, bedürfe es eines Kulturwandels im Sinne einer „Humanökologie" (Jürgen Manemann). Anpassungsstrategien zugunsten eines guten Lebens trotz Klimawandel und anderer Herausforderungen statt Machbarkeitswahn, so könnte diese Position zusammengefasst werden.

Andere kritisieren die Unklarheit des Beginns des Anthropozäns bzw. die noch offenen Fragen über die Dauerhaftigkeit menschlicher Einflüsse auf die Erde – eine Kritik, die gleichwohl nur im Nachhinein verifiziert oder falsifiziert werden kann.

1

Führen Sie eine Pro-Contra-Debatte zum Anthropozän-Ansatz durch.
Beziehen Sie dazu die Materialien dieser sowie der vorangegangenen Seiten ein und ergänzen Sie Ihre Argumentationsgrundlage gegebenenfalls um eine Internetrecherche (Online-Code).

Pro-Contra-Argumente zum Anthropozän-Ansatz	
Geologie	+ konsequent, adäquat (Mensch als geologischer Faktor) – Quartärgeologie genügt, beschreibt bereits anthropogene Sedimente
Geographie	+ integriert Human-, Wirtschafts-, physische Geographie – Anthropozän deckungsgleich mit Geographie
Archäologie	+ Berücksichtigung von Artefakten begrüßt – früherer Einfluss des Menschen unberücksichtigt
Biologie, Ökologie	+ realistisch, konsequent, neue Metaphern für Biodiversitätsbedrohung – Mensch wie Tier immer mit Eingriffen in die Erde (biologischer Faktor)
Geschichtswissenschaft	+ integriert historische Prozesse (Fusion von Natur- und Geisteswissenschaft) – überflüssig, historische Daten besser als Umsetzung in geologische Daten
Kulturwissenschaft	+ Bedeutung der Kultur im Anthropozän-Konzept sehr hochstehend – zu westlich, zu wenig genderkonform
Soziologie	+ unterstreicht den konstruktiven Ansatz, integriert Gesellschaftsprozesse – zu wenig diskursiv, Streitkultur „bringt mehr"
Politikwissenschaft	+ politisch – zu wenig politisch
Philosopie, Religion	+ nicht anthropozentrisch, holistischer Denkansatz, Eigenwert von Mensch und Natur verschmelzen/sind miteinander eng verbunden – Anmaßung der Geologie, anthropozentrisch, Schöpferanspruch, fehlende Demut
Umwelt-NGOs	+ integrativ, neue Schutz- und Nutzkonzepte, Stärkung der Verantwortlichkeit – Aufweichung des Begriffs Nachhaltigkeit, Geo- und Bio-Engineering durch Hintertür

https://scilogs.spektrum.de/der-anthropozaeniker/wp-content/blogs.dir/194/files/anthrokritik.jpg; (Zugriff 27.10.2020)

2 **Pro- und Contra-Argumente verschiedener Wissenschaften**

Harald Welzer: Anthropozän oder Monetozän?

„Die Probleme, die wir im Umweltbereich, im Klimabereich haben, gehen ja nicht darauf zurück, das der Mensch etwas Bestimmtes getan hat, als anthropologisch sich immer gleich bleibendes Wesen. Sondern womit wir es zu tun haben, ist ein historisch junger Prozess der Zerstörung der natürlichen Ressourcen und auch der Überlebensbedingungen im Bereich Klima und so weiter. Und der geht zurück auf eine historisch sehr junge Wirtschaftsweise und eine Form von Gesellschaft, die auch erst einige Hundert Jahre alt ist. Das heißt, wir haben es mit einem kulturellen und historischen Phänomen zu tun und nicht mit einem anthropologischen. Und der Begriff des Anthropozäns tut so, als sei das gewissermaßen natural, als müssten Menschen so sein, wie sie jetzt sind. Und deshalb ist der Begriff völlig irreführend. Wenn überhaupt sind deshalb Begriffe wie Monetozän oder Kapitalozän angemessen."

Harald Welzer, in: Kay Müllges: Rolle und Verantwortung der Wissenschaft in der Epoche der Menschheit, Deutschlandfunk. Aus Kultur- und Sozialwissenschaften vom 27.11.2014, unter: www.deutschlandfunk.de (Zugriff 27.10.2020)

3

Wichtige Begriffe

- Anthroposphäre
- Anthropozän
- Atmosphäre
- Biosphäre
- Hydrosphäre
- Lithosphäre
- Pedosphäre
- Reliefsphäre
- Vernetzung

Wissen vernetzen

Die klein- wie großräumige Gestaltung der Erdoberfläche ist ein fortwährender Prozess. An diesem wirkt eine Vielzahl unterschiedlicher Einflussfaktoren mit. Diese reichen von der geologischen Beschaffenheit eines Gebiets über die klimatischen Bedingungen und damit die Verfügbarkeit von Wasser, die daraus resultierenden unterschiedlichsten tierischen wie pflanzlichen Lebensformen, die Bodenbildungsprozesse bis hin zu den kultur- und zeitspezifischen menschlichen Eingriffen. Da die Kombination dieser Einflussfaktoren an jedem Ort der Erde zwar direkt oder indirekt gegeben, aber eben doch sehr unterschiedlich ausgeprägt ist und zudem über die Zeit sich verändert, gleicht kein Teil der Erde einem anderen. Die Einmaligkeit des Ortes Fontainhas auf der Kapverden-Insel Santo Antão und die Landschaft rund um das untere Ende des Athabasca-Gletschers im kanadischen Bundesstaat Alberta dokumentieren beispielhaft, wie das Zusammenwirken der Prozesse aller Geosphären in ihrer spezifischen Kombination und Intensität zu vollkommen unterschiedlich gestalteten Räumen führt.

Der Geofaktor Mensch taucht in den 4,6 Mrd. Jahren der Erdgeschichte erst vor etwa 200 000 Jahren auf und hinterließ über die allerlängste Zeit kaum fortdauernde Spuren oder Veränderungen. Dies änderte sich mit der Industrialisierung Ende des 18. Jh. und führte insbesondere seit der Mitte des 20. Jh. zu einer vollkommen neuen Lage. Der Anstieg der Weltbevölkerung auf annähernd 8 Mrd. Menschen, deren individueller Ressourcenbedarf ungleich größer ist als derjenige vergangener Generationen, sowie die dominierende Form einer emissionsintensiven Energiebereitstellung führen dazu, dass die Wirkung des Geofaktors Mensch immer größer wird. Diese Erkenntnis kommt im Anthropozän-Ansatz zum Ausdruck. Mit diesem geht die Frage einher, wie den zu konstatierenden Herausforderungen erfolgversprechend begegnet werden kann. Ist eine konsequente Eingliederung des Menschen in das natürliche System Erde der richtige Weg oder eine an technischen Ansätzen ausgerichtete Strategie des Geo-Engineering?

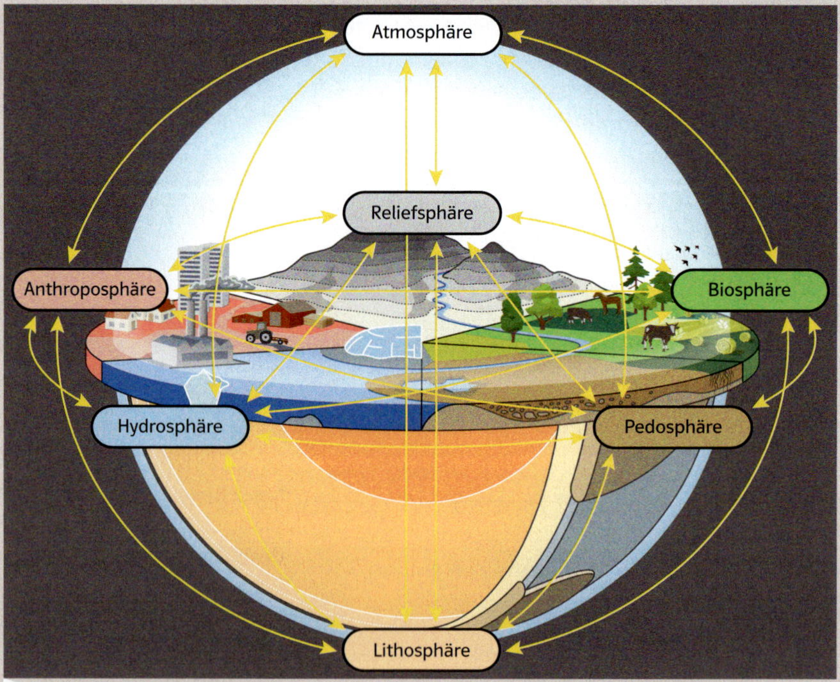

1 Geosphären im System Erde

Kompetenzen überprüfen

Überprüfen Sie Ihre in diesem Kapitel erworbenen Kompetenzen mit den folgenden Aufgaben und Materialien. Gehen Sie bei der Erarbeitung wie folgt vor:
- Erarbeiten Sie für jede Aufgabe schriftlich eine Lösung.
- Vergleichen Sie diese dann mit den Lösungshinweisen (Online-Code h8m4fs).
- Bewerten Sie Ihre Lösung anhand der Notenskala von 1 bis 6.
- Überlegen Sie, wie Sie eventuell festgestellte Defizite beseitigen können.

Sich orientieren

1 Verorten Sie die Raumbeispiele Fontainhas und Athabasca-Gletscher auf einer Weltkarte.

2 Ordnen Sie in die gleiche Weltkarte Regionen ein, die kaum oder gar nicht durch Menschen besiedelt oder wirtschaftlich genutzt werden. Nutzen Sie dazu den Anthropozän-Atlas unter www.smithsonianmag.com/science-nature/see-how-humans-have-reshaped-globe-interactive-atlas-180952971/

Wissen und verstehen

3 Nennen Sie die maßgeblichen Sphären des Systems Erde.

4 Stellen Sie zentrale Aspekte des Zusammenwirkens der Geosphären dar.

5 Erläutern Sie den Anthropozän-Ansatz.

Fachmethoden anwenden

6 Erklären Sie den systemischen Ansatz anhand des Modells Geosphären (Grafik 1).

7 Wenden Sie das Modell „Geosphären" (Grafik 1) anhand eines selbst gewählten Raumbeispiels an.

8 Interpretieren Sie die Karikatur 2.

Beurteilen und bewerten

9 Beurteilen Sie die Erklärungsmöglichkeiten des Geosphären-Modells für Ihren Heimatraum.

10 Bewerten Sie die Vorschläge des Geo-Engineering zur Überwindung der globalen Herausforderungen.

Handeln

11 Entwickeln Sie Ihren Beitrag zur Diskussion über den Anthropozän-Ansatz sowie das Geo-Engineering.

12 Überprüfen Sie Ihren möglichen Beitrag zur Realisierung eines Geo-Engineering-Projektes.

Basiskonzepte anwenden

13 Erläutern Sie an einem Fallbeispiel aus diesem Kapitel die Basiskonzepte der Geographie.

2 "We all want to change the world."

Wenn Sie alle Seiten dieses Kapitels bearbeitet haben, können Sie ...

- die Geosphären der Erde benennen,
- das Zusammenspiel der Geosphären an einem Landschaftsbild erläutern,
- die Erde als System darstellen,
- die Besonderheiten des Geofaktors Mensch erklären,
- den Anthropozän-Ansatz erörtern,
- eine Debatte führen.

3

Globale Herausforderungen und Zukunftssicherung

1 Grüne Städte – die Lösung?

Mit dem Zukunftsprojekt „Morgenstadt" der Fraunhofer-Initiative ist die Idee verbunden, „lebenswerte, belastbare, nachhaltige und integrative Städte zu entwickeln". Denn Städte werden im Verlauf des 21. Jahrhunderts Lebensraum für voraussichtlich drei Viertel aller auf der Erde lebenden Menschen sein.

In ihnen bündeln sich wie in einem Brennglas die globalen Trends von Migration und Klimawandel über Armut und Wasserversorgung bis hin zu komplexen Herausforderungen. Für Städte und in den Städten müssen folglich auch die entscheidenden Lösungsansätze gefunden werden. Welche sind das Ihrer Ansicht nach?

Sie untersuchen ...

2 Johannesburg, eine der größten Städte Afrikas

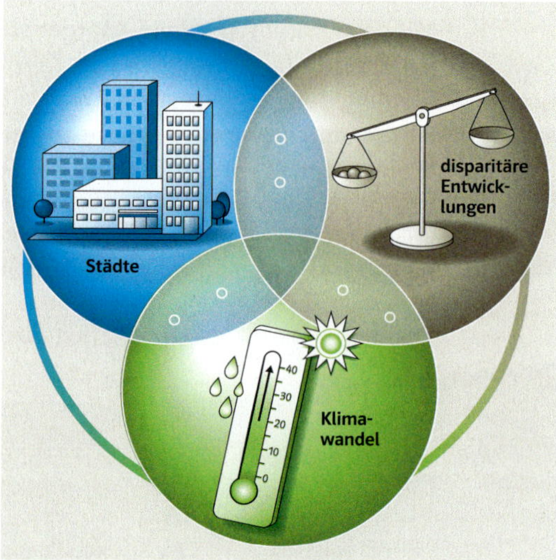

3 Globale Herausforderungen

Im „Brennglas Stadt" werden die globalen Herausforderungen unserer Zeit besonders deutlich. Das anhaltend hohe Bevölkerungswachstum verursacht in Kombination mit regionalen bis hin zu (inter-)kontinentalen Zuwanderungen die Herausbildung von immer mehr Millionenstädten, ja sogar von Megacities. In diesen leben mehr als 10, in einzelnen Fällen sogar bereits an die 30 Mio. Menschen. Sie alle müssen hinreichend mit Wasser, Nahrung, Unterkunft, Mobilität und Energie versorgt sein, was wiederum einen enormen Druck auf die ohnehin knappen Ressourcen verursacht. Und nicht alle Menschen finden Arbeit, deren Entlohnung ihnen die Befriedigung ihrer Grundbedürfnisse ermöglicht. In der Folge geht die Entwicklung zwischen armen und reichen Gesellschaftsschichten immer weiter auseinander und setzt wiederum Migrationsprozesse in Gang.

Aufgrund der dichten und hohen Bebauung, der geringen Freiflächen und der verwendeten Materialien sind die innerstädtischen Temperaturen höher als die der Umgebung. Die mit dem Klimawandel einhergehenden Temperaturanstiege werden also insbesondere in den Städten wirksam werden. Und da die Mehrzahl der großen Städte Küstenstädte sind, werden sie zudem mit dem klimawandelbedingten Anstieg des Meeresspiegels konfrontiert sein. Städtewachstum, ungleiche Entwicklung, Klimawandel sowie Ressourcenverknappung stehen im Zentrum der globalen Herausforderungen. Diese werden im Rahmen des Buches detailliert untersucht, wobei die Ressourcenknappheit nur indirekt Berücksichtigung findet.

Das Zusammenwirken dieser Prozesse bildet gleichsam das Konzentrat der globalen Herausforderungen, die wir im 21. Jh zu bewältigen haben, um die eigene Zukunft sowie die nachfolgender Generationen zu sichern. Dazu hat die Weltgemeinschaft sich auf ein allen Entscheidungen und Handlungen zugrundeliegendes Prinzip geeinigt: auf das Prinzip der nachhaltigen Entwicklung.

Diesen Fragen zu globalen Herausforderungen und zur Zukunftssicherung werden Sie nachgehen:

- Was sind globale Herausforderungen?
- Wie sieht die aktuelle Zukunftsstrategie der Weltgemeinschaft aus?
- Was bedeutet nachhaltige Entwicklung?
- Wie erreichen wir eine nachhaltige Entwicklung?
- Kann man nachhaltige Entwicklung messen?
- Wieviel Spielraum haben wir, um die Welt zukunftsfähig zu gestalten?
- Kann die Digitalisierung nachhaltige Entwicklung unterstützen?

Sie knüpfen an ...

4 Ladenstraße in Deutschland

5 Flussbett der Schwarzen Elster, Brandenburg, 2019

Das wissen Sie schon:

Mit dem Thema Disparitäten haben Sie sich bereits in der 8. Klasse auseinandergesetzt. Damals ging es vor allem um Ungleichheiten in den Lebensbereichen Bildung, Gesundheit, Ernährung und Einkommen. Dabei standen die einzelnen Disparitäten jeweils isoliert im Mittelpunkt des Interesses, also Hunger und Armut und mangelnde gesundheitliche Versorgung. Nun wird es darum gehen, diese gesellschaftlichen Entwicklungen und Unterschiede miteinander zu vernetzen. Also Fragen nachzugehen, wie Hunger und Bildung und Einkommensdisparitäten kausal verknüpft sind.
In der 9. oder 10. Klasse ging es um die Frage, wie ländliche Räume in Baden-Württemberg zukunftsfähig gestaltet werden können. Dabei standen Überlegungen im Raum, wie durch intensive Schutzkonzepte die Natur in ihrer Regenerationsfähigkeit erhalten bleiben kann. Zugleich erkannten Sie, dass Zukunftsfähigkeit nur erreicht werden kann, wenn auch Einkommensmöglichkeiten zumindest für einen Teil der Bevölkerung geschaffen werden.
Zudem haben Sie sich anhand vielfältiger Fallbeispiele intensiv mit der Frage befasst, wie mit der gegebenen Ressourcenknappheit umgegangen werden kann. Konkret standen Möglichkeiten einer nachhaltigen Nutzung der Ressourcen Wasser, Boden, Erze, Minerale, Agrargüter und Energieträger im Fokus. Dabei war in den Blick zu nehmen, wie ein gerechter Ausgleich zwischen den heute und den zukünftig auf der Welt lebenden Menschen erzielt werden kann. Dem Nachhaltigkeitsprinzip sowie der Idee eines nachhaltigen Wirtschaftskonzepts fiel große Bedeutung zu. Letzteres beschränkte sich dabei nicht auf das vertraute Recycling, sondern ging mit Konzepten des „Urban Mining“ oder des „Cradle-to-Cradle“-Ansatzes weit darüber hinaus.
Das Denken in Zusammenhängen ist Ihnen von daher ebenso vertraut wie vorausschauendes Denken oder die Entwicklung von Umsetzungsstrategien, um die formulierten Ziele erreichen zu können.

Bekannte Begriffe

- Disparität
- Effizienz der Ressourcennutzung
- Human Development Index (HDI)
- Klimawandel
- Migration
- nachhaltige Entwicklung
- Ressourcen
- Ressourcenknappheit
- Ressourcenverfügbarkeit
- Sustainable Development Goals
- Verstädterung
- zukunftsfähige Gestaltung von Räumen

1 Beschreiben Sie die „Brennglassymbolik“ für die Städte zu Beginn des 21. Jh.

2 Nennen Sie für jeden der Überschneidungsbereiche der Grafik 3 eine spezifische Problematik (z. B. Klimawandel/disparitäre Entwicklung: Umweltflucht).

3 Überprüfen Sie Ihr Wissen anhand der zentralen Begriffe vorangegangener Schuljahre.

1

3 Dorf Mopipi im Süden Botswanas

Globale Herausforderungen

„Die Welt steht angesichts von Armut, Klimawandel und vieler anderer Entwicklungen vor vielfältigen globalen Herausforderungen!" ist immer wieder als Einschätzung unserer Gegenwart und nahen Zukunft zu hören. Aber was bedeutet das eigentlich? Was sind globale Herausforderungen und wo werden diese sichtbar oder erfahrbar?

2 Wer wird am stärksten betroffen sein?

FALLBEISPIEL: Mopipi, Botswana

Der kleine Ort Mopipi liegt am südlichen Rand der Makgadikgadi-Salzton-Ebene im Zentrum Botswanas. Die Mehrzahl der etwa 3 500 Einwohner führt ein sehr ärmliches Leben, denn Wassermangel, Bodenunfruchtbarkeit und kaum vorhandene landwirtschaftliche oder industrielle Arbeitsplätze eröffnen nur für einige Wenige Möglichkeiten für eine wirtschaftliche Entwicklung und ein prosperierendes Dasein. Die Mehrzahl lebt von Viehhaltung und Gelegenheitsarbeiten. Einzig die in der Region konzentrierten Diamantenminen sowie einige wenige Ansätze eines Safari-Tourismus bieten zumindest temporär die Chance auf ein monetäres Einkommen. Bedingt durch die klimatischen Veränderungen der letzten Jahre fließt der Boteti, der die Region früher verlässlich mit Wasser versorgte, nur noch in der Regenzeit. Angesichts dieser Lebensbedingungen verlassen jedes Jahr insbesondere jüngere Menschen Mopipi, um sich in der Hauptstadt Gaborone, im Tourismuszentrum Maun oder in Kasane im Norden des Landes eine Zukunft aufzubauen. Mopipi steht sinnbildlich für die Lebensbedingungen eines Großteils der Menschen im ländlichen Raum des Globalen Südens, auch wenn die (globalen) Herausforderungen, vor denen sie im Einzelnen stehen, immer wieder durch andere lokale Situationen geprägt sind.

Mit dem Begriff **„globale Herausforderungen"** sind existenzielle Problemlagen zu verstehen, die gleichzeitig auf mindestens zwei Kontinenten auftreten. Zu unterscheiden ist zwischen solchen im Bereich der naturräumlichen Teilsysteme des Systems Erde und solchen im Bereich der Gesellschaft(en). Zu ersteren zählen vor allem der Klimawandel, der Verlust an Biodiversität, die Abnahme an Bodenfruchtbarkeit oder die Veränderung des Chemismus der Ozeane. Demgegenüber kennzeichnen Armut, Hunger, Migration und Konflikte global-gesellschaftliche Entwicklungsdefizite.

Der globalen Dimension der Herausforderungen steht immer das lokale Geschehen – etwa in Mopipi – gegenüber. Dabei kann es durchaus zu Unterschieden zwischen der lokalen und der globalen Ebene kommen. So führt der Klimawandel global zu Temperaturanstiegen und -abnahmen, in Mopipi jedoch zu Temperaturanstieg mit ausgeprägtem Wassermangel.

Die globalen Herausforderungen dürfen zudem nicht als isolierte Phänomene oder Einzelentwicklungen – etwa Armut und Artensterben – verstanden werden. Vielmehr sind sie als vielfältig kausal verknüpftes Netz zu begreifen, dessen Faktoren sich zum Teil bedingen, verstärken oder widersprechen. Eine erfolgreiche Gegenstrategie kann daher nur einem integrierten, nicht aber einem isolierten Ansatz folgen.

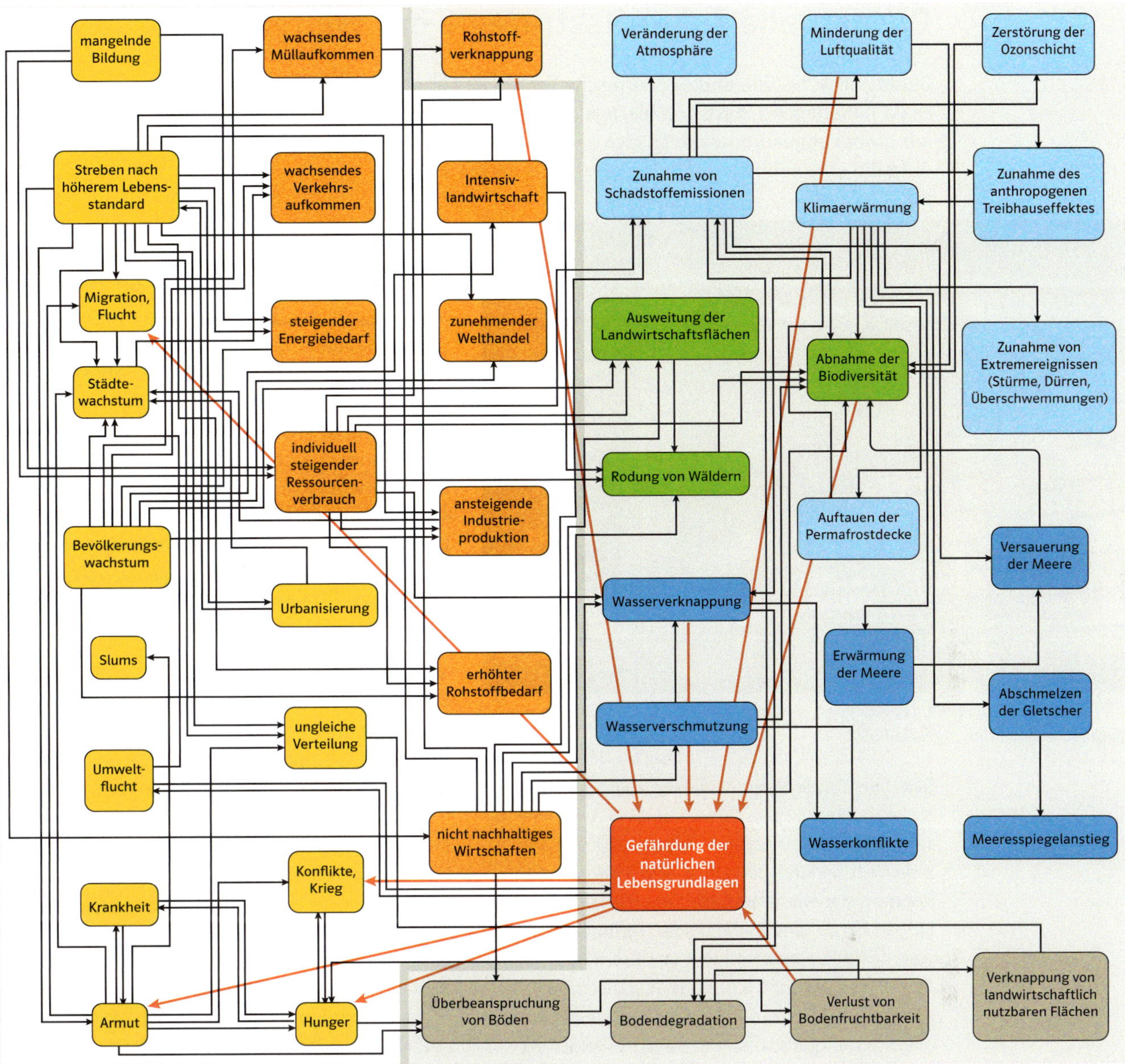

4 Netz globaler Herausforderungen

1

Stellen Sie die Situation in Mopipi dar.

2 MK

Arbeiten Sie mit dem Netz der globalen Herausforderungen (M4):

a) Ordnen Sie die Situation in Mopipi in das Netz der globalen Herausforderungen ein.

b) Erstellen Sie zum Netz eine Legende.

c) Erörtern Sie Ansatzpunkte für Lösungsstrategien zur Überwindung der Situation in Mopipi.

3

Erklären Sie den Begriff globale Herausforderungen.

4

Erörtern Sie die unterschiedliche Betroffenheit der drei Personengruppen (Bilder 2) hinsichtlich der globalen Herausforderungen im Verlauf des 21. Jh.

5

„Man muss die Zukunft als Chance begreifen statt sie als Bedrohung zu empfinden". Nehmen Sie Stellung zu diesem Zitat Rüdiger Nehbergs.

NE Die aktuelle Zukunftsstrategie der Weltgemeinschaft

Ökologische, soziale und ökonomische Probleme treten offenkundig weltweit auf. Es ist naheliegend, dass den hieraus resultierenden globalen Herausforderungen auch nur global abgestimmt erfolgreich entgegengetreten werden kann. Wer kann diese Aufgabe übernehmen und wie sieht die Strategie aus?

1 Das Hauptgebäude der Vereinten Nationen am 25.9.2015 anlässlich der Verabschiedung der „Agenda 2030"

→ nachhaltige Entwicklungsstrategien S. 158–161

Seit den 1960er-Jahren wiesen Experten auf die zunehmende globale Umweltzerstörung sowie die sehr ungleich verlaufende wirtschaftliche und soziale Entwicklung hin. Doch erst 1992 wurden im Rahmen der Konferenz für Umwelt und Entwicklung in Rio de Janeiro die beiden Dimensionen Umwelt und Soziales zusammengesehen. Zudem wurde mit der **„Agenda 21"**, dem Abschlussdokument der Rio-Konferenz, das Nachhaltigkeitsprinzip als oberste Handlungsmaxime des 21. Jh. vereinbart.
Wenige Jahre später nutzten die Vereinten Nationen die Symbolkraft des neuen Jahrtausends, um das **„Millennium-Entwicklungsprogramm"**, das erste Weltentwicklungsprogramm, auf den Weg zu bringen. Es war allen Entscheidungsträgern klar geworden, dass den gegebenen Herausforderungen nur gemeinsam begegnet werden kann. Mit der „Millennium-Erklärung" wurden acht Zielsetzungen zur Verbesserung der sozialen und ökologischen Probleme formuliert. Als das Programm 2015 auslief, konnten etliche Erfolge, etwa im Bereich der weltweiten Reduktion der Kindersterblichkeit sowie der HIV-Prävention, erreicht werden. Doch bestanden die Kindersterblichkeit und der Hunger insbesondere in Afrika südlich der Sahara sowie in Südasien weiter.
Zudem wurde Kritik dahingehend geäußert, dass die Millennium-Entwicklungsziele, die Millennium Development Goals (MDG), nur für Entwicklungsländer verbindlich waren und dass das Nachhaltigkeitsprinzip nur ansatzweise in den stark an sozialen Aspekten ausgerichteten Zielen zum Ausdruck kam und folglich unzureichend wirksam wurde.

Die „Agenda 2030"

Aufbauend auf dieser strukturellen Kritik entwickelte eine für Wissenschaftler, Entwicklungsakteure und Politiker offene Arbeitsgruppe ab 2012 ein Nachfolgeprogramm. Dieses wurde unter der Bezeichnung „Agenda 2030" am 25.9.2015 von der Generalversammlung der Vereinten Nationen feierlich verabschiedet und durch eine eindrucksvolle Lightshow an der Fassade des UN-Hauptquartiers in New York der Weltöffentlichkeit vorgestellt. Im Kern besteht die „Agenda 2030" aus den 17 Zielen für eine nachhaltige Entwicklung, den Sustainable Development Goals (SDGs). Diese proklamieren eine nachhaltige Entwicklung bis zum Jahr 2030 und sind für alle 192 Signatarstaaten verbindlich. Auf der Ebene unterhalb der SDGs listeten die Vereinten Nationen insgesamt 169 Unterziele, die sogenannten „Targets", auf, welche die konkreten Umsetzungsschritte beschreiben.
Damit, so meinen Experten, ist das Zeitalter der nachhaltigen Entwicklung definitiv eingeläutet und eine stärker **zukunfts- und lösungsorientierte Entwicklungsstrategie** vorgegeben.

1

Nennen Sie die zentralen Zielsetzungen des Millennium-Entwicklungsprogramms sowie die daran geübte Kritik.

Linktipp
Targets (Ziele)
ie7pj5

Multimedial arbeiten
SDG-Dashboard
ie7pj5

2

Die 17 Ziele für eine nachhaltige Entwicklung

Ziel 1: Armut in jeder Form und überall beenden.

Ziel 2: Den Hunger beenden, Ernährungssicherheit und eine bessere Ernährung erreichen und eine nachhaltige Landwirtschaft fördern.

Ziel 3: Ein gesundes Leben für alle Menschen jeden Alters gewährleisten und ihr Wohlergehen fördern.

Ziel 4: Inklusive, gerechte und hochwertige Bildung gewährleisten und Möglichkeiten des lebenslangen Lernens für alle fördern.

Ziel 5: Geschlechtergerechtigkeit und Selbstbestimmung für alle Frauen und Mädchen erreichen.

Ziel 6: Verfügbarkeit und nachhaltige Bewirtschaftung von Wasser und Sanitärversorgung für alle gewährleisten.

Ziel 7: Zugang zu bezahlbarer, verlässlicher, nachhaltiger und zeitgemäßer Energie für alle sichern.

Ziel 8: Dauerhaftes, inklusives und nachhaltiges Wirtschaftswachstum, produktive Vollbeschäftigung und menschenwürdige Arbeit für alle fördern.

Ziel 9: Eine belastbare Infrastruktur aufbauen, inklusive und nachhaltige Industrialisierung fördern und Innovationen unterstützen.

Ziel 10: Ungleichheit innerhalb von und zwischen Staaten verringern.

Ziel 11: Städte und Siedlungen inklusiv, sicher, widerstandsfähig und nachhaltig machen.

Ziel 12: Für nachhaltige Konsum- und Produktionsmuster sorgen.

Ziel 13: Umgehend Maßnahmen zur Bekämpfung des Klimawandels und seiner Auswirkungen ergreifen.

Ziel 14: Ozeane, Meere und Meeresressourcen im Sinne einer nachhaltigen Entwicklung erhalten und nachhaltig nutzen.

Ziel 15: Landökosysteme schützen, wiederherstellen und ihre nachhaltige Nutzung fördern, Wälder nachhaltig bewirtschaften, Wüstenbildung bekämpfen, Bodenverschlechterung stoppen und umkehren und den Biodiversitätsverlust stoppen.

Ziel 16: Friedliche und inklusive Gesellschaften im Sinne einer nachhaltigen Entwicklung fördern, allen Menschen Zugang zur Justiz ermöglichen und effektive, rechenschaftspflichtige und inklusive Institutionen auf allen Ebenen aufbauen.

Ziel 17: Umsetzungsmittel stärken und die globale Partnerschaft für nachhaltige Entwicklung wiederbeleben.

3

2 Erläutern Sie die Übereinstimmung der „Agenda 2030" mit der Zielsetzung einer nachhaltigen Entwicklung.

3 MK Interpretieren Sie die Darstellung der 17 SDGs (Grafik 2 und Text 3).

4 Entwickeln Sie eine „Top 3"-Liste der Ihrer Ansicht nach bedeutendsten SDGs
- für Sie persönlich,
- für die Gesellschaft.

NE „Nachhaltige Entwicklung" – was ist das?

Hans Carl von Carlowitz (1645–1714) entwickelte das Prinzip einer nachhaltigen Forstwirtschaft.

Rachel Carlsson (1907–1964)
In „Der stumme Frühling" (1962) beschreibt die amerikanische Biologin das Verschwinden der Vögel im Mittleren Westen aufgrund des massiven Einsatzes von toxischen Agrochemikalien. Erst als auch das Wappentier der USA, der Weißkopfseeadler, massiv betroffen ist, schreitet die Regierung ein und verbietet den Einsatz einiger Stoffe.

1 Pioniere der Nachhaltigkeit Teil 1

Der Begriff **Nachhaltigkeit** ist heute in aller Munde. Beim Durchblättern einer Zeitschrift stoßen wir auf Angebote für „nachhaltige Investments", vielfältige Werbung für Lebensmittel verweist auf „nachhaltige Produktion" und auf allen Ebenen unserer Gesellschaft wird von **nachhaltiger Entwicklung** gesprochen. Was aber genau ist Nachhaltigkeit bzw. nachhaltige Entwicklung?
Erstmals taucht der Begriff „nachhaltend" in einem Buch über die Waldwirtschaft auf, das 1713 von Hans Carl von Carlowitz, einem sächsischen Oberberghauptmann, verfasst worden ist. Als solcher war er nicht nur für den Bergbau auf Blei und Silber im Erzgebirge verantwortlich, sondern auch für die Waldwirtschaft. Denn für den Ausbau der Bergwerksstollen wurden ebenso große Mengen an Holz benötigt wie bei der Verhüttung der gewonnenen Erze. Da im ausgehenden 17. Jh. die Wälder aufgrund vielfältiger wirtschaftlicher Nutzungen in weiten Bereichen der Mittelgebirge bereits abgeholzt waren, erkannte Carlowitz, dass sich binnen weniger Jahre die Situation dramatisch verschlechtern und nicht mehr hinreichend Holz zur Verfügung stehen würde. Dies war für ihn Anlass, darüber nachzudenken, wie auf Dauer die Holzversorgung gesichert werden könnte. Er erkannte, dass dies nur dann möglich sein wird, wenn immer nur so viel Holz eingeschlagen wird, wie in der gleichen Zeit nachwachsen kann. Seither ist diese Erkenntnis fester Bestandteil nachhaltiger Forstwirtschaft.

Die Übertragung dieses Prinzips auf alle Bereiche menschlichen Handelns erfolgte erst 1992, als 189 Staats- und Regierungschefs auf der **UN-Konferenz über Umwelt und Entwicklung** in Rio de Janeiro das Nachhaltigkeitsprinzip als Handlungsmaxime der Weltgesellschaft für das 21. Jh. festschrieben. Diesem Schritt vorausgegangen war seit den 1960er-Jahren die Erkenntnis, dass mit der voranschreitenden Industrialisierung der Ressourcenbedarf steigen wird und die vielfältigen Emissionen von Schadstoffen die natürlichen Stoffströme des Systems Erde massiv belasten werden sowie die dauerhafte Verfügbarkeit von Ressourcen infrage gestellt ist. In dieser Zeit erschien Rachel Carsons „Der stumme Frühling" als erstes Umweltbuch.

Langsam setzte sich die Einsicht in die grundsätzliche Verwundbarkeit der Erde durch. Dies kam auch in den Worten des Apollo-Astronauten Eugene Cernan zum Ausdruck, der beim Anblick der aufgehenden Erde über dem Mondhorizont sagte: „Wir brachen auf, um den Mond zu erkunden, aber tatsächlich entdeckten wir die Erde". Auf wissenschaftlicher Ebene war es vor allem Dennis Meadows, der „Die Grenzen des Wachstums" (1972) auf der Basis seiner Forschungsergebnisse formulierte.

Die seit den 1970er-Jahren insbesondere in Deutschland geführte Diskussion über das Waldsterben sowie die seit den 1980er-Jahren einsetzende Debatte über den Klimawandel brachte das Umweltthema auf die politische Agenda. Zur Vorbereitung der UN-Konferenz in Rio de Janeiro, die bereits deutlich machte, dass der Schutz der Umwelt und die Bekämpfung von Armut nicht isoliert, sondern integriert zu betrachten und anzugehen sind, wurde unter Leitung der ehemaligen norwegischen Ministerpräsidentin Gro Harlem Brundtland (*1939) eine Kommission eingerichtet, die die zentralen Leitlinien für die Konferenz erarbeiten sollte. Es war diese Kommission, die sich auf das in der Forstwirtschaft etablierte Nachhaltigkeitsprinzip besann und dessen Anwendung auf alle Bereiche menschlichen Handelns in ihrem Bericht „Our common future" vorschlug (1987). Danach ist „nachhaltige Entwicklung eine Entwicklung, welche die Bedürfnisse der gegenwärtigen Generation befriedigt, ohne die Fähigkeit zukünftiger Generationen zu gefährden, ihre eigenen Bedürfnisse zu befriedigen." Diesem Konzept folgte 1992 die Weltgemeinschaft mit ihrem zentralen Dokument „Agenda 21".

← Agenda 21 S. 40

1 Arbeiten Sie die zentralen Etappen der Entwicklung des Nachhaltigkeitsprinzips heraus.

2 Vergleichen Sie die drei unterschiedlichen Ansätze des Nachhaltigkeitsprinzips (Text 3).

3 Bewerten Sie vor diesem Hintergrund die politische Bedeutung der unterschiedlichen Nachhaltigkeitsprinzipien.

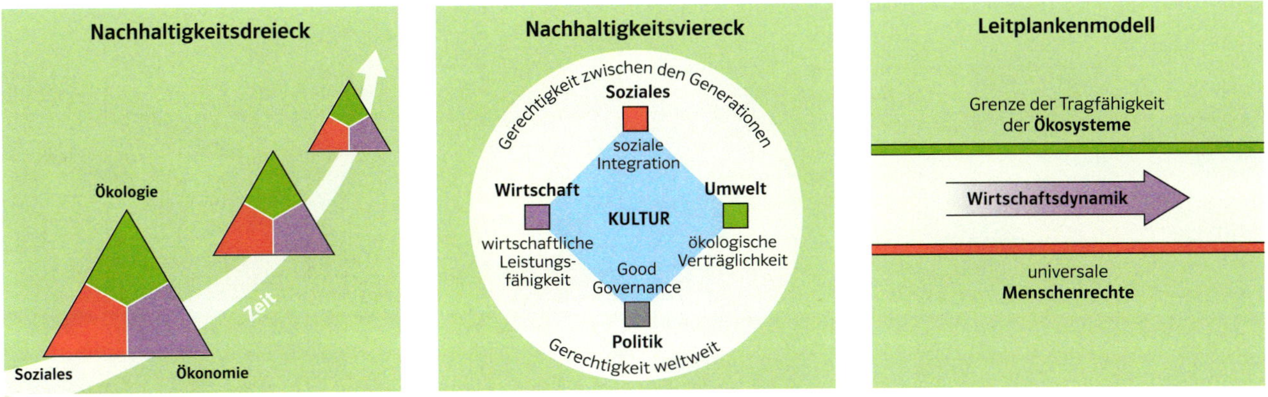

2 Modelle des Nachhaltigkeitsprinzips
Ergänzt nach Bundesministerium für wirtschaftliche Zusammenarbeit und Entwicklung: Foliensatz zur Entwicklungspolitik. Bonn o.J.

Dreieck, Viereck, Leitplanken – die Modelle der Nachhaltigkeit

„Der Grundgedanke des Nachhaltigkeitsprinzips wurde in den vergangenen Jahren immer wieder in neue **Nachhaltigkeitsmodelle** übersetzt.
Die wichtigsten werden hier vorgestellt:

Das Nachhaltigkeitsdreieck
Den Anfang markierte um das Jahr 1990 das Nachhaltigkeitsdreieck, dessen drei Ecken durch die Dimensionen Ökonomie, Ökologie und Soziales gebildet werden. Diese Dimensionen gilt es in allen Entscheidungen und Handlungen der Menschen in Einklang zu bringen. Dieser Grundsatz gilt dabei nicht nur für die jeweils aktuelle Situation, sondern ist ergänzt um die Dimension Zeit. Dies ist so zu verstehen, dass jede Generation die Erde nur so nutzen soll, dass nachfolgende Generationen die gleichen Entwicklungsmöglichkeiten haben wie die vorangegangenen Generationen.

Das Nachhaltigkeitsviereck
Doch längst ist dieses anfängliche Modell insbesondere im Kontext entwicklungspolitischer Diskussionen mehrfach verändert worden. Zusätzlich zu den drei genannten Komponenten wurden der Aspekt der Politik im Sinne der guten Regierungsführung („Good Governance") sowie die Sphäre der Kultur ergänzt. Demnach ist eine nachhaltige Entwicklung nur dann zu erreichen, wenn bei Entscheidungen und daraus resultierenden Handlungen allen fünf Dimensionen angemessen und ausgleichend Rechnung getragen wird.

Leitplankenmodell
Geleitet von der Erkenntnis, dass die bisherigen Modelle zur Realisierung des Nachhaltigkeitsprinzips nur bedingt erfolgreich waren, haben Brot für die Welt, der Evangelische Entwicklungsdienst (EED) und der Bund für Umwelt- und Naturschutz (BUND) als die herausgebenden Institutionen des Werkes ‚Zukunftsfähiges Deutschland in einer globalisierten Welt' mit ihrem Leitplankenmodell Ende 2008 einen weiteren Anstoß zur gesellschaftlichen Debatte gegeben. Nach diesem Verständnis des Nachhaltigkeitsprinzips soll die Ökonomie ihre Dynamik ausschließlich in dem Bereich entfalten können, der durch die ökologische Tragfähigkeit von Räumen auf der einen und die Gültigkeit der universalen Menschenrechte auf der anderen Seite im Sinne von unüberschreitbaren Leitplanken begrenzt und definiert wird. Inwieweit diese aktuelle Interpretation des Nachhaltigkeitsprinzips die künftige Debatte um Nachhaltigkeit und Bildung für Nachhaltigkeit beeinflussen wird, ist derzeit noch nicht abzusehen."

Nach Thomas Hoffmann u.a.: Unterrichtsbeispiel „Moderne Produktionskonzepte und nachhaltige Entwicklung", auf https://lehrerfortbildung-bw.de/u_gewi/geographie/gym/bp2004/fb1/aufg/bsp/dst2/nachprinz/, Jan. 2018 (Zugriff 27.10.2020)

3

Dennis Meadows (*1942)
Zu Beginn der 1970er-Jahre erstellte eine Forschergruppe um den Ökonomen Meadows Vorhersagen bezüglich des Verhältnisses zwischen Bevölkerungswachstum, Industrie- und Nahrungsmittelproduktion sowie Rohstoff- und Energiebedarf. Die Ergebnisse weisen auf „Grenzen des Wachstums" vor dem Hintergrund der Ambivalenz einer endlichen Ressourcenausstattung und uneingeschränktem Wirtschaftswachstum hin.

4 Pioniere der Nachhaltigkeit Teil 2

1

4

NE „Nachhaltige Entwicklung“ – wie genau geht das?

2

Die Notwendigkeit, die Zielsetzung und die Zielrichtung nachhaltiger Entwicklung sind auf den letzten Seiten deutlich geworden. Aber wie kann diese Zielsetzung erreicht werden? Dazu haben Vertreter der Wirtschaft, der Gesellschaft und des Umweltschutzes vielfältige Maßnahmen, etwa Automatisierung, Upcycling oder Verbote von Umweltgiften und zahlreiche alltagspraktische Schritte vorgeschlagen. Die Vielfalt dieser konkreten Maßnahmen zeigt dabei Gemeinsamkeiten, die wiederum unterschiedliche Nachhaltigkeitsstrategien begründen. Der schonende Umgang mit Rohstoffen, Energie und Wasser durch bewusste Lebens- und Wirtschaftsweisen oder der allgemeine Schutz der Umwelt sind nur einige der allenthalben zu beobachtenden Strategien zugunsten einer nachhaltigen Entwicklung. Manche dieser Strategien greifen dabei auf ältere Ansätze aus den 1970er-Jahren zurück, andere wurden erst in den vergangenen zwanzig Jahren entwickelt oder verfeinert.

Im Kern lässt sich die Vielfalt heute diskutierter und angewandter Nachhaltigkeitsstrategien auf drei Grundtypen reduzieren: Suffizienz-, Effizienz- und Konsistenzstrategie. Zur umfassenden Nachhaltigkeitsstrategie werden diese aber nur in ihrem Zusammenwirken.

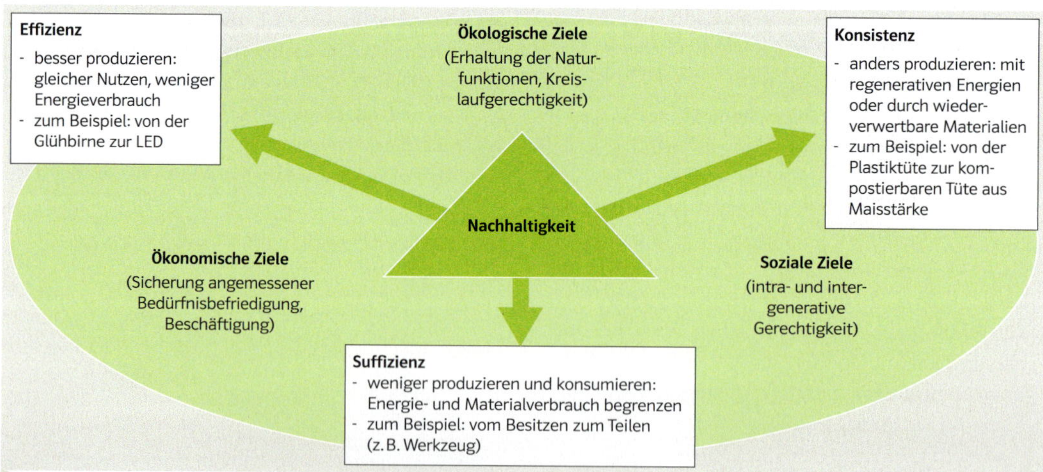

3 Dimensionen und Strategien der Nachhaltigkeit

Nach Bernd Siebenhüner: Homo sustinens. Marburg: Metropolis 2001, S. 78

Suffizienzstrategie

„Der Begriff Suffizienz (aus dem Lateinischen sufficere = ausreichen, genügen) steht für „das richtige Maß“, bzw. „ein genügend an“. Verstanden werden kann die Suffizienz als Änderungen der vorherrschenden Konsummuster.
Das Konzept der Suffizienz berücksichtigt dabei natürliche Grenzen und Ressourcen und bemüht sich somit um einen möglichst geringen Rohstoffverbrauch. Der Begriff steht hierbei für die Selbstbegrenzung und Entschleunigung sowie das richtige Maß an Konsum, Konsumverzicht und Entkommerzialisierung.“

J. Bauer: Industrielle Ökologie. Stuttgart 2008, S. 64

„Die Suffizienzstrategie basiert auf dem Grundgedanken, dass der weltweite Bedarf an Konsum und Dienstleistungen gesenkt wird, ohne dass dabei Verluste eingebüßt werden. Vor allem in einer Zeit des Wegwerf-Konsums kommt es nicht selten zum Überkonsum aufgrund fehlender regulierender Maße. Die Konsumgesellschaft basiert darauf, dass möglichst viel konsumiert wird und geht implizit von der Notwendigkeit eines stetigen Wachstums aus. Dabei werden der Wohlstand und die Lebensqualität am Konsumniveau gemessen. Die Reduzierung des eigenen Konsums ist gleichbedeutend mit Verzicht und wird somit als Rückschritt verstanden. Oftmals resultiert daraus der Gedanke: Wer nicht konsumiert, befindet sich am Rande der Gesellschaft, da er das Wachstum nicht fördert oder mit diesem nicht Schritthalten kann. Problematischerweise prägt diese Vorstellung vom Konsum unsere Wahrnehmung der Realität, die scheinbar nicht zu durchbrechen ist. Genau an dieser Stelle setzt die Suffizienzstrategie an.“

C. Fischer/R. Grießhammer: Öko-Institut Working Paper 2/2013. Mehr als nur weniger. Suffizienz: Begriff, Begründung und Potenziale, S. 7ff.

5

Konsistenzstrategie

„Der Begriff Konsistenz im Kontext der Nachhaltigkeit beschreibt die Vereinbarkeit von Natur und Technik. Alternativ kann auch der Begriff Ökoeffektivität benutzt werden. Der Grundgedanke [...] ist: In nachhaltigen Systemen gibt es keine Abfälle, sondern nur Produkte. Gemeint ist also die Vermeidung von Abfällen durch wiederverwertbare Ressourcen.“

https://redaktion.nachhaltigkeit.info/artikel/konsistenz_2033.htm?sid=18heg46brl5prckqv0849f97k5 (Zugriff: 21.09.20)

„Am Beispiel eines Baumes kann diese Idee gut verbildlicht werden: Ein Baum produziert jährlich Tausende Blüten und Früchte. Ein Großteil davon fällt zu Boden und verrottet dort. Allerdings handelt es sich bei diesen Produkten nicht um Abfälle, die der Baum nicht mehr braucht. Im Gegenteil, die am Boden liegenden Früchte und Blätter dienen als Nahrung für Kleinstorganismen und Dünger für den Kirschbaum. Hier liegt also ein in sich geschlossenes System vor, an dem sich industrielle Produktionsprozesse orientieren müssen, um das Konzept der Konsistenz realisieren zu können.
Das Ziel der Konsistenzstrategie ist die Verträglichkeit von anthropogenen Stoff- und Energieströmen mit den Strömen natürlicher Herkunft. Das menschliche Wirken und Handeln soll demnach nicht mit natürlichen Abläufen in Konflikt geraten. Dafür ist es von Bedeutung, dass die technischen Abläufe auf eine Weise organisiert werden, sodass es in der Technosphäre wie in der Natur nur recycelbare Produkte gibt und Abfälle vermieden werden. [...]“

J. Bauer 2008, a. a. O., S. 64

6

Effizienzstrategie

„Der Begriff Effizienz (Englisch: efficiency) beschreibt ein Nutzen-Aufwand-Verhältnis, welches zum Erreichen eines bestimmten Ergebnisses benötigt wird. Effizienz kann somit als ein Kriterium verstanden werden, mit dem beschrieben wird, ob ein Ziel in einer bestimmten Art und Weise zu erreichen ist. Vergleichbare deutsche Begriffe sind Wirksamkeit oder auch Wirtschaftlichkeit. Der Begriff der Effizienz ist eng verbunden mit dem Begriff der ‚Suffizienz‘. Beide Begriffe sind für nachhaltiges Konsumieren von großer Bedeutung.“

W. Irrek/S. Thomas/S. Böhler/M. Spitzner (Wuppertaler Institut für Klima, Umwelt, Energie GmbH): Definition Energieeffizienz, v. Juli 2008

„Die Effizienzstrategie macht sich [...] an dem Verhältnis von Ertrag zu Aufwand fest und setzt damit an der Technologie (T) an. Nicht die absolute Menge der Güter- oder Nutzengenerierung ist hier entscheidend, sondern wie viel Aufwand an Rohstoffen oder Umwelt dafür – relativ betrachtet – benötigt wurde. In ihr findet sich das Wirtschaftlichkeitsdenken am ehesten wieder: das Maximierungsprinzip, wonach der Ertrag bei konstantem Aufwand zu maximieren ist, und das Minimierungsprinzip, wonach der Aufwand bei konstantem Ertrag zu minimieren ist. Es wundert daher nicht, dass gerade die Effizienzstrategie gerne von wirtschaftsnahen Vertretern aufgegriffen wird. Sie steht in keinem Widerspruch zu ökonomischen Zielen, sondern unterstützt diese sogar.“

Mario Schmidt: Die Bedeutung der Effizienz für Nachhaltigkeit – Chancen und Grenzen, in: S. Hartard, A. Schaffer, J. Giegrich (Hrsg.): Ressourceneffizienz im Kontext der Nachhaltigkeitsdebatte. Nomos-Verlag Baden-Baden, 2008, S. 31 – 46

7

1 Arbeiten Sie die Kerngedanken der drei Nachhaltigkeitsstrategien aus den verschiedenen Materialien heraus.

2 Entwickeln Sie mithilfe der Beispiele in Grafik 3 eigene Ideen zur Umsetzung
a) jeder einzelnen der drei Nachhaltigkeitsstrategien,
b) der drei Nachhaltigkeitsstrategien in einer kombinierten Maßnahme.

2 Schwer wiegende Entscheidung: Ökologischer Rucksack

NE

Kann man nachhaltige Entwicklung messen?

→ Ökologischer Fußabdruck S. 86

Mit der Übereinkunft der Weltgemeinschaft, das Nachhaltigkeitsprinzip zur Maxime menschlichen Handelns zu erheben, entstand die Notwendigkeit, Nachhaltigkeit messbar zu machen. Denn nur so kann festgestellt werden, ob die weitere Entwicklung in diesem Sinne verläuft oder nicht. Vor diesem Hintergrund wurden seit Mitte der 1990er-Jahre verschiedene Vorschläge zur Messbarkeit nachhaltiger Entwicklung unterbreitet.

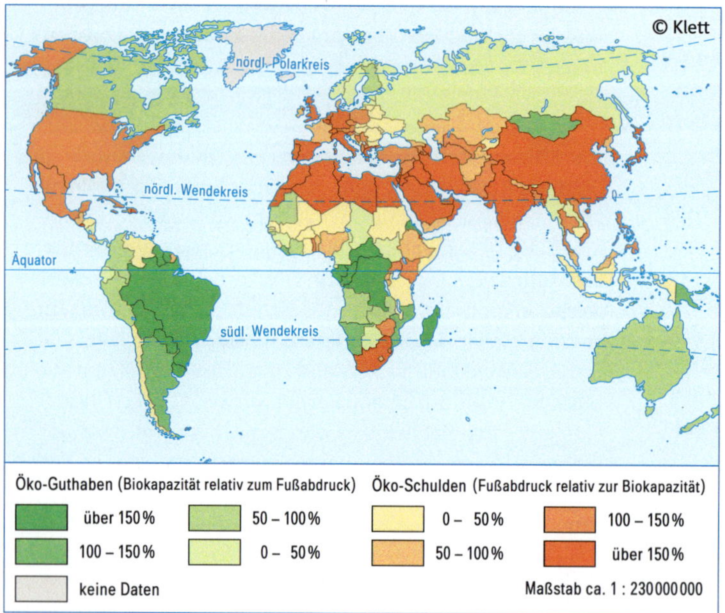

1 Ökologischer Fußabdruck der Staaten der Erde 2019

Biokapazität: Sie drückt aus, welche Flächen global tatsächlich zur Verfügung stehen, um Ressourcen zu erzeugen und CO_2 aufzunehmen. Ihre Größe berechnet sich aus dem Produkt der nutzbaren Fläche für Acker- und Weideland, Wälder und Fischgründe sowie der biologischen Produktivität pro Hektar. Die Biokapazität repräsentiert also die ökologische Angebotsseite, der ökologische Fußabdruck steht für die menschliche Nachfrage.

Nach Global Footprint Network: Ecological Wealth of Nations, unter: http://data.footprintnetwork.org/#/ Jun. 2017 (Zugriff 27.10.2020)

Ökologischer Rucksack

Im „Wuppertal Institut für Klima, Umwelt, Energie" wurde 1994 ein Vorschlag erarbeitet, um Nachhaltigkeit zu messen. Man vertrat die Auffassung, dass die vielfältigen und unterschiedlichen Formen menschlichen Handelns letztlich immer dazu führen, dass Natur bewegt werden müsse, um sie zu nutzen. Daher, so die Überlegung, könne man alle Eingriffe des Menschen in die Natur als Masse bestimmen und folglich messen. Diese Überlegungen liegen dem Konzept des **ökologischen Rucksacks** zugrunde. Dieser steht für die im Rahmen der Erstellung, der Nutzung und der Entsorgung eines Produktes oder einer Dienstleistung aufgewendeten Ressourcenmenge. Das Konzept soll im Rahmen der Ökobilanz einen Vergleichsmaßstab bieten, mit dem verdeutlicht wird, welche ökologischen Folgen die Bereitstellung bestimmter Güter verursacht.

Ökologischer Fußabdruck

Der Schweizer Mathis Wackernagel und sein kalifornischer Kollege William Rees unterbreiteten 1994 den Vorschlag, dass alles menschliche Handeln und Konsumieren letztlich in benötigter Fläche ausgedrückt werden könne. Denn sowohl zur Befriedigung unserer Grund- als auch unserer Luxusbedürfnisse sowie zur Deponierung unseres Mülls und verschiedenster Emissionen benötigen wir letztlich Fläche. Aus dieser Grundüberlegung heraus entwickelten sie das Konzept des **ökologischen Fußabdrucks**. Dieser steht für die unter heutigen Produktionsbedingungen von einem Menschen durchschnittlich benötigte Fläche, unter der Annahme eines bestimmten Lebensstils und Lebensstandards. Da die verfügbare Fläche der Erde begrenzt ist, die Weltbevölkerung aber seit Jahrzehnten zunimmt, nimmt dieser Wert kontinuierlich ab und beträgt derzeit 1,8 globale Hektar (gha), die rechnerisch jedem Menschen weltweit zur Verfügung stehen. Liegt der Wert höher, dann übernutzen wir das System Erde. Während der ökologische Fußabdruck unser Fehlverhalten dokumentiert, setzt das Konzept des **„Handprint-Konzept"** an unseren Aktivitäten zugunsten einer nachhaltigen Entwicklung an.

1 MK

Ermitteln Sie Ihren individuellen ökologischen Fuß- und Handabdruck mithilfe eines CO_2-Rechners aus dem Internet (z. B. Suchbegriff „footprint") und eines Handprint Calculators.

Earth Overshoot Day

Von einem festen Geldbetrag kann man Zinsen erwirtschaften und von diesen leben – vorausgesetzt, man reduziert nicht das Stammkapital. Vergleichbar basiert das Konzept des „Earth Overshoot Day" auf der Überlegung, dass sich das System Erde binnen eines Jahres vollständig regenerieren und entsprechend Ressourcen zur Nutzung bereitstellen kann – vorausgesetzt, die Eingriffe des Menschen in das Systems überschreiten nicht dessen Regenerationsfähigkeit. Doch eben dies wird seit den ersten Ermittlungen des im Deutschen als „Welterschöpfungstag" bezeichneten Termins deutlich. Seit Ende der 1980er-Jahre wird der Tag im Jahresverlauf berechnet, bis zu dem die Regenerationsfähigkeit des Systems Erde die Bedürfnisse der Menschheit nach Ressourcen befriedigen kann. 1987 war dieser Tag der 19. Dezember. Schon damals also konnte das System Erde den menschlichen Ressourcenbedarf nicht mehr allein aus der Regeneration bestreiten, sondern es musste die Substanz des Systems Erde angegriffen werden: Im übertragenen Sinne also ging es an das Stammkapital. Dies wiederum führt zwangsläufig zu einer reduzierten Regenerationsfähigkeit. Durch die ständige Übernutzung des Systems Erde verschiebt sich der Earth Overshoot Day immer weiter nach vorn (siehe Tabelle 4).

HDI und ökologischer Fußabdruck

In jüngster Zeit findet ein weiteres Verfahren zur Messung von Nachhaltigkeit zunehmend Beachtung. Dieses betont die ökonomische, ökologische und soziale Dimension des Nachhaltigkeitsgedankens und geht damit über die primär ökologisch ausgerichteten anderen Ansätze hinaus. Dazu werden für einzelne Länder die Daten des Human Development Index (berechnet aus Daten zum Bruttoinlandsprodukt pro Kopf (kaufkraftbereinigt), zur durchschnittlichen Lebenserwartung sowie zur durchschnittlichen Dauer der Beschulung) mit denen des ökologischen Fußabdrucks kombiniert. Nachhaltigkeit ist nach diesem Konzept dann gegeben, wenn der durchschnittliche ökologische Fußabdruck einer Gesellschaft unter einem Grenzwert von 1,8 globalen Hektar pro Person liegt und gleichzeitig ein HDI-Wert von mindestens 0,8 erreicht wird. Der Grenzwert des ökologischen Fußabdrucks nimmt bei gleichbleibender Fläche und zunehmender Weltbevölkerung ab. Der Grenzwert des HDI wurde so festgelegt, dass ein HDI-Wert von mehr als 0,8 einen hohen und damit anzustrebenden Entwicklungsstand signalisiert. Vor dem Hintergrund dieser Definition von Nachhaltigkeit wird deutlich, dass nachhaltige Entwicklung für die Gruppe der Entwicklungsländer vor allem die Steigerung ihres HDI-Wertes bedeutet, während sie für die Gruppe der hochentwickelten, wohlhabenden Gesellschaften auf die Absenkung ihres ökologischen Fußabdrucks zielt.

Earth Overshoot Day	
1990	07. Dez.
1995	21. Nov.
2000	1. Nov.
2005	20. Okt.
2010	21. Aug.
2017	2. Aug.
2019	29. Juli

Nach www.overshootday.org, (Zugriff 27.10.2020)

4

→ HDI S.142/143

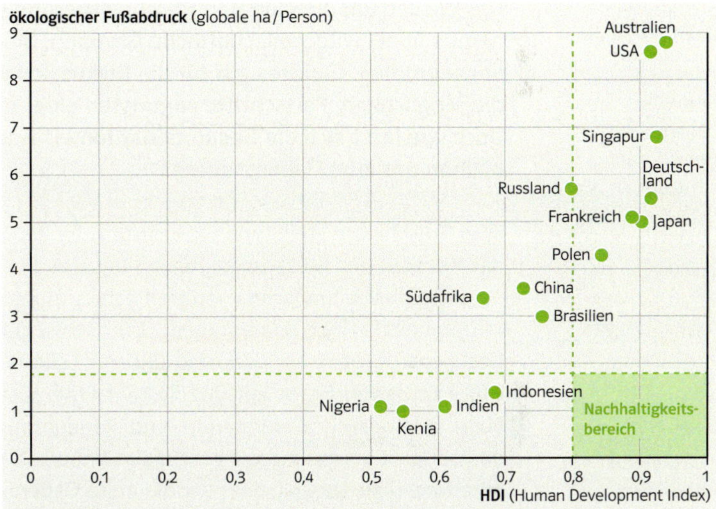

3 Nachhaltigkeit – wo stehen ausgewählte Staaten?

Nach: Deutsche Gesellschaft für die Vereinten Nationen e.V. (DGVN) (Hrsg.): Bericht über die menschliche Entwicklung 2015. Berlin: BWV 2015, S.246–249/Global Footprint Network: Ecological Wealth of Nations, unter: www.footprintnetwork.org/content/images/uploads/Ecological_Wealth_of_Nations.pdf/, beide Okt. 2016 (Zugriff 27.10.2020)

2

Führen Sie ein Gruppenpuzzle zu folgendem Arbeitsauftrag durch:

a) Stammgruppe: Erstellen Sie eine Rangliste der Ihrer Ansicht nach geeignetsten Konzepte zur Ermittlung von Nachhaltigkeit bzw. zur Bewertung nachhaltiger Prozesse. Präsentieren Sie Ihre Ergebnisse im Plenum und begründen Sie Ihre Rangfolge.

b) Expertengruppe: Arbeiten Sie den spezifischen Ansatz des vorgeschlagenen Messverfahrens heraus. Präsentieren Sie Ihr Ergebnis in Ihrer Stammgruppe.

3

Dennis Meadows, der Hauptautor des Buches „Die Grenzen des Wachstums", kommt für sich zu dem Schluss: „Der Ausdruck und damit das Programm ‚Nachhaltige Entwicklung' ist ein Oxymoron", also ein Widerspruch in sich selbst. Nehmen Sie Stellung zu dieser Aussage.

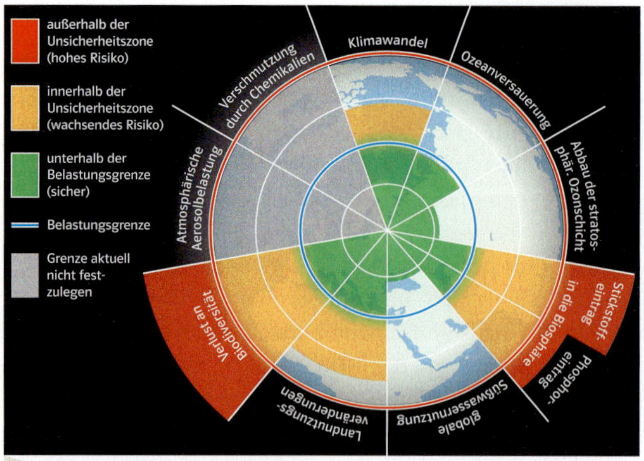

1 **Rockströms Konzept der Belastungsgrenzen des Planeten**
Nach Johan Rockström: Planetary Boundaries. Unter: www.stockholmresilience.org/research/research-news/2015-01-15-planetary-boundaries--an-update.html (Zugriff 27.10.2020)

2 **Johan Rockström vom Stockholm Resilience Center bei seiner TED-Vorlesung „Planetary Boundaries"**

NE

Wie viel Spielraum haben wir?

Stockholm Resilience Center
internationales und interdisziplinäres Forschungszentrum an der Universität Stockholm mit dem Schwerpunkt der Belastbarkeit von sozioökologischen Systemen

Resilienz
Widerstandsfähigkeit. Der Begriff wird in unterschiedlichem Kontext angewandt. Im Zusammenhang mit dem System Erde versteht man darunter dessen systemerhaltende Widerstands- bzw. Regenerationsfähigkeit.

Das Wissen um die globalen Herausforderungen ist längst aus der Wissenschaft heraus über zivilgesellschaftliche Gruppen, Medien und Politik auch in der Gesellschaft angekommen. Gleiches gilt für die Diskussion über geeignete Gegenstrategien sowie die Möglichkeit, Fortschritte zugunsten einer nachhaltigen Entwicklung zu messen. Doch wie lässt sich die Gesamtsituation erfassen und welche (zeitlichen) Spielräume bleiben uns zum Gegensteuern?

Zwei Botschaften stellt Johan Rockström, der 2009 das Konzept der **Belastungsgrenzen unseres Planeten (global boundaries)** veröffentlichte, in den Mittelpunkt seiner Erklärungen: Die schlechte Nachricht ist, dass wir aufgrund unserer Lebensweise massiven Druck auf das System Erde ausüben und dessen Widerstands- und Regenerationsfähigkeit bereits massiv geschädigt haben. Die gute Nachricht aber ist, dass wir die erste Generation sind, die aufgrund der wissenschaftlichen Fortschritte dies überhaupt erkennt und versteht und daher die Möglichkeit hat, gegenzusteuern. Die Bedrohungen sind so groß, dass „business as usual" keine Option ist. Denn die Grenzen der planetaren Belastbarkeit sind bei einigen Kriterien erreicht, bei manchen gar weit überschritten, wie es anhand der Grafik 1 sofort ins Auge sticht.

Wie sich der aktuelle Zustand des Systems Erde im Verhältnis zu den planetaren Grenzen verhält, wird anhand der Tabelle 3 deutlich.

Die Forscher des Stockholm Resilience Centers haben zunächst Kategorien identifiziert, die für den Erhalt des Systems Erde unabdingbar sind. In einem zweiten Schritt der Forschungen wurde ermittelt, wie weit die Toleranz des Systems Erde etwa mit Blick auf den Anstieg der globalen Durchschnittstemperatur reicht, ehe das (Teil-)System Klima kollabiert. Auf dieser Grundlage konnten Grenzwerte benannt und als Belastungsgrenzen des Systems Erde gezogen werden. Auch wenn noch nicht alle Grenzen identifiziert werden konnten, lautet die Botschaft: Wir können das System stabilisieren, vorausgesetzt, wir handeln **lösungsorientiert** und **zukunftsorientiert**!

1
Erläutern Sie das Konzept der Belastungsgrenzen des Planeten Erde (Planetary Boundaries).

2 MK
Arbeiten Sie anhand eines selbstgewählten Beispiels aus Grafik 1 mithilfe der Tabelle 3 den Zustand der Erde heraus.

3
„Business as usual" ist laut Johan Rockström keine Option für unseren Umgang mit dem System Erde. Bewerten Sie diese Aussage im Hinblick auf das Konzept der planetaren Belastungsgrenzen.

Belastungsgrenzen des Planeten auf dem Stand von 2014

Erdsystem-prozesse	Kontrollvariablen	Planetarische Grenze (Bereich der Ungewissheit)	Aktueller Wert von Kontroll-variablen
Klimawandel	Atmosphärische CO_2-Konzentration in ppm, Energieungleichgewicht obere Erdatmosphäre in W/m^2	350 ppm CO_2 (350 – 450 ppm), Energieungleichgewicht: + 1,0 W/m^2 (+ 1,0 – 1,5 W/m^2)	396,5 ppm CO_2, 2,3 W/m^2 (1,1 – 3,3 W/m^2)
Unversehrtheit der Biosphäre	Genetische Vielfalt: Aussterberate	Genetisch: < 10 E/MSY (10 – 100 E/MSY), aber mit einem angestrebten Ziel von ca. 1 E/MSY (die Hintergrundrate des Schwunds durch Aussterben). (E/MSY = Zahl der ausgestorbenen Arten pro eine Million Arten)	100 – 1 000 E/MSY
Strato-sphärischer Ozonabbau	Stratosphärische O_3-Konzentration in DU	< 5 % Reduzierung des vorindustriellen Pegels von 290 DU (5 – 10 %), bewertet nach Breitengrad, Spielraum (DU = Dobson-Unit, misst die Stärke der Ozonschicht)	Nur im antarktischen Frühjahr über der Antarktis überschritten (~ 200 DU)
Meeres-versauerung	Karbonationenkonzentration, durchschnittliche globale Sättigung der Meeresoberfläche hinsichtlich des Aragonits (Ωarag)	≥ 80 % des Zustands vorindustrieller Aragonitsättigung der mittleren Meeresoberfläche, einschließlich 24-stündiger und saisonaler Veränderlichkeit (≥ 80 % – ≥ 70 %)	~ 84 % des Zustands vorindustrieller Aragonitsättigung
Biochemische Abläufe: (P- und N-Kreisläufe)	P-Kreislauf: Global: P-Abfluss von Süßwassersystemen ins Meer Regional: P-Abfluss von Düngern zu erosionsanfälligen Böden	Global: 11 Mt P a^{-1} (11 – 100 Mt P a^{-1}) Regional: 3,72 Mt P a^{-1} abgebaut und in (landwirtschaftlich genutzte) erosionsanfällige Böden eingebracht. Grenze ist ein globaler Durchschnittswert, aber regionale Verteilung ist für Einwirkungen entscheidend.	22 Mt P a^{-1} ~ 14 Mt P a^{-1}
	N-Kreislauf: Global: industrielle und beabsichtigte biologische Fixierung von N	44,0 Mt N a^{-1} (44,0 – 62,0 Mt N a^{-1}) Grenze funktioniert als ein „globales" Ventil, das die Einführung von neuem, reaktiven N ins Erdsystem begrenzt, aber regionale Verteilung des Düngemittels N ist für Einwirkung entscheidend.	~ 150 Mt N a^{-1}
Land-System-wechsel	Global: Forstflächen als Anteil des ursprünglichen Waldbewuchses Biome: Forstflächen als Anteil des potenziellen Waldes	Global: 75 % (75 – 54 %) Werte sind gewichtete Mittelwerte der drei einzelnen Biomgrenzen und ihrer Unbestimmtheitsbereiche. Biome: tropisch: 85 % (85 – 60 %), gemäßigt: 50 % (50 – 30 %), nördlich: 85 % (85 – 60 %)	62 %
Süßwasser-verbrauch	Global: maximale Menge verbrauchten blauen Wassers ($km^3 a^{-1}$) Flussgebiete: Entnahme blauen Wassers als Anteil des mittleren monatlichen Abflusses	Global: 4 000 $km^3 a^{-1}$ (4 000 – 6 000 $km^3 a^{-1}$) Flussbecken: maximale monatliche Entnahme als ein Anteil des mittleren monatlichen Abflusses. In Monaten mit niedrigem Abfluss: 25 % (25 – 55 %), in Monaten mit mittlerem Abfluss: 30 % (30 – 60 %), in Monaten mit hohem Abfluss: 55 % (55 – 85 %).	~ 2 600 $km^3 a^{-1}$
Atmo-sphärische Aerosol-belastung	Global: optische Dicke der Aerosole (AOD), aber große regionale Abweichungen; Regional: AOD als saisonaler Durchschnitt über einer Region, südasiatischer Monsun als Fallstudie	Regional (südasiatischer Monsun als Fallstudie): von Menschen gemachte totale AOD (absorbieren und streuen) über dem indischen Subkontinent von 0,25 (0,25 – 0,50), absorbierende AOD (Erwärmung) weniger als 10 % der totalen AOD	0,30 AOD über der südasiatischen Region

Nach Johan Rockström, Mattias Klum: Big World Small Planet. Wie wir die Zukunft unseres Planeten gestalten. Ullstein: Berlin 2016, S. 78

3

NE Können wir die Welt durch die Digitalisierung nachhaltiger gestalten?

Die Digitalisierung verändert in immer schnellerem Tempo alle Bereiche unseres Arbeits- und Privatlebens. Dabei steigt der Bedarf an Rechnerkapazität weltweit enorm an und mit ihr der Energiebedarf. Dieser wiederum kann nur durch einen erhöhten Ressourceneinsatz gedeckt werden. Das gilt für eine regenerative Energiebereitstellung ebenso wie für eine auf dem Verbrennen fossiler Energieträger beruhende Technologie. Trotz dieses offenkundigen Mehrbedarfs an Energie wächst die Überzeugung, dass durch die Digitalisierung gewaltige Chancen zugunsten einer nachhaltigen Entwicklung entstehen. Wie kann das sein?

Einigkeit besteht dahingehend, dass der Prozess der Digitalisierung zunächst wirklich eine deutliche Steigerung des Energiebedarfs mit sich bringt, dass aber mittel- und langfristig insbesondere durch große Effizienzsteigerungsraten der mineralische, metallische wie energetische Ressourcenbedarf stark rückläufig sein wird. Denn sowohl die Produktionsprozesse als auch der Betrieb der hergestellten Güter werden weniger Rohstoffe und Energie benötigen.

Ist die digitale Infrastruktur erst weltweit installiert, kann ein großer Teil der Geschäftsreisen entfallen, da Videokonferenzen diese ersetzen und somit zur Reduktion von verkehrsbedingten Treibhausgasen beitragen. Gleiches bewirkt die über alle Zeitzonen hinweg digital organisierte Kooperation an Dokumenten und Produkten. Auch eine satellitengesteuerte Präzisionslandwirtschaft kann z.B. durch Digitalsteuerung die Ausgabe von Dünger und Pestiziden punktgenau optimieren, sodass deren Negativeffekte minimiert werden.

Ebenso im gesellschaftlichen Bereich kann die Digitalisierung im Sinne der „Agenda 2030" einen großen Beitrag zur nachhaltigen Entwicklung leisten. Dieser konzentriert sich zum einen auf den Bereich der Bildung. Hier können Schülerinnen und Schüler mittels „Open Resources Education" (OER) kostenfrei an Unterrichtsmaterialien gelangen, auch über große Distanzen hinweg an Lehrveranstaltungen teilnehmen und Prüfungen ablegen. Damit könnte – so erste Erfahrungen – ein Schritt hin zur Reduktion gesellschaftlicher Unterschiede erreicht werden. Zum anderen ermöglichen QR-Codes an Waren wie Mangos, Avocados oder Textilien, dass man sich direkt über Produktionsbedingungen, Transportwege, die Einhaltung von Sozial- und Umweltstandards sowie über die Aufteilung der erzielten Umsätze informieren kann. Diese Daten können Grundlage unserer individuellen Kaufentscheidungen im Sinne der „Agenda 2030" sein.

1 E-Learning, Indien

2 Bananen mit QR-Code zur Produktinformation

3 Präzisionslandwirtschaft

Eine steigende Bildung geht häufig, bei Weitem aber nicht immer mit einer größeren Beachtung nachhaltiger Entwicklung einher. Dennoch ist hier das Potenzial für einen sich selbst verstärkenden Prozess gegeben.

Im ökologischen Bereich eröffnen sich vielfältige Chancen und Wirkungen insbesondere durch die Dokumentation von positiven wie negativen Umweltaspekten. So hat etwa der Naturschutzbund Deutschland (NABU) sowohl für die heimische Vogel- als auch die Insektenwelt eine App (Material 4) erstellt, die kostenfrei genutzt werden kann. Der Gedanke dahinter ist angelehnt an die Idee der „civil science", also von Bürgern durchgeführten wissenschaftlichen Untersuchungen, und basiert auf dem Prinzip „Information gegen Meldung". Fotografiere ich eine mir unbekannte Vogel- oder Insektenart, dann informiert mich die App mittels Bilderkennung über den Namen, das Vorkommen und die Bedrohung dieser Art. Zugleich gehen Ort und Zeitpunkt der Sichtung des Tieres in eine übergeordnete Datenbank ein. Auf der Basis dieser Daten kann die Gesamtsituation besser erfasst werden und die Wissenschaftler können, wo nötig, entsprechende Schutzkonzepte erstellen und umsetzen.

Ähnliche Apps werden auch zur Lokalisierung von Flussverschmutzungen eingesetzt. Eine besondere ist das von der südafrikanischen Umweltschutz-Organisation WESSA entwickelte Tool „MiniSASS". Dieses digitale Instrument unterstützt die Bestimmung der Wasserqualität von Fließgewässern anhand von Kleinstlebewesen. Die Ergebnisse der Untersuchung werden wiederum in eine Datenbank eingetragen und lassen sukzessive eine Gewässergütekarte Südafrikas entstehen (Karte 5), die wiederum als Entscheidungsgrundlage für umweltpolitische Maßnahmen herangezogen werden kann.

Der größte Beitrag der Digitalisierung zugunsten einer nachhaltigen Entwicklung liegt offensichtlich im Bereich der schnellen Informationsbereitstellung für sehr viele Menschen. Dies gilt etwa auch für den Bereich der „Sharing Economy", deren Grundidee das gemeinsame Nutzen von Geräten ist. Wer ein Bild aufhängen möchte, muss nicht wirklich eine Bohrmaschine besitzen. Es reicht, wenn er sie nutzen kann. Ist die erforderliche Information verfügbar, kann diese Idee leichter umgesetzt werden. Dies gilt für den Kauf von Mobilität statt des Fahrzeugs ebenso wie für den Kauf von Waschgängen statt von Waschmaschinen und vieler anderer Dienstleistungen.

4 NABU-App Vogelwelt und Insektenwelt

5 Flussverschmutzungen lokalisieren und dokumentieren

1
Arbeiten Sie mögliche Beiträge der Digitalisierung zugunsten der nachhaltigen Entwicklung heraus.

2
Erörtern Sie Vor- und Nachteile dieses Prozesses.

3 MK
Bewerten Sie den Beitrag der Digitalisierung zur nachhaltigen Entwicklung anhand
a) einer App zur nachhaltigen Mobilität für eine Fahrt von Lauf/Schwarzwald über Linsenhofen/Schwäbische Alb nach Konstanz/Bodensee oder
b) eines QR-Codes zur Produktinformation für Lebensmittel oder Kosmetika oder
c) einer App zum Arten- oder Umweltschutz.

Wichtige Begriffe

- Disparitäten
- globale Herausforderungen
- Klimawandel
- nachhaltige Entwicklung
- Problemlösungsorientierung
- Ressourcenknappheit
- Stadtentwicklung
- Ziele für eine nachhaltige Entwicklung/Sustainable Development Goals
- Zukunftsorientierung

Wissen vernetzen

Ob Klimaveränderungen, Bodenbildung, Artensterben oder Stoffströme in Ökosystemen: Natürliche Prozesse sind, jeder für sich, hochkomplex. Gleiches gilt für das Zusammenleben, das Handeln und Wirtschaften von menschlichen Gesellschaften unterschiedlicher Kulturen. Umso komplexer ist das über lange Zeiträume anhaltende Zusammenwirken all dieser Teilsysteme. Und die Dynamik dieses Prozesses nimmt in unserer zunehmend globalisierten Welt zusätzlich an Fahrt auf. Eine komplexe von globalen Herausforderungen geprägte Wirklichkeit, so muss man erkennen, erfordert die Fähigkeit zum komplexen Denken. Denn nur so können wir als Weltgesellschaft diese bewältigen und die weitere Entwicklung des Systems Erde so sichern, dass unsere Lebensgrundlage erhalten bleibt.

Das ist eine große Aufgabe. Denn allein um die Ursachen der unsere Zeit prägenden globalen Herausforderungen zu verstehen, benötigen wir die Kompetenz, systemisch zu denken und zu entscheiden. Beides ist Voraussetzung zur nachhaltigen Gestaltung der Erde.

Doch oft werden die globalen Herausforderungen isoliert betrachtet und in den Medien wird entsprechend darüber berichtet. So entsteht der Eindruck, wir hätten es mit dem Problem des Klimawandels auf der einen, der Problematik Armut auf der anderen und dem Problem der Verstädterung auf einer dritten Seite zu tun. Und jede diese Herausforderungen könnte isoliert angegangen werden. Die Wirklichkeit ist sehr viel komplexer und lässt erkennen, dass die globalen Herausforderungen miteinander ursächlich verbunden sind und sich teilweise gegenseitig verstärken. Eine Lösungsstrategie zur Überwindung der globalen Herausforderungen kann daher nur integrativ, also verschiedene Aspekte und Teilprozesse berücksichtigend, angelegt sein. Das Nachhaltigkeitsprinzip bildet dabei die konzeptionelle Grundlage und verknüpft die unterschiedlichen Ansätze zu einer Gesamtstrategie. Zudem lässt die weitere Digitalisierung große Chancen zugunsten einer nachhaltigen Entwicklung erkennen.

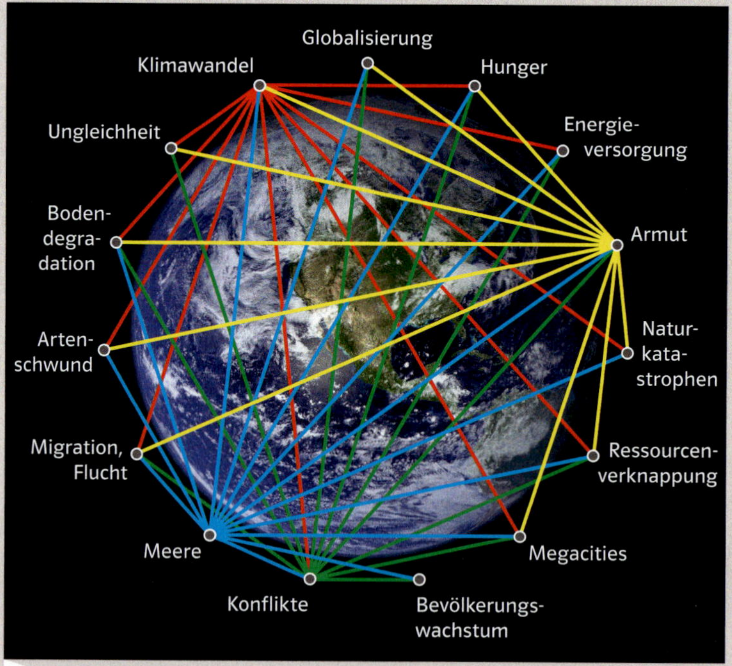

1 **Netz der globalen Herausforderungen**

Kompetenzen überprüfen

Überprüfen Sie Ihre in diesem Kapitel erworbenen Kompetenzen entsprechend der Anweisungen auf S.33.

Sich orientieren

1 Nennen Sie mindestens jeweils drei Staaten, deren nachhaltige Entwicklung extrem negativ bzw. sehr positiv ist, und verorten Sie diese auf einer Weltkarte.

Wissen und verstehen

2 Erklären Sie das Konzept der planetaren Grenzen.

3 Erläutern Sie das zentrale Ziel der „Agenda 2030".

4 Vergleichen Sie mindestens zwei Verfahren zur Messung nachhaltiger Entwicklung.

5 Stellen Sie anhand von M2 den Zusammenhang zwischen dem fragilen Gleichgewicht im System Erde und den globalen Herausforderungen dar.

Fachmethoden anwenden

6 Arbeiten Sie aus der Grafik 1 die drei wirksamsten globalen Herausforderungen heraus.

7 Interpretieren Sie die Karikatur 3.

8 Erstellen Sie auf der Grundlage der Daten (Tabelle 4) ein Diagramm zum Vergleich der nachhaltigen Entwicklung ausgewählter Staaten.

Beurteilen und bewerten

9 Beurteilen Sie die aktuelle Regenerationsfähigkeit des Systems Erde anhand des World Overshoot Day.

10 Bewerten Sie die Wirksamkeit mindestens zwei verschiedener Nachhaltigkeitsstrategien.

Handeln

11 Überprüfen Sie Ihren möglichen Beitrag zur Realisierung eines ausgewählten Ziels für nachhaltige Entwicklung.

12 Entwickeln Sie Ideen, Ihr digitales Endgerät zugunsten einer SDG-Zielsetzung zu nutzen.

3 Karikatur Horst Haitzinger

Basiskonzepte anwenden

13 Erläutern Sie an einem Fallbeispiel aus diesem Kapitel die Basiskonzepte der Geographie.

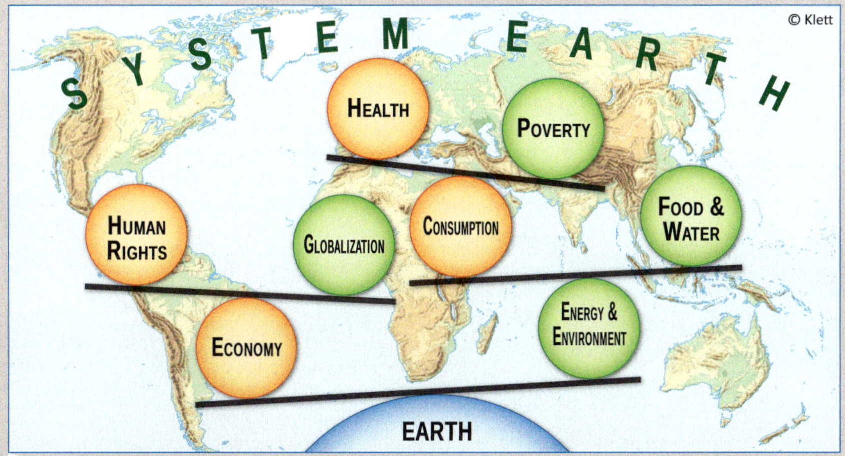

2 Die Fragilität des Systems Erde

HDI und ökologischer Fußabdruck ausgewählter Staaten

Staat	ökologischer Fußabdruck	HDI
Norwegen	4,8	0,944
Neuseeland	4,3	0,913
USA	7,2	0,915
Katar	11,6	0,850
Indien	0,9	0,609
Tschad	1,7	0,392

HDI: http://hdr.undp.org/en/data
Ökolg. Fußabdruck: http://data.footprintnetwork.org/?_ga=2.265652559.1162257214.1595921827-245365562.1595921827#/ (Zugriff 27.10.2020)

4

Wenn Sie alle Seiten dieses Kapitels bearbeitet haben, können Sie ...

- drei zentrale Bereiche der globalen Herausforderungen nennen,
- das Netz der globalen Herausforderungen erläutern,
- die Grundidee der nachhaltigen Entwicklung darlegen,
- mögliche Maßnahmen zur Umsetzung der nachhaltigen Entwicklung erklären,
- unterschiedliche Verfahren zur Messung von nachhaltiger Entwicklung beurteilen,
- das Konzept der planetaren Grenzen erläutern,
- das Potenzial der Digitalisierung zugunsten der nachhaltigen Entwicklung bewerten.

4

Globale Herausforderung: Klimawandel

1 Bild oben: Windfarm in Kalifornien. Kalifornien will bis 2048 in der Stromerzeugung klimaneutral sein, Dänemark hingegen will dieses Ziel schon 2028 erreichen.

13 MASSNAHMEN ZUM KLIMASCHUTZ

7 BEZAHLBARE UND SAUBERE ENERGIE

17 PARTNERSCHAFTEN ZUR ERREICHUNG DER ZIELE

Wie in Kalifornien reagieren weltweit Menschen, Organisationen, Unternehmen, Kommunen und Staaten auf die globale Herausforderung Klimawandel.

In seinen Auswirkungen ist der Klimawandel allgegenwärtig: Doch während man in einigen Regionen nur kleine Veränderungen feststellen kann, sind andere Regionen von extremen Wetterereignissen wie zum Beispiel Starkregen, deutlich steigenden Temperaturen, sich verändernden Jahreszeiten, dem Abschmelzen von Gletschern oder vom ansteigenden Meeresspiegel betroffen.

Wie wird die Menschheit diese gewaltige Herausforderung bewältigen können?

2 Farbstreifen unten: Abweichung der weltweiten Durchschnittstemperatur im Zeitraum 1850 bis 2017 nach unten (blau) oder nach oben (rot). Jeder Streifen steht für ein Jahr.

Sie untersuchen ...

3 **Engagement für einen Wandel in der Klimapolitik 2019**

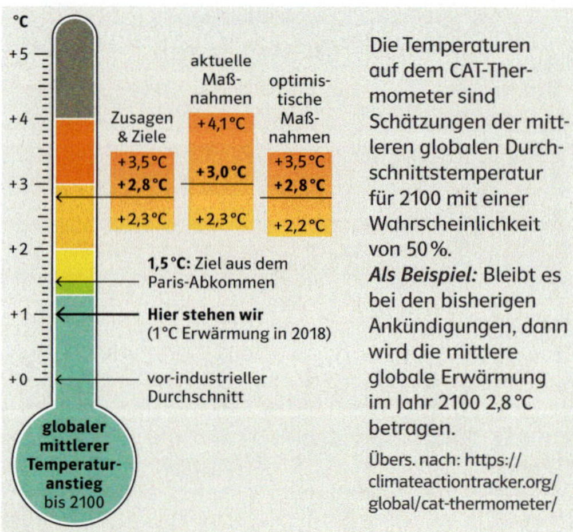

4 **Climate Action Tracker**

2019 wird in der Geschichte möglicherweise das Jahr sein, in dem die globale Herausforderung Klimawandel für sehr viele Menschen Realität wurde.

Weltweit werden wie in Kalifornien (S. 54/55) Anstrengungen unternommen, den Kohlenstoffdioxid-Ausstoß zu stoppen und damit die globale Erwärmung auf 1,5 °C im Vergleich zur vorindustriellen Zeit mit dem Bezugszeitpunkt 1850 zu begrenzen. Weil die Fortschritte bislang jedoch gering sind, fordern Klimaschutzbewegungen wie „Fridays for Future" mehr und schnellere Maßnahmen.

Diesen Fragen zum Klimawandel werden Sie nachgehen:

- Ändert sich unser Klima tatsächlich durch menschlichen Einfluss oder sind es nur normale Temperaturschwankungen, wie es sie schon immer gab?
- Gibt es bereits Fakten, die einen Klimawandel belegen?
- Wie wird sich der Klimawandel auswirken?
- Wie lösen Treibhausgase wie Kohlenstoffdioxid (CO_2) die globale Erwärmung aus?
- Woher kommt das CO_2?
- Wie lässt sich die Erderwärmung auf 1,5 °C begrenzen?
- Welche Maßnahmen treffen die Weltgemeinschaft und einzelne Regierungen?
- Kann ich als Einzelner überhaupt etwas bewegen?

Die folgenden Seiten unterstützen Sie in der Beantwortung dieser Fragen und informieren, wie Sie zu einer klimaneutralen Lebensweise beitragen können.

Sie knüpfen an ...

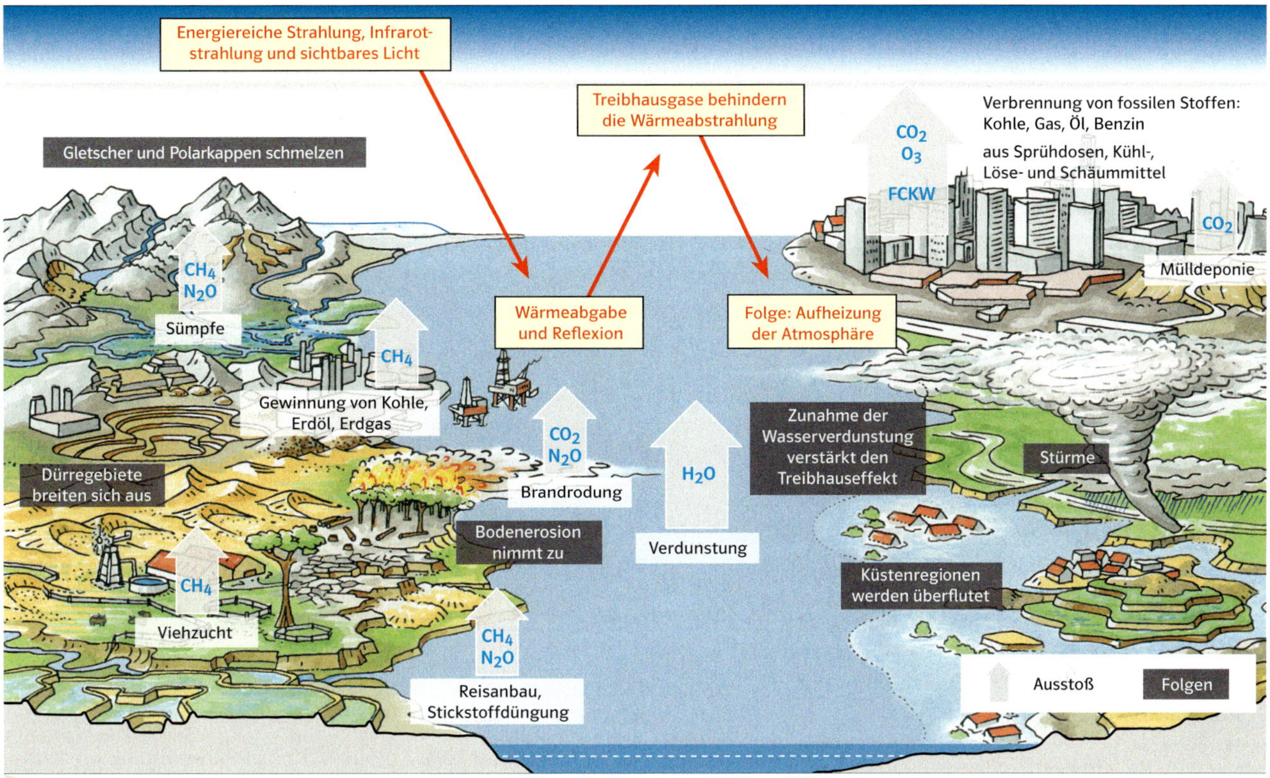

5 Der anthropogene Treibhauseffekt und seine Folgen

Das wissen Sie schon!

Mit dem Klimawandel und der globalen Erwärmung haben Sie sich nicht nur im Fach Geographie, sondern auch beispielsweise in Physik und Chemie beschäftigt.
Thema waren die Auswirkungen des Klimawandels in der Arktis wie das Abschmelzen der Inlandsgletscher auf Grönland oder der Rückgang des arktischen Meereises, aber auch weltweite Wetter- und Klimaereignisse, die auf die globale Erwärmung zurückzuführen sind. Der Unterschied zwischen dem natürlichen und anthropogen verstärkten Treibhauseffekt und seinen Ursachen führte zu folgenden Fragen: „Weshalb ist Kohlenstoffdioxid das bedeutendste Treibhausgas?" und „Wie sind Maßnahmen zum Klimaschutz durch eine Verringerung der privaten Treibhausgasemissionen zu beurteilen?"

Bekannte Begriffe

- Antarktis
- anthropogener Treibhauseffekt
- Arktis
- Atmosphäre
- Dürre
- Emission
- Inlandeis
- Klimawandel
- Kohlenstoffdioxid
- Meereis
- Meeresspiegelanstieg
- natürlicher Treibhauseffekt
- Permafrost
- Temperaturanstieg
- Treibhausgas
- Überschwemmungen

1 MK
Erläutern Sie den anthropogenen Treibhauseffekt und seine Folgen (Grafik 5) mit den Fachbegriffen, die Sie bereits kennen.

2
Beschreiben Sie, wie Sie im alltäglichen Leben mit dem Thema Klimawandel oder globale Erwärmung konfrontiert werden.

3 MK
Stellen Sie in einer Übersicht die für Sie noch offenen Fragen zum Thema Klimawandel und globale Erwärmung dar.

4
Überprüfen Sie nach Abschluss dieses Kapitels, ob die von Ihnen genannten Fragen beantwortet werden konnten.

MK Dimensionen des Klimawandels

Der Klimawandel ist da. Die Veränderungen des Klimas sind nicht nur mit Instrumenten messbar, sondern betreffen in ihren Auswirkungen Menschen weltweit, auch in Deutschland. Weil die Veränderungen vielfältig, manchmal widersprüchlich und die zukünftigen Folgen unklar sind, entsteht bei vielen Menschen der Wunsch nach Informationen. Welche Folgen wird der Klimawandel in Zukunft haben? Welche Fakten dokumentieren die Dimensionen des Klimawandels in der Atmosphäre, der Kryosphäre, der Hydrosphäre, der Pedosphäre und Anthropospäre?

FALLBEISPIEL: Veränderungen in der Atmosphäre

Extreme Hitze – ein Szenario für das Jahr 2070

Wenn der Klimawandel nicht gemindert wird, dann könnten 2070 mehr als 3 Mrd. Menschen unter extremer Hitze leiden. Bei einer Jahresdurchschnittstemperatur von dann 29 °C (in Deutschland aktuell ca. 10 °C) sind die meisten Tage des Jahres Wüstentage. Die Bezeichnung Wüstentag wurde von den Meteorologen erst jetzt für extrem heiße Tage mit einer Tageshöchsttemperatur von über 35 °C eingeführt. Die bisherige Klassifizierung „Heißer Tag" mit Temperaturen von über 30 °C war nicht mehr aussagekräftig. Wüstentage sind für den größten Teil der Bevölkerung sehr belastend und die Sterblichkeit nimmt an diesen Tagen zu.

Quelle Karte: Chi Xu, Timothy A. Kohler, Timothy M. Lenton u.a.: Future of the human climate niche. Unter: www.pnas.org/content/117/21/11350/tab-figures-data (Zugriff 03.09.2020)

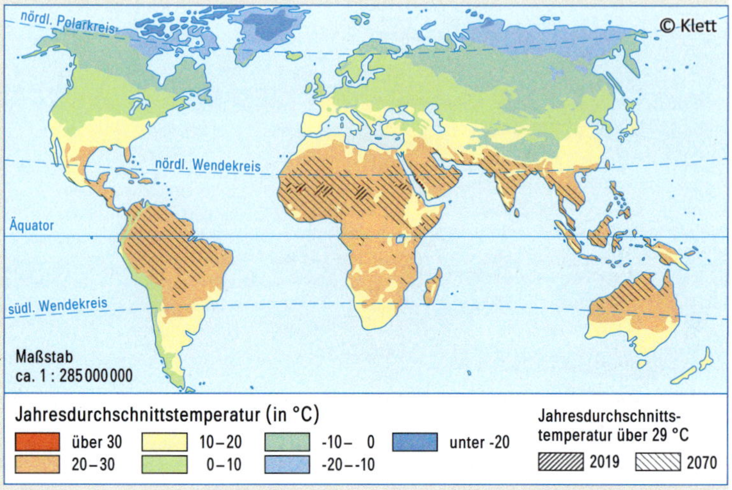

1

Greenland.com: Was denkst du über den Klimawandel und seine Auswirkungen auf deinen Garten?

Salik: „Wir können definitiv spüren, dass das Klima wärmer geworden ist. Ganz persönlich freue ich mich darüber; für einen Gärtner ist die Erwärmung kein totales Desaster. Wenn die Winter milder sind, werden neben meinen Kartoffeln auch meine Erdbeeren deutlich besser. Die überwinternden Erdbeerpflanzen überleben sehr gut unter der Erde, wenn ich sie mit viel trockenem Heu und Gewebematerial bedecke. Sie kommen früher zurück. Plötzlich haben wir den ganzen Sommer über Erdbeeren und darüber freue ich mich so richtig."

Kartoffelfeld in Grönland

Sarah Woodall: URBAN GARDENING – Wie man Grönland grün macht. Unter: https://visitgreenland.com/de/artikel/urban-gardening-wie-man-groenland-gruen-macht/ (Zugriff 27.10.2020)

2

Australien 2019

„Das Ausmaß der Feuer ist gewaltig: Insgesamt 186 000 Quadratkilometer sind verbrannt, eine Fläche halb so groß wie Deutschland. Mehr als 6 000 Häuser wurden zerstört, mindestens 34 Menschen starben und schätzungsweise anderthalb Milliarden Tiere. Am schlimmsten wüteten die Flammen in New South Wales im Südosten des Landes, wo die Rauchschwaden über Wochen am Himmel standen, und erst Anfang März meldete die Feuerwehr, es gebe dort nach 240 Tagen derzeit keine aktiven Busch- oder Grasfeuer mehr. Noch verheerendere Brände gab es in Australien nur in den Jahren 1974/75 und 2002, allerdings in Gebieten, in denen Feuer jedes Jahr vorkommen und zum natürlichen Kreislauf gehören."

Andreas Frey: Warum brannte Australien?, FAZ.NET v. 18.03.2020, unter: www.faz.net/aktuell/wissen/erde-klima/klimawandel-warum-brannteaustralien-16684925.html (Zugriff 27.10.2020)

Vom Feuer erfasste Siedlung

3

Was wir wissen – Fakten zum Klimawandel in der Atmosphäre

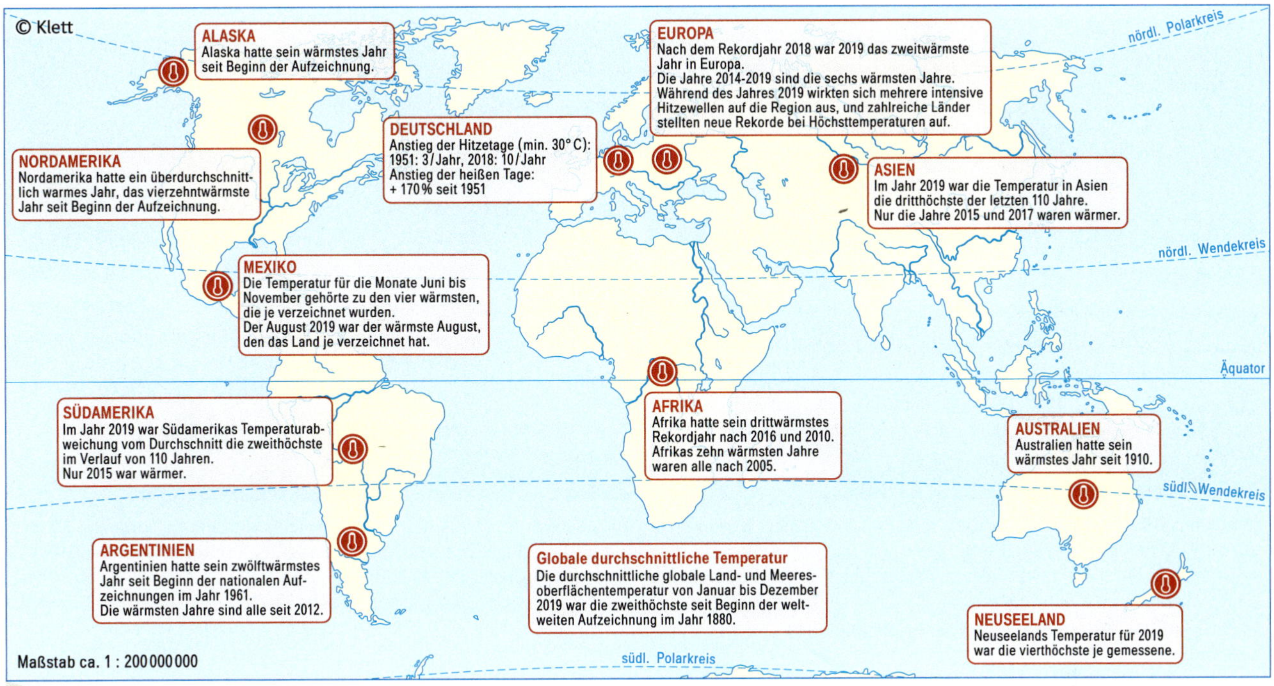

4 Temperaturanomalien 2019

Nach: National Oceanic and Atmospheric Administration: Global Climate Report – July 2020. Unter: www.ncdc.noaa.gov/sotc/global/202007 (Zugriff 3.9.2020)

Seit 150 Jahren liegen weltweit genügend verlässliche Daten vor, welche die Zunahme der **globalen Durchschnittstemperatur** in oberflächennahen Luftschichten dokumentieren (M5). Natürlich findet die Erwärmung nicht kontinuierlich und linear statt. Faktoren wie Vulkanausbrüche oder die Veränderungen der El-Niño-Oszillation können über die globale atmosphärische Zirkulation das Klima kurzfristig beeinflussen.

Fakt ist auch, dass sich die Erwärmung regional deutlich unterscheidet. So gibt es Regionen, die sich stärker erwärmt haben, während sich andere weniger stark erwärmt oder gar leicht abgekühlt haben. So kann es durchaus in Mitteleuropa in einem Jahr zu einem kühlen Sommer oder schneereichen und kalten Winter kommen, auch wenn langfristig die Durchschnittstemperatur ansteigt.

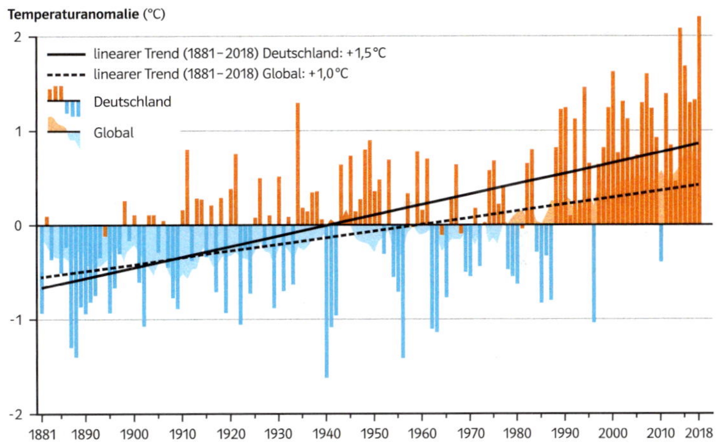

5 Temperaturanomalie Deutschland/global 1881–2018

Nach: DWD NOAA; unter www.umweltbundesamt.de/monitoringbericht-2015-klima entwicklung-in#undefined, Abb. 2

1 NE
Arbeiten Sie aus den Materialien wesentliche Aussagen zur globalen Erwärmung heraus.

2 NE
Vergleichen Sie Chancen und Risiken einer globalen Erwärmung.

3 NE
„Die nächsten Generationen werden in einer Welt aufwachsen, in der Schutz vor Hitze zur Überlebensfrage für einen sehr großen Teil der Menschheit wird." Nehmen Sie mithilfe der Karte 1 Stellung zu dieser Aussage.

4 MK
Karte 4: Überprüfen Sie mithilfe des Online-Code (Global Climate), ob es sich um singuläre Ereignisse handelt.

5 MK
Stellen Sie die Temperaturveränderungen in Ihrer Region für die letzten 50 Jahre dar. (Link Geoportal Klima)

FALLBEISPIEL: Veränderungen in der Kryosphäre

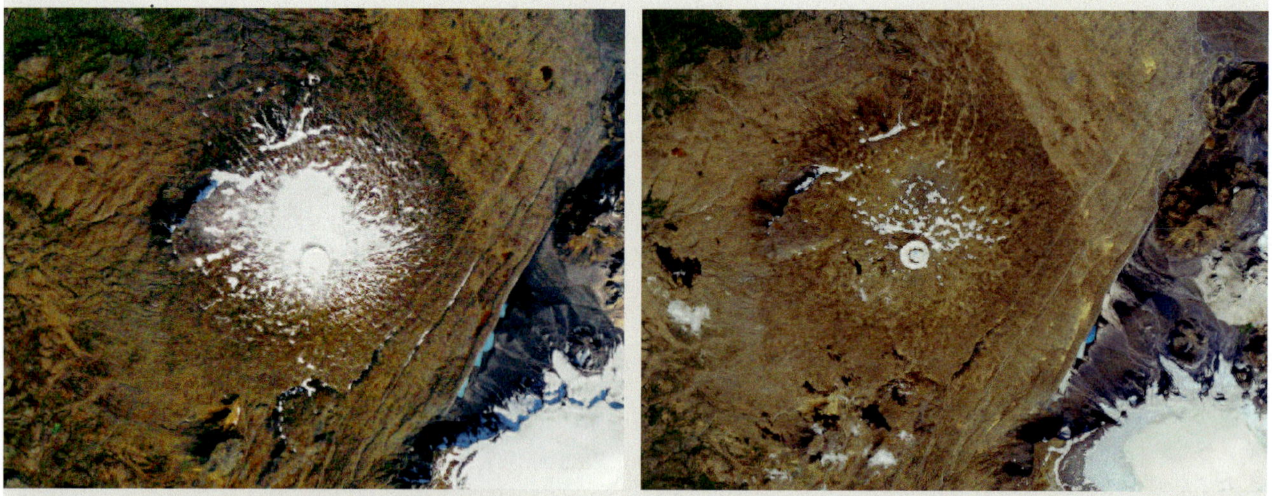

Auf Island ist offiziell der erste Gletscher für „tot“ erklärt worden. Vom 700 Jahre alten Okjökull gibt es nur noch einen kümmerlichen Rest mit einer Eisdecke von 15 m. Damit kann sich das Eis nicht mehr bewegen und wird als Toteis bezeichnet. Die beiden Satellitenbilder der NASA zeigen links den Gletscher im September 1986 und rechts seine Reste im August 2019. © NASA/AP/dpa

6 Der Okjökull-Gletscher auf Island 1986 und 2019

Das Containerschiff Venta Maersk bei der Durchfahrt durch die weitgehend eisfreie Nordostpassage

Klimawandel führt zu mehr Schiffsverkehr in der Arktis

„In rund 30 Tagen vom Fernen Osten in die Ostsee – für ein Schiff ist das rekordverdächtig flott. Die ‚Venta Maersk‘ nahm eine Abkürzung. Am 22. August 2018 stach das 200 Meter lange Containerschiff in Wladiwostok in See. Dann passierte es die Beringstraße sowie die Ostsibirische See und legte am 28. September in St. Petersburg an. Damit befuhr erstmals ein Containerschiff die sogenannte Nordostpassage durchs arktische Polarmeer. [...]

Mit gut 14 000 Kilometern ist die Nordostpassage rund ein Drittel kürzer als der traditionelle Seeweg von Asien nach Europa [...] Dadurch könnte die Containerschifffahrt in Zukunft viel Zeit und Treibstoff einsparen. Zudem ließen sich russische und norwegische Häfen entlang des Polarmeeres ausbauen und stärker für die Versorgung der nördlichen Regionen nutzen, die entlang der Routen leben.“

Jan Oliver Löfken: Das erste Containerschiff bewältigt die Nordostpassage, Technology Review v. 03.01.2019, unter: www.heise.de/hintergrund/Das-erste-Containerschiff-bewaeltigt-die-Nordostpassage-4232227.html (Zugriff 27.10.2020)

Eisfreie Arktis – in vielen Sommern

„Das ‚Ewige Eis‘ verliert seinen Nimbus: Hamburger Forschern zufolge wird die Arktis bis 2050 in vielen Sommern eisfrei sein – selbst dann, wenn ehrgeizige Klimaschutzziele umgesetzt werden. [...] ‚Wenn wir die CO_2-Emissionen weltweit schnell und deutlich reduzieren und so das Zwei-Grad-Ziel erreichen, wird das Arktiseis trotzdem noch vor 2050 im Sommer immer mal wieder weitestgehend abschmelzen‘, sagte der leitende Autor der Studie, Dirk Notz vom Centrum für Erdsystemforschung und Nachhaltigkeit der Universität Hamburg. ‚Das hat uns überrascht.‘ [...]

Die Arktis sei ein ‚Großschauplatz des Klimawandels‘, so Notz. Das Meereis reagiere sehr sensibel und vergleichsweise linear auf die Klimaerwärmung. Jede Tonne CO_2, die ausgestoßen werde, lasse drei Quadratmeter Eis schmelzen. Sollte die Klimaerwärmung auf zwei Grad begrenzt werden, wäre der Nordpol wahrscheinlich in der Hälfte der Sommer bis 2050 weitgehend eisfrei – das heißt, die Packeisfläche wäre kleiner als eine Million Quadratkilometer. Würde sich das Klima dagegen nur um 1,5 Grad erwärmen, so bliebe eine eisfreie Arktis eher die Ausnahme, so Notz – aber: ‚Selbst im alleroptimistischsten Szenario wird das Eis in manchen Jahren verschwinden. Es ist voraussichtlich schon zu spät.‘“

Eisfreie Arktis – in vielen Sommern, tagesschau.de v. 27.04.2020, unter: www.tagesschau.de/ausland/arktis-klimawandel-eisfrei-101.html; (Zugriff 27.10.2020)

7 Meereis

Was wir wissen – Fakten zum Klimawandel in der Kryosphäre

Die Gletscherregionen der Gebirge, die großen Inlandeismassen Grönlands, die Polargebiete und die weltweiten Permafrostregionen reagieren auf den Klimawandel weitaus rascher und in einem größeren Ausmaß als alle anderen Regionen. Das geht aus einem 2019 veröffentlichten Sonderbericht des IPCC (Intergovernmental Panel on Climate Change der Vereinten Nationen) über den Ozean und die Kryosphäre in einem sich wandelnden Klima hervor.

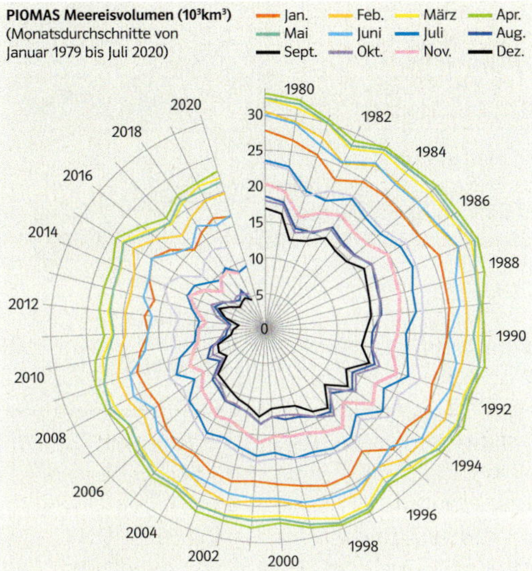

8 Veränderung des Meereisvolumens

Nach: http://psc.apl.uw.edu/research/projects/arctic-sea-ice-volume-anomaly/ © 2020 lee Robinson @ahaeland Vorlage: https://haveland.com/

Kryosphäre

Beobachtete physische Veränderungen

„Im Verlauf der vergangenen Jahrzehnte hat die globale Erwärmung dazu geführt, dass die Kryosphäre weiträumig geschrumpft ist; dies beinhaltet Massenverluste von Eisschilden und Gletschern (*A), Rückgänge der Schneebedeckung (*B) und der arktischen Meereisausdehnung und -dicke (*A) sowie erhöhte Permafrosttemperaturen (*A)."

Beobachtete Folgen für Ökosysteme

„Veränderungen der Kryosphäre und damit verbundene hydrologische Veränderungen hatten Folgen für Land- und Süßwasserarten und -ökosysteme in Hochgebirgs- und Polarregionen durch das Freiwerden von ehemals eisbedecktem Land, Änderungen der Schneebedeckung und dem Tauen von Permafrost. Diese Veränderungen haben dazu beigetragen, die saisonalen Aktivitäten, den Bestand und die Verbreitung von ökologisch, kulturell und wirtschaftlich wichtigen Pflanzen- und Tierarten, ökologische Störungen und die Funktionsfähigkeit von Ökosystemen zu verändern. (*B)."

Beobachtete Folgen für Menschen und Ökosystemleistungen

„Seit Mitte des 20. Jahrhunderts hat die schrumpfende Kryosphäre in der Arktis und in Hochgebirgsregionen zu überwiegend negativen Folgen für Ernährungssicherheit, Wasserressourcen, Wasserqualität, Lebensgrundlagen, Gesundheit und Wohlergehen, Infrastruktur, Verkehr, Tourismus und Erholung sowie für die Kultur menschlicher Gesellschaften geführt, insbesondere für indigene Völker (*B). Kosten und Nutzen wurden ungleichmäßig unter Bevölkerungen und Regionen verteilt. Anpassungsanstrengungen haben von der Einbeziehung indigenen Wissens und lokalen Wissens profitiert (*B)."

*(A) sehr hohes Vertrauen (die Aussage ist in mindestens 9 von 10 Fällen richtig)
*(B) hohes Vertrauen (die Aussage ist in etwa 8 von 10 Fällen richtig)

Vorläufige Übersetzung, Version vom 8. Mai 2020 IPCC-Sonderbericht über den Ozean und die Kryosphäre in einem sich wandelnden Klima (SROCC), v. 08.05.2020, unter: www.de-ipcc.de/media/content/Hauptaussagen_SROCC.pdf; (Zugriff 27.10.2020)

10

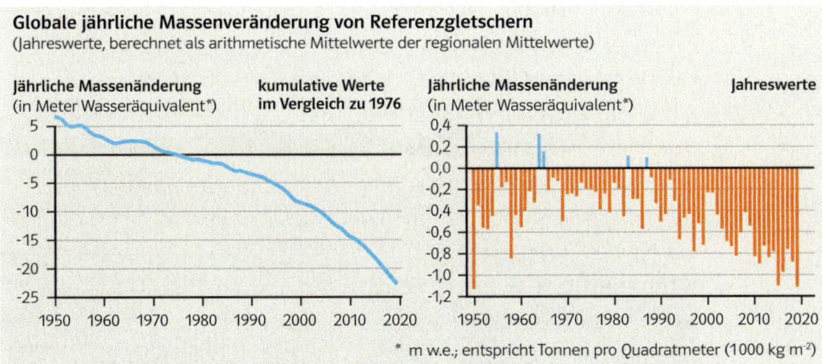

Jährliche Massenbilanz von 41 Referenzgletschern mit mehr als 30 Jahren laufender glaziologischer Messungen.
Lesehilfe: Jährliche Massenänderungswerte werden auf der y-Achse in der Einheit Meter Wasseräquivalent (m w.e.) angegeben, was Tonnen pro Quadratmeter (1000 kg m^{-2}) entspricht.

9 Massenveränderung von weltweit 41 Gletschern

Nach: world glacier monitoring service; unter: https://wgms.ch/global-glacier-state/

6 MK NE

Partnerarbeit: Arbeiten Sie aus den Materialien Aussagen zu den Veränderungen der Kryosphäre durch den Klimawandel heraus. Nutzen Sie auch die Online-Codes.

7

Vergleichen Sie Chancen und Risiken, die durch das Abschmelzen der Gletscher und des arktischen Meereises entstehen.

8

„Das Abschmelzen von Eis hat es immer schon gegeben. Das ist kein Hinweis auf einen Klimawandel." Beurteilen Sie diese Aussage.

FALLBEISPIEL: Veränderungen in der Hydrosphäre

IPCC-Sonderbericht warnt vor verheerenden Auswirkungen auf unsere Ozeane

„‚Das Schmelzwasser der Gletscher und Eisschilde ist mittlerweile die Hauptursache für den Anstieg des Meeresspiegels.' Der immer rasantere Anstieg bedroht dabei die Existenz von rund 680 Millionen Menschen, die in Küstenregionen unterhalb von zehn Metern Höhe zum Meeresspiegel wohnen. In Deutschland wären Städte wie Hamburg, Bremerhaven, Kiel oder auch Wilhelmshaven direkt betroffen. ‚Die Zukunft für tief liegende Küstengemeinden sieht äußerst trostlos aus. Die Konsequenzen werden von uns allen zu spüren sein.'

Die jährlichen Schäden durch Überschwemmungen werden bis zum Jahr 2100 auf das 100- bis 1 000-fache ansteigen, und einige Inselstaaten dürften dabei sogar ‚unbewohnbar werden', so die Studie weiterhin. Während der Meeresspiegel im 20. Jahrhundert weltweit um rund 15 cm angestiegen ist, steigt er derzeit mit 3,6 mm pro Jahr mehr als doppelt so schnell an. Dabei beschleunigt er sich mit dem Abschmelzen der grönländischen und antarktischen Eisdecke immer mehr. Nach derzeitigem Erkenntnisstand wird der Anstieg des Meeresspiegels auch nicht mehr kurzfristig gestoppt werden können, ungeachtet zukünftiger Klimaziele."

Andreas Krebs: Düstere Zukunft für unseren Planeten, TELEPOLIS v. 29.9.2019, unter: www.heise.de/tp/features/Duestere-Zukunft-fuer-unseren-Planeten-4539541.html (Zugriff 27.10.2020)

Überflutungen in Hamburg – in Zukunft öfter?

Nach: Climate Central – Coastal Risk Screening Tool.
Unter: https://coastal.climatecentral.org/map (Zugriff: 07.09.2020)

11 Meeresspiegelanstieg

Klimawandel verschärft Dürren in Europa

„Erwärmt sich die Erde um drei Grad Celsius gegenüber vorindustrieller Zeit, wird sich die Fläche der europäischen Dürregebiete im Vergleich zum Referenzzeitraum von 1971 bis 2000 von 13 auf 26 Prozent verdoppeln. Und mit Ausnahme von Teilen Skandinaviens werden die größten Dürreereignisse drei- bis viermal länger dauern als bisher.

Besonders hart würde es in Europa die Region rund um das Mittelmeer treffen. Schon bei einer Erwärmung um 1,5 bis zwei Grad sei die im mediterranen Raum zu erwartende Trockenheit größer denn je als im vergangenen Jahrtausend. Erreicht die Erwärmung gar drei Grad, würden Südspanien und wohl auch Italien und Griechenland ‚in eine Wüste verwandelt' [...]. Für einige Regionen der Iberischen Halbinsel würde sich die durchschnittliche Dauer der Dürren sehr deutlich von etwas mehr als zwei auf mehr als sieben Monate pro Jahr erhöhen. [...]

Wenn die Menschheit nur eine Erwärmung um 1,5 Grad gegenüber vorindustrieller Zeit zulässt, hätte das gemäß der Studie weniger dramatische Folgen. Statt um 26 Prozent wie bei drei Grad würde die von Dürre betroffene Fläche in Europa bei einer Erwärmung um 1,5 Grad nur um 19 Prozent zunehmen. Die Dauer der Dürren würde bei 1,5 Grad um einen Faktor zwei bis drei geringer ausfallen als bei drei Grad. Auch wären weniger zusätzliche Menschen von extremen Dürren betroffen, nämlich 120 Millionen statt 170 Millionen."

Joachim Laukemann: Dürre wird zum Normalfall, in: SonntagsZeitung v. 29.07.2018, unter: www.tagesanzeiger.ch/sonntagszeitung/duerre-wird-zum-normalfall/story/23449290 (Zugriff 30.10.2020)

Kartoffelfeld in Deutschland 2018 – Wo bleibt der Regen?

12 Dürren

Was wir wissen – Fakten zum Klimawandel in der Hydrosphäre

Aus dem 20. IPCC-Sonderbericht: Beobachtete physische Veränderungen des Ozeans

„Es ist praktisch sicher, dass sich der globale Ozean seit 1970 ungemindert erwärmt hat und mehr als 90 % der zusätzlichen Wärme im Klimasystem aufgenommen hat (hohes Vertrauen). Seit 1993 hat sich die Geschwindigkeit der Ozeanerwärmung mehr als verdoppelt (wahrscheinlich). Die Häufigkeit von marinen Hitzewellen hat sich seit 1982 sehr wahrscheinlich verdoppelt, und ihre Intensität nimmt zu (sehr hohes Vertrauen). Durch die Aufnahme von mehr CO_2 ist die Ozeanoberfläche zunehmend versauert (praktisch sicher). Sauerstoffverlust fand von der Oberfläche bis in 1 000 m Tiefe statt (mittleres Vertrauen)."

Vorläufige Übersetzung, Version vom 8. Mai 2020, IPCC-Sonderbericht über den Ozean und die Kryosphäre in einem sich wandelnden Klima (SROCC), v. 08.05.2020, unter: www.de-ipcc.de/media/content/Hauptaussagen_SROCC.pdf, S.3; (Zugriff 27.10.2020)

13

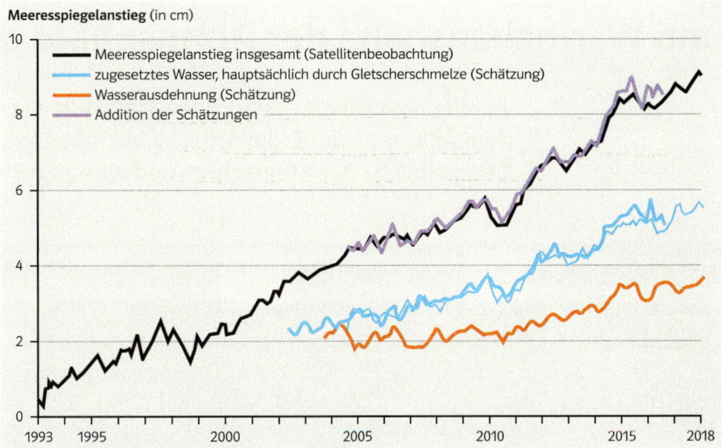

14 **Anstieg des Meeresspiegels (globales Mittel) zwischen 1993 und 2018 (schwarze Linie) im Vergleich zu den Ursachen**

www.climate.gov/sites/default/files/sealevel_contributors_graph_SOTC2018_620.jpg

Zunehmende Dürre in Deutschland. Das Wort Dürre kann missverständlich sein. Wissenschaftlich gesehen kann ein Boden auch dann dürr sein, wenn er an der Oberfläche feucht ist. Die Feuchte eines Bodens wird bis zur Tiefe von 1,80 Meter gemessen. Erst wenn die Bodenfeuchte weniger als ein Fünftel des langjährigen Mittelwertes beträgt, wird ein Boden als dürr bezeichnet.

Für den Wert Dürremagnitude wurden Daten zur Bodenfeuchte, der Dauer einer Dürre und der geographischen Lage kombiniert und jeweils mit dem Normalzustand verglichen. Das dunkelste Rot (außergewöhnliche Dürre) gibt an, dass der Boden so trocken ist wie sonst nur in 2 % der Aprilmonate zwischen 1951 und 2015. Das helle Gelb (ungewöhnliche Trockenheit) bedeutet, dass die aktuelle Bodenfeuchte so niedrig ist wie in 30 % der Fälle von 1951–2015.

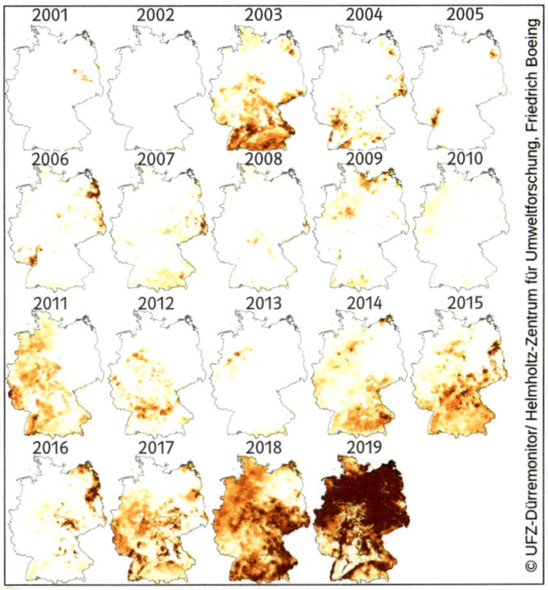

15 **Dürremagnitude von April bis Oktober**

9 NE

Arbeiten Sie aus den Materialien wesentliche Aussagen zu Veränderungen in der Hydrosphäre durch Klimawandel heraus.

10 MK

Stellen Sie die Auswirkungen eines steigenden Meeresspiegels für die deutsche Nordseeküste dar. Nutzen Sie auch den Online-Code.

11

a) Erklären Sie den Anstieg des Meeresspiegels.
b) Beurteilen Sie mithilfe Diagramm 14 die Wahrscheinlichkeit eines Anstiegs um 1 m (Karte 11) im 21. Jahrhundert.

12 MK

„Deutschland ist ein wasserreiches Land." Nehmen Sie mithilfe der Karte 15 „Dürremagnitude" Stellung zu dieser Aussage. Nutzen Sie dazu auch den Dürremonitor.

13 MK

Stellen Sie mithilfe des Dürremonitors die Auswirkungen der Trockenheit seit dem Jahr 2015 in Baden-Württemberg dar.

Dem Klimawandel auf der Spur: die Beeinflussung des Strahlungs- und Wärmehaushalts der Atmosphäre durch den Menschen

Es sind unsichtbare, gasförmige Moleküle, die in der Atmosphäre als Treibhausgase die Temperatur an der Erdoberfläche beeinflussen. Wie verändern diese Moleküle die Energiebilanz der Atmosphäre und was ist dabei der Beitrag des Menschen?

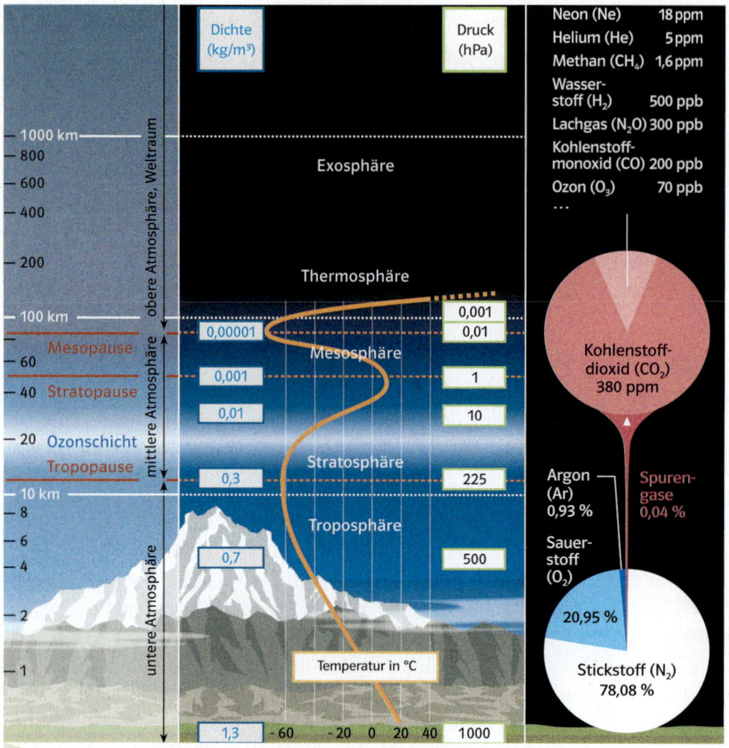

1 **Aufbau und Zusammensetzung der Atmosphäre**

Aufbau der Atmosphäre

Die Atmosphäre umgibt als gasförmige Hülle die Erde. Ohne sie wäre menschliches Leben nicht möglich. Ähnlich der menschlichen Haut, die den Körper vor schädlichen Einflüssen bewahrt, schützt die Atmosphäre die Erde vor der Kälte des Weltraums, vor schädlichen Strahlen und auch vor kleineren Meteoriten.

Ohne Atmosphäre gäbe es auch keinen blauen Himmel, keine Wolken, keinen Regen oder Schnee. Aber auch keine Wetterextreme.

Die relativ dünne Erdatmosphäre hat nach oben eine fiktive Grenze in etwa 1000 km Höhe. Das ist der Bereich, wo die Schwerkraft der Erde nicht mehr ausreicht, Moleküle in der Atmosphäre zu halten. Vertikal wird die Atmosphäre nach dem Temperaturverlauf in verschiedene Sphären gegliedert.

Die Troposphäre bildet das unterste Stockwerk, in dem sich das Wetter- und Klimageschehen abspielen. Etwa 75 % aller Gasmoleküle in der Atmosphäre entfallen auf diesen Bereich. An der Erdoberfläche wird die untere Troposphäre noch primär durch die von der Erdoberfläche emittierte langwellige Wärmestrahlung erwärmt. Dieser Effekt lässt mit zunehmender Höhe nach. Die Temperatur nimmt im Mittel um 0,65 K pro 100 m ab. Die Höhenlage der Tropopause, der Grenzschicht zwischen der Tropo- und Stratosphäre, variiert zwischen den Polen mit 8 – 10 km Höhe und den äquatorialen Bereichen mit 17 – 18 km Höhe. In der darüber liegenden Stratosphäre nimmt die Temperatur ab etwa 20 km Höhe wieder zu. Ursache dafür ist die Absorption von UV-Strahlung in der Ozonschicht und die dadurch freigesetzte Wärme. In der Mesosphäre kann es bis zu minus 1000 °C kalt werden, weil Ozon fehlt. In der darüber liegenden Thermosphäre steigt die Temperatur durch Absorption kurzwelliger und energiereicher UV-Strahlung auf über 1000 °C an.

Die Atmosphäre ist ein Gasgemisch mit den Hauptbestandteilen Stickstoff und Sauerstoff. Weitere Gase wie Methan (CH_4), Ozon (O_3) oder Kohlenstoffdioxid (CO_2) kommen in sehr kleinen Anteilen vor und werden als Spurengase bezeichnet. Ihr Anteil wird in Molekülen pro 1 Mio. Luftmolekülen (ppm = parts per million) oder pro 1 Mrd. (ppb = parts per billion) gemessen. Diese Spurengase können Strahlung absorbieren und reflektieren. Sie haben damit Einfluss auf den Strahlungshaushalt der Atmosphäre und verursachen eine Temperaturzunahme an der Erdoberfläche, die als natürlicher Treibhauseffekt bezeichnet wird. Statt angenehmen etwa 14 °C würde die globale Mitteltemperatur an der Erdoberfläche ohne Atmosphäre etwa – 18 °C betragen.

Wie das Zusammenspiel zwischen Strahlung und einer unterschiedlichen Konzentration an Treibhausgasen die Temperatur an der Erdoberfläche beeinflusst, erklärt der Klimawissenschaftler Stefan Rahmstorf vom PIK:

Wie die Treibhausgase die Erwärmung verursachen – Crashkurs in Strahlungsbilanz und Treibhausgas-Heizung

„[...] Damit etwas wärmer wird, muss man Energie zuführen. Das sagt das Gesetz der Energieerhaltung, auch bekannt als der erste Hauptsatz der Thermodynamik. Für die Erde kann diese Energie nur aus der [...] Strahlungsbilanz kommen, also dem Austausch von Strahlung mit dem uns umgebenden All. Von der Sonne empfangen wir kurzwellige Strahlung und zwar 342 Watt pro Quadratmeter Erdoberfläche. Davon werden 107 Watt zurückgespiegelt – vor allem durch helle Flächen wie Wolken, Schnee und Eis. Die restlichen 235 Watt werden [...] durch die Abstrahlung von Wärme ausgeglichen. Die Atmosphäre ist für die kurzwelligen Sonnenstrahlen durchlässig, aber die langwelligen Wärmestrahlen werden zum großen Teil unterwegs von [...] Treibhausgasen abgefangen und teils wieder zurückgestrahlt. [...] Die Strahlungsbilanz von Planeten bestimmt deren Temperatur [...]

Es gibt genau drei Möglichkeiten, diese Strahlungsbilanz zu verändern und unseren Heimatplaneten aufzuheizen:

- Die Sonneneinstrahlung nimmt aufgrund der Sonnenaktivität oder der Erdbahnparameter zu.
- Der reflektierte Anteil der Sonnenstrahlung nimmt ab, weil die Helligkeit der Erdoberfläche oder der Wolkendecke abnimmt.
- Die Abstrahlung von Wärme ins All nimmt ab.

Die ankommende und abgehende Strahlung wird ständig gemessen [...] Diese Messungen zeigen:

Option 1 scheidet aus, denn die ankommende Sonnenstrahlung hat seit Mitte des letzten Jahrhunderts sogar etwas abgenommen.

Option 2 trifft zwar teilweise zu – doch der Mensch hat die Erde sogar heller gemacht, durch Abholzung von dunklen Wäldern und deren Ersatz durch hellere Ackerflächen. Dunkler wird die Erde nur als Reaktion auf die Erwärmung, weil die Schnee- und Eisbedeckung abnimmt. Das verstärkt die globale Erwärmung, ist aber nicht deren Ursache.

Option 3 muss also die Ursache der Erwärmung sein: Zunehmende Treibhausgasmengen in der Atmosphäre behindern die Abstrahlung von Wärme ins All, und dadurch nimmt die Erde ständig mehr Sonnenstrahlung auf, als wir durch Wärmestrahlung wieder abgeben. Deshalb wird es wärmer."

Stephan Rahmstorf: Woher die gewaltige Energie des Klimawandels stammt. SPIEGEL Wissenschaft v. 25.01.2020. Unter: www.spiegel.de/ (Zugriff 26.10.2020)

2

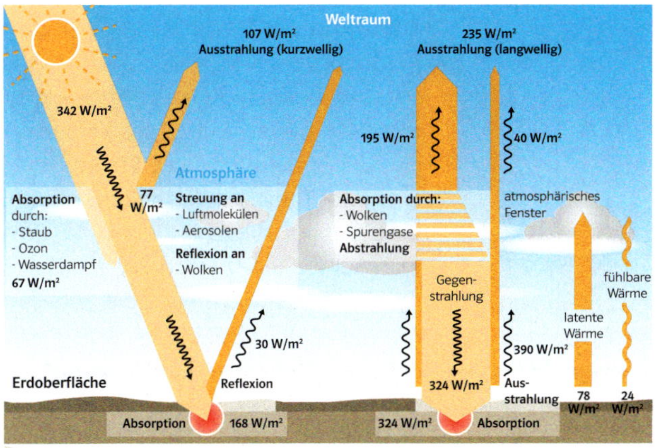

3 Fragiles Gleichgewicht: die Energiebilanz der Erde

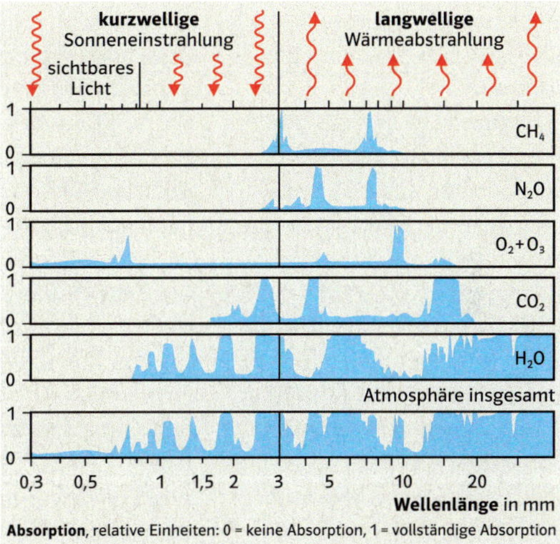

4 Strahlungsabsorption durch atmosphärische Gase

Nach Christian-Dietrich Schönwiese, Bernd Diekmann: Der Treibhauseffekt. Reinbek: Rowohlt 1991, S.117

1 MK
Beschreiben Sie anhand der Grafik 1 die vertikale Gliederung der Atmosphäre.

2 MK
Erläutern Sie die globale Strahlungsbilanz (Grafiken 3 und 4).

3 MK
„Gase wie Kohlenstoffdioxid beeinflussen die Temperatur an der Erdoberfläche."
Erklären Sie diese Aussage (Online-Code).

4 MK
Beschreiben Sie die unterschiedliche Strahlungsabsorption durch atmosphärische Gase (Grafik 4 und Online-Code).

5
„Treibhausgase sind für das Überleben der Menschheit lebensnotwendig."
Erläutern Sie diese Aussage.

6
Die Raumstation ISS umkreist die Erde in etwa 450 km Höhe. Begründen Sie diese Flughöhe aus dem Aufbau der Atmosphäre.

Zunahme der Treibhausgase in der Atmosphäre

Das Treibhausgas Kohlenstoffdioxid wird im System Erde als Bestandteil des Kohlenstoffkreislaufs immer wieder umgesetzt. Ein großer Teil des Kohlenstoffs findet sich in den Kohlenstoffsenken. Das sind große, natürliche Kohlenstoffspeicher in der Atmosphäre, der Biosphäre, der Pedosphäre und der marinen Hydrosphäre, die miteinander in Austausch stehen und CO_2 über einen längeren Zeitraum speichern können. Die Lagerstätten fossiler Energieträger wie Erdgas, Erdöl und Kohle sind ebenfalls Kohlenstoffsenken. Erst seit etwa 200 Jahren werden sie intensiv genutzt und sind damit am Kohlenstoffkreislauf beteiligt. Bei der Verbrennung werden große Mengen an CO_2 frei.

Die Bedeutung von Treibhausgasen für den Klimawandel

„Die von den Treibhausgasen aufgefangene und zur Erdoberfläche zurückgestrahlte Wärmestrahlung ist eine Messtatsache. Diese Wärmestrahlung wärmt die Erdoberfläche sogar wesentlich mehr an als die ankommende Sonnenstrahlung. [...]
Auch die Zunahme an Rückstrahlung aus der Atmosphäre im Lauf der Jahre entspricht genau dem, was die Physik aufgrund der zunehmenden CO_2-Menge in der Luft vorhersagt. Die dadurch entstehende Heizleistung beträgt inzwischen rund zwei Watt pro Quadratmeter, Tag und Nacht, rund um den Globus. Insgesamt ist das eine ein Petawatt (das sind eine Million Gigawatt) starke Heizung – eine Leistung, die mehr als dem Fünfzigfachen des Energieverbrauchs der gesamten Menschheit entspricht.
Aber könnte Wärme nicht auch von unten kommen? Aus dem Erdinneren? Es gibt den geothermischen Wärmefluss – doch der ist mit nur 0,09 Watt pro Quadratmeter für das Klima vernachlässigbar klein und ändert sich auch nicht innerhalb von hundert Jahren.
Oder aus dem Ozean? Der ist zwar ein großer Wärmespeicher, der vorübergehend (etwa bei einem El-Niño-Ereignis) durchaus nennenswert Wärme an die Luft abgeben kann. Doch in den letzten Jahrzehnten hat der Ozean keine Wärme abgegeben, sondern ganz im Gegenteil Wärme aufgenommen. Damit hat er die globale Erwärmung durch Treibhausgase verlangsamt. [...]
Es führt also schlicht kein Weg daran vorbei, dass die Wärmeenergie, die unserem Planeten einheizt, aus der Strahlungsbilanz kommen muss. Und die ist überwiegend durch die wachsenden Treibhausgasmengen in der Atmosphäre aus dem Gleichgewicht geraten. Natürliche Faktoren haben dabei eine sehr geringe Rolle gespielt und haben der Erwärmung sogar ganz leicht entgegengewirkt. [...] Bleibt noch die Frage zu klären, ob nicht vielleicht der Anstieg der Treibhausgase in der Atmosphäre, allen voran von CO_2, eine natürliche Ursache haben könnte?
(Es wurde) auch schon mal behauptet, das CO_2 käme aus dem Ozean. Auch diese These verleugnet Messtatsachen: nämlich, dass die CO_2-Menge im Ozean ebenfalls zunimmt. Wir haben durch die Verbrennung von Kohle, Öl und Gas rund doppelt so viel CO_2 in die Luft gepustet, wie sich dort angesammelt hat. Mit anderen Worten: Das zusätzliche CO_2 in der Luft kommt nicht etwa irgendwo aus dem natürlichen Erdsystem, sondern ganz im Gegenteil: Die Natur hat uns sogar etwa die Hälfte unserer Emissionen gratis abgenommen. Teils hat der Ozean sie aus der Luft aufgenommen, teils die Wälder. [...]“

Aus Stephan Rahmstorf: Woher die gewaltige Energie des Klimawandels stammt. A. a. O.

5

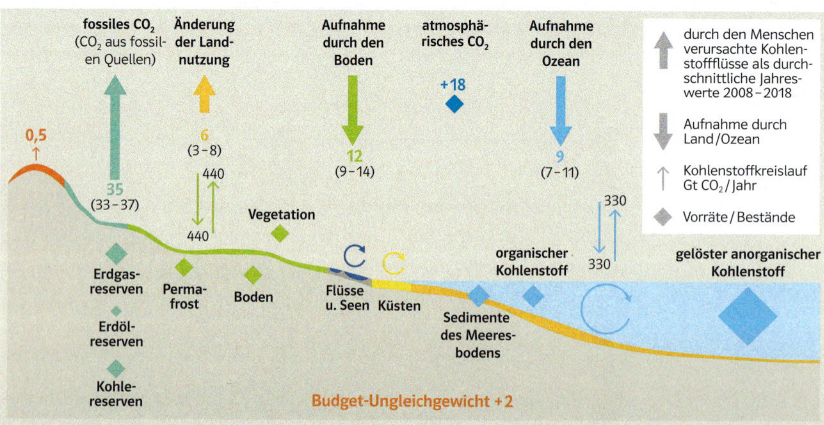

6 **Veränderung der CO_2-Mengen im System Erde durch menschliche Aktivitäten**

Nach: www.researchgate.net/figure/Schematic-representation-of-the-overall-perturbation-of-the-global-carbon-cycle-caused-by_fig2_337742746 (Zugriff 26.10.2020)

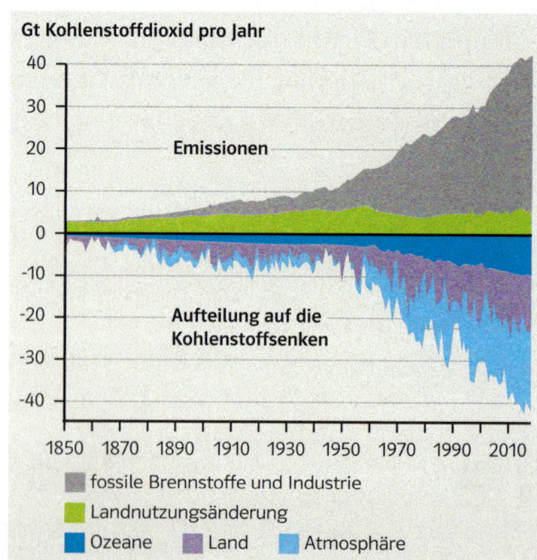

7 **Globale CO_2-Emissionen und ihre Aufteilung auf die CO_2-Senken**

Ebenda

Erklärfilm
Klimawandel Ursachen
59d2d8

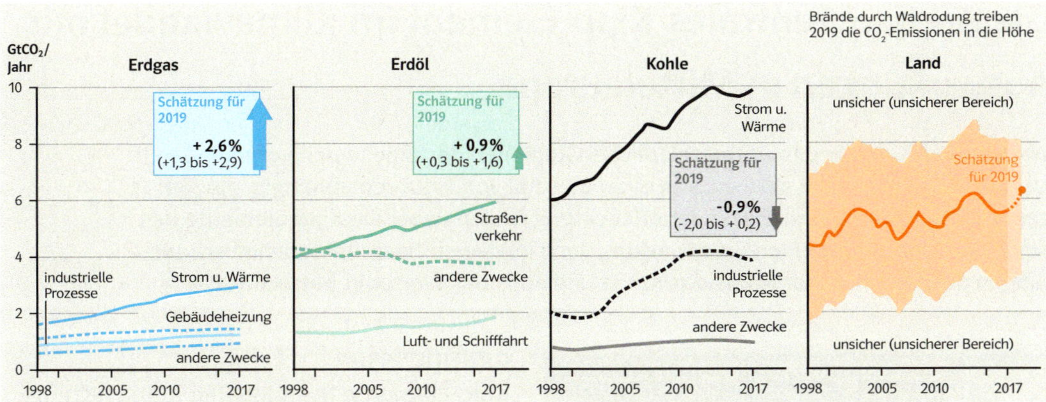

8 CO_2-Emissionen aus der Nutzung von fossilen Energieträgern und durch Landschaftsveränderung

Nach: www.globalcarbonproject.org/global/images/carbonbudget/19/infographics.htm (Zugriff 26.10.2020)

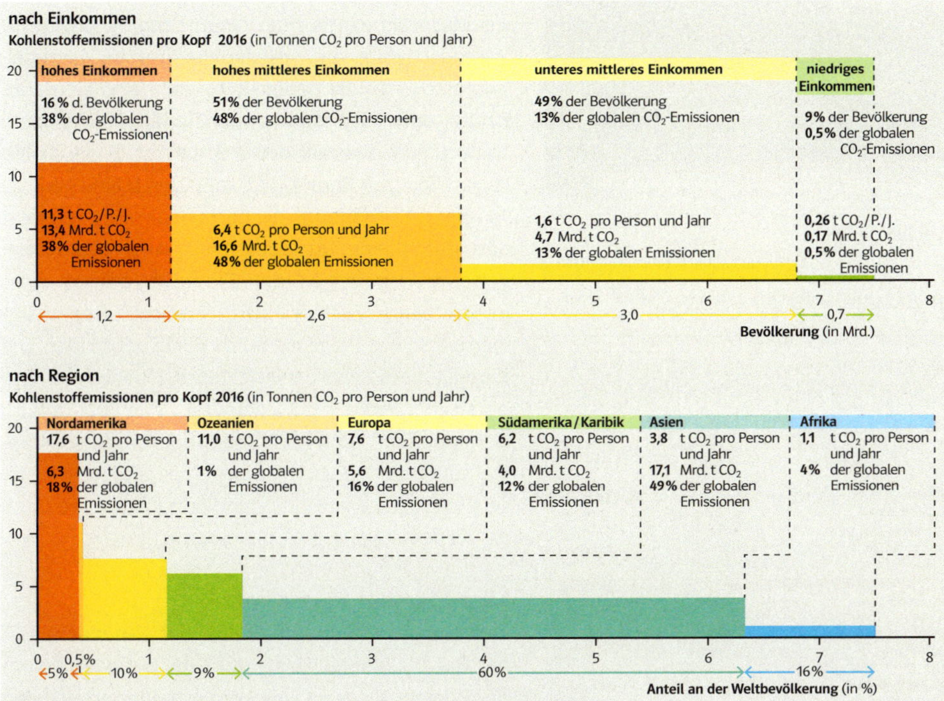

Die Emissionen stellen die inländische Produktion dar und beinhalten nicht die grenzüberschreitenden Emissionen. Die Darstellung nach Einkommen basiert auf den Gesamtemissionen der Länder innerhalb der einzelnen Einkommensgruppen der Weltbank. Sie spiegelt durchschnittliche Nationaleinkommen und nicht die Verteilung der Einkommen innerhalb der Länder.

Einkommensgruppen	
Einkommen	**USD pro Kopf und Jahr**
gering	unter 1045
unteres Mittel	1046 – 4125
oberes Mittel	4126 – 12745
hoch	über 12745

9 Globale CO_2-Emissionen nach Einkommen und Region 2016

Nach: https://ourworldindata.org/co2-by-income-region; Zugriff 26.10.2020

7 MK

Beschreiben Sie die durch den Menschen verursachten Veränderungen des globalen Kohlenstoffkreislaufs (Grafik 6).

8 MK

Erklären Sie die entscheidende Bedeutung von Kohlenstoffdioxid für die globale Erwärmung (Text 5 und Online-Code).

9

Begründen Sie die herausragende Bedeutung von Ozeanen und Wäldern für den Kohlenstoffkreislauf (Grafik 6).

10 MK

„Die aktuelle globale Erwärmung wird durch den Menschen und nicht durch die Natur verursacht." Begründen Sie diese Aussage (Materialien 6 und 7 und Online-Code).

11

„Wärmeerzeugung, Stromproduktion und der Straßenverkehr sind weltweit die Ursache für wachsende CO_2-Emissionen." Beurteilen Sie diese Aussage (Grafik 8).

12 MK

Analysieren Sie die CO_2-Emissionen nach Einkommensgruppen und Regionen (Grafik 9).

Die Arktis – zentrales Kipp-Element im Klimawandel mit Auswirkungen in Mitteleuropa

Wie sich das Klima in den unterschiedlichen Regionen der Erde in den kommenden Jahrzehnten entwickeln wird, ist von einer Vielzahl von Faktoren abhängig, die sich gegenseitig beeinflussen. Besondere Beachtung finden dabei die Kipp-Elemente des Klimasystems, insbesondere in der Arktis. Doch inwieweit beeinflussen die Veränderungen des Klimas in der Arktis das Klima und auch das Wetter in Mitteleuropa?

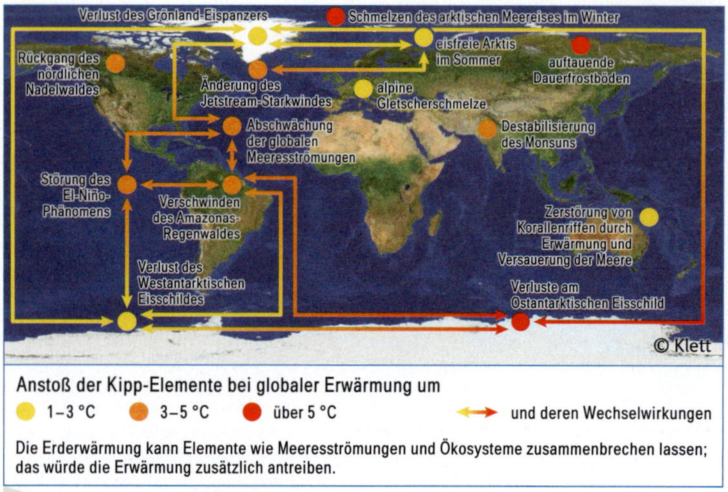

1 Kipp-Elemente im Erdklima

Nach: Will Steffen/Johan Rockström/Katherine Richardson u.a.: Trajectories of the Earth System in the Anthropocene, 06.07.2018. Unter: www.pnas.org/content/115/33/8252 (Zugriff 01.09.2020)

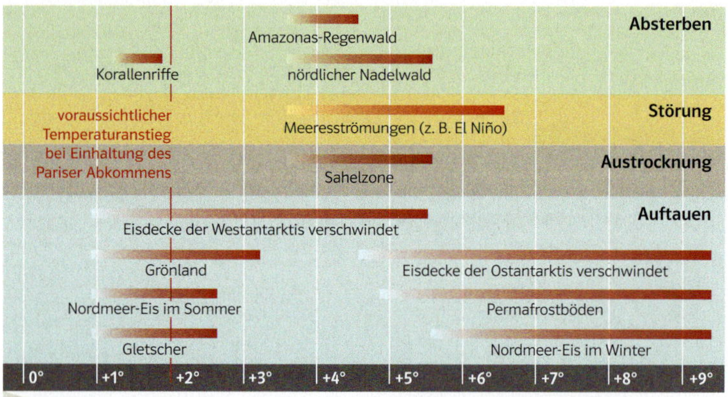

2 Folgen des Klimawandel in Abhängigkeit vom Temperaturanstieg

Nach PIK/Schellnhuber, Rahmsdorf, Winkelmann: Nature Climate Change 2, 2016. In: Zeit 30.1.2020, S.38

1 Erklären Sie das Konzept der Kipp-Elemente.

2 Der Klimaforscher Stefan Rahmstorf äußert im Hinblick auf Kipp-Elemente: „Das Klimasystem ist kein träges und gutmütiges Faultier, sondern es kann sehr abrupt und heftig reagieren." Erläutern Sie diese Aussage.

GRUNDWISSEN

Kipp-Elemente des globalen Klimasystems

Führt der globale Klimawandel zu einer eher langsamen, linearen Zunahme der globalen Durchschnittstemperatur? Oder ändert sich das Klima abrupt, geradeso als würde man einen Schalter umlegen? Wissenschaftler am Potsdam-Institut für Klimafolgenforschung (PIK) haben potenzielle **Kipp-Elemente (früher auch Kipp-Punkte oder Tipping Points)** identifiziert, zum Beispiel den Permafrost in der Polarregion. Taut der Permafrost, kann durch eine geringe Temperaturerhöhung ein Schwellenwert erreicht und damit eine qualitative Änderung des Klimasystems ausgelöst werden. Ein neuer, oftmals nicht umkehrbarer Zustand wird erreicht. Begünstigt werden solche Prozesse durch Rückkopplungen. Die Kipp-Elemente erreichen bei unterschiedlichen Temperaturen ihren Schwellenwert. Wie bei einem Dominoeffekt kann das Überschreiten eines Kipp-Elements die Überschreitung eines anderen auslösen. Über Wechselwirkungen können sich wie in einer Kaskade weitere Kipp-Elemente ändern.

Kipp-Element Permafrost

Permafrost bedeckt etwa 25 % der Landfläche auf der Nordhalbkugel. Der größte Teil befindet sich in den Polarregionen, kleinere Vorkommen in den Hochgebirgen. Permafrost bildet sich, wenn der Boden in zwei aufeinanderfolgenden Jahren dauerhaft gefroren ist. Im arktischen Permafrost sind gewaltige Mengen organischen Kohlenstoffs in Pflanzen und Tierresten wie in einer Gefriertruhe eingeschlossen. Insgesamt werden dort zwischen 1300 und 1600 Gigatonnen (Gt) Kohlenstoff gespeichert, in der Atmosphäre etwa 860 Gt. Bis 2100 könnten bis zu 92 Gt Kohlenstoff aus dem Permafrost in die Atmosphäre gelangen. Taut der Permafrost auf, zersetzen Mikroorganismen die Tier und Pflanzenreste und produzieren Kohlenstoffdioxid und Methan. Bisher wurde vermutet, dass nur sehr geringe Mengen Methan gebildet werden. Nach einer neuen Studie entsteht aber genau so viel Methan wie CO_2.

FALLBEISPIEL: Ursachen und Auswirkungen des Klimawandels in der Arktis

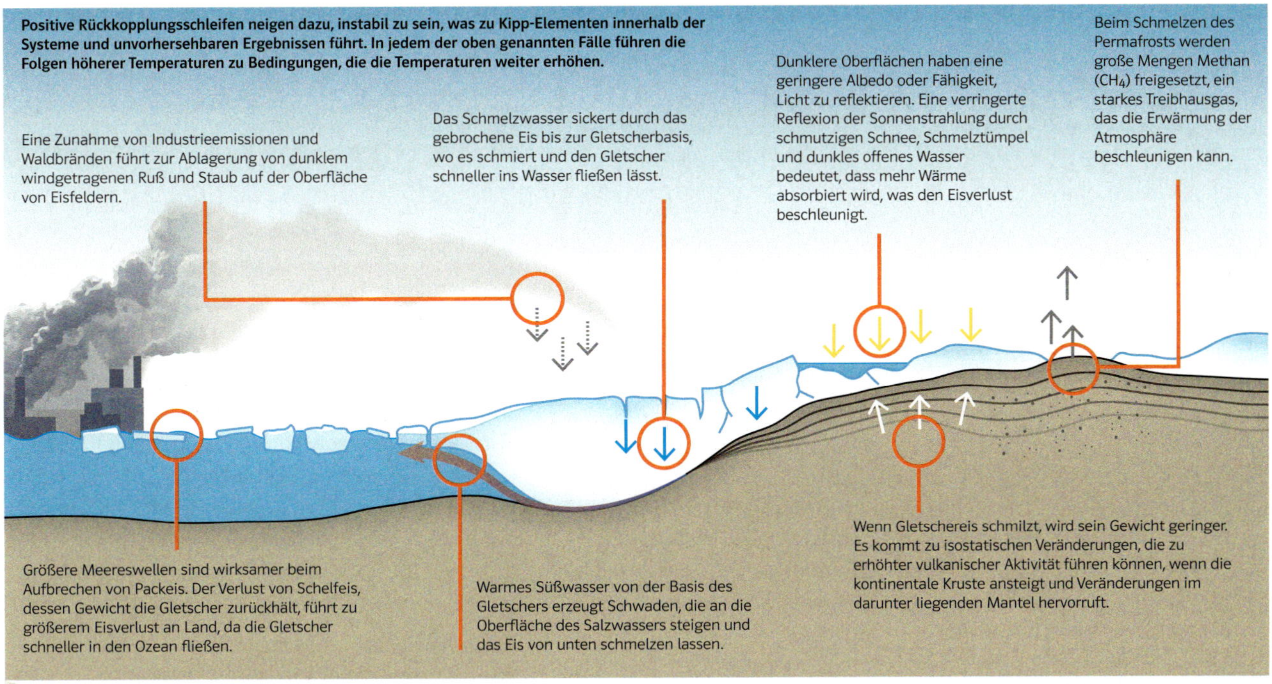

3 Rückkopplungsschleifen durch Abschmelzvorgänge

Nach: www.alternativesjournal.ca/sites/default/files/article/40n4_Feedback_Loops_INFOGRAPHIC_lg.jpg (Zugriff 02.10.2020)

Der Einfluss der Arktis auf globale Kipp-Elemente

In der Arktis steigen die Temperaturen doppelt so schnell wie im weltweiten Durchschnitt. Das hat Auswirkungen auf die arktischen Kipp-Elemente:

Abschwächung der thermohalinen Zirkulation. Im Nordatlantik hat das Wasser aufgrund der tieferen Temperaturen und eines höheren Salzgehaltes eine höhere Dichte und sinkt in die Tiefe. Konzentrations- und Temperaturunterschiede sind damit der Motor der thermohaline Zirkulation. Erwärmt sich die Arktis, wird die Zirkulation abgeschwächt. Die Zufuhr von Süßwasser aus geschmolzenem Inlandeis und die zunehmende Niederschläge verringern den Salzgehalt und damit die Dichte des Meerwassers. Verstärkt wird dieser Prozess durch höhere Wassertemperaturen.

Verlust des arktischen Meereises. Aktuell schmelzen bereits 80 % des neu gebildeten Eises, welches alljährlich in den russischen Randmeeren der Arktis entsteht, im gleichen Jahr wieder ab. Auch berichten Forscher, dass das Meereis bis zu 30 % dünner ist als vor 15 Jahren.

Tauender Permafrost produziert große Mengen an Kohlenstoffdioxid und Methan, verstärkt die globale Erwärmung und damit auch das Tauen des Permafrosts. Allerdings werden sich auf dem aufgetauten Boden Pflanzen ansiedeln, die Kohlenstoffdioxid aus der Atmosphäre aufnehmen und die Erwärmung etwas abschwächen. Der Pflanzenbewuchs verringert die Albedo und verstärkt die Erwärmung. Einen weiteres Kipp-Element, die thermohaline Zirkulation, wird ebenfalls beeinflusst: Der Abfluss von großen Wassermengen aus den tauenden Permafrostgebieten wird den Salzgehalt des arktischen Meeres weiter senken.

Schmelzen des Grönlandeises. Durch Risse im Eis dringt Schmelzwasser in die Tiefe, wirkt dort wie ein Schmiermittel und beschleunigt die Bewegung des Eises in Richtung Meer. Die Oberfläche des Eisschildes absorbiert zudem mehr Sonnenenergie, da der aufgetaute und überfrorene Schnee weniger Sonnenstrahlung reflektiert.

Zwischen 1970 und 1979 hat die Eismasse in Grönland noch um 47 Mrd. t zugenommen. Seit 2000 beträgt der Eisverlust in Grönland jährlich mehr als 500 Mrd. t bei einem Zuwachs von nur 450 Mrd t. Damit hat das Abschmelzen den Punkt überschritten, an dem es noch rückgängig gemacht werden kann.

4

3 „Tauender Permafrost verstärkt den Klimawandel." Erklären Sie diese Aussage.

4 Beschreiben Sie die Auswirkungen des Klimawandels in der Arktis (Materialien 3 u. 4).

5 MK Stellen Sie die sich selbst verstärkenden Mechanismen der Erwärmung in der Arktis mithilfe der Grafik 3 in einem Wirkungsgefüge dar.

FALLBEISPIEL:
Extreme Wetterereignisse in Deutschland – Auswirkungen des Klimawandels in der Arktis?

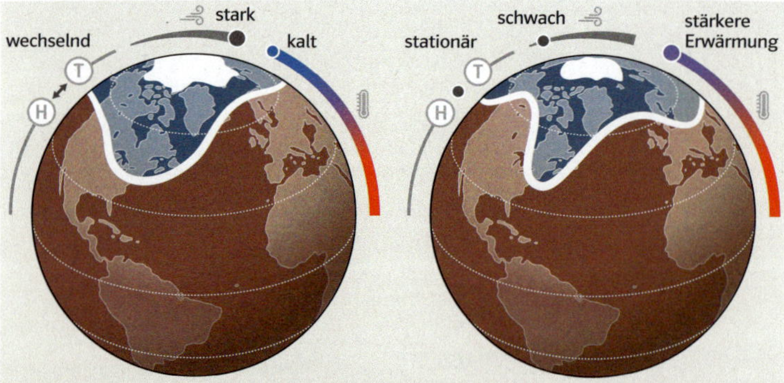

Auswirkungen einer Erwärmung in der Arktis auf die Wettersituation im Winter auf der Nordhalbkugel

„Bisheriger Zustand (linke Abbildung): Durch hohe Temperaturunterschiede zwischen den Tropen und der Arktis ist der Jetstream stark ausgeprägt. Er mäandriert nur wenig und die arktische Kaltluft bleibt im Norden. Die Winter in Nordamerika und Europa sind dann durch wechselnde Hoch- und Tiefdruckgebiete gekennzeichnet.
Zustand als Folge des Klimawandels (rechts): Erwärmt sich die Arktis, sind die Temperaturunterschiede zwischen Tropen und Arktis geringer. Der Jetstream ist dann schwächer ausgeprägt und verläuft in sehr starken Wellen. Die Kaltluft dringt weit nach Süden vor und die Druckgebiete sind oft über Wochen stationär. Diese Situation prägte den Winter 2019 in Nordamerika."

Nach Ralf Jaiser (AWI), Jana Kandarr (ESKP): Wie beeinflusst der Klimawandel den Jetstream? v. 25.10.2019, unter: www.eskp.de/klimawandel/wie-beeinflusst-der-klimawandel-den-jetstream-9351059/ (Zugriff 27.10.2020)

5

6 Überschwemmungen an der Mulde beim „Jahrhundert-Hochwasser" im Juni 2013

7 Trockenheit am Rhein in Düsseldorf 2018

In den letzten Jahren nehmen in Mitteleuropa Wetterextreme wie Starkniederschläge oder extreme Trockenheit zu. Bislang war es problematisch, einzelne Wetterereignisse auf den Klimawandel zurückzuführen. Doch nun können Wissenschaftler einen Zusammenhang zwischen dem Klimawandel und Wetterextremen herstellen.

Zum einen können extreme Wettersituationen in Mitteleuropa auf eine Erwärmung der Arktis zurückgeführt werden. Verbindendes Element ist der Polar-Front-Jetstream. Damit wird ein Starkwindband bezeichnet, welches in der oberen Troposphäre zwischen 40° und 60° n. Br. mit Windgeschwindigkeiten von 200 – 500 km/h die Erde umrundet. Wissenschaftler haben einen Mechanismus beschrieben, der erklärt, wie eine Erwärmung in der Arktis den Polar-Front-Jetstream und damit unser Wetter verändert.

Zum anderen kann die Zuordnungswissenschaft nun untersuchen, ob es natürliche oder durch den Klimawandel verursachte Extremwetterereignisse sind (Text 8).

6 MK
Stellen Sie mithilfe einer Internetrecherche in einer Übersicht wichtige Extremwetterereignisse in Deutschland und ihrer Heimatregion für die letzten 10 Jahre dar.

7
Erklären Sie mithilfe von Grafik 5 den Zusammenhang zwischen einer Erwärmung der Arktis und dem Wettergeschehen in Mitteleuropa.

8
Erläutern Sie die Schwierigkeiten, einen Zusammenhang zwischen lokalem Extremwetter und dem Klimawandel herzustellen (Text 8).

9 MK
Stellen Sie mithilfe der Online-Version der Karte 9 (siehe Online-Code) für zwei extreme Wetterereignisse den Einfluss des Klimawandels dar.

Wer ist schuld am Sturm?

Friederike Otto berechnet am Environmental Change Institut an der Universität von Oxford, welche Rolle die globale Erwärmung bei extremen Wetterereignissen spielt. Die Disziplin heißt „Attribution Science", zu Deutsch: „Zuordnungswissenschaft".

„[...]

fluter.de: Frau Otto, können Sie mit Ihrer Forschung stichhaltig beweisen, dass der von Menschen gemachte Klimawandel für Extremwetterereignisse verantwortlich ist?

Friederike Otto: Wirbelstürme, Starkregen oder extreme Dürren hat es schon immer gegeben. Sie haben ganz unterschiedliche klimatische Ursachen. Mit unserer Methode [...] können wir nun beschreiben, wie sich die Wahrscheinlichkeit für solche Ereignisse durch die globale Erwärmung verändert. Das ist ein bisschen wie beim Lungenkrebs. Rauchen ist sicher nicht immer der einzige Grund für die Tumorerkrankung, aber es erhöht die Gefahr deutlich.

Wie wirkt sich der Klimawandel auf das Wetter aus?

Es gibt im Prinzip zwei Arten, wie der Klimawandel unser Wetter verändert. Erstens mit dem sogenannten thermodynamischen Effekt: Durch höhere Temperaturen in der Atmosphäre steigt zum Beispiel die Wahrscheinlichkeit für Hitzewellen. Außerdem nimmt die Atmosphäre mehr Wasserdampf auf. Das führt im globalen Mittel zu mehr Starkregen. Der zweite Effekt ist der dynamische: Die veränderte Konzentration von Treibhausgasen und Wasserdampf verändert auch die Zirkulation in der Atmosphäre – das heißt, wann Wettersysteme wohin ziehen. Diese Veränderungen können wir beobachten und durch Wahrscheinlichkeiten belegen.

Wie funktioniert Ihre Methode der Attribution Science?

Im ersten Schritt berechnen wir die Wahrscheinlichkeit für ein vergangenes Wetterereignis, zum Beispiel eine Hitzewelle oder Starkregen. Dafür simulieren wir einige Tausend Mal mögliche Wetterszenarien für eine bestimmte Region und einen bestimmten Zeitraum. Dadurch können wir berechnen, wie häufig dort Extremwetterereignisse wie Starkregen oder Wirbelstürme vorkommen können. Anschließend wiederholen wir das Experiment mit einer Treibhausgas-Konzentration in der Atmosphäre, wie sie ohne den menschengemachten Klimawandel wäre. So kann man berechnen, wie wahrscheinlich das Extremwetterereignis in einer simulierten Welt ohne Klimawandel wäre, und indem man beide Ergebnisse vergleicht, weiß man, wie stark sich die Wahrscheinlichkeit durch menschliche Einflüsse verändert.

Wie stark ist die Wahrscheinlichkeit denn gestiegen?

Wir können zum Beispiel sagen, dass der von Menschen gemachte Klimawandel einen Wirbelsturm oder eine Überschwemmung mancherorts um 50 oder sogar 500 Prozent wahrscheinlicher gemacht hat. Manchmal bleibt aber auch die Erkenntnis, dass der menschliche Einfluss kaum messbar war. Manche Ereignisse werden auch weniger wahrscheinlich. Geradlinige Kausalität können wir mit diesen Aussagen nicht bieten, aber eine statistisch sehr gut gesicherte Wahrscheinlichkeit. Natürlich sind solche Ergebnisse für die Öffentlichkeit ziemlich abstrakt. Deshalb müssen wir unsere Erkenntnisse verständlich einordnen und genau erklären, welchen Anteil der Klimawandel an bestimmten Extremwetterereignissen hat. [...]

Lassen sich auch die für den Klimawandel verantwortlichen Staaten ausmachen?

Ja, das war der Ansatz unserer neuesten Studie. Am Beispiel einer Hitzewelle in Argentinien haben wir die Verantwortlichkeit einzelner Staaten berechnet. Diese Hitzewelle ist durch den allgemeinen Klimawandel fünfmal wahrscheinlicher geworden. Durch die Emissionen der USA wurde sie um 30 Prozent, durch die von ganz Europa sogar um 35 Prozent wahrscheinlicher. Diese Aussagen ließen sich sogar auf einzelne Länder herunterbrechen. Für Debatten um eine mögliche Entschädigung von klimawandelbedingen Schäden könnten solche Erkenntnisse eine gute Grundlage bieten. [...]

Birk Grüling im Interview mit Friederike Otto: Wer ist schuld am Sturm?, in fluter v. 22.11.2017, unter: www.fluter.de/extremwetter-als-folge-des-klimawandels (Zugriff 27.10.2020)

8

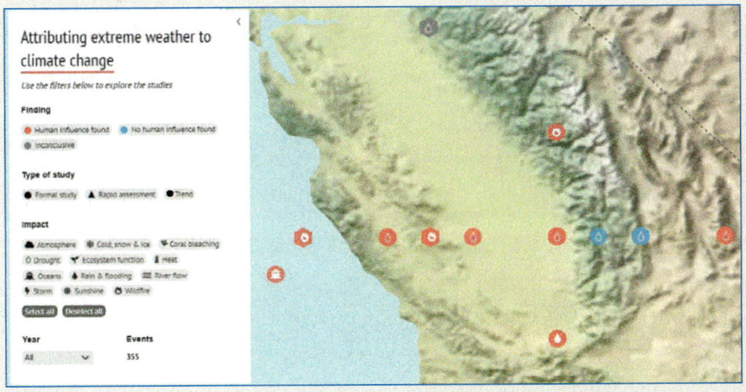

Wie der Klimawandel Extremwetter auf der ganzen Welt beeinflusst

„69 % der 355 extremen Wetterereignisse und -trends in der Karte wurden durch den vom Menschen verursachten Klimawandel als wahrscheinlicher oder schwerwiegender eingestuft.
[...] Nur 22 % der Ereignisse und Trends zeigten keinen erkennbaren menschlichen Einfluss oder waren nicht schlüssig."

Attributing extreme weather to climate change 15.04.2020, unter: www.carbonbrief.org/mapped-how-climate-change-affects-extreme-weather-around-the-world, übers. v. Matthias Scholliers (Zugriff 27.10.2020)

9

NE Den Klimawandel begrenzen: das 1,5-Grad-Ziel

Je stärker die globale Erwärmung voranschreitet, desto mehr sind die weltweiten Ökosysteme einschließlich der Menschen von gravierenden Veränderungen betroffen. Umso dringender wird es deshalb, den Temperaturanstieg im Vergleich zu den vorindustriellen Werten zu begrenzen. Die Weltgemeinschaft hat sich im Pariser Klimaabkommen 2015 verpflichtet, den Anstieg der globalen Durchschnittstemperatur auf unter 2 Grad, möglichst auf 1,5 Grad zu begrenzen. Weshalb ist die Festlegung auf diesen Wert so wichtig und wie kann er erreicht werden?

Paris-Abkommen

„Artikel 2

(1) Dieses Übereinkommen zielt darauf ab, durch Verbesserung der Durchführung des Rahmenübereinkommens einschließlich seines Zieles die weltweite Reaktion auf die Bedrohung durch Klimaänderungen im Zusammenhang mit nachhaltiger Entwicklung und den Bemühungen zur Beseitigung der Armut zu verstärken, indem unter anderem

a) der Anstieg der durchschnittlichen Erdtemperatur deutlich unter 2 °C über dem vorindustriellen Niveau gehalten wird und Anstrengungen unternommen werden, um den Temperaturanstieg auf 1,5 °C über dem vorindustriellen Niveau zu begrenzen, da erkannt wurde, dass dies die Risiken und Auswirkungen der Klimaänderungen erheblich verringern würde;

b) die Fähigkeit zur Anpassung an die nachteiligen Auswirkungen der Klimaänderungen erhöht und die Widerstandsfähigkeit gegenüber Klimaänderungen sowie eine hinsichtlich der Treibhausgase emissionsarme Entwicklung so gefördert wird, dass die Nahrungsmittelerzeugung nicht bedroht wird;

c) die Finanzmittelflüsse in Einklang gebracht werden mit einem Weg hin zu einer hinsichtlich der Treibhausgase emissionsarmen und gegenüber Klimaänderungen widerstandsfähigen Entwicklung.

(2) Dieses Übereinkommen wird als Ausdruck der Gerechtigkeit und des Grundsatzes der gemeinsamen, aber unterschiedlichen Verantwortlichkeiten und jeweiligen Fähigkeiten angesichts der unterschiedlichen nationalen Gegebenheiten durchgeführt.“

www.bmu.de/gesetz/uebereinkommen-von-paris/ und www.bmu.de/fileadmin/Daten_BMU/Download_PDF/Klimaschutz/paris_abkommen_bf.pdf (Zugriff 27.10.2020)

1

Je stärker die mittlere globale Durchschnittstemperatur von den Werten vor der Industrialisierung abweicht, desto stärker sind die Folgen. Wissenschaftler nennen

- eine deutliche Zunahme von Wassermangel und Hungersnöten,
- eine Beeinträchtigung der Gesundheit durch Hitzewellen vor allem in urbanen Regionen,
- hohe Kosten für die Anpassung von Infrastruktur, Land- und Forstwirtschaft, Tourismus sowie Küsten- und Hochwasserschutz an die veränderten Bedingungen.

Mit internationalen Vereinbarungen versucht die Staatengemeinschaft, den Klimawandel zu begrenzen. Auf der von vielen Seiten als erfolgreich bewerteten Pariser Klimakonferenz von 2015 wurden Ziele vereinbart, aber keine konkreten Maßnahmen. Ob die Ziele erfolgreich verfolgt werden, können Sie anhand der Materialien überprüfen. Wie schwierig es ist, sich trotz unterschiedlicher Vorstellungen auf ein Ziel zu einigen, können Sie mit dem simulationsgestützten Rollenspiel auf den Seiten 74/75 erfahren.

Das Intergovernmental Panel on Climate Change (IPCC) wurde 1988 von der Weltorganisation für Meteorologie und dem Umweltprogramm der UNO eingesetzt. Es hat die Aufgabe, etwa alle fünf Jahre den Zustand des Klimasystems und seine Auswirkungen festzustellen und Möglichkeiten der Gegensteuerung zu benennen. Das IPCC betreibt keine eigene Forschung, sondern nutzt veröffentlichte wissenschaftliche Ergebnisse.

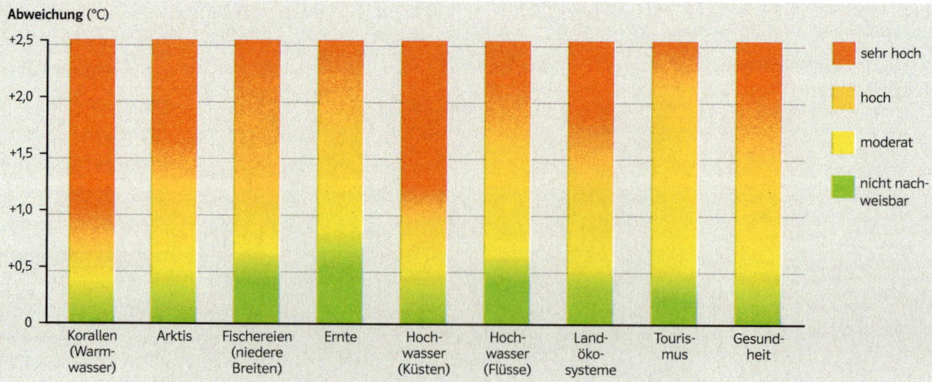

2 Auswirkungen des Klimawandels auf Ökosysteme bei bestimmter Temperaturabweichung gegenüber dem vorindustriellen Niveau

Nach IPCC

Risiko	globale Erwärmung	
	1,5 °C	2 °C
Extremwetterereignisse: z. B. Überflutungen	100 %	170 %
Artenvielfalt: Anteil der Arten, die beeinträchtigt sind	6 % Insekten, 8 % Pflanzen, 4 % Wirbeltiere	18 % Insekten, 16 % Pflanzen, 8 % Wirbeltiere
Wasser: Anzahl der Stadtbewohner, die bis 2100 extremer Trockenheit ausgesetzt sind	350 Mio.	410 Mio.
arktisches Meer: eisfreie Sommer	mind. einmal in 100 J.	mind. einmal in 10 J.
Bevölkerung: Anteil, der mind. einmal in 20 J. extremer Hitze ausgesetzt sein wird	9 % (700 Mio. Menschen)	28 % (2 Mrd. Menschen)
Meeresspiegelanstieg bis 2100	48 cm (46 Mio. Menschen)	56 cm (49 Mio. Menschen)
Korallenbleiche: Korallensterben bis 2100	70 %	100 %
Ozeane: Einbußen der Artenvielfalt, Schwankungen im Ökosystem, Beeinträchtigung von ökologischen Funktionen und Diensten		
Nahrungsmittel: jedes halbe Grad mehr Erwärmung verringert Erträge und Nährstoffe in tropischen Regionen		
Kosten: sinkendes Wirtschaftswachstum v. a. in Niedriglohnländern		

Nach: www.klimafakten.de/meldung/neue-infografik-macht-ein-halbes-grad-weniger-erderwaermung-einen-unterschied (Zugriff 30.10.2020) und wwf

3 Klimarisiken bei einer globalen Erwärmung von 1,5 °C oder 2 °C

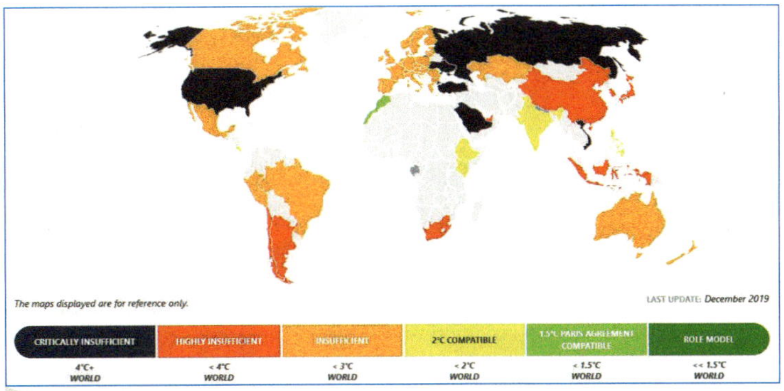

4 Climate Action Tracker

Lesehilfe: Der Climate Action Tracker stellt auf dieser Weltkarte dar, inwieweit die NDCs (Nationally Determined Contributions, also die national festgelegten Beiträge), die Zusagen für 2020, die langfristigen Ziele und die derzeitige Politik der einzelnen Staaten mit dem Temperaturziel des Pariser Abkommens von 1,5 °C vereinbar sind.

Nach (c) 2020 Climate Action Tracker. https://climateactiontracker.org/ countries/

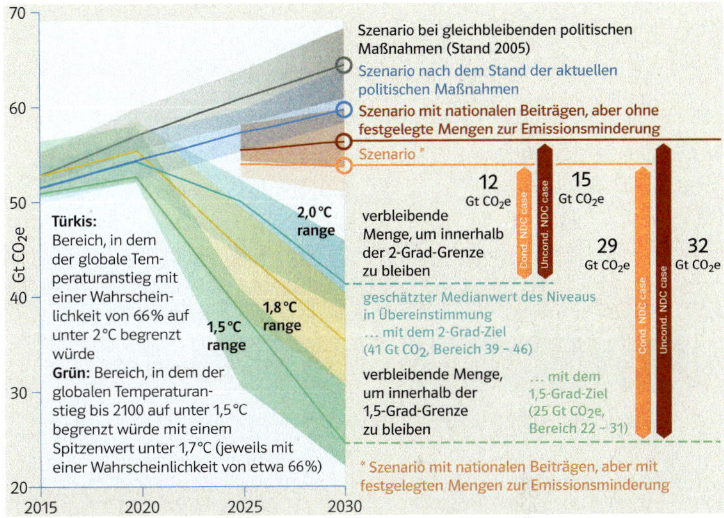

5 Klimawandelprojektion

Lesehilfe: Die graue Linie zeigt ein Szenario ohne neue Klimapolitiken nach 2005, blau zeigt bestehende, bereits von Regierungen umgesetzte Politiken, rote und orange Linien zeigen zusätzliche bedingte und unbedingte NDCs, die blaue Linie zeigt Emissionen, welche zu einer Erwärmung von unter 2 °C führen, die gelbe Linie von unter 1,8 °C und die grüne von unter 1,5 °C.
NDC = nationally determined contributions (national festgelegte Beiträge)

Nach: United Nations Environment Programme (2019). Emissions Gap Report 2019. UNEP, Nairobi, p.XIX, Fig. ES.4

1 Arbeiten Sie die wesentlichen Ziele des Pariser Abkommens heraus (Text 1).

2 NE Begründen Sie die Notwendigkeit des 1,5-Grad-Ziels.

3 MK Analysieren Sie die weltweite Umsetzung des 1,5-Grad-Ziels ausgehend von Tabelle 3 und Grafik 4.

4 MK Jedes Jahr entscheidet, wie stark sich der Klimawandel auswirkt. Beurteilen Sie diese Aussage (Grafiken 4 und 5).

MK NE Klimaverhandlungen zur Begrenzung der Erderwärmung auf 1,5 Grad – ein simulationsgestütztes Rollenspiel

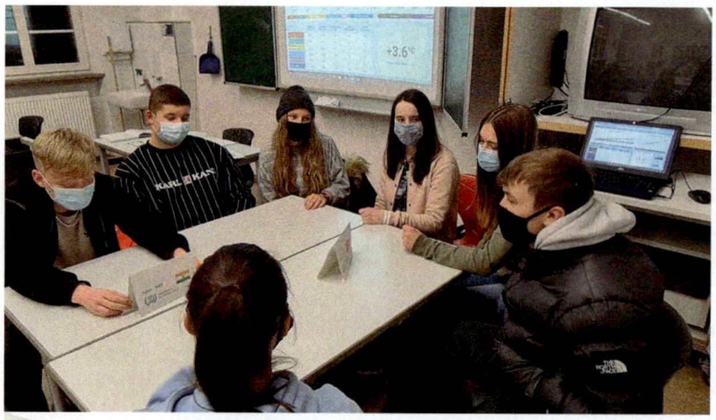

1 Schülerinnen und Schüler des Max-Planck-Gymnasiums in Nürtingen simulieren eine UN-Klimakonferenz

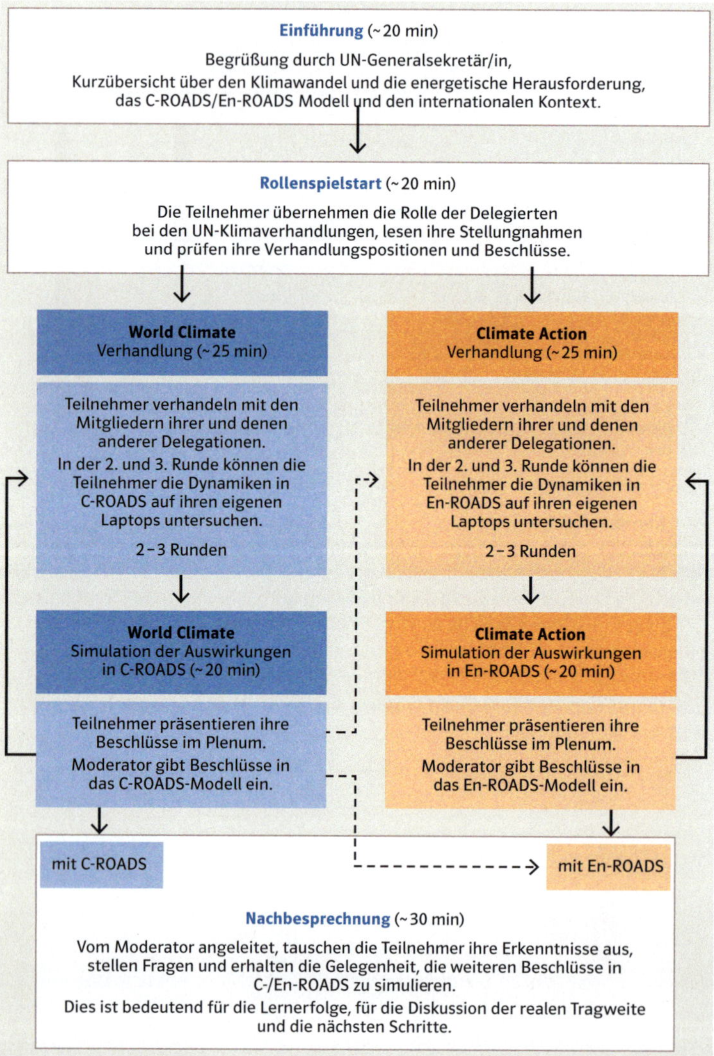

2 Rollenspiel-Verlauf

World Climate und Climate Action Simulation
Forschung zeigt, dass nur das Zeigen von Forschungsergebnissen nicht zu Handlungen führt. Menschen treten selten in Aktion, wenn ihre Gefühle nicht angesprochen werden. Mit den beiden Rollenspielen World Climate und Climate Action Simulation ist dies anders, da die voraussichtlichen Konsequenzen eigener Entscheidungen unmittelbar in den Simulationen deutlich werden. Untersuchungsergebnisse zeigen, dass sich mehr als 80 % der Teilnehmenden an diesen Rollenspielen im Anschluss für mehr Klimaschutz engagieren.
Das Rollenspiel **World Climate** bildet die Verhandlungen bei den UN-Klimakonferenzen ab. Die Teilnehmer verhandeln in der Rolle von Verhandlungsführern der USA, der EU, von anderen Industrienationen, China, Indien und anderen Entwicklungsländern, wann in ihren Ländern der Anstieg an Treibhausgas-Emissionen gestoppt wird und ab wann und mit welcher Geschwindigkeit die Emissionen reduziert werden. Die Verhandlungsergebnisse werden mit dem **Klimasimulationsmodell C-ROADS** auf ihre Wirksamkeit getestet.
Im Rollenspiel **Climate Action** entscheiden Teilnehmende als Vertreter von Staaten, Handel und Industrie, Landwirtschaft, Klimaaktivisten und Energieunternehmen über konkrete Maßnahmen (Stellhebel), mit denen die Temperaturerhöhung bis zum Jahre 2100 auf 1,5 °C beschränkt werden kann. Vorschläge werden mit dem **Klima-Energie-Simulationsmodell En-ROADS** analysiert.

3

1 MK NE

Führen Sie das Rollenspiel in ihrem Kurs entsprechend dem Ablaufschema durch. Sie können zwischen dem Rollenspiel World Climate und der Climate Action Simulation wählen, die beiden Rollenspiele auch kombinieren oder den Simulator En-ROADS für die Nachbesprechung von World Climate nutzen.
Die notwendigen Informationen und Materialien zum World-Climate-Rollenspiel finden Sie unter dem Online-Code 59d2d8.

World-Climate-Rollenspiel

Die Ziele der Simulation

1. Das Treibhausgasniveau bis 2100 so weit zu reduzieren, dass die Erderwärmung deutlich unterhalb von 2 °C über dem vorindustriellen Niveau bleibt.
2. Eine Vereinbarung auszuhandeln, die Kosten für den Schadensminderungs- und Anpassungsfonds zu teilen, der den am meisten gefährdeten Nationen helfen soll.

Entscheidungen

Entscheidung 1:
Emissionen aus fossilen Brennstoffen.
Sie legen fest:
- Anstiegsstopp der jährlichen THG-Emissionen in Ihrem Block (soweit zutreffend);
- Jahr (so gewünscht), ab dem THG-Emissionen wieder sinken;
- falls Emissionen sinken, mit welcher Rate (% pro Jahr)?

Entscheidung 2:
Forstwirtschaft und Landnutzung
Entwaldung (0 – 100 %):
- 0 = setzt die Entwaldung im „Business-as-usual"-Umfang fort;
- 100 % = allmähliche Eliminierung der Entwaldung während der kommenden Jahrzehnte.

Aufforstung (0 – 100 %):
- 0 = keine neuen Flächen zur Aufforstung vorgesehen;
- 100 % = maximale machbare Aufforstungsfläche.

Entscheidung 3:
Klimafinanzierung
Schaffen Sie einen grünen Klimafonds, um gefährdeten Ländern zu helfen bei:
- Katastrophenhilfe;
- Lebensmitteln und Wasser;
- Einwanderung und Flüchtlingen;
- Emissionsminderung.

Das Ziel liegt bei 100 Mrd. US-$ pro Jahr (ist bis 2020 auf diesen Wert aufzustocken).

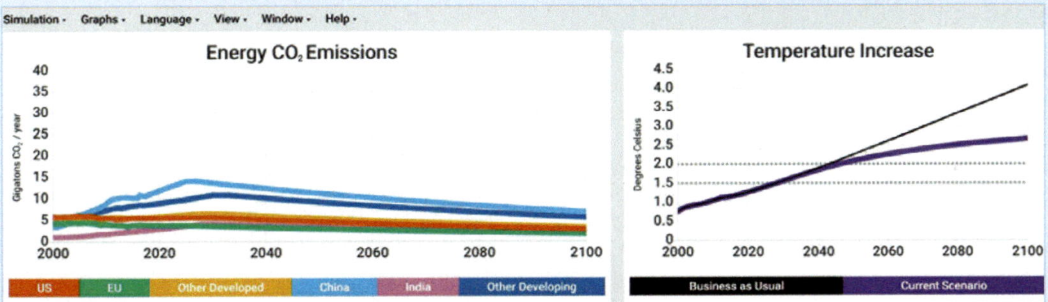

	Emissions Peak Year	Reductions Begin Year	Annual Reduction Rate	Prevent Deforestation	Promote Afforestation
US	2025	2030	1%	50%	50%
EU	2022	2025	1%	100%	100%
Other Developed	2028	2031	1%	50%	75%
China	2025	2027	1%	40%	75%
India	2028	2030	1%	70%	70%
Other Developing	2030	2033	1%	50%	70%

4 Das Simulationsmodell C-ROADS (Screenshot)

Lesehilfe: C-ROADS (Climate Rapid Overview and Decision Support) ist ein Klimamodell von Climate Interactive, welches die Konsequenzen der Treibhausgas-Emissionspfade auf das Klimasystem in Echtzeit transparent macht. Das Modell ist anhand der IPCC-Szenarien kalibriert und wird weltweit von Entscheidungsträgern in Regierungen, Unternehmen, NGOs, von Medien, von Studierenden und Schülerinnen und Schülern genutzt.

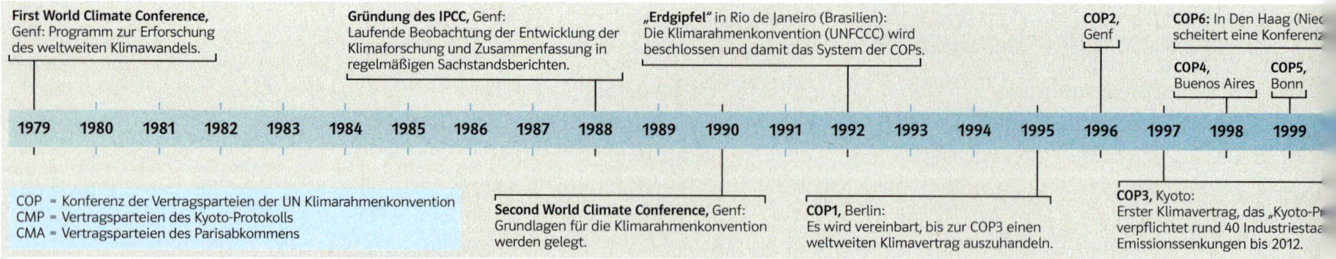

1 Der „Konferenzweg" zu einer klimaneutralen Welt

NE

Den Klimawandel begrenzen: Dekarbonisierung – der Weg zur CO_2-neutralen Welt

Wie können die Auswirkungen des Klimawandels und der globale Temperaturanstieg auf 2 Grad Celsius, möglichst aber 1,5 Grad begrenzt werden? Den Handlungsspielraum dazu beschreiben die Konzepte **Adaption** (Anpassung an den Klimawandel) und **Mitigation** (Reduktion der Treibhausgasemissionen). Das Ziel der Mitigation ist eine CO_2-neutrale Energieerzeugung bis Mitte des 21. Jh. **CO_2-Neutralität** bedeutet, dass kein CO_2 freigesetzt wird oder die CO_2-Emissionen werden vollständig kompensiert, zum Beispiel durch Pflanzenwachstum. Die Abkehr von der Nutzung kohlenstoffhaltiger Energieträger wird als **Dekarbonisierung** bezeichnet. Sie wirft allerdings Fragen auf:

- Wieviel CO_2 darf die Menschheit noch emittieren, um das Pariser Klimaziel zu erreichen?
- Welcher Staat reduziert die CO_2-Emissionen in welchem Umfang und ab wann?
- Ist eine Reduktion der Emissionen ausreichend oder müssen zusätzliche Maßnahmen wie zum Beispiel das Geo-Engineering ergriffen werden?
- Auch ein Temperaturanstieg von 1,5 oder 2 Grad wird zu großen Veränderungen führen. Wie kann man diese Herausforderung mit Anpassungsmaßnahmen bewältigen?
- Wie sieht eine CO_2-neutrale Lebensweise auf der lokalen Ebene aus?

Zusätzliche Erwärmung gegenüber dem Zeitraum von 2006–2015 (°C)	Ungefähre Erwärmung gegenüber dem Zeitraum von 1850–1900 (°C)	Verbleibendes Kohlenstoff-Budget (ohne zusätzliche Rückkopplungen aus dem Erdsystem) (Gt CO_2 ab dem 1.1.2018)		
		Wahrscheinlichkeit, unter einer bestimmten Erwärmungsgrenze zu bleiben		
		33 %	*50 %*	*67 %*
0,53	~1,5 °C	840	580	420
0,6		1010	710	530
0,63		1080	770	570
0,7		1240	900	680
0,78		1440	1040	800
0,8		1480	1080	830
0,9		1720	1260	980
1,0		1960	1450	1130
1,03	~2,0 °C	2030	1500	1170
1,1		2200	1630	1280
1,13		2270	1690	1320
1,2		2440	1820	1430

https://scilogs.spektrum.de/klimalounge/files/IPCC-SR15-Table-2.2-1024x643.jpg (Zugriff 27.10.2020)

2 Ab Anfang 2018 verbleibendes globales CO_2-Emissionsbudget

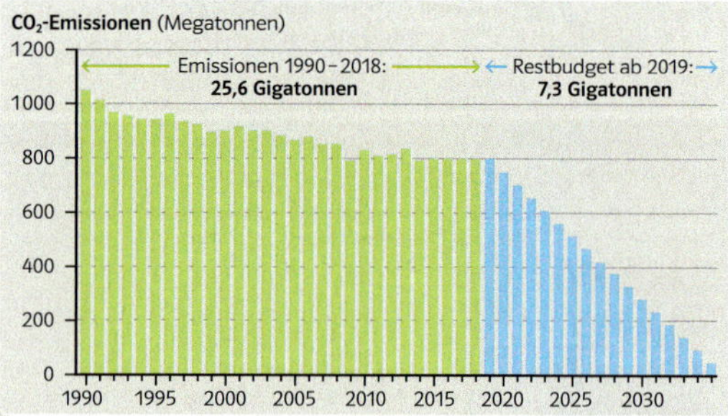

3 CO_2-Budget/-Emissionen in Deutschland bis 2035

Das Emissionsbudget Deutschlands entspricht seinem Anteil von 1,1 % an der Weltbevölkerung: Anfang 2016 also 9,7 Gt. Der jährliche CO_2-Ausstoß in Deutschland beträgt 0,8 Gt.

Grün: Emissionen bis 2018 nach Zahlen des Umweltbundesamtes.

Blau: exemplarische lineare Emissionsminderung, die einem fairen Beitrag Deutschlands zu den Paris-Zielen entsprechen könnte.

Grafik nach: Prof. Stefan Rahmstorf, unter: https://scilogs.spektrum.de/klimalounge/files/CO2-Emissionen-Deutschland-1024x551.jpg, (Zugriff 26.10.2020)

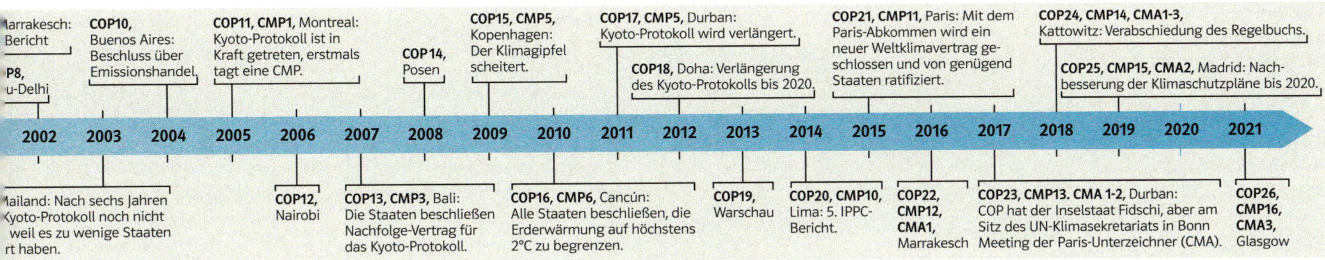

Der Budgetansatz – mehr Kohlenstoffdioxid darf nicht emittiert werden

Anlässlich der Klimakonferenz von Kopenhagen 2009 wurde der Budget*-Ansatz zur Begrenzung der CO_2-Emissionen vorgestellt. Der Ansatz konzentriert sich auf die CO_2-Emissionen, weil sie mengenmäßig sowie in ihrer Wirkung bedeutsam sind. Die Forscher schlagen eine maximale Emissionsmenge von 900 Gt CO_2 für den Zeitraum 2010 – 2050 vor. Je mehr dieses Budget unterschritten wird, desto größer ist die Wahrscheinlichkeit, dass das 2- oder besser sogar das 1,5-Grad-Ziel erreicht werden kann.

Ausgehend vom globalen Budget berechnen sich die nationalen Budgets (M3). Sie ermöglichen den Staaten eine souveräne und angepasste Emissionsminderung.

Mit Kooperationen lässt sich das gemeinsame Ziel leichter erreichen. So könnte sich ein für alle Länder hilfreicher globaler Handel mit CO_2-Emissionsrechten entwickeln. Länder mit hohen CO_2-Emissionen könnten sich zum Beispiel durch den Kauf von Emissionsrechten Zeit für eine Umstellung ihrer Wirtschaft erkaufen. Möglich wäre auch ein Transfer von emissionsarmen Technologien in die Länder der Gruppe 3.

* **Budget (aus dem Französischen): Haushaltsplan mit zukünftig zu erwartenden Einnahmen und Ausgaben**

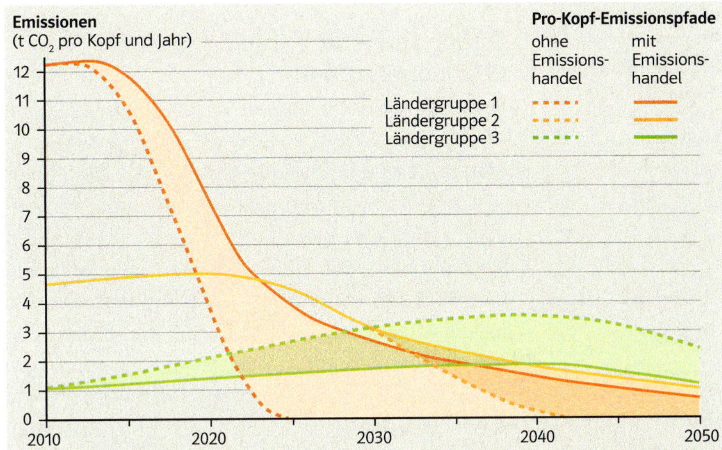

Beispiele für Pro-Kopf-Emissionsverläufe von CO_2 aus fossilen Quellen für 3 Ländergruppen nach dem Budgetansatz, die sich durch einen Emissionshandel ergeben könnten (durchgezogene Kurven). Dabei wurde angenommen, dass die Länder der Gruppe 1 ihr Budget um 75 % erhöhen, indem sie Emissionsrechte für 122 Mrd. t CO_2 hinzukaufen. Die Länder in Gruppe 2 kaufen Emissionsrechte im Umfang von insgesamt 41 Mrd. t CO_2 hinzu. Als Verkäufer der insgesamt 163 Mrd. t CO_2 treten die Länder der Gruppe 3 auf, deren Budget damit um etwa 43 % sinkt.
Ländergruppen nach CO_2-Emissionen aus fossilen Quellen pro Kopf und Jahr:

Rot: Ländergruppe 1 (> 5,4 t): Industrieländer (z. B. EU, USA,), ölexport. Länder (z. B. Saudi-Arabien, Venezuela) und wenige Schwellenländer (z. B. Südafrika).

Orange: Ländergruppe 2 (2,7 – 5,4 t), hier finden sich viele Schwellenländer (z. B. China, Mexiko, Thailand).

Grün: Ländergruppe 3 (< 2,7 t), Entwicklungsländer (z. B. Burkina Faso, Vietnam) und einige große Schwellenländer (z. B. Indien, Brasilien).

4 Budget-Ansatz und Emissionshandel

Nach WBGU: Kassensturz für den Weltklimavertrag – der Budgetansatz. Sondergutachten. Berlin: WBGU 2009, S. 4

1 MK
Vervollständigen Sie den Zeitstrahl 1 mit den Ergebnissen der jüngsten Weltklimakonferenzen.

2
Beschreiben Sie den Grundgedanken des Budgetansatzes.

3
Erklären Sie: Der Budgetansatz verdeutlicht den Handlungsdruck für die Menschheit (Tabelle 2).

4 MK
Das deutsche CO_2-Budget (Grafik 3)
a) Begründen Sie den Wert für das deutsche CO_2-Budget von 7,3 Gt ab 2019.
b) Berechnen Sie das Pro-Kopf-Budget in Deutschland bis 2038.

5
Erläutern Sie den Vorteil des CO_2-Emissionshandels für den Budgetansatz.

6 NE
„Der Budgetansatz sorgt für mehr Gerechtigkeit bei der Reduktion von Emissionen." Nehmen Sie Stellung zu dieser Aussage.

Lesehilfe: Im Jahr 2040 betragen die anthropogenen Netto-CO_2-Emissionen etwa 14 Gt CO_2 im Jahr. Zwar werden in diesem Jahr etwa 35 Gt CO_2 ausgestoßen, aber das CO_2 wird durch Geo-Engineering (Nutzung von Bioenergie mit CO_2-Abscheidung und -Speicherung), Pflanzenwachstum und Aufnahme durch die Ozeane aus der Atmosphäre entfernt.

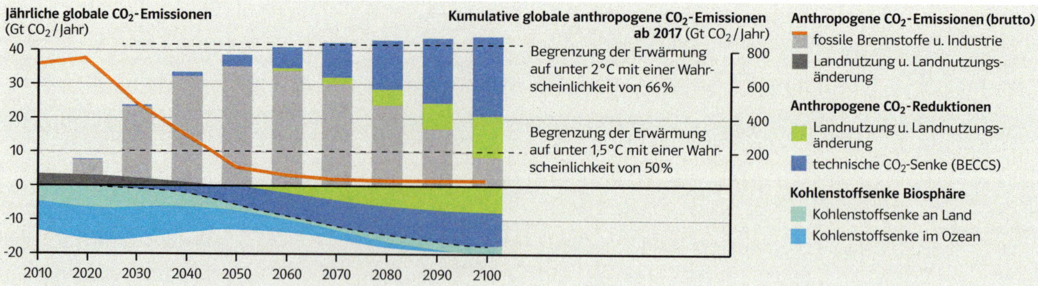

5 **Dekarbonisierungspfad, um das Pariser Abkommen zu erreichen**

Nach: Science: A roadmap for rapid decarbonization, 24.03.2017, https://science.sciencemag.org/ (Zugriff 26.10.2020)

Carbon Law – der Fahrplan zu einer CO_2-neutralen Welt

Forscher des PIK haben einen Plan für eine CO_2-neutrale Welt entwickelt. Der Carbon-Law-Plan sieht eine Halbierung der CO_2-Emissionen aus fossilen Brennstoffen alle 10 Jahre vor. Im Jahr 2020 sollen die weltweiten CO_2-Emissionen ihren Hochwert erreicht haben und dann bis 2050 sinken. Begleitet werden soll dieser Ausstieg aus den fossilen Brennstoffen Kohle, Erdöl und Erdgas von einem beschleunigten Ausbau der erneuerbaren Energien. Der Anteil von Sonnen- und Windenergie sowie Energie aus Wasserkraft und Biomasse muss dazu alle 5–7 Jahre verdoppelt werden. Aktuell wird dieses Ziel mit einer Verdopplung alle 5,5 Jahre bereits erreicht. Ergänzt werden müssen diese Maßnahmen mit der aktiven Entfernung von CO_2 aus der Atmosphäre mittels der Technik der Bioenergie-Kohlenstoffabscheidung und -speicherung (BECCS) (blau) und der Landnutzung mit Aufforstung (grün). Das ist schon deshalb notwendig, weil auch die CO_2-Senke Ozean aufgrund der Erwärmung und die CO_2-Senke Biosphäre aufgrund von Landnutzungsveränderungen weniger CO_2 aufnehmen werden.

Der Klimaforscher Schellnhuber sagt: „Unsere Zivilisation muss bald einen sozioökonomischen Wendepunkt erreichen, und diese Roadmap (M7) zeigt, wie dies geschehen kann. Insbesondere zeigen wir konkrete Schritte zur vollständigen Dekarbonisierung bis 2050 auf. Unternehmen, die versuchen, diese Schritte zu vermeiden und auf Zehenspitzen zu gehen, werden die nächste industrielle Revolution und damit ihre beste Chance für eine profitable Zukunft verpassen."

Die wichtigsten Meilensteine auf dem Weg zur Dekarbonisierung
bis 2050

„Jedes Jahrzehnt muss ein Meilenstein erreicht werden:

2020: 40 Gt CO_2
2030: 20 Gt CO_2
2040: 10 Gt CO_2
2050: 5 Gt CO_2

Der Weg dorthin:

2020: Abbau der Subventionen für fossile Brennstoffe. Einführung eines CO_2-Preises, der bei 50 US-Dollar pro Tonne beginnt und bis 2050 auf 400 US-Dollar pro Tonne steigt. Großskalige Steigerung von Energieeffizienz-Maßnahmen und der Erprobung der CO_2-Abspaltung, beginnend mit 100–500 Mt CO_2 pro Jahr.

2030: Die Kohle scheidet aus dem Energiemix aus. Das Bauen wird komplett CO_2-neutral oder speichert sogar Kohlenstoff, mehrere Städte erreichen die CO_2-Neutralität. Die CO_2-Abtrennung von 1–2 Gt CO_2 beginnt.

2040: Öl scheidet aus dem Energiemix schon früh in diesem Jahrzehnt aus. Europa ist ebenfalls schon zu Beginn dieser Dekade nahe bei null Emissionen. Andere Kontinente beenden das Jahrzehnt nahe bei null Emissionen.

2050: Die Weltwirtschaft ist CO_2-neutral."

Potsdam Institute for Climate Impact Research (PIK) e.V., Mit einem „Carbon Law" Emissionen bis 2050 auf Netto-Null bringen, Pressemitteilung v. 24.03.2017, unter: www.pik-potsdam.de/aktuelles/pressemitteilungen/use-a-carbon-law201d-to-achieve-net-zero-emissions-by-2050 (Zugriff 27.10.2020)

6

7 Erläutern Sie mithilfe des Textes das Carbon Law.

8 MK Begründen Sie: Eine Reduktion der CO_2-Emissionen reicht nicht aus, die Pariser Klimaziele zu erreichen (Grafik 5). Überprüfen Sie das mithilfe des Simulationsprogramms C-ROADS (Seite 75).

9 Erörtern Sie Chancen einer Dekarbonisierung für die Weltwirtschaft.

Video
Geo-Engineering
59d2d8

Geo-Engineering – Techniken für eine CO_2-neutrale Welt?

Mittlerweile gibt es eine Vielzahl an technischen Vorschlägen, die CO_2-Menge in der Atmosphäre zu reduzieren oder den Strahlungshaushalt zu verändern. Ungeklärt sind mögliche Risken. Es wird befürchtet, dass einige dieser Maßnahmen zu irreparablen Folgen führen.

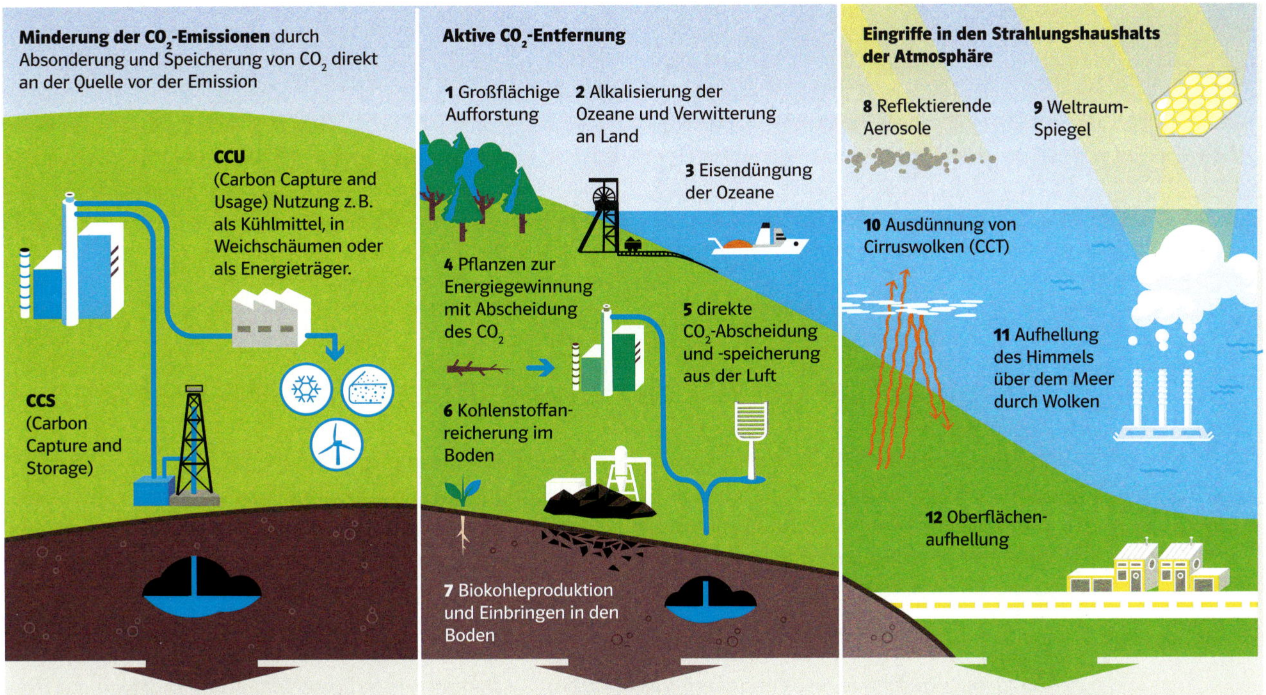

Bsp. CO_2-Abscheidung und Speicherung (CCS)

Idee Bei der Verbrennung von Brennstoffen wie Kohle oder Erdgas entsteht CO_2. Dieses könnte aus dem Abgas einer Anlage (beispielsweise eines Kohlekraftwerkes) abgenommen und gelagert werden.

Potenzial Bei sofortigem Start ließen sich ab dem Jahr 2050 jährlich zwischen 2,4 und 11 Milliarden Tonnen CO_2 aus der Atmosphäre entfernen.

Risiken CCS verbraucht viel Energie. Der Wirkungsgrad der Kraftwerke verschlechtert sich durch die energieintensive CO_2-Abscheidung erheblich. Die Speicherung von CO_2 ist in Deutschland hoch umstritten.

Bsp. Alkalisierung der Ozeane (2)

Idee Verschiedene Gesteine enthalten Minerale, die mit CO_2 chemisch reagieren und es binden. Durch das Ausbringen solcher Gesteinspulver im Meer oder an Land ließe sich die CO_2-Aufnahme künstlich verstärken.

Potenzial Durch das Ausbringen von Mineralen im Meer könnte zwischen zehn Millionen und fünf Milliarden Tonnen CO_2 aus der Atmosphäre entfernt werden; an Land circa zwei bis vier Milliarden Tonnen.

Risiken Es müssten mit hohem Energieeinsatz jährlich bis zu zwölf Milliarden Tonnen Gesteine gewonnen, gemahlen und ausgebracht werden. Dafür wäre eine Art neue Bergbauindustrie notwendig. Giftige Schwermetalle könnten freigesetzt werden.

Bsp. Reflektierende Aerosole (8)

Idee Feste Schwebstoffe wie beispielsweise Sulfatpartikel werden in der Stratosphäre ausgebracht und reflektieren einfallendes Sonnenlicht.

Potenzial Das Vorbild sind Vulkanausbrüche, bei denen Asche und Schwefeldioxid eine Abkühlung von bis zu einigen Zehntel Grad Celsius hervorrufen. Neuere Studien zeigen aber, dass dafür mehr Sulfat ausgebracht werden müsste als bislang angenommen.

Risiken Die Atmosphäre würde sich verdunkeln und die Methode wahrscheinlich dazu führen, dass sich Regengebiete verlagern. Das Sulfat könnte den Ozonabbau in der Stratosphäre verstärken. Pflanzen und Tiere könnten größere Anpassungsprobleme haben.

7 **Potenzial und Risiken von ausgewählten Geo-Engineering-Maßnahmen zur Reduktion der globalen Erwärmung**

Nach: Nature communications, Evaluating climate geoengineering proposals in the context of the Paris Agreement temperature goals, 13.09.2018, Texte der Beispiele aus: Helmholtz Perspektiven, Klempnern am Klima, 04/2018

10 MK
Erläutern Sie die verschiedenen Vorschläge zur Reduktion von CO_2 in der Atmosphäre (Grafik 7).

11
Erklären Sie die Funktionsweise von Eingriffen in den Strahlungshaushalt (Grafik 7).

12
Erläutern Sie Chancen und Risiken von Geo-Engineering-Maßnahmen (Grafik 7).

1 Ein Nutzgarten auf dem Hausdach – die richtige Maßnahme gegen den Klimawandel?

2 Unterschiedliche Möglichkeiten der Adaption

Nach: Daniela Jacob u.a.: Summary for Urban Policymakers – What the IPCC Special Report on 1.5C Means for Cities (2018); S.13

NE Klimaneutral lokal – Handlungsfelder und Maßnahmen

Weltweit handeln Menschen, Organisationen, Unternehmen und Staaten, um die globale Erwärmung zu stoppen und die Auswirkungen des Klimawandels zu reduzieren. Was sind die notwendigen, unerlässlichen Maßnahmen? Ist die schnelle Reduzierung der Treibhausgase ausreichend? Wie können wir uns auf die Folgen des Klimawandels einstellen? Kann ich als einzelner Mensch überhaupt etwas dazu beitragen?

Erfolge wird es geben, wenn eine rasche **Reduktion der Treibhausgasemissionen** (Mitigation) ergänzt wird mit **Strategien der Anpassung** (Adaption) an die unvermeidbaren Folgen des Klimawandels, die bereits bei 1,5 oder 2 Grad Temperaturanstieg auftreten. Die Adaption hat das Ziel, die klimaverursachte Verwundbarkeit (Vulnerabilität) in den Handlungsfeldern Wald und Forstwirtschaft, Landwirtschaft, Boden, Naturschutz und Biodiversität, Wasserhaushalt, Tourismus, Gesundheit, Stadt-und Raumplanung sowie Wirtschaft und Energiewirtschaft zu reduzieren.

Deutschland hat schon 2008 eine **Anpassungsstrategie** verabschiedet. Damit sollen sowohl kurzfristige wie auch langfristige Folgen des Klimawandels bei Planungen bedacht werden. Im Blick sind zum Beispiel die Sicherung der Stromerzeugung, nachhaltiger Hochwasserschutz, der Anbau neuer Nutzpflanzen, die Reduzierung der Hitzebelastung in Ballungsräumen, aber auch die Veränderung von Lebensgewohnheiten und Wirtschaftsformen. Diese Maßnahmen zielen auf eine langfristige und vorbeugende, die **Resilienz** (Widerstandsfähigkeit) stärkende Anpassung. Sie unterscheiden sich von kurzfristigen Maßnahmen wie der Bewässerung von Feldern oder der Erhöhung von Dämmen.

Resilienz im Klimawandel – eine Herausforderung für Städte

Mehr als die Hälfte der Weltbevölkerung lebt in Städten. In ihnen konzentrieren sich weltweit die meisten wirtschaftlichen Aktivitäten auf engem Raum. Heißere Temperaturen, intensivere Dürreperioden oder extreme Regenfälle sowie ein steigender Meeresspiegel gefährden die dicht besiedelten urbanen Gebiete und damit die Lebensqualität und den Zugang zu grundlegenden Dienstleistungen.

1 „Die Auswirkungen des Klimawandels können nicht allein durch eine Reduktion der Treibhausemissionen begrenzt werden." Begründen Sie diese Aussage.

2 Vergleichen Sie Adaption und transformationelle Adaption mithilfe von Schaubild 2.

3 Überprüfen Sie am Ende des Kapitels, ob der Nutzgarten auf dem Hausdach eine sinnvolle Maßnahme gegen den Klimawandel ist.

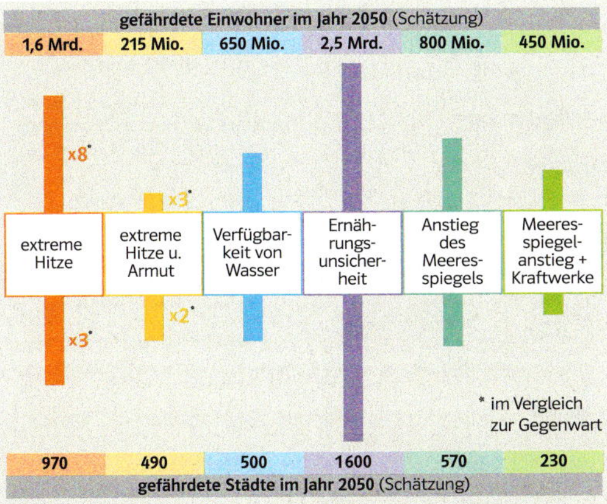

3 Kritische Risiken für Städte und ihre Bewohner infolge des Klimawandels

Nach: The Future of Urban Cosumption in a 1.5°C World. C40 CITIES Headline Report. June 2019, S. 34/35

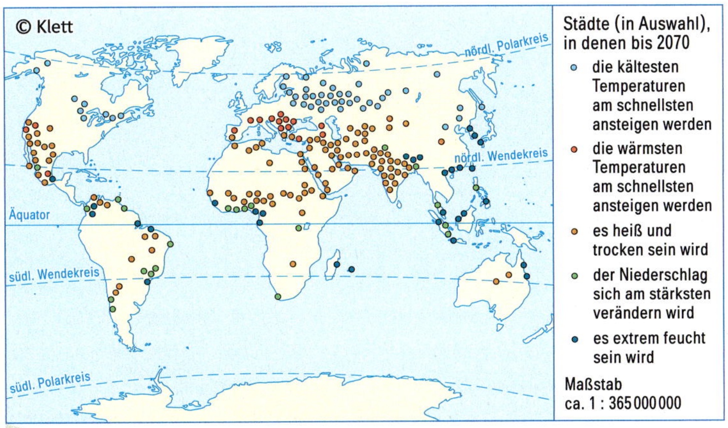

5 Städte im Klimawandel: Veränderung von Temperaturen und Niederschlag bis 2070 für ausgewählte Städte

Nach National Geographic – See which cities will feel the brunt of climate change. Unter: www.nationalgeographic.com/ (Zugriff 27.10.2020)

Mit welchen Maßnahmen können Städte ihre Resilienz im Klimawandel stärken? Es gibt keinen allgemeingültigen Plan für urbane Anpassungsmöglichkeiten an den Klimawandel, vor allem da die Folgen des Klimawandels wie die Hitzebelastung, die Zunahme der Sturmintensität oder der Anstieg des Meeresspiegels für die einzelnen Städte sehr unterschiedlich sind. Lokal treffen sie auf unterschiedliche, meist verstärkende Faktoren. Neben einer wachsenden Einwohnerzahl können dies zum Beispiel der Zustand der Infrastruktur, sozioökonomische Entwicklungen wie das Wirtschaftswachstum oder die Veränderung von Geoökosystemen durch menschliche Aktivitäten sein.

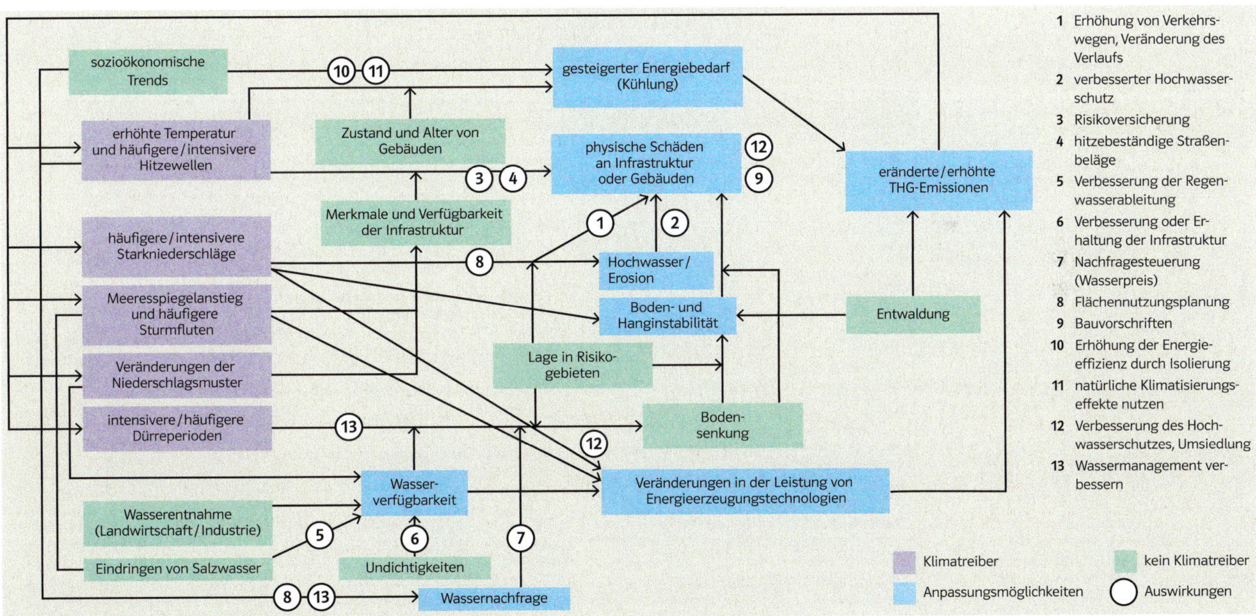

4 Wirkungsgefüge der Verwundbarkeit von städtischen Räumen im Klimawandel

Nach Climate Service Center Germany (GERICS) and KfW Development Bank, 2015, Climate Focus Paper: Cities and Climate Change, Hamburg and Frankfurt am Main, S. 3, unter: www.gerics.de/imperia/md/content/csc/cities_focus_paper_tou.pdf (Zugriff 27.10.2020)

4 MK

Arbeiten Sie die Hauptaussage zur Gefährdung von Städten im Klimawandel heraus (Grafik 3 und Wirkungsgefüge 4).

5 NE

Stellen Sie die Folgen einer Zunahme von Hitzewellen und von Starkregenfällen in Städten sowie Anpassungsmaßnahmen dar.

Regionen mit warmem Klima

Regionen gekennzeichnet von Hitze und Trockenheit

- In Zukunft:
  - räumliche Ausdehnung
  - besonders starker Anstieg von Heißen Tagen und Tropennächten
- Ende des Jahrhunderts:
  - stärkere Hitzewellen, voraussichtlich zunehmend mit Trockenheit verbunden
  - weitere räumliche Ausdehnung
- Betroffene Handlungsfelder:
  - Menschliche Gesundheit
  - Forstwirtschaft
  - Landwirtschaft
  - Verkehr, Verkehrsinfrastruktur

Regionen mit trockenerem Klima

Trockenste Regionen Deutschlands durch ganzjährig unterdurchschnittliche Niederschläge, bei starken jahreszeitlichen Schwankungen von Temperatur und Niederschlag

- In Zukunft weitere Beschränkung der Wasserressourcen durch:
  - Trend zu höheren Sommer- und Wintertemperaturen
  - Zunahme der Heißen Tage und Tropennächte
- Betroffene Handlungsfelder:
  - Wasserwirtschaft, Wasserhaushalt
  - Landwirtschaft
  - Forstwirtschaft

Regionen mit kühlerem Klima

Regionen mit gemäßigten Temperaturen, großer Anzahl an Tagen mit Starkregen und Starkwind, geringer Anzahl an Frosttagen und Trockentagen

- In Zukunft:
  - Anstieg des Schadenspotenzials durch Extremereignisse, z.B. Flusshochwasser
- Ende des Jahrhunderts:
  - Häufigeres Auftreten von Sturmfluten durch Meeresspiegelanstieg
- Betroffene Handlungsfelder:
  - Wasserwirtschaft, Wasserhaushalt
  - Küsten- und Meeresschutz
  - Verkehr, Verkehrsinfrastruktur
  - Bauwesen
  - Industrie und Gewerbe

Regionen mit Mittelgebirgsklima

Regionen mit großer Anzahl an Tagen mit Frost und Starkregen, hohe Sommer- und Winterniederschläge

- In Zukunft:
  - Zunahme der Niederschläge in Wintermonaten, seltener als Schneefall
  - höhere Durchschnittstemperaturen in Sommer und Winter
- Betroffene Handlungsfelder:
  - Wasserwirtschaft, Wasserhaushalt
  - Tourismus

Regionen mit Gebirgsvorlandklima

Regionen mit überdurchschnittlichen Sommerniederschlägen, großer Anzahl von Tagen mit Frost und Starkregen

- In Zukunft:
  - Zunahme der Sommertemperaturen und der Anzahl der Heißen Tage
  - Verstärkung der Auswirkungen durch projiziertes Siedlungs- und Verkehrsflächenwachstum
- Betroffene Handlungsfelder:
  - Menschliche Gesundheit
  - Energiewirtschaft

Regionen mit Gebirgsklima

Regionen mit vielen Tagen mit Starkregen und Frost, hohe Niederschlagswerte

- In Zukunft:
  - Zunahme von Starkregenereignissen und Winterniederschlägen, Abnahme der Sommerniederschläge
  - Überdurchschnittlich starke Erwärmung
- Betroffene Handlungsfelder:
  - Biologische Vielfalt
  - Wasserwirtschaft, Wasserhaushalt
  - Bauwesen
  - Verkehr, Verkehrsinfrastruktur
  - Industrie und Gewerbe

Verdichtungsräume laut Ministerkonferenz für Raumordnung

Überschwemmungsgefährdete Fläche durch Flusshochwasser

Überschwemmungsgefährdete Fläche durch Sturmfluten

Handlungsfeldübergreifende Schwerpunkte der Folgen des Klimawandels

Schäden durch ansteigende Hitzebelastung in Verdichtungsräumen
- Verdichtungsgebiete in warmen Regionen
- Betroffene Cluster: v.a. Gesundheit, Infrastruktur

Schäden an Gebäuden und Infrastrukturen durch Starkregen und Sturzfluten
- Verdichtungsgebiete im norwestdeutschen Tiefland, Mittelgebirge und Voralpenraum
- Betroffene Cluster: v.a. Wasser, Infrastrukturen, Wirtschaft

Veränderung der Artenzusammensetzung und natürlicher Entwicklungsphasen durch graduellen Temperaturanstieg
- Meere und ländliche Räume
- Betroffene Cluster: v.a. Gesundheit, Land, Wasser

Beeinträchtigung der Wassernutzung durch zunehmende Erwärmung und Sommertrockenheit
- Regionen mit warmem und trockenem Klima in Ostdeutschland und im Rheineinzugsgebiet
- Betroffene Cluster: v.a. Wasser, Land, Infrastrukturen

Schäden an Gebäuden und Infrastrukturen durch Flussüberschwemmungen
- Verdichtungsgebiete in Flusstälern des Norddeutschen Tieflands
- Betroffene Cluster: v.a. Wasser, Infrastrukturen, Wirtschaft

Schäden an Küsten durch Meeresspiegelanstieg und Sturmfluten
- Küstengebiete
- Betroffene Cluster: v.a. Wasser, Infrastrukturen, Wirtschaft

Quellen: Klimaraumtypen: eigene Berechnung (Auswertung des Klimamodellensembles des DWD) · MKRO-Verdichtungsräume 2010: Laufende Raumbeobachtung des BBSR, Geometrische Grundlage BKG, Gemeinden, 31.12.2013 · Überschwemmungsgefährdete Fläche durch Flusshochwasser: JRC 2013 (LISFLOOD) · Überschwemmungsgefährdete Fläche durch Sturmfluten: WasserBLIcK/BfG und Zuständige Behörden der Länder, 10.4.2014 · Bundesländer, Städte: © GeoBasis-DE / BKG 31.12.2013

6 Regionale Betroffenheit und handlungsübergreifende Folgen des Klimawandels in Deutschland (Mitte des Jahrhunderts)

© adelphi, PRC, EURAC 2015; www.umweltbundesamt.de/sites/default/files/medien/378/publikationen/umid_02-2015_gesamt_internet.pdf

6

Arbeiten Sie aus Karte 6 die erforderlichen Anpassungen an den Klimawandel in Ballungsräumen, an Flüssen und an Küsten sowie Mittelgebirgen heraus.

Baden-Württemberg – lokale Anpassungen an den Klimawandel

Heiße, trockene Sommer wie 2003 und 2018 bringen wirtschaftliche Risiken für die Landwirtschaft. Starkregen wie im Frühsommer 2016 erhöhen die Hochwassergefahr. Von besonderer Bedeutung in der Klimaanpassungsstrategie des Landes Baden-Württemberg sind deshalb die Handlungsfelder Wasserhaushalt mit dem Hochwasserschutz und Landwirtschaft.

Handlungsfeld Wasserhaushalt

Braunsbach (Hohenlohekreis) im Mai 2016

Sintflutartige Regenfälle können im Mai 2016 bei Braunsbach im Hohenlohekreis nicht mehr im Boden versickern. Innerhalb kürzester Zeit fluten nicht vorstellbare Wassermassen das Tal der kleinen Gemeinde Braunsbach. Über 50 000 t Schlamm und Geröll zerstören große Teile des Ortes.

Der Klimawandel führt zu mehr und regional begrenzten Wetterextremen in Baden-Württemberg. Mit dem Klimawandel wird in Baden-Württemberg die Gefahr von unwetterartigen Niederschlägen fast überall steigen und auch abseits von größeren Flüssen zu gefährlichen Überschwemmungen, Erosion und Hangrutschungen führen. Die Zerstörungskraft dieser Wetterextreme richtet in einzelnen Ortschaften oder Stadtteilen hohe Schäden an. In Baden-Württemberg sind zum Beispiel Starkregenfälle mit einer Dauer von weniger als 12 h für etwa die Hälfte aller Überflutungsschäden verantwortlich.

7

Maßnahmen der Klimawandelanpassung

- Technischen Hochwasserschutz wirtschaftlich einsetzen;
- Betroffene an der Festlegung der Anpassungsmaßnahmen beteiligen und informieren;
- natürlichen Wasserrückhalt in der Fläche fördern;
- Niedrigwasserabflüsse genauer erfassen, Vorhersagen auf kleine Einzugsgebiete erweitern.
- ...

Nach: Monitoring-Bericht zum Klimaschutzgesetz Baden-Württemberg. Ministerium für Umwelt, Klima und Energiewirtschaft Baden-Württemberg Juni 2017, S. 139 ff

9

Handlungsfeld Landwirtschaft

Hagelschutz im Obstanbau

Im Juli 2019 hat ein heftiger Hagelschauer Apfelplantagen am Bodensee verwüstet. Landwirte berichten, dass extreme Wetterlagen von Jahr zu Jahr heftiger werden. Sorgen bereiten auch Temperaturschwankungen und Nachtfröste. Für die Landwirtschaft ist der Klimawandel Chance und Risiko zugleich.

Pflanzen können auf ein erhöhtes Angebot an Kohlenstoffdioxid oder höheren Temperaturen das Wachstum intensivieren. Die Verlängerung der Vegetationszeit und die Erhöhung der Durchschnittstemperatur ermöglichen den stärkeren Anbau wärmeliebender Pflanzen wie Körnermais, Hirse, Soja oder Weinsorten aus dem Mittelmeerraum. Andererseits können mehrjährige Pflanzen nicht den Standort wechseln wie Tiere. Höhere Temperaturen und Trockenheit beeinträchtigen den Anbau von Raps oder Kartoffeln. Milde Winter und höhere Temperaturen begünstigen Schadinsekten, Pilze oder Bakterien.

8

Maßnahmen der Klimawandelanpassung

- Fruchtfolge erweitern und verschiedene Sorten pro Kulturart anbauen;
- etablierte und neu auftretende Schaderreger überwachen und Vorsorge treffen;
- Bewässerung aufbauen und Verfahren optimieren.
- ...

Ebenda, S. 135

10

7 Begründen Sie die Notwendigkeit von unterschiedlichen Maßnahmen zur Reduzierung der klimaverursachten Vulnerabilität in Baden-Württemberg (Karte 6).

8 „Die Anpassungsmaßnahmen beim Hochwasserschutz und in der Landwirtschaft sind für ganz Baden-Württemberg wichtig." Begründen Sie diese Aussage.

9 MK NE Stellen Sie für Ihre Heimatregion Risiken von Hochwasser und Chancen und Risiken für die Landwirtschaft dar.

10 Beschreiben Sie weitere Maßnahmen der Klimawandel-Anpassungen beim Hochwasserschutz und in der Landwirtschaft (Texte 9 und 10).

Eine höhere Lebensqualität in klimaneutralen Städten?

Städte sind derzeit für rund 70 % des weltweiten Energieverbrauchs verantwortlich und verursachen etwa 71% der energiebedingten globalen CO_2-Emissionen.

Ob **Klimaneutralität** gelingen kann, hängt im Wesentlichen von den Städten und zwei Fragen ab:

Ist es möglich, die Einwohner für die Klimaschutzmaßnahmen zu gewinnen? Angesichts der Vielzahl von möglichen Maßnahmen ist es für eine Stadt, aber auch für die Bürgerinnen und Bürger schwierig festzustellen, welche der geplanten oder durchgeführten Maßnahmen eine wirkungsvolle Reduzierung der Treibhausgasemissionen zur Folge hat. Digitale Geoinformationssysteme (GIS) können innerhalb der Städte eine transparente Kommunikation ermöglich. In Echtzeit können so Informationen über den Rückgang von Emissionen und die damit verknüpften Maßnahmen angezeigt werden. Digitale Lösungen ermöglichen es, eine gemeinsame Vision zu präsentieren, Fortschritte zu zeigen, die Bürger in die Prozesse einzubeziehen sowie eine hohe Zustimmung und Identifikation zu schaffen, welche die Verantwortlichkeit für den gemeinsamen Prozess stärkt.

→ Nachhaltige Stadtentwicklung S.126–131

Die zweite Frage nimmt die Finanzierung der Klimaneutralität in den Blick: Wird die Reduzierung der Treibhausgasemissionen in den Städten zu Einschränkungen und Wohlstandsverlust führen? Mit diesem Problem hat sich die „C40 Cities Climate Leadership Group" auseinandergesetzt. Das ist eine Gruppe von ursprünglich 20 Städten, die später auf 40 Städte anwachsen wollte – daher der Name C40 – und die mittlerweile weltweit mehr als 100 Städte umfasst. Sie repräsentiert etwa ein Zwölftel der Weltbevölkerung und 25 % der weltweiten Wirtschaftsleistung.

Mit ihrem Programm „Deadline 2020" verpflichten sich die C40-Städte, ehrgeizige Klimaschutzmaßnahmen zu ergreifen. Dazu soll jede C40-Stadt soll bis Ende 2020 einen **Klimaaktionsplan** entwickelt und mit seiner Umsetzung begonnen haben. Das Ziel ist es, die Treibhausgasemissionen bis spätestens 2050 auf Netto-Null zu reduzieren. Um dieses Ziel mit einer 50%-igen Chance zu erreichen, müssen die Städte im Zeitraum von 2020–2030 die Emissionen um mindestens die Hälfte reduzieren. Mit der Umsetzung des Plans sollen aber auch die Gesundheit, das Wohlbefinden und die wirtschaftlichen Chancen der städtischen Bürger erhöht werden (M12).

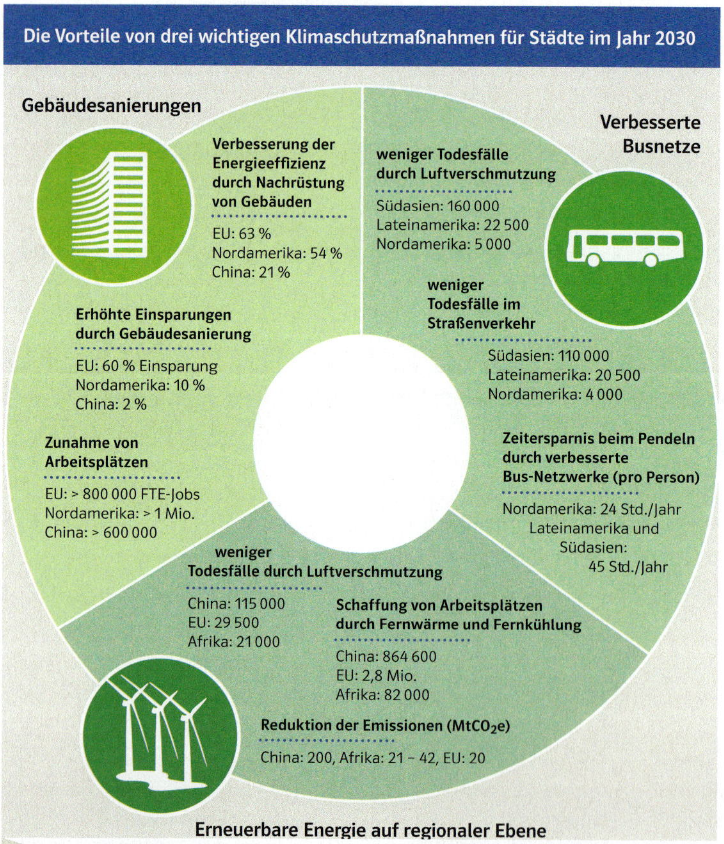

11 Drei wichtige Klimaschutzmaßnahmen für Städte im Jahr 2030

Nach www.c40knowledgehub.org/s/article/Climate-Opportunity-More-jobs-better-health-liveable-cities?language=en_US (Zugriff 30.10.2020)

Lokale Agenda 21

„Die Agenda 21 wurde im Juni 1992 auf der Konferenz für Umwelt und Entwicklung der Vereinten Nationen in Rio de Janeiro beschlossen. Sie ist ein Aktionsprogramm für das 21. Jahrhundert und wurde von über 170 Staaten verabschiedet. Der Grundsatz der Agenda 21 ist die Integration der Nachhaltigkeit in alle Bereiche von Leben und Politik. Eine besondere Rolle im Agenda-Prozess wird den Kommunen und Nichtregierungsorganisationen (z. B. Kirchen, Vereinen und Verbänden) zugewiesen. Die Gemeinden und Städte sollen mit ihren Bürgerinnen und Bürgern sowie den örtlichen Organisationen, Vereinen und der Privatwirtschaft in einen Dialog darüber treten, wie eine nachhaltige und zukunftsfähige Entwicklung gestaltet werden kann. Aus diesem Dialog soll eine gemeinsame, lokale Agenda 21 entstehen."

Lars Pennig, Infoblatt Agenda 21, unter: www.klett.de/alias/1015520

12

FALLBEISPIEL: C40-Stadt Heidelberg –Lokale Agenda 21 und Masterplan Klimaschutz

Masterplan Klimaschutz. Die Stadt Heidelberg hat im Rahmen ihrer Nachhaltigkeitsstrategie einen Masterplan Klimaschutz entwickeln lassen. Ausgehend vom Energiebedarf der Stadt und den damit verbundenen Treibhausgasemissionen zeigen zwei Szenarien einen möglichen Verlauf der Reduzierung von Treibhausgasemissionen. In beiden wird die Entwicklung des Endenergiebedarfs und daraus abgeleitet die Treibhausgasemissionen berechnet. Während das **TREND-Szenario** von den aktuell gültigen Maßnahmen ausgeht, verdeutlicht das darauf aufbauende **MASTERPLAN-Szenario**, welche Reduktion erreicht wird, wenn die Maßnahmen in den einzelnen Handlungsfeldern konsequent und optimal umgesetzt werden.

Heidelberg: Global denken, lokal handeln

„[...] Die erste Konferenz der Vereinten Nationen über Umwelt und Entwicklung fand im Jahr 1992 in Rio de Janeiro statt. Die Konferenz verabschiedete damals die „Agenda 21“. Wichtigste Akteure für die Umsetzung sollten die Kommunen sein. Die Impulse von Rio haben auch die Heidelberger Stadtentwicklungspolitik stark beeinflusst. Unter dem Motto ‚Rio verhandelt – Heidelberg handelt‘ startete die Stadt Heidelberg damals ihre Klimaschutzkampagne. Grundlage war das bereits vorhandene Klimaschutzkonzept – eines der ersten in Deutschland. Rio gab einen sehr starken Anstoß, den lokalen Klimaschutz und die nachhaltige Kommunalpolitik zu intensivieren. Der 1997 verabschiedete Stadtentwicklungsplan ist heute noch der Maßnahmenkatalog, der die Richtung vorgibt hin zu einer nachhaltigen und damit zukunftsfähigen Kommune. [...] Ziel des aktuellen Klimaschutzkonzeptes ‚Masterplan 100 % Klimaschutz‘ ist die Klimaneutralität bis zum Jahr 2050.“

Stadt Heidelberg, Heidelberg, 25 Jahre nach Rio: Global denken, lokal handeln, v. 20.11.2017, unter: www.heidelberg.de/hd/HD/service/20_11_2017+heidelberg_+25+jahre+nach+rio_+global+denken_+lokal+handeln.html (Zugriff 26.10.2020)

14

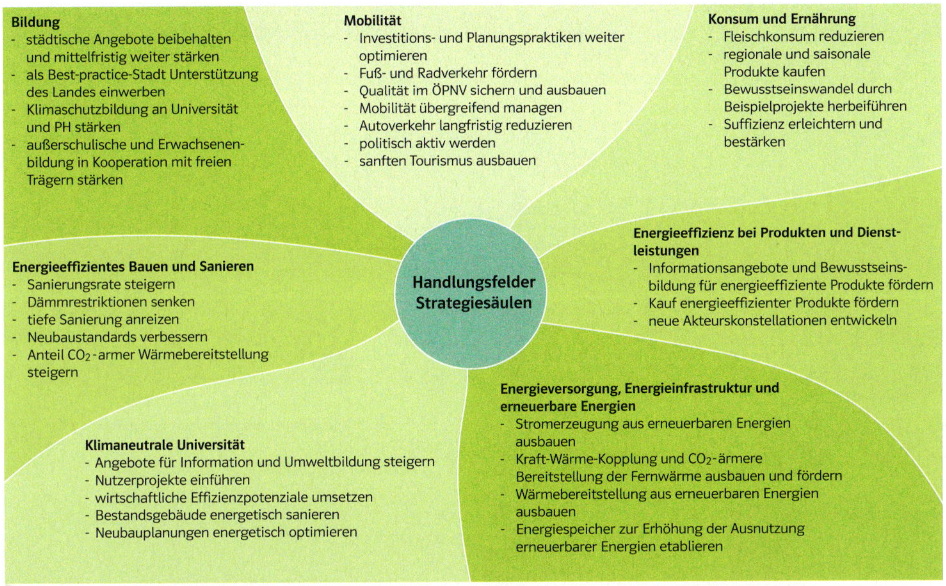

13 **Handlungsfelder der Stadt Heidelberg auf dem Weg zur Klimaneutralität**

Nach: Konzept für den Masterplan 100 % Klimaschutz für die Stadt Heidelberg. Endbericht im Auftrag der Stadt Heidelberg. IFEU: Heidelberg 2013, S. 12

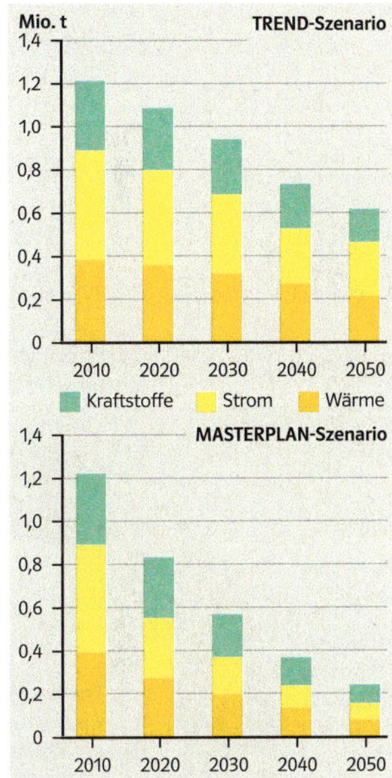

15 **Treibhausgasemissionen für Heidelberg im TREND- und MASTERPLAN-Szenario**

Ebenda S. 10

11 NE

Erläutern Sie die besondere Bedeutung von Städten für den Klimaschutz.

12

„Mehr Klimaschutz erhöht die Lebensqualität und den Wohlstand in Städten.“ (Grafik 11). Begründen Sie diese Aussage.

13 MK

Erläutern Sie die Maßnahmen der Stadt Heidelberg zur Reduktion der Treibhausgasemissionen (Grafiken 13 und 15, Text 14 und Online-Code).

14 NE

Der Klimaschutz und die Lokale Agenda 21 ergänzen sich. Begründen Sie diese Aussage am Beispiel Heidelbergs (Text 14).

15 MK NE

Stellen Sie ausgehend von Grafik 13 Maßnahmen ihrer Gemeinde zum Klimaschutz dar und bewerten Sie diese.

NE

Auf dem Weg zur klimaneutralen Gesellschaft: wir entscheiden selbst!

Können wir tatsächlich selbst entscheiden, wie hoch unser Ausstoß an Treibhausgasemissionen ist? Ist es möglich, dass wir tonnenweise Treibhausgas-Emissionen vermeiden? Und können wir tatsächlich die durchschnittlichen Treibhausgasemissionen pro Kopf und Jahr von aktuell etwa 11,6 Tonnen CO_2-Emissionen auf unter 1 Tonne pro Kopf und Jahr senken?

Die Treibhausgasemissionen stammen aus verschiedenen Quellen (Grafik 1). Damit werden die zentralen Stellschrauben zur Reduktion der persönlichen CO_2-Bilanz deutlich.

Die Einsparung von Treibhausgasemissionen hat nicht nur Auswirkungen auf die globale Erwärmung, sondern beeinflusst auch unser Wirtschaftssystem oder Ökosysteme.

Beispiel Ernährung. Mehr als Zweidrittel der direkten Treibhausgasemissionen unserer Ernährung können tierischen Produkten zugeordnet werden. Die Produktion von pflanzlichen Nahrungsmitteln verursacht dagegen nur etwa ein Drittel der Treibhausgasemissionen. Weltweit werden 4,58 Mrd. ha oder 91,6 % der weltweit zur Verfügung stehenden Agrarfläche als Weide oder zur Produktion von Futtermittel verwendet. Produkte aus ökologischer Landwirtschaft schneiden in ihrer CO_2-Bilanz insgesamt besser ab als Produkte aus konventionellem Anbau. Zusätzlich ist ein regionaler und saisonaler Einkauf von Lebensmitteln gut fürs Klima. Eine sinnvoll geplante Vorratshaltung sowie Verwertung von Resten können Lebensmittelabfälle und damit auch CO_2-Emissionen verringern.

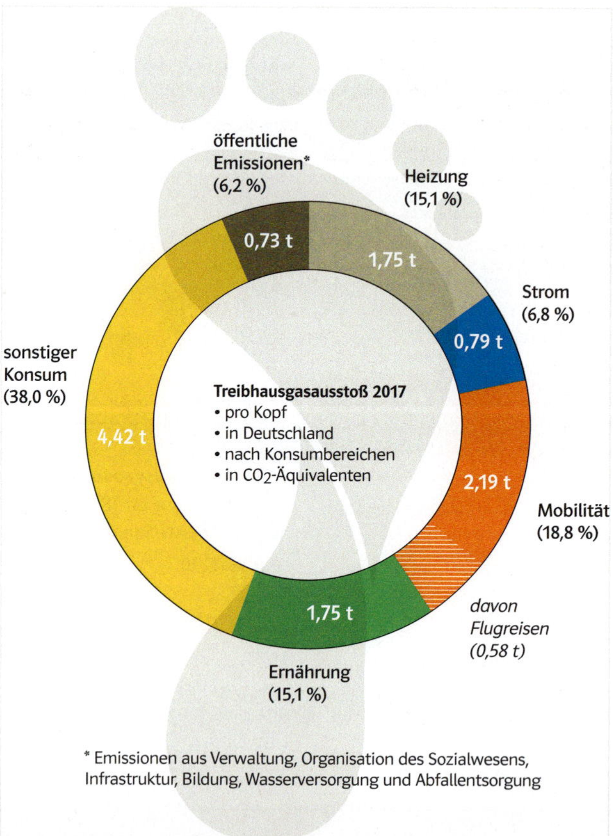

1 **Durchschnittlicher CO_2-Fußabdruck pro Kopf (2017: 11,63 t) nach Konsumbereichen in Deutschland**

Nach: Umweltbundesamt: UBA-CO_2-Rechner 2017

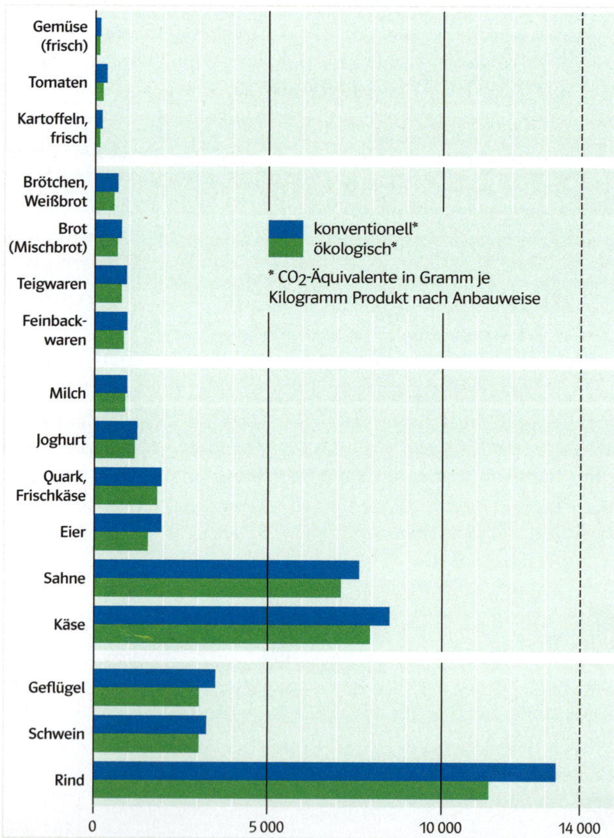

2 **Treibhausgasemissionen von Nahrungsprodukten nach Anbau- und Haltungsart**

Nach: https://ourworldindata.org/food-choice-vs-eating-local, (Zugriff 27.10.2020)

Linktipp
CO_2-Rechner
59d2d8

Linktipp
Helden der Tat
59d2d8

Meine CO_2-Bilanz

Start | Wohnen | Strom | Mobilität | Ernährung | Sonstiger Konsum | Mein Ergebnis

Mein Ergebnis

im Vergleich | mit Vermeidung

	CO_2-Ausstoß	Deutscher Durchschnitt
Wohnen	1,90 t	2,04 t
Strom	0,53 t	0,70 t
Mobilität	2,77 t	2,09 t
Ernährung	1,68 t	1,69 t
Sonstiger Konsum	2,34 t	3,79 t
Öffentliche Emissionen	0,86 t	0,86 t
Ergebnis	10,06 t	11,17 t

Wie Sie Ihre CO_2-Bilanz für die Zukunft optimieren, erfahren Sie in Mein CO_2-Szenario.

Oder packen Sie es jetzt einfach direkt an: Die Klimawette - eine Kampagne zum Klimaschutz!

Weitere Ideen und Hinweise finden Sie im UBA-Portal Umwelttipps für den Alltag.

„Überprüfen Sie Ihre CO_2-Bilanz."

Zehn wirksame Energiespartipps für das Klima

1. Strom vom unabhängigen Öko-Anbieter
Der Wechsel ist ganz einfach – und bringt enorm viel für das Klima. Ein durchschnittlicher Drei- bis Vier-Personen-Haushalt kann dadurch im Jahr bis zu 1,9 Tonnen CO_2 einsparen.

2. Mit dem Fahrrad, Bus oder Bahn zur Arbeit
Wer pro Tag rund 20 Kilometer Arbeitsweg zurücklegt, spart bei einem Pkw-Durchschnittsverbrauch von acht Litern auf 100 Kilometer rund 640 Kilogramm CO_2 im Jahr.

3. Weniger Fleisch auf dem Teller
Wer sich ausgewogen und fleischreduziert ernährt (oder sogar Vegetarier ist), erspart dem Weltklima rund 400 Kilogramm CO_2 im Jahr.

4. Kurzstreckenflüge canceln
Ein einziger Hin- und Rückflug Hamburg–München verursacht 340 Kilogramm CO_2. Die Bahnfahrt dauert länger, ist aber viel umweltfreundlicher.

5. Bio aus der Region ins Körbchen
Beim Bioanbau wird nur etwa die Hälfte der Energiemenge benötigt, die konventionelle Landwirtschaft braucht. Bei langen Transportwegen entstehen außerdem überflüssige Emissionen: Eine Mahlzeit von 100 Gramm Spargel aus Chile verursacht allein durch den Transport 1,7 Kilogramm CO_2-Ausstoß. Aus der eigenen Region zur Spargelzeit sind es nur 60 Gramm.

6. Heizung runterdrehen
Keiner soll im Kalten sitzen! Aber die Absenkung der Raumtemperatur um nur ein Grad senkt die CO_2-Emissionen eines Vier-Personen-Haushalts pro Jahr um rund 350 Kilogramm. Senkt man die Temperatur in der Nacht in der Wohnung generell auf 15 bis 16 Grad, spart das noch einmal knapp 300 Kilogramm CO_2.

7. Volle Maschine, niedrige Temperatur
Die Vorwäsche weglassen und grundsätzlich mit höchstens 60 Grad waschen – nur in Ausnahmefällen mit 95 Grad. Die meiste Wäsche wird auch bei 30 bis 40 Grad sauber. Anschließend nicht in den Trockner, sondern auf die Leine. Einsparpotenzial: bis zu 330 Kilogramm CO_2/Person und Jahr.

8. Energiefresser im Laden lassen
Wer Neuanschaffungen macht, sollte auf die Energieeffizienz der Geräte achten: Nicht immer ist das billigste Gerät auf Dauer auch das preisgünstigste. Einsparungen bis 50 Prozent sind möglich!

9. Bye-bye Standby
Standby-Schaltungen sind praktisch, weil man nicht mehr von Sofa runter muss, um Fernseher oder Stereoanlage einzuschalten. Aber die Geräte verbrauchen auch in diesem Zustand Energie – oft unnötig viel. Geräte, die keinen „Ausknopf" haben, sollten an eine schaltbare Steckerleiste angeschlossen werden. So lassen sich pro Haushalt bis zu 300 Kilogramm CO_2 sparen.

10. Erleuchtung mit LEDs
LED-Leuchtmittel benötigen bis zu 90 Prozent weniger Energie als herkömmliche Glühbirnen.
Eine Schätzung aus Großbritannien besagt: Wenn pro Haushalt nur eine normale Glühbirne gegen eine LED ausgetauscht wird, kann dafür ein (Kohle-)Kraftwerk abgeschaltet werden.

ergänzt nach Greenpeace e.V., Sparen Sie sich das!, 10 Tipps, was Sie für das Klima tun können, unter: www.greenpeace.de/themen/klimawandel/klimaschutz/die-zehn-wichtigsten-tipps-was-sie-fuer-das-klima-tun-koennen (Zugriff 27.10.2020)

3

1 Beschreiben Sie den durchschnittlichen CO_2-Fußabdruck (Grafik 1).

2 Erläutern Sie ausgehend von Grafik 2 die Bedeutung der Ernährung für den Klimawandel und die Umwelt.

3 MK Vergleichen Sie für eine geplante Reise den CO_2-Ausstoss und die Reisedauer für Pkw, Bahn und Flugzeug mithilfe von www.umweltmobilcheck.de

4 NE Überprüfen Sie ausgehend von Text 3 ihre Handlungsmöglichkeiten zur Reduktion von Treibhausgasen.

5 „Der Beitrag eines jeden Menschen zum Klimaschutz ist wesentlich." Begründen Sie diese Aussage.

6 MK NE Und jetzt entscheiden Sie, wie Ihr Beitrag zum Klimaschutz aussieht. Dabei hilft Ihnen Ihr persönlicher CO_2-Rechner (s. Online-Code).

Wichtige Begriffe

- Anpassungsstrategie
- Geo-Engineering
- globale Durchschnittstemperatur
- Kipp-Element
- Klimaneutralität
- Klimaschutz
- Klimawandel
- Klimaziele
- Kohlenstoffdioxid-Senke
- Lokale Agenda 21
- ökologischer Fußabdruck
- Reduktion der Treibhausgase
- Tipping Point/ Kippschalter
- Treibhausgas
- Treibhauseffekt

Wissen vernetzen

Der Klimawandel hat weltweit längst eingesetzt. Seine Auswirkungen sind komplex und regional unterschiedlich. Besonders weitreichend sind die Veränderungen durch die globale Erwärmung in der Atmosphäre, der Kryosphäre und der Hydrosphäre. Die Auswirkungen reichen von der Zunahme von Extremwetterlagen wie Hitzewellen und Starkregenereignissen über den Anstieg des Meeresspiegels bis hin zum Schmelzen der Gletscher und des Meereises. Die Ursache des Klimawandels ist die Freisetzung von Treibhausgasen, insbesondere von CO_2 durch die Verbrennung fossiler Energierohstoffe. In der Atmosphäre absorbieren die Treibhausgase Wärmestrahlung und heizen so die Atmosphäre auf. Die Veränderungen bleiben nicht auf den Naturraum begrenzt. Sie beeinflussen auch maßgeblich die menschlichen Lebensbedingungen.
Brennpunkte des Klimawandels sind die Städte. Meeresspiegelanstieg, Überflutungen oder extreme Hitze beeinträchtigen die Lebensgrundlagen in den Städten und richten enorme wirtschaftliche Schäden an. Seit dem Ende des 20. Jh verstärken Menschen, Unternehmen und Staaten ihre Anstrengungen, den Klimawandel zu begrenzen. Auf der Klimakonferenz von Paris 2015 hat sich die Weltgemeinschaft das Ziel gesetzt, den globalen Temperaturanstieg gegenüber der vorindustriellen Zeit auf 2 Grad, besser 1,5 Grad zu begrenzen. Wie dieses Ziel erreicht werden kann, wird zum Beispiel durch die Roadmap „Carbon Law" beschrieben. Weltweit wird es das Zusammenwirken vieler kleiner und unterschiedlicher Maßnahmen sein, die unter einer gemeinsamen Prämisse wirksam den Klimawandel begrenzen. Letztendlich entscheidet aber jeder Einzelne von uns mit seinem Lebensstil, ob wir bis 2050 eine klimaneutrale Welt erreichen.

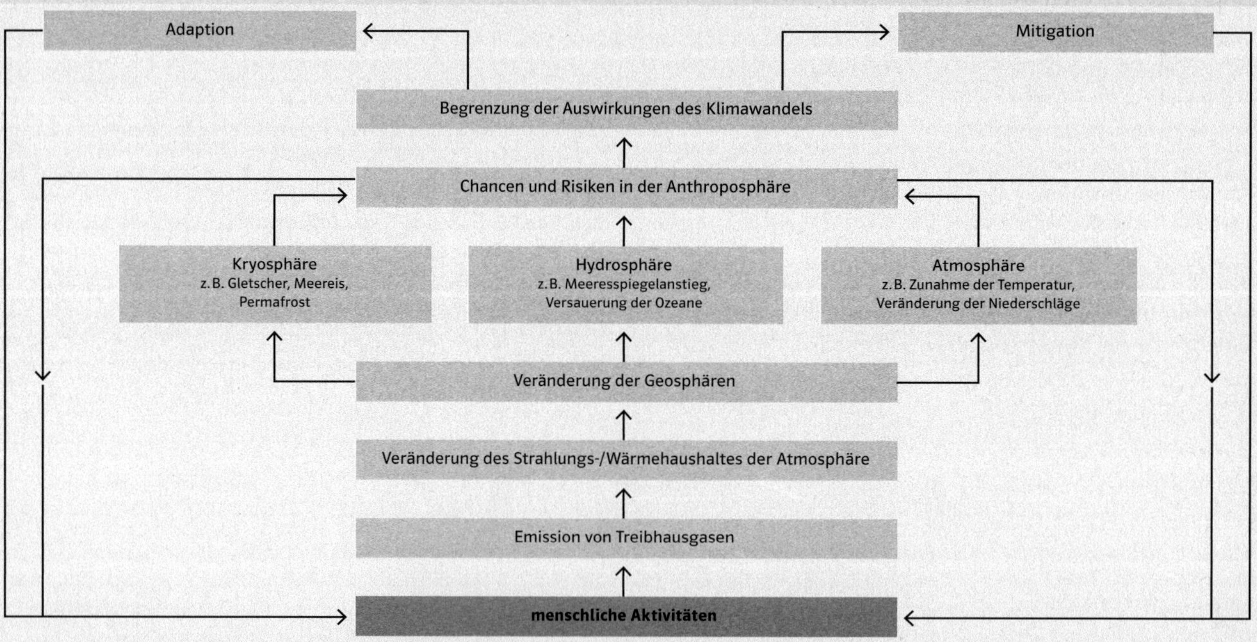

1 Globale Herausforderung: Klimawandel

Kompetenzen überprüfen

Sich orientieren

1 Der Klimawandel führt auch in Deutschland zu unterschiedlichen Folgen. Erstellen Sie dazu eine Karte, welche an Beispielen unterschiedliche Auswirkungen darstellt.

2 Stellen Sie in einer Karte der Arktis Auswirkungen des Klimawandels und die daraus resultierenden Chancen und Risiken dar.

Wissen und verstehen

3 Erläutern Sie die Bedeutung von Treibhausgasen wie CO_2 für den globalen Wärmehaushalt.

4 Erstellen Sie eine Infografik, welche die unterschiedlichen Ursachen des Meeresspiegelanstiegs verdeutlicht.

5 Begründen Sie mithilfe von Diagramm 3 die Notwendigkeit einer raschen Umsetzung des Carbon Law.

Fachmethoden anwenden

6 **Eine Karikatur interpretieren (Abb. 4):**
a) Beschreiben Sie die Zeichnung.
b) Erläutern Sie die Botschaft des Karikaturisten.

7 **Eine Grafik analysieren (Abb. 2):**
Arbeiten Sie aus der Grafik die Bedeutung des Menschen für den Strahlungsantrieb heraus.

Beurteilen und bewerten

8 „Um den Klimawandel zu begrenzen ist eine Reduktion der CO_2-Emissionen ausreichend." Nehmen Sie Stellung zu dieser Aussage.

9 Bewerten Sie Chancen und Risiken des Klimawandels.

Handeln

10 Was unternimmt meine Gemeinde zur Reduktion von CO_2-Emissionen? Erstellen Sie dazu eine Übersicht.

4 Prima Klima

11 In Deutschland lebt etwa 1% der Weltbevölkerung, aber Deutschland verursacht mehr als 2% der Welt-Emissionen von CO_2.
Entwickeln Sie ausgehend von dieser Feststellung eigene Handlungsoptionen zur Verringerung der Treibhausgas-emissionen.

Basiskonzepte anwenden

12 Erläutern Sie an einem Fallbeispiel aus diesem Kapitel die Basiskonzepte der Geographie.

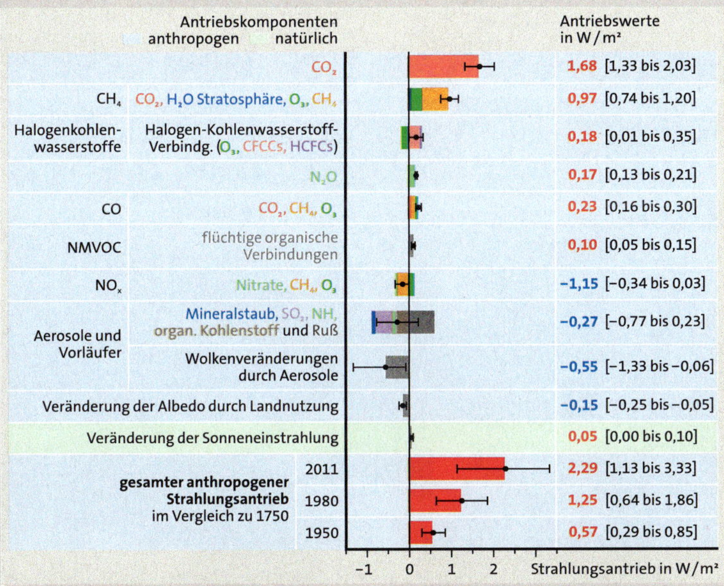

2 Veränderung der Komponenten des Strahlungsantriebs zwischen der Mitte des 18. Jh und dem Beginn unseres Jahrtausends

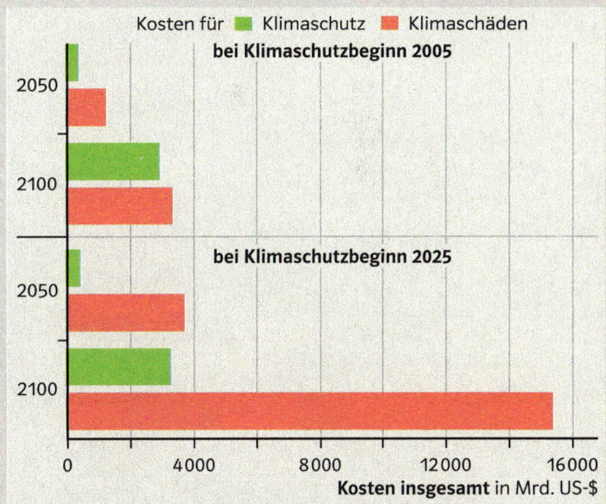

3 Klimaschutzkosten und Klimaschäden weltweit
Nach Wuppertal Institut, basierend auf DIW 2007

Wenn Sie alle Seiten dieses Kapitels bearbeitet haben, können Sie ...

- Ursachen und Dimensionen des Klimawandels auf der Grundlage aktueller wissenschaftlicher Erkenntnisse erläutern,
- den Klimawandel unter dem Aspekt einer nachhaltigen Entwicklung bewerten sowie aktuelle Maßnahmen und Anpassungsstrategien gegen den Klimawandel beurteilen,
- eine Simulation zur CO_2-Begrenzung durchführen,
- klimaneutrale Lebens- und Arbeitsweisen beschreiben und eigene Handlungsansätze dazu entwickeln.

5

Globale Herausforderung: Verstädterung und Stadtentwicklung

1 Blick über Mailand mit den Tre Tori im Vordergrund

Im Jahr 2008 hat die Menschheit eine wichtige Grenzlinie überschritten: Sie ist eingetreten in das „Jahrtausend der Städte". Seit diesem Zeitpunkt leben weltweit mehr Menschen in Städten als auf dem Land, mit stark steigender Tendenz. Bis zur Mitte des Jahrtausends werden mehr als zwei Drittel aller Menschen ein „urbanes Leben" führen.

Aus dieser dynamischen Verstädterung ergeben sich gewaltige Herausforderungen. Es gilt, Arbeitsplätze und Wohnraum zu schaffen. Dabei müssen Umwelt- und Ressourcenschutz genauso berücksichtigt werden wie soziale und ökonomische Prinzipien einer nachhaltigen Stadtentwicklung. Die zentrale Frage lautet: Wie soll die lebenswerte Stadt von morgen aussehen?

Sie untersuchen ...

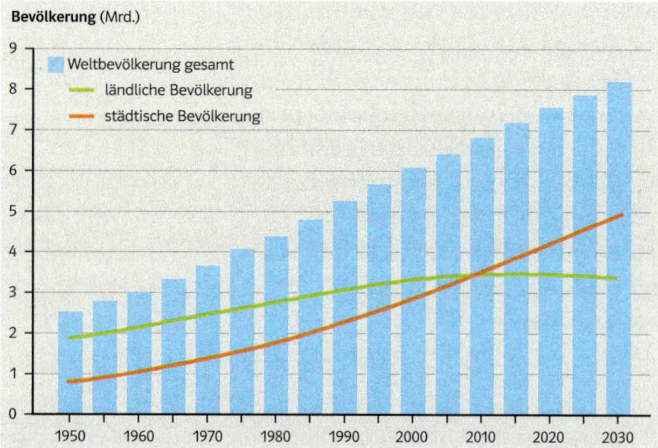

2 **Wachstum der städtischen und ländlichen Bevölkerung**

Nach: https://population.un.org/

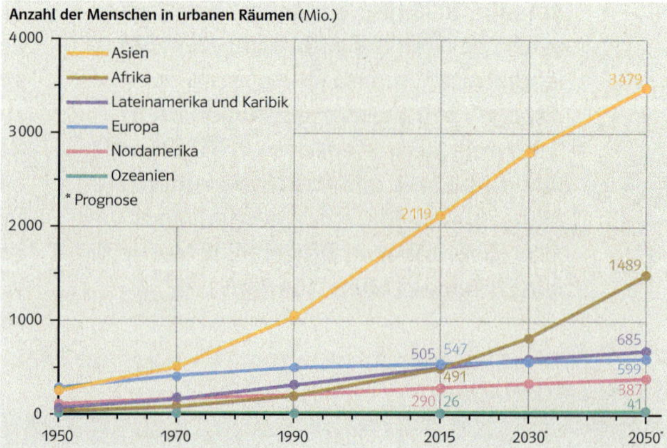

3 **Wachstum der städtischen Bevölkerung nach Kontinenten 1950–2050**

Nach: Statista 2020

Der Begriff **„Verstädterung"** geht über den rein demografischen Aspekt (Grafik 3) hinaus. Er umfasst auch das Wachstum der Städte im Hinblick auf ihre Fläche. Diese physiognomische Verstädterung beschreibt die Expansion urbaner Bau- bzw. Siedlungsformen. Sie ist verbunden mit einem wachsenden Flächenbedarf und führt zu einer entsprechenden Umgestaltung des ländlichen Umlandes.

Unter dem Einfluss ökonomischer Rahmenbedingungen wie z.B. der Industrialisierung oder Tertiärisierung verändern Städte auch ihre Funktionen und inneren Strukturen. Das zeigt sich u.a. in einer Binnendifferenzierung durch die räumliche Anordnung unterschiedlicher Flächennutzungsarten. Es kommt zur Ausbildung einer funktionalen Gliederung mit Hauptgeschäftszentrum (City), Nebengeschäftszentren, Industrievororten sowie einem Pendlereinzugsbereich im Umland. Auch in den Wohnvierteln zeigt sich eine Differenzierung in Abhängigkeit vom sozialen Status. Besonders deutlich wird das in den Gated Communities, die sich in den letzten Jahrzehnten – ausgehend von Nord- und Lateinamerika – entwickelt haben.

Verbunden mit der physiognomischen und funktionalen Verstädterung sind Ausbreitungs- und Diffusionsprozesse urbaner Lebensformen. Bestimmte Formen des Zusammenlebens (z.B. Ein- oder Zwei-Personen-Haushalte), Konsummuster und Wertevorstellungen breiten sich in den ländlichen Raum hinein aus. Für diesen soziologischen Aspekt der Verstädterung ist der Begriff **„Urbanisierung"** geprägt worden. Die Begriffe „Verstädterung" und „Urbanisierung" werden aber gelegentlich synonym verwendet.

Diesen Fragen zu Verstädterung und Stadtentwicklung werden Sie nachgehen:

- In welchen Dimensionen vollzieht sich der Prozess der Verstädterung und wo liegen seine Ursachen?
- Wie verändern sich die Strukturen der Städte?
- Wo liegen die Ursachen für die besondere Vulnerabilität städtischer Lebensräume unter dem Einfluss des Klimawandels?
- Gibt es Strategien und Möglichkeiten, unsere Städte im Sinne einer nachhaltigen Entwicklung zu gestalten?
- In welcher Art von Stadt wollen, werden wir morgen leben?

1

Erklären Sie anhand konkreter Beispiele die Begriffe „Verstädterung" und „Urbanisierung".

2

Stellen Sie mögliche Zusammenhänge zwischen den „Globalen Herausforderungen" dar.

Sie knüpfen an ...

Times Square, Manhattan

I love New York

"I love New York *[repeat 3 times]*
There isn't another like it.
No matter where you go.
And nobody can compare it.
It's win and place and show.
New York is special.
New York is diff'rent 'cause there's no place else
on earth quite like New York and that's why
I love New York." *[repeat 3 times]*

I love New York – Text: Steve Karmen © Elsmere-Music Inc

4

Das wissen Sie schon:

Sie haben bereits in Klasse 5/6 die Merkmale von Städten in Deutschland mit einer ländlichen Siedlungen verglichen und die funktionale Gliederung einer Stadt untersucht und vielleicht bereits kartiert. Außerdem haben Sie die Lebensverhältnisse in der Stadt und auf dem Land bewertet und sich bereits mit der Zukunft des Lebensraumes Stadt auseinandergesetzt.
In der Klasse 7/8 stand das Phänomen der globalen Verstädterung mit seinen Ursachen und Folgen im Fokus. Sie haben dies gegebenenfalls am Beispiel einer Megacity wie zum Beispiel Mexiko-Stadt untersucht und sich bereits mit der globalen Verteilung von Megacities beschäftigt.

Bekannte Begriffe

- Agglomeration
- Armutsviertel
- Flächenbedarf
- Gated Communities
- informeller Sektor
- Infrastruktur
- Landflucht
- Megacity
- Push- und Pullfaktoren
- Slum
- Smog
- Umweltbelastung
- Verstädterung
- Verstädterungsgrad

Adegoke Taylor in Lagos, Nigeria

„Der 32 Jahre alte Adegoke Taylor, ein magerer, ernsthafter Wanderhändler [...], teilt sich in Lagos mit drei anderen jungen Männern ein sechs Quadratmeter großes Zimmer [...] Taylor kam 1999 aus Ile-Oluju, einer rund 200 Kilometer nordöstlich von Lagos gelegenen Kleinstadt. Mit einem Bergbau-Abschluss des lokalen Polytechnikums in der Tasche hoffte er, in Lagos einen richtigen Beruf ergreifen zu können. Bei seiner Ankunft in der Stadt ging er in einen Klub, [...] und blieb dort bis zwei Uhr morgens. ‚Dieser Abend allein hat gereicht, mich davon zu überzeugen, dass ich jetzt ein neues Leben habe', [...]. ‚Zu jeder Zeit sind überall Massen von Menschen unterwegs. Das motiviert mich. Auf dem Dorf hast du keine Freiheit, und was immer du heute tust, wirst du auch am nächsten Tag tun.' Es dauerte nicht lange, bis Taylor erkannte, dass er keine Chance auf eine der wenigen Stellen im Bergbau hatte, die in den Zeitungen von Lagos inseriert wurden. [...] ' Taylor hatte mehrere Gelegenheitsjobs: Als Geldwechsler, als Schreibwarenhändler, als Perückenverkäufer und als Packer in einem Lagerhaus für einen Lohn von 400 Naira am Tag – rund drei US-Dollar. [...] Anfangs wohnte er in Mushin bei der Schwester eines alten Freundes aus Kindertagen, bis er eine günstige Unterkunft in einem Gemeinschaftszimmer für sieben Dollar im Monat fand. [...]
Manchmal überkommt ihn die Sehnsucht nach seiner Heimat, aber eine Rückkehr nach Ile-Oluju, wo die Abende früh enden, die Tage keine Abwechslung bieten und das Leben vor allem aus harter körperlicher Arbeit besteht, ist für ihn unvorstellbar. Seine Zukunft liegt in Lagos ... ‚Es gibt keinen Ausweg außer es zu schaffen', sagt Taylor."

Deutsche Stiftung Weltbevölkerung (Hrsg.): Weltbevölkerungsbericht 2007. Hannover 2007, S. 7–8

5

3 Beschreiben Sie die in den Texten 4 und 5 jeweils dargestellten Merkmale von Stadt mithilfe der bekannten Fachbegriffe.

4 Analysieren Sie diese Materialien im Hinblick darauf, wie der Lebensraum Stadt jeweils bewertet bzw. vermittelt wird.

5 Vergleichen Sie diese Bewertung mit Ihrer persönlichen Wahrnehmung von Stadt.

6 MK Vergleichen Sie Liedtext 4 mit den Aussagen des Songs „Big City Life" von Mattafix.

NE

Zukunftswerkstatt: nachhaltige Stadt

Eine Werkstatt ist ein Ort, an dem etwas repariert oder hergestellt wird. Auch in einer „Zukunftswerkstatt" wird gearbeitet, und zwar gedanklich und handwerklich an der zentralen Frage: Welche Zukunft wollen wir haben? Bezogen auf das Thema Stadtentwicklung lautet der Arbeitsauftrag: Wie kann der „Lebensraum Stadt" im Sinne der Nachhaltigkeit gestaltet werden?

Es geht also darum, Vorstellungen und Modelle einer wünschbaren Zukunft zu entwerfen. Die wichtigsten Handwerkszeuge sind dabei zunächst einmal Fantasie und Kreativität. Ohne Rücksicht auf reale Zwänge sollen unkonventionelle Ideen, Lösungsansätze oder Utopien entwickelt werden. Das unterscheidet die Zukunftswerkstatt vom Einsatz einer sachlich-analytischen Szenariotechnik. Erst wenn in der Werkstatt die Zukunftsbilder erstellt sind, erfolgt die Konfrontation mit der Realität. Jetzt wird die Frage der Umsetzung diskutiert.

Der gegenwärtige Zustand unserer Städte wird von vielen als unbefriedigend angesehen (Verkehrsinfarkt, Umweltbelastung, Wärmeinseleffekt), die Aussichten werden als bedrohlich empfunden (Kriminalität, Anonymität). Ein derartiges gesellschaftliches Problem, das als dringend lösungsbedürftig, aber auch als lösbar gilt, ist der geeignete Ausgangspunkt für eine Zukunftswerkstatt.
In dieser Werkstatt sollen unter bewusstem Bruch mit der gegenwärtigen Realität Merkmale einer wünschbaren Zukunft erarbeitet werden.

Durchführung einer Zukunftswerkstatt

1. Schritt: Vorbereitung (Plenum)
- Auswahl des Problemfeldes „Nachhaltige Stadt" mit Einstiegsdiskussion;
- Klärung der Rahmenbedingungen (Material, Räumlichkeiten, Zeitbudget, Ziele).

2. Schritt: Kritikphase (Plenum)
- Präzise Kritik gegenwärtiger Missstände und ungelöster Problem („Was stört Sie? Was kritiseren Sie? Worüber empfinden Sie Wut und Empörung?");
- Bildung thematischer Schwerpunkte und klare, schriftlich fixierte Problemfomulierung.

3. Schritt: Fantasie- und Utopiephase (Kleingruppen)
- Suche nach positiven Alternativen zu jedem Kritikpunkt; Ideensammlung unter der Vorgabe, alle Macht und ausreichend Finanzmittel zu haben;
- Entwicklung von Vorschlägen zur Problemlösung ohne Rücksicht auf Vorschriften, ökonomisch oder soziale Zwänge;
- Ausarbeitung eines umfassenden Zukunftsbildes, eines „utopischen Entwurfs";
- Präsentation des Gruppenergebnisses in anschaulicher Form im Plenum (z. B. Wandzeitung, Collage, Modell, Comic ...).

4. Schritt: Realisierungs- und Umsetzungsphase (Plenum)
- Konfrontation der utopischen Entwürfe mit der Realität (z. B. Einfluss von Staat, Wirtschaft und Verkehrslobby oder sonstigen Interessengruppen);
- Entwicklung von Durchsetzungsstrategien (z. B. Suche nach Möglichkeiten, das individuelle Verkehrsverhalten, die Entwicklung des ÖPNV oder Positionen der Automobilindustrie im Sinne der positiven Entwürfe zu beeinflussen);
- Planung eines gemeinsamen realisierbaren Projekts;
- Frage nach möglichen Beiträgen des Einzelnen (z. B. Mitwirkung in einer „Lokale-Agenda-21-Gruppe), der Schule, der Politik, von Betrieben und Verbänden, von Wissenschaft und Kirche.

5. Schritt: Nachbereitungsphase
- Reflexion der Methode und des Vorgehens;
- Überprüfung von Aufwand und Ertrag (z. B. persönlicher Zugewinn in der Urteils- oder Kommunikationskompetenz?).

1 MK

Nennen Sie Gründe für die existenzielle Notwendigkeit, den „Lebensraum Stadt" nachhaltig zu gestalten.

1 Stuttgart in den 1930er-Jahren

2 Vision der autogerechten Stadt 1950

3 Autogerechte Stadt – Stuttgart heute

4 Mexiko City 2012

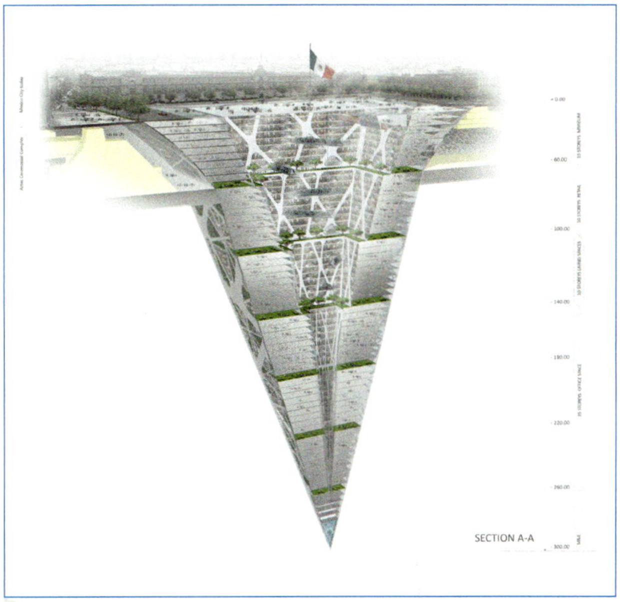

5 Vision „Earth scraper“, Mexico City

6 Ihre Vision für Ihre Stadt

2 NE

Führen Sie eine „Zukunftswerkstatt“ zum Thema „Nachhaltige und lebenswerte Stadt“ durch.

1 Schon eine Stadt? Arnis in Schleswig Holstein, mit 280 Einwohnern (2017) die kleinste Stadt Deutschlands

3 Noch eine Stadt? Tokio mit 38,5 Mio. Einwohner (2019) die größte Stadt der Welt

Was ist eine Stadt?

Das Phänomen „Stadt" wird in unterschiedlicher Weise wahrgenommen. Den subjektiven Eindrücken und Bewertungen muss eine objektive Erfassung wesentlicher gemeinsamer Grundmerkmale urbaner Räume gegenübergestellt werden. Welche Eigenschaften und Funktionen, welche Mindestgröße muss eine Siedlung aufweisen, damit sie als Stadt bezeichnet werden kann?

Rechtlich-historischer Stadtbegriff
Er bezeichnet jede Gemeinde, die irgendwann im Laufe ihrer Geschichte das Stadtrecht erhalten hat, als Stadt („Titularstadt"). Mit diesem Stadtrecht waren im europäischen Mittelalter besondere Privilegien verbunden. Hierzu gehörten das Markt- und Zollrecht genauso wie die Gerichtsbarkeit oder die Aufhebung jeglicher Leibeigenschaft innerhalb des städtischen Raumes („Stadtluft macht frei"). Die Stadtmauer diente ja nicht nur der Befestigung und Verteidigung, sie stellte eine klar definierte Rechtsgrenze dar.
Im Zuge der Industrialisierung hat sich die auf alten Stadtansichten noch erkennbare räumlich scharfe Trennung zwischen Stadt und Umland mehr und mehr aufgelöst. Darüber hinaus verloren vor allem in Deutschland ab Anfang des 19. Jhs. viele Titularstädte ihr Landgericht oder andere zentrale Einrichtungen. Sie mussten als Folge des Abzugs der Behörden meist auch einen deutlichen Rückgang von Handel und Handwerk hinnehmen. Ein solcher Bedeutungsverlust führte also dazu, dass derartige Kommunen ihre ursprünglich städtischen Funktionen nicht mehr oder nur begrenzt ausübten, allerdings ohne den Stadttitel zu verlieren. Damit ist auch dieser Stadtbegriff wenig praktikabel.

2

Statistischer Stadtbegriff
Die Frage nach der Mindestgröße einer Stadt ist nicht leicht zu beantworten.
So gilt in Deutschland jede Gemeinde mit einer Einwohnerzahl von über 5 000 Einwohner als Stadt. Aber dieser Schwellenwert variiert sehr stark von Staat zu Staat. Er liegt zum Beispiel in den skandinavischen Ländern bei 200 Einwohnern, in Japan dagegen bei 50 000. Die internationalen Statisiken der UNO gehen von einer Mindestgröße von 2 000 Einwohnern aus.
Das Bundesamt für Bau- Stadt und Raumforschung (BBSR) im Bundesamt für Bauwesen und Raumordnung gliedert die städtischen Siedlungen in Deutschland wie folgt:

Großstadt	> 100 000 Ew.
Mittelstadt	20 000 – 100 000 Ew.
größere Kleinstadt	10 000 – 20 000 Ew.
kleinere Kleinstadt	5 000 – 10 000 Ew.

4

Soziologischer Stadtbegriff
Die Soziologie erfasst Stadt als einen von der Gesellschaft geprägten Raum, der bestimmte Lebensweisen sowie Wertehaltungen ermöglicht und hervorbringt. Ihr geht es um die spezifische Art des menschlichen Zusammenlebens in Gruppen, die den städtischen vom ländlichen Raum unterscheidet. Wesentliche Kriterien bei dieser Unterscheidung sind die sozialen Beziehungen, Kontrollen und Differenzierungen. Das heißt konkret, dass Städte – im Gegensatz zum ländlichen Raum – z. B. in hohem Maße durch Anonymität, Toleranz oder Gleichgültigkeit und starke soziale Gliederung geprägt sind. Die Soziologie definiert also die Stadt nicht als einen statistisch erfassbaren und geographisch abgrenzbaren Ausschnitt der Erdoberfläche. Für sie ist Stadt eine Lebensform.

5

Lagetypen von Städten
Zu den geographischen Merkmalen einer Stadt gehört auch deren topografische Lage. Aus zahlreichen Möglichkeiten seien exemplarisch Küsten- oder Passstädte sowie Städte in Brückenlage genannt. Die Lage steht in der Regel in enger Beziehung zur Genese einer Stadt oder zu deren wichtigsten Funktione. Verwiesen sei auf die Küstenstädte mit ihren Hafenfunktionen.

6

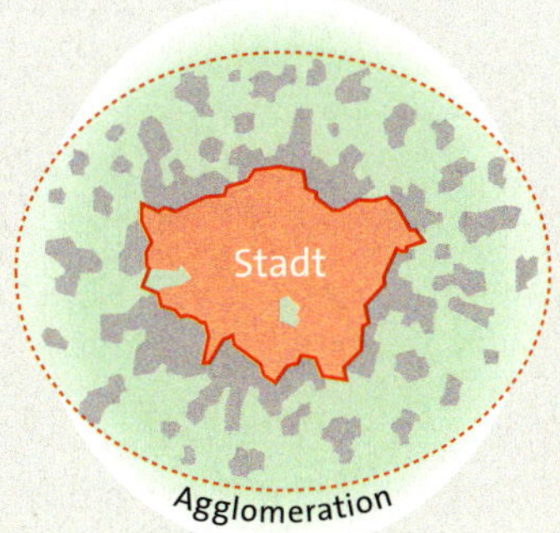

Stadt ist eine geschlossene Ortsform innerhalb verwaltungsrechtlich festgelegter Grenzen.
Unter **Agglomeration** versteht man die räumliche Verdichtung von Bevölkerung, Wirtschaft und Infrastruktur über die Grenzen einer Großstadt hinaus.
In manchen Ländern spricht man auch von **Metropolregion.**

Beispiel Tokio (2019)
- Präfektur Tokio (23 Bezirke) als Kernstadt mit 9,6 Mio. Ew. und einer Fläche von 622 km² (entspricht der doppelten Stadtfläche von München)
- Metropolregion Tokio mit mehreren Millionenstädten (z. B. Yokohama) und 38,5 Mio. Ew. sowie einer Fläche von 14 034 km² (entspricht annähernd der Fläche von Schleswig-Holstein)

8 **Die größte Stadt der Welt? Eine Frage der Abgrenzung**

Merkmale des geographischen Stadtbegriffs
Der geographische Stadtbegriff erweitert die angeführten Aspekte um räumliche Kriterien. An diesem Stadtbegriff orientieren wir uns im vorliegenden Kapitel.

- „Geschlossenheit der Siedlung (kompakter Siedlungskörper),
- hohe Bebauungsdichte,
- überwiegende Mehrstöckigkeit der Gebäude (zumindest im Stadtkern),
- deutliche funktionale Gliederung (z. B. mit City oder Hauptgeschäftszentrum, Wohnvierteln, Naherholungsgebieten,
- differenzierte innere sozialräumliche Gliederung,
- Bevölkerungswachstum v. a. durch Wanderungsgewinn (in Entwicklungsländern allerdings auch durch z. T. sogar dominante natürliche Bevölkerungsentwicklung),
- hohe Wohn- und Arbeitsstätten-/Arbeitsplatzdichte,
- Dominanz sekundär- und tertiärwirtschaftlicher Tätigkeiten bei gleichzeitig großer Arbeitsteilung,
- Einpendlerüberschuss [...],
- Vorherrschen städtischer Lebens-, Kultur- und Wirtschaftsformen (z. B. spezielle kulturelle Bedarfsdeckung der Bewohner),
- Mindestmaß an Zentralität (d. h. Bedeutungsüberschuss von Funktionen, die auf das Umland gerichtet sind, z. B. Einzelhandel, Dienstleistungen, Arbeitsmarkt,
- relativ hohe Verkehrswertigkeit (Bündelung wichtiger Verkehrswege, hohe Verkehrsdichte),
- weitgehend künstliche Umweltgestaltung mit z. T. hoher Umweltbelastung."

Heinz Heineberg: Stadtgeographie. Paderborn: Verlag Ferdinand Schöningh. 5. Auflage 2017, S. 28

7

1
„Arnis – die kleinste Stadt Deutschlands" –und „Tokio – die größte Stadt der Welt": Überprüfen Sie diese beiden Aussagen.

2
Begründen Sie die Verwendung des geographischen Stadtbegriffs für dieses Kapitel.

3 MK
Untersuchung der Heimatstadt:
a) Überprüfen Sie den geographischen Stadtbegriff, indem Sie fünf ausgewählte Kriterien auf Ihre Heimatstadt anwenden.
b) Gestalten Sie zu Ihren Ergebissen eine Präsentation mithilfe von Fotos, Satellitenbildern oder eines Stadtplans.

Wie sind Städte gegliedert?

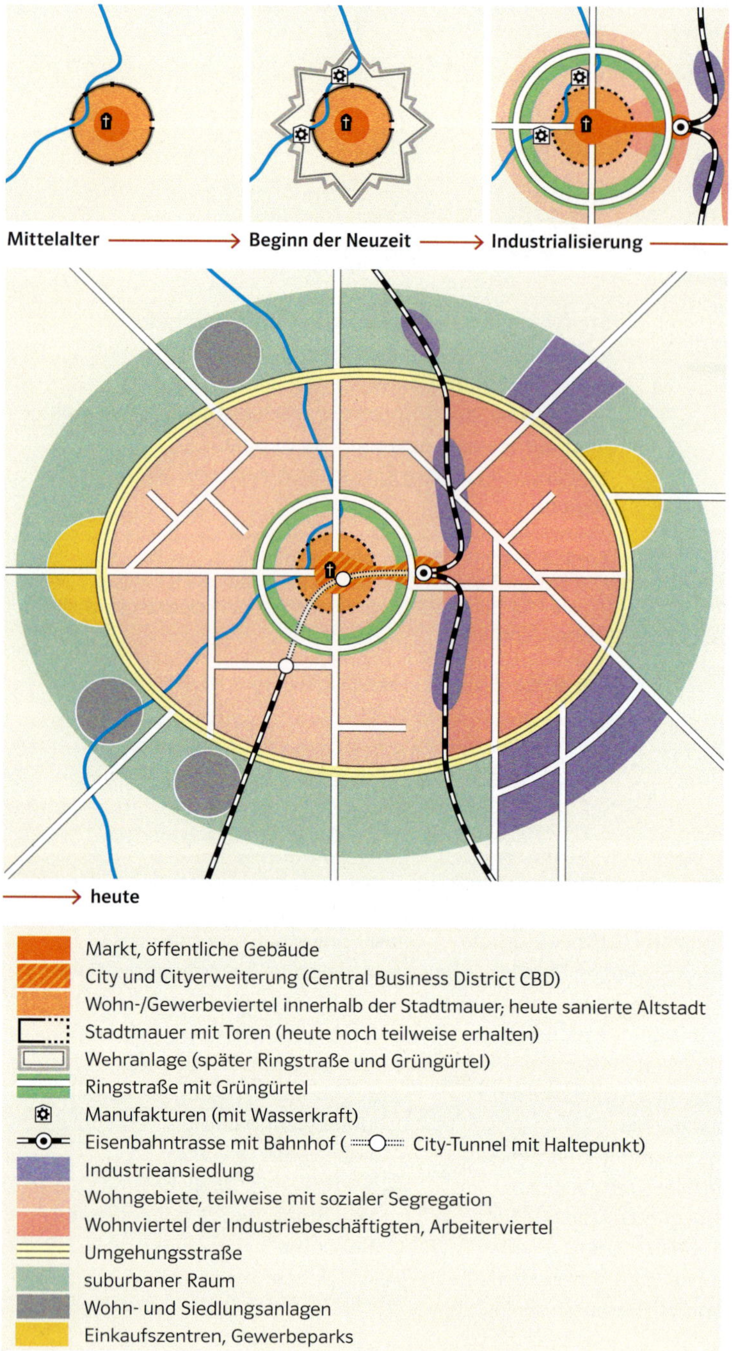

1 Entwicklung der funktionalen Gliederung im Modell

Funktionale Gliederung

Im Laufe ihrer Entwicklung sind die Städte nicht nur flächenmäßig gewachsen, sie haben auch ihre Angebote an die Bevölkerung erweitert und differenziert. Sie befriedigen damit die Bedürfnisse, die Daseinsgrundfunktionen ihrer Bewohner. Städte sind nicht nur Wohn- und Arbeitsorte, sondern auch Standorte von Güterproduzenten und Dienstleistungsunternehmen, Versorgungs- und Kommunikationszentren. Hier hat die öffentliche Verwaltung ihre wichtigen Sitze, hier suchen die Bürger nach Erholungs- und Freizeitmöglichkeiten. Daher gibt es die Möglichkeit, die Stadt in verschiedene Viertel zu gliedern.

Diese Funktionen siedeln sich innerhalb des Stadtgebietes oftmals in bestimmten Zonen oder Quartieren an. Ihr Standort wird beeinflusst durch Faktoren wie Verkehrsanbindung, Transportkosten und Flächenbedarf. Auch politische oder stadtplanerische Vorgaben wirken mit. Eine wichtige Rolle spielen die Grundstückseigentümer. Sie streben nach einer optimalen bzw. rentablen Nutzung ihrer Ressource.

„City" – „Altstadt" – „Innenstadt". In der Stadtgeographie kennzeichnet der Begriff **„City"** das funktionale Zentrum größerer Städte mit der Konzentration des Tertiären Sektors. Er ist abgeleitet von der „City of London" mit ihrem sich seit dem 18. Jh. entfaltenden Banken-, Versicherungs- und Zeitungswesen. In der westlich davon gelegenen „City of Westminster" konzentrierten sich öffentliche Einrichtungen, insbesondere die Regierungsfunktionen Großbritanniens. Zwischen diesen beiden Polen haben sich die Hauptgeschäftsstraßen Londons entwickelt. Daher beinhaltet der Begriff „City" heute allgemein den Standort hochrangiger Wirtschafts- und Verwaltungsfunktionen. Im angloamerikanischen Sprachraum ist hierfür „Central Business District" (CBD) gebräuchlich.

Die „City" ist nicht identisch mit der „Altstadt", die den in vielen europäischen Städten bis ins Mittelalter zurückreichenden historischen Kern umfasst. Sie bildet zusammen mit der City und den zwischen beiden eingeschlossenen Vierteln die „Innenstadt".

1 MK

Arbeiten Sie mit Modell 1:

a) Beschreiben Sie die Entwicklung der funktionalen Gliederung.

b) Vergleichen Sie auf der Grundlage eines Stadtplanes dieses Modell mit der funktionalen Gliederung Ihres Schulortes.

c) Beurteilen Sie dann die Aussagekraft des Modells 1.

FALLBEISPIEL: Mannheim – funktionale Gliederung

2 Schrägluftbild Mannheim (Google Earth)

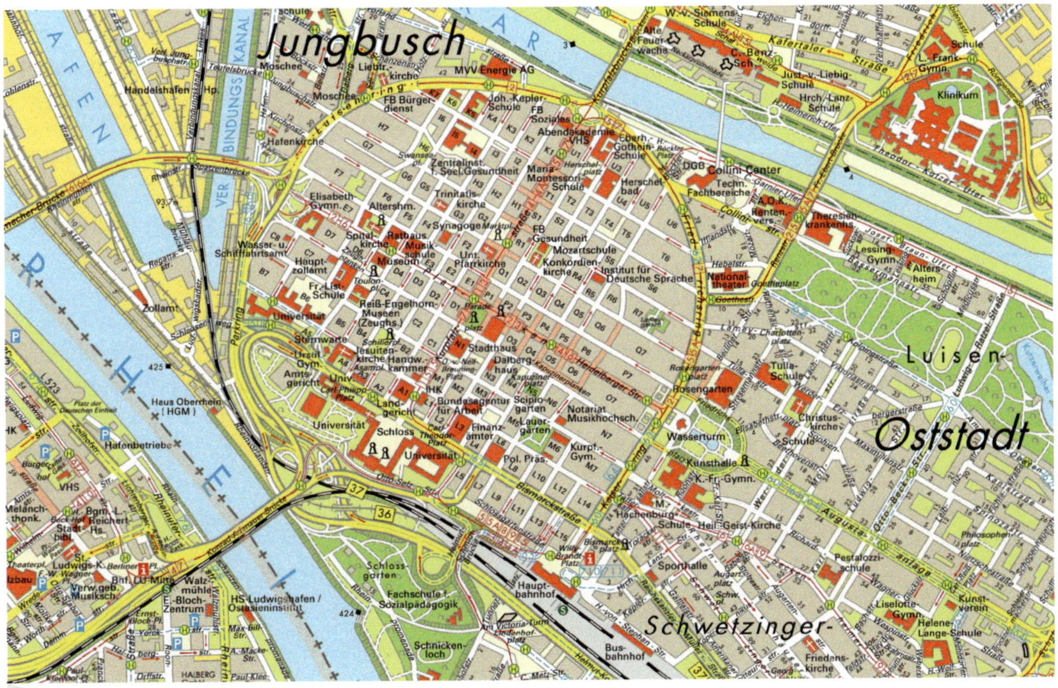

3 Stadtplan Mannheim

2 MK
Arbeiten Sie mithilfe von Modell 1 und Karte 3 die funktionale Gliederung von Mannheim heraus.

3 MK
Kennzeichnen Sie – auch mithilfe einer Internetrecherche – die Innenstadt und die City.

4 MK
Ordnen Sie mithilfe einer virtuellen Exkursion (Google Earth) ausgewählten funktionalen Stadtbereichen charakteristische Fotos zu.

Stadt – ein Ökosystem?

Von der Stadt als einem Ökosystem zu sprechen, scheint auf den ersten Blick widersinnig zu sein, verbindet man doch mit dem Begriff „Ökosystem“ spontan die Vorstellung von natürlichen Systemen. „Stadt“ dagegen ruft Assoziationen von „Anti-Natur“ hervor. Warum spricht man dennoch von einem Ökosystem Stadt? Wie und mit welchen Folgen hat der Mensch in dieses eingegriffen?

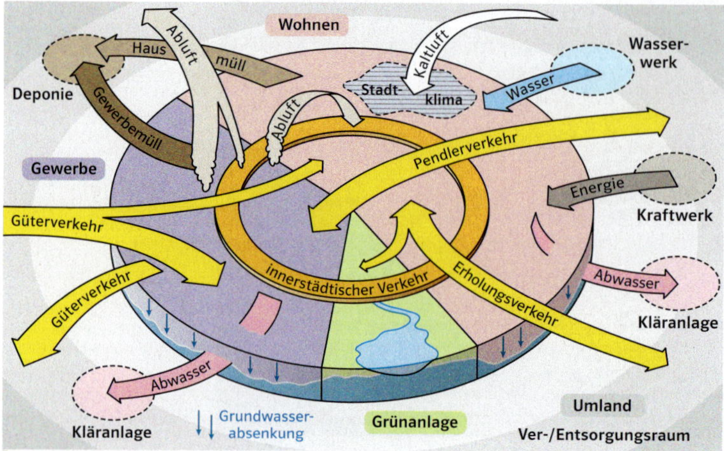

1 Modell eines urbanen Ökosystems

Stoffflüsse zur Ver- und Entsorgung

„‚Ökosysteme gleich welcher Art werden von (Licht-)Energie angetrieben. Die Pflanzen [...] speichern diese Energie. Über die Nahrung wird sie weitergegeben an Tiere, Menschen und an die Mikrowelt der Organismen im Boden.‘ So steht es in den Lehrbüchern zum Thema Ökosystem. Dieses Denkmodell ist auch bei einer [...] [Stadt] anzuwenden [...]. Denn auch hier sind die vernetzten Stoffflüsse zwischen Lebewelt, Luft, Wasser und Boden vorhanden, die ein Ökosystem kennzeichnen. In diesem Sinne sind Pflanzen in der Stadt mehr als gestalterisches Beiwerk [...] und Boden ist mehr als lukrativer Baugrund! Was aber das Ökosystem Stadt von einem natürlichen Ökosystem unterscheidet, ist das mengenmäßige Verhältnis zwischen Tieren und Pflanzen: In einem natürlichen Ökosystem stellen die Pflanzen, die ‚Produzenten‘, rund 99 Prozent der Biomasse dar, während die Tiere, als ‚Konsumenten‘, nur ein Prozent ausmachen. In der Stadt herrschen natürlich ganz andere Verhältnisse und das künstliche Ungleichgewicht kann nur dadurch ausgeglichen werden, dass in stark erhöhtem Ausmaß Stoffe und Energie von außen in das Ökosystem Stadt eingebracht werden. Wie in einem natürlichen Ökosystem bewegen sich diese Stoffflüsse aber nicht nur von außen in die Stadt hinein (input) und innerhalb der Stadt, sie verlassen sie auch wieder (output). Dabei können sie in einem heutigen städtischen Ökosystem teilweise weltumspannende Umwege machen!“

Richard Obernosterer und Wolfgang Punz: Der „Stoffwechsel“ der Stadt: Was fließt hinein, was strömt hinaus und was wird gespeichert? In: Roland Berger und Friedrich Ehrendorfer (Hg.): Ökosystem Wien. Böhlau Verlag Wien – Köln – Weimar. 2011. S. 605

2

Ein „Ökosystem“ ist eine Funktionseinheit aus biotischen und abiotischen Faktoren, die in Wechselwirkung zueinander stehen. Laut dieser Begriffsbestimmung ist auch die Stadt ein Ökosystem, wenn auch ein künstlich geschaffenes.

In urbanen Räumen hat der Mensch besonders intensiv in den Naturhaushalt eingegriffen. Er hat ein „Ökosystem Stadt“ geschaffen, in dem alle natürlichen Geofaktoren – Klima, Relief, Boden, Vegetation und Wasserhaushalt – tiefgreifenden Veränderungen unterworfen sind. Auch in ihrem Umland hinterlässt eine Stadt ihre „ökologischen Fußabdrücke“. So sind z. B. Mülldeponien oder durch Industrieabfälle kontaminierte Flüsse häufige Begleiterscheinungen urbaner Agglomerationen. Im Gegensatz zu natürlichen Ökosystemen können städtische ohne Stoff- und Energiezufuhr von außen und ohne die Möglichkeit, Abfälle ins Umland zu exportieren, nicht existieren.

Folgende Faktoren der Verstädterung tragen wesentlich zur Umwandlung eines natürlichen in ein städtisches Ökosystem bei:

- unzureichende Stadtentwicklungsmaßnahmen, z. B. fehlende Ausweisung bzw. Verbauung von Frischluftschneisen,
- Einengung der Lebensräume für Lebewesen,
- Emissionen aus Industrie und Verkehr sowie Abwärme von Kraftwerken und Heizungen,
- Versiegelung von Freiflächen durch Überbauung und damit Zurückdrängen der natürlichen Vegetation sowie Veränderungen des Wasserhaushalts.

Importe	in t/Ew. pro Jahr	Exporte	in t/Ew. pro Jahr
Wasser	147	Abwasser	144
Frischluft	36	Abluft	43
Brennstoffe	2	Abfälle	3
Baustoffe u. Konsumgüter	12 – 18	Restmüll	0,3
Summe	**ca. 191**		**ca. 191**

www.umweltbundesamt.de/daten/flaeche-boden-land-oekosysteme/boden/bodenversiegelung#textpart-1 (Nov. 2019) (Zugriff 27.10.2020)

3 Güterfluss einer (fiktiven) Stadt – Beispiele

FALLBEISPIEL: Flächenversiegelung

Immer mehr Menschen leben in urbanen, hochverdichteten Räumen. Damit wächst auch die in Anspruch genommene Fläche. Jedes Jahr werden z. B. in Deutschland rund 350 km² Fläche versiegelt, in erster Linie für Siedlungen, Gewerbe und Verkehrsinfrastruktur. Es gehört zu den Aufgaben einer verantwortungsvollen Stadtplanung, diesen Flächenverbrauch einzudämmen und seine Wirkungen zu reduzieren.

Flächenversiegelung: Folgen für das Ökosystem

„Etwa 46 Prozent der Siedlungs- und Verkehrsflächen sind [bereits] versiegelt, das heißt bebaut, betoniert, asphaltiert, gepflastert oder anderweitig befestigt [...]. Bodenversiegelung bedeutet, dass [...] Regenwasser nicht oder nur unter erschwerten Bedingungen versickern kann und auch der Gasaustausch des Bodens mit der Atmosphäre gedrosselt wird.

Eine übermäßige Bodenversiegelung hat unmittelbare Auswirkungen auf den Wasserhaushalt: Zum einen kann Regenwasser weniger gut versickern und die Grundwasservorräte auffüllen, zum anderen steigt das Risiko, dass bei starken Regenfällen die Kanalisation oder die Vorfluter die oberflächlich abfließenden Wassermassen nicht fassen können und es somit zu örtlichen Überschwemmungen kommt.

Auch das Kleinklima wird negativ beeinflusst: Versiegelte Böden können kein Wasser verdunsten, weshalb sie im Sommer nicht zur Kühlung der Luft beitragen. Hinzu kommt, dass sie als Standort für Pflanzen ungeeignet sind, welche somit als Wasserverdunster und als Schattenspender ausfallen.

Vor allem wird die natürliche Bodenfruchtbarkeit durch eine Versiegelung der Böden massiv beeinträchtigt. Wenn der Boden dauerhaft von Luft und Wasser abgeschlossen ist, geht die Bodenfauna zugrunde, welche wiederum wichtige Funktionen für den Erhalt und die Neubildung von fruchtbaren Böden erfüllt.“

Umweltbundesamt: Bodenversiegelung. Stand 25.06.2019

4

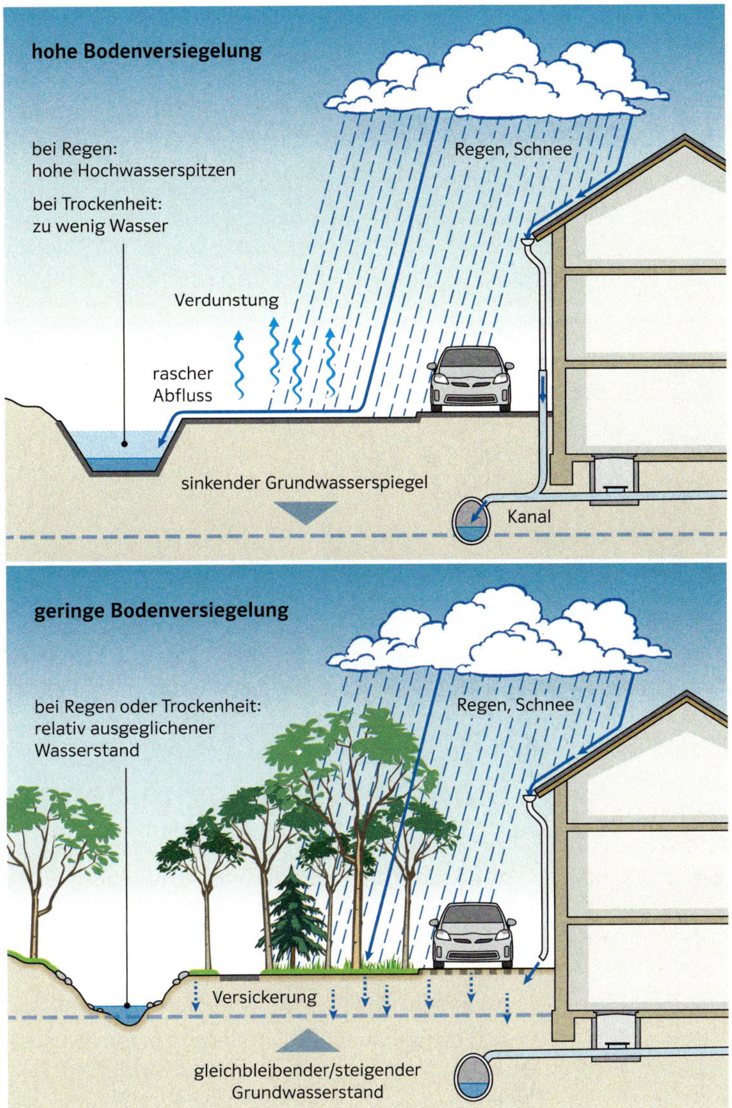

5 Wirkung der Bodenversiegelung

Nach: LUBW Landesanstalt für Umwelt, Messungen und Naturschutz Baden-Württemberg

1 NE

Arbeiten Sie Besonderheiten des städtischen Ökosystems heraus (Modell 1 und Text 2).

2 Stellen Sie ökologische Folgen der Flächenversiegelung dar.

3 Vergleichen Sie die Wirkung hoher und geringer Bodenversiegelung (Grafik 5).

4 MK NE Gestalten Sie eine Präsentation zum Thema „‚Die deutsche Nachhaltigkeitsstrategie 2020‘ und das 30-Hektar-Ziel – ein erfolgversprechender Ansatz?“

5 MK NE Erstellen Sie eine Karte mit entsiegelungswürdigen Flächen in Ihrer Schulumgebung.

1

Lernaufgabe

Globalisierung umfasst mehr als nur das weltweite Zusammenwachsen von Märkten. Der globale Wettbewerb der Standorte um Unternehmen, hochqualifizierte Fachkräfte und Investitionskapital verschärft sich. Finanzinvestoren suchen nach Anlagemöglichkeiten. Die globale Vernetzung wird immer dichter. Lebensstile und Bauformen gleichen sich an. All das hat Auswirkungen auf die Entwicklung der Städte mit folgenden Prozessen: Citybildung, Tertiärisierung und Quartärisierung, Suburbanisierung und Reurbanisierung, sozialräumliche Differenzierung wie Gentrifizierung, Segregation oder Fragmentierung.

„Globalisierung verändert weltweit Strukturen unserer Städte." Überprüfen Sie diese Aussage – ggf. im Rahmen einer Gruppenarbeit – anhand der Seiten 102 – 113.

1 **Shenzen, New York, London: Wer ist was?**

Stadtveränderung in der globalisierten Welt: Citybildung

Alle Städte, insbesondere die Großstädte, haben einen urbanen Kern, in dem „ihr Herz schlägt". Das ist die City. Was sind deren Merkmale? Wie hat sie sich entwickelt? Vor welchen aktuellen Herausforderungen steht sie?

City: Unterschied Europa – USA

Während man mit dem Begriff „City" in europäischen Städten deren zentralen Kernraum bezeichnet, versteht man in den USA darunter eine Stadt in ihren Verwaltungsgrenzen (z. B. die Stadt New York = New York City). Anstelle unseres City-Begriffs spricht man in den USA von „Downtown" oder auch von „CBD" (Central Business District).

Die Assoziationen, die man mit der **City** verbindet, sind überall ähnlich. Man denkt an ‚pulsierendes Leben', ‚Bummeln und Shopping', ‚Vergnügen und Unterhaltung', an ‚große Menschenmengen'. Für manch einen definiert sich eine Stadt sogar über ihre City. Für Gäste und Touristen ist sie der Raum, der am ehesten aufgesucht wird.

In der Geographie versteht man unter City das funktionale Zentrum der Stadt. Sie weist die höchste Konzentration an Arbeitsstätten des Tertiären Sektors auf und ist der Standort hochrangiger Wirtschafts- und Verwaltungsfunktionen.

Die Citys haben sich vor allem seit den 1960er-Jahren aus den damaligen „Stadtkernen" entwickelt. Diese waren noch von Wohnbevölkerung und von Geschäften des täglichen Bedarfs geprägt. Durch die Herausbildung einer City-Struktur wurden diese städtischen Kerne dann funktional und physiognomisch gänzlich überformt und verändert. Es fehlt den meisten europäischen Citys jedoch die charakteristische Skyline New Yorks, Chicagos oder San Franciscos. Eine Ausnahme macht in Deutschland nur Frankfurt mit seiner auffälligen Silhouette.

Aufgrund ihrer gewachsenen Strukturen zeigt die mitteleuropäische City Überschneidungen mit anderen Teilräumen. So ist sie zwar nicht identisch mit der „Altstadt", aber doch meist in Teilen überlappend oder eng benachbart. Darüber hinaus bilden beide zusammen – ergänzt durch die angrenzenden Räume mit geschlossener Bebauung und häufiger Mischnutzung – die „Innenstadt".

Aktuelle Probleme und Tendenzen

Die Citys waren lange Zeit die Wachstumsräume unserer Städte. Man hatte sie seit den 1960er-Jahren „autogerecht" entwickelt. Zahlreiche Geschäfte und Kaufhäuser siedelten sich an, auch Verwaltung, Banken und andere Dienstleister drängten in den Stadtkern. Das ließ die Bodenpreise und Mieten steigen. Die hierdurch bedingte Verdrängung der Wohnbevölkerung schien ein zu akzeptierender Preis für die Attraktivitätssteigerung zu sein.

2 Frankfurt-Innenstadt: Rush-hour-Verkehr

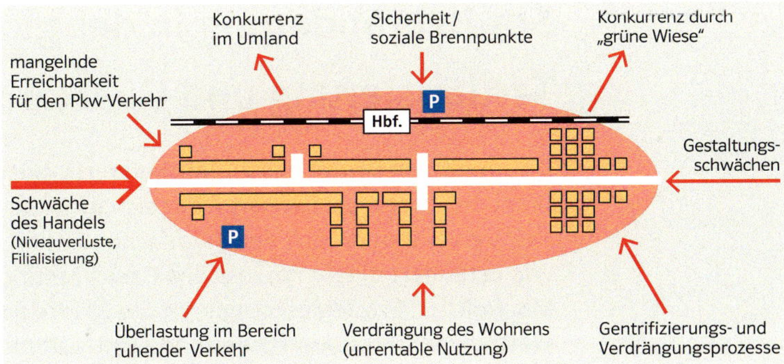

4 Problemfelder der Innenstädte

Nach Ernst Brunotte u.a.: Lexikon der Geographie, Bd. 1. Spektrum Akademischer Verlag Heidelberg und Berlin 2002, S. 419

Schon in den 1970er-Jahren gerieten die Innenstädte und speziell die Citys in eine Krise. Die räumliche Enge und die mit der zunehmenden Automobilisierung steigenden Kundenfrequenzen erzeugten massive Verkehrsbelastungen. Die Stadtplaner versuchten, diesen Problemen durch die Anlage von Fußgängerzonen und den Bau citynaher Parkhäuser entgegenzuwirken. Dennoch führten Beengtheit, Autolärm und Abgase zu einer Stagnation in der Cityentwicklung. Hinzu kamen weitere Problemfelder (M3, M4). In- und ausländische Investoren errichteten im Umland Shopping Center, Business Parks, Freizeitkomplexe – in Konkurrenz zur City.
In allen Städten ist heute das Bemühen unverkennbar, dem Funktionsverlust der City entgegenzuwirken. Die Innenstädte sollen sich wieder als attraktive Orte profilieren, die zum Einkaufen, Flanieren, Verweilen und Wohnen einladen.

→ Nachhaltige Stadtentwicklung S. 126 – 131

Das Ende der Einkaufsmeile?

„Bevor der Wandel in ganzer Breite richtig greifbar wird, hat er sich meistens schon vollzogen. Die Königstraße [in Stuttgart] ist ein passendes Beispiel [...]. [Es] ist das bekannte Thema Online-Handel. Bisher macht das Internetgeschäft in Deutschland von 480 Milliarden Euro [Einzelhandelsumsatz] bereits 15 Prozent aus. Bis 2020 soll die Marke auf 20 Prozent steigen.
Für die Königstraße bedeutet das: Aus der einstigen Konsummeile wird langsam aber sicher eine bunte Mix-Meile. Wo früher der Handel dominierte, komen immer mehr Büros, Gastronomie und Luxuswohnungen hinzu. Weil das Angebot an Bürofläche auf einen historischen Tiefstand gesunken ist, steigen hier die Mieten [...]. Die Folge: Eigentümer auf der Königstraße können bei der Bürovermietung teilweise mehr Geld verdienen als durch die Vermietung von Handelsflächen [...].
Wie sich der Beginn einer Konversion auf die Stuttgarter 1a-Lage niederschlägt, zeigen [...] Beispiele [...].
Königstraße 37: Das Schuhhaus Werdich konnte die Mietpreise nicht mehr bezahlen und gab den Standort zum 31. Juli auf. Stattdessen zieht in den unteren zwei Etagen ein Burger-Restaurant ein, darüber sollen Büros entstehen [...].
Königstraße 29, das Waldbauer Haus: Eigentlich wollte Schuh[haus] Werdich nach dem zweijährigen Umbau dort neu eröffnen. Doch die Verhandlungen [...] platzten in letzter Sekunde. Auch wegen der Miethöhe. Nun wird vom zweiten bis zum fünften Stock Bürofläche vermietet, im sechsten und siebten OG Luxus-Penthouses zwischen 150 und 180 Quadratmeter. Aus Sicht der Experten werden diese Beispiele Schule machen [...].
Zudem prognostizieren die Experten, dass die Lebensmittelbranche in Kleinflächenformaten in die Topadressen einzieht. Ein Aldi auf der Königstraße – zum Beispiel im Haus 38 – ist nicht mehr ausgeschlossen.
Mehr Raum werden Gastronomiebetriebe einnehmen [...]. Eine Umnutzung der Immobilie ist [...] keineswegs einfach. Dennoch deutet sich die Amerikanisierung der Königstraße an [...]. In Stuttgart liegt die Gastronomiequote bisher bei drei Prozent. In anderen Städten sind es bereits 30 Prozent."

Martin Haar: Droht das Ende der Einkaufsmeile?, Stuttgarter Zeitung v. 09.08.2019

3

2 Arbeiten Sie wesentliche Merkmale der City heraus.

3 Beschreiben Sie die Entwicklung der City.

4 Erläutern Sie aktuelle Problemfelder der Citys und Innenstädte.

5 Nennen Sie mögliche Veränderungen der City durch die Globalisierung.

6 MK Überprüfen Sie die Innenstadt Ihres Schulortes im Hinblick auf die angesprochenen Probleme und Entwicklungen (Befragung bei Stadtverwaltung, Geschäftsinhabern, Kunden).

Stadtveränderung in der globalisierten Welt: Tertiärisierung und Quartärisierung

Die im letzten Drittel des 20. Jahrhunderts einsetzende Entwicklung hin zu einer Dienstleistungsgesellschaft wirkt sich nicht nur auf die Struktur unserer Wirtschaft aus, sie verändert auch den städtischen Raum.
Wie verändert dieser Prozess das Gesicht und die Funktionen der städtischen Räume? Mit welchen Strategien reagieren die Städte auf den international sich verschärfenden Wettbewerb um zukunftsweisende Investitionen und Arbeitsplätze, um Besucher und Bewohner? Der Düsseldorfer „Medienhafen" ist hierfür ein eindrucksvolles Beispiel.

Tertiärisierung
Zunahme der Beschäftigtenanteile im Dienstleistungsbereich zulasten des Primären und Sekundären Sektors

Quartärisierung
Ausbildung eines Dienstleistungssektors mit höherwertigen Tätigkeiten und spezialisierten Kenntnissen der Beschäftigten

Die urbanen Zentren wurden entindustrialisiert. Unternehmen und Einrichtungen des Tertiären Sektors (z. B. öffentliche Verwaltung, Handel, Servicebetriebe aller Art) und des Quartären Sektors (z. B. Banken und Versicherungen, Finanzdienstleistungen, Institutionen zur Forschung und Entwicklung) bestimmen heute die Wirtschaftsstruktur. Damit wandelten sich das Bild und die Funktion insbesondere der Innenstädte.
Diese Entwicklung erfasst inzwischen den gesamten urbanen Raum. An den Stadträndern, „auf der grünen Wiese", auf zentrennahen Industriebrachen entstehen Malls und Shopping Center, Industrie und Business Parks, Technologiezentren und Forschungslabors, „Erlebniswelten" und Themenparks.
Eine wachsende Bedeutung für die Stadtentwicklung erfährt in diesem Zusammenhang die Kultur bzw. die mit ihr verbundenen architektonischen Projekte. Dieser Trend wird als „Kulturalisierung der Stadtentwicklung" bezeichnet. Stadt wird auf diese Weise zum „inszenierten", zum „konstruierten" Raum.

2 Hafen Düsseldorf – früher

3 „Medienhafen" Düsseldorf – heute

Vom Industrie- und Handelshafen zum „Medienhafen"
Bis vor wenigen Jahren war der Düsseldorfer Rheinauhafen noch ein wichtiger Industriestandort und Handelshafen an Deutschlands bedeutendstem Wasserweg. Auf die Zerstörungen des Zweiten Weltkriegs und den Wiederaufbau folgte Mitte der 1960er-Jahre seine größte Ausdehnung mit acht Hafenbecken und 55 ha Wasserfläche. Schon einige Jahre später traf jedoch der insgesamt einsetzende Prozess der Deindustrialisierung auch den Düsseldorfer Hafen. Deshalb beschloss der Stadtrat eine Verkleinerung der Fläche um 33 ha. Die Stadt brauchte diese innenstadtnahen Flächen (nur ca. 900 m Luftlinie zur Altstadt), um ihren Aufgaben als Landeshauptstadt und internationale Wirtschaftsmetropole gerecht zu werden. So entstand im ersten Schritt der Bereich um Landtag und Rheinturm, danach folgte der Medienhafen. In ihm arbeiten heute über 800 Firmen und rund 8 000 Menschen in den verschiedensten Branchen des Dienstleistungssektors. Dazu gehören z. B. Unternehmens-, Rechts- und Steuerberater genauso wie Betriebe aus den Bereichen Printmedien, Werbung, Gastronomie, Unterhaltung und Kultur.

1

„Kulturhauptstadt Europas"

Diesen Titel vergibt die Europäische Union jährlich an eine, seit 2004 an mindestens zwei Städte. Ursprüngliches Ziel dieser Aktion war, die kulturelle Zusammenarbeit in Europa zu fördern. Es galt, den Reichtum des gemeinsamen kulturellen Erbes herauszustellen und so die Entwicklung eines „europäischen Bewusstseins" zu fördern. Inzwischen hat sich diese EU-Gemeinschaftsaktion zu einem Instrument entwickelt, das von den ausgewählten Städten äußerst bereitwillig aufgegriffen wird. Der Titel verspricht für ein Jahr hohe internationale Aufmerksamkeit und wird in die Image- und Marketingstrategien eingebunden. Im Vordergrund steht das Ziel, den Städtetourismus zu steigern.

5 Guggenheim-Museum in Bilbao

Ruhr.2010 Kulturhauptstadt Europas

„Dem faktischen Bankrott des Ruhrgebiets wollen die Organisatoren der Ruhr 2010 die Kultur entgegensetzen. Kultur, die nicht nur Freude macht, sondern Arbeitsplätze schafft. So stellt sich das jedenfalls der Geschäftsführer der Ruhr 2010 vor: Fritz Pleitgen, der frühere Intendant des Westdeutschen Rundfunks [...]. ‚Wir glauben, dass Kultur die Menschen und auch die Gesellschaft inspiriert, Inspiration schafft Kreativität und Kreativität produziert auch Arbeitsplätze. Und das ist auch das, was die Europäische Kommission von uns erwartet: Wir sollen die Kulturwirtschaft ankurbeln oder eher dort Impulse setzen, wir sollen den Kulturtourismus fördern [...].' Der Anspruch [...] ist riesig: Es geht [...] nicht bloß um die Künste, nein: Es geht [...] um die Schaffung einer starken, gemeinsamen ‚Metropole Ruhr'."

Christoph Gehring: Ruhr.2010: Kulturhauptstadt Europas mit sprödem Charme. Deutschlandfunk Kultur 01.01.2010

4

Kulturwirtschaft und Stadtentwicklung

„Charakteristisch für den beschriebenen Trend [...], der sich heute in ganz Europa beobachten lässt, ist eine Stadtentwicklung [...] die nicht nur spektakuläre Museumsbauten oder Konzerthallen umfasst, sondern mit Events und Festivals auch zentrale Elemente der Populärkultur („Festivalisierung") einschließt. Diese dienen einerseits der ökonomischen Entwicklung der Stadt und sollen andererseits ihr [...] ein positives Image verleihen...
Während früher das Vorhandensein von Kultureinrichtungen wie Museen als Indikator für die Prosperität einer Region interpretiert werden konnte, fungieren Museumsbauten heute häufig als Anker urbaner Revitalisierung. Die spektakuläre Bauweise solcher ‚Flagship-Museen' bewirkt, dass die Gebäude schon durch ihr bloßes Erscheinen zu einer touristischen Attraktion werden...
Als bekanntestes Beispiel gilt die baskische Stadt Bilbao, die es mit der Eröffnung einer Filiale des Guggeneim-Museums [...] auf einer brachen Industriefläche [...] geschafft hat, ihren Bekanntheitsgrad deutlich zu erhöhen und positive Imageeffekte zu erzielen [...]. Das Museum zieht [...] jährlich fast 1 Mio. Besucher an und gehört damit zu den 20 besucherstärksten Museen in Europa (Platz 1: Louvre/Paris, ca. 8,5 Mio.)."

Heinz Heineberg: Stadtgeographie. Paderborn: Ferdinand Schöningh 2017. S. 418–419

6

1 Beschreiben Sie das heutige Erscheinungsbild des Hafens von Düsseldorf mithilfe der Materialien 1–3.

2 Arbeiten Sie Veränderungen unsere Städte unter dem Einfluss von Tertiärisierung und Quartärisierung heraus.

3 MK Untersuchen Sie eine Stadt in Ihrem Heimatraum im Hinblick auf Tertiärisierung und Quartärisierung.

4 MK Gestalten Sie für eine Großstadt Ihrer Wahl eine Präsentation, in der Sie Strategien der Festivalisierung oder Kulturalisierung vorstellen.

MK Stadtveränderung in der globalisierten Welt: von der Suburbanisierung zur Reurbanisierung?

„Immer mehr Menschen ziehen aus Deutschlands Großstädten weg" – „Die großen Städte in unserem Land wachsen": Zwischen diesen beiden Schlagzeilen liegen nur wenige Monate. Was stimmt denn nun?

Suburbanisierungsprozesse

„Der gestiegene Wohlstand breiter Bevölkerungsgruppen und der Wunsch nach Wohnen im Grünen haben [...] zu einer flächenhaften Ausbreitung von Wohngebieten in das Stadt-Umland geführt [...]. In der Nachkriegszeit [...] [war] die Bevölkerung weder bereit noch in der Lage, große Distanzen zu den [...] Arbeitsplätzen in der Kernstadt zurückzulegen. Erst mit der Festigung der europäischen Volkswirtschaften und der beginnenden Vollmotorisierung war es einer wachsenden Anzahl von Haushalten möglich, ihren Wohnsitz zu verlegen. Dazu kamen die finanzielle Förderung des Eigenheimbaues durch die öffentliche Hand [...] und [...] steuerliche Erleichterungen (z. B. Pendlerpauschale) [...].

Mit der Suburbanisierung der Wohnbevölkerung, die hauptsächlich von mittleren und höheren Einkommensgruppen getragen wird, geht in den Kernstädten Kaufkraft verloren. In den [...] Wohnquartieren [...] bleiben überdurchschnittlich oft ärmere, ausländische, ältere und arbeitslose Bevölkerungsgruppen zurück. Diese Innenstadtbereiche geraten damit sehr leicht in einen kumulativen Abwertungsprozess [...].

Mit der [...] Abwanderung der Bevölkerung aus den Kernstädten dehnt sich die Suburbia [...] aus. Dort, wo sich die Stadt-Umland-Wanderer [...] niedergelassen haben, steigt der Bodenpreis [...]. Die Stadt-Umland-Wanderer der Folgeperiode [...] ziehen weiter in das Umland, wo das Bauland noch günstiger ist [...]. Die verstädterten Gebiete im suburbanen Raum entwickeln sich zu einem weitflächigen, unscharf gegliederten Siedlungssystem. Der Wohnsuburbanisierung folgend, kommt es in vielen Fällen zu einer verstärkten Auslagerung von Industrie- und Dienstleistungsunternehmen [...]. [Sie] finden nur eingeschränkte Erweiterungsmöglichkeiten im dichtverbauten Stadtgebiet."

Heinz Fassmann: Stadtgeographie I. Braunschweig: Westermann 2009, S. 183 – 187

1

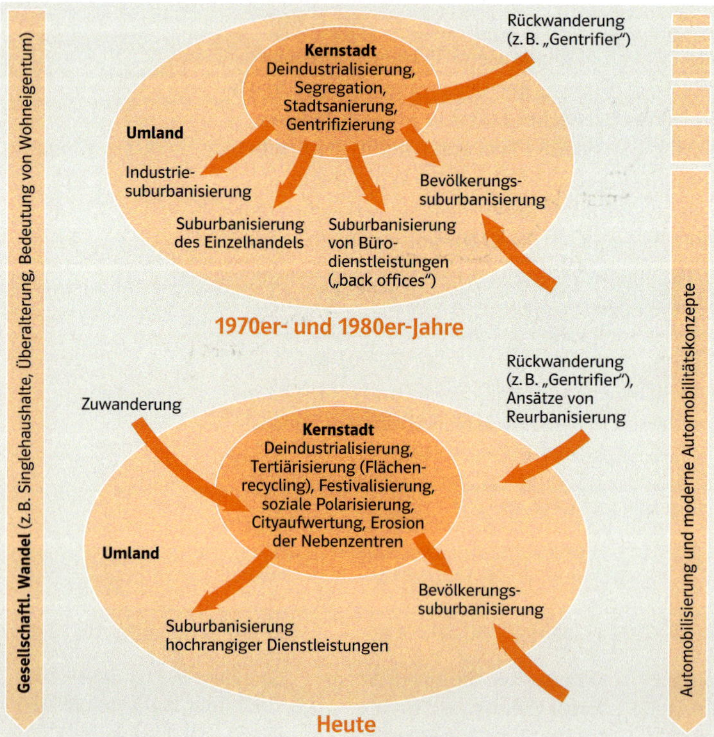

2 Entwicklungsprozesse in Kernstadt und Umland

Nach Klaus Zehner: Stadtgeographie. Gotha/Stuttgart: Klett-Perthes 2001, S. 126

Auch wenn bei der **Suburbanisierung** ein Teil der städtischen Funktionen ins Umland verlagert wurde, blieben doch auch viele Arbeitsplätze im Stadtbereich selbst erhalten. Die Trennung von Wohn- und Arbeitsstätten führte daher zu einem stark ansteigenden Pendlerverkehr. Darüber hinaus werden die zentralen Dienstleistungen (Verwaltung, kulturelle Angebote, medizinische Einrichtungen usw.) auch von den Bewohnern des Umlandes genutzt, was das Verkehrsaufkommen weiter erhöht.

Ein weiteres Problem stellt der Funktionswandel der Kernstadt dar. Von ihr wird erwartet, dass sie nach wie vor hochwertige Einrichtungen der Infrastruktur (z. B. Krankenhausplätze und Spezialkliniken, Opernhaus und Messehallen) bereitstellt.

Es gibt verschiedene Anzeichen, dass es einigen Kernstädten gelingt, Bevölkerung und Beschäftigungsmöglichkeiten zurückzugewinnen. Kernstädte gewinnen wieder an Attraktivität. Experten sprechen in diesen Fällen von **„Reurbanisierung"**. Voraussetzungen einer solchen Entwicklung sind

- private oder kommunale Investitionen in die Stadterneuerung,

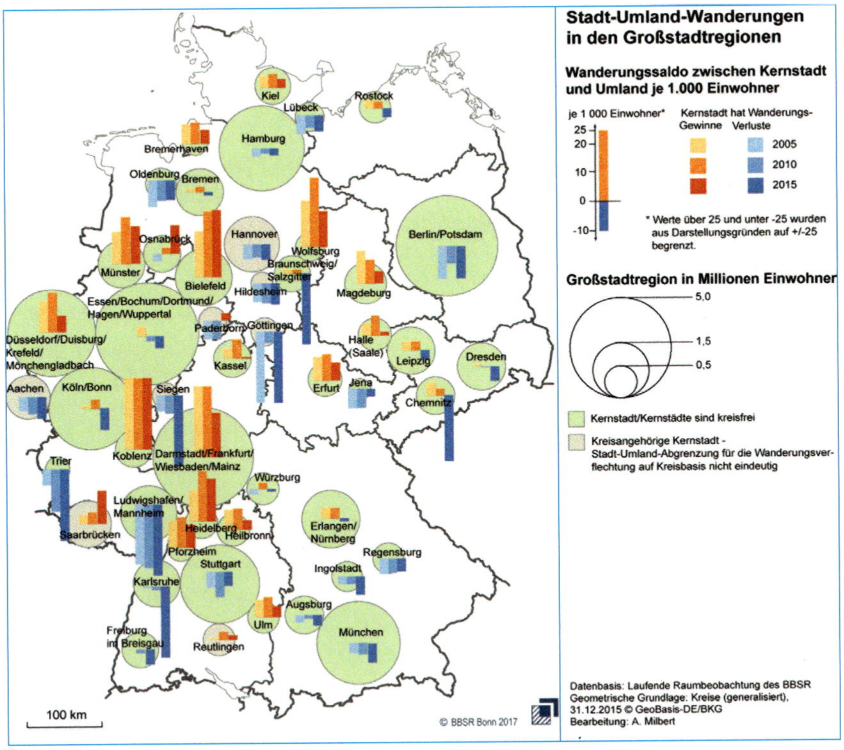

3 Stadt-Umland-Wanderungen in den Großstadtregionen

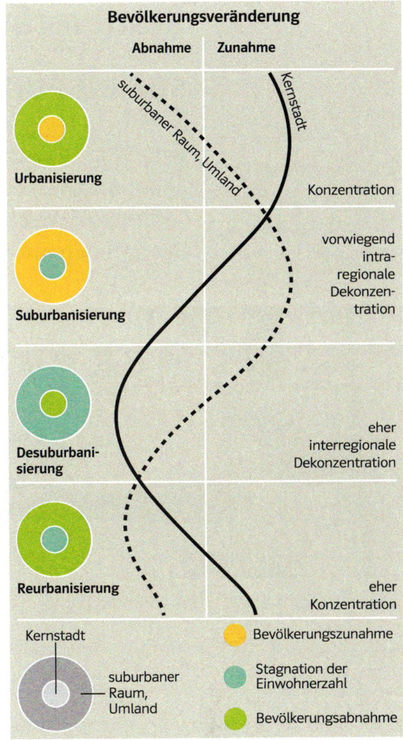

5 Stadtentwicklungsmodell
Ebenda

- Steigerung der innerstädtischen Attraktivität durch Projekte einer nachhaltigen Stadtentwicklung,
- intensiv betriebene Marketingstrategien zur Verbesserung des Stadtimage,
- Ausbau der innerstädtischen Verkehrsinfrastruktur mit benutzerfreundlicher Gestaltung des ÖPNV,
- kommunale Unterstützung für Unternehmensinvestitionen im Sinne eines zukunftsfähigen, attraktive Branchenmix.

Die Sanierungen und Attraktivitätssteigerungen können aber auch zu einer selektiven Rückwanderung bestimmter Bevölkerungsgruppen führen. Hingewiesen sei in diesem Zusammenhang auf die Probleme der Gentrifizierung.

Stadtentwicklungsmodell
Nach diesem Modell vollzieht sich Stadtentwicklung in einer Art Urbanisierungszyklus. Es stützt sich auf Untersuchungen in europäischen Städten und unterscheidet nur zwischen Kernstadt und suburbanem Umland. Es sagt auch nichts aus über die zeitliche Dauer der einzelnen Phasen.
Der Begriff Desurbanisation (engl. ‚counterurbanization') erfasst den Prozess der Entstädterung bzw. des Schrumpfens von Städten. Ursache sind tiefgreifende strukturelle Veränderungen, wie sie zum Beispiel in altindustrialisierten Räumen mit dem Niedergang der Montanindustrie zu beobachten waren. Das Phänomen der Reurbanisierung lässt sich gegenwärtig anhand markanter Städtebeispiele nachweisen. So war Wien in der zweiten Hälfte des 20. Jhs eine schrumpfende Stadt. Mit dem gezielten Ausbau zum Dienstleistungszentrum wächst die Donaumetropole nun wieder kräftig.

Ernst Brunotte u.a. (Hrsg.): Lexikon der Geographie. Heidelberg, Berlin: Spektrum Akademischer Verlag 2002

4

1 Charakterisieren Sie den Prozess der Suburbanisierung und seine Folgen.

2 Erklären Sie das Stadtentwicklungsmodell 5.

3 MK „Stadt- oder Landflucht – was stimmt denn nun?" – Analysieren Sie zur Beantwortung die Materialien auf dieser Seite.

4 MK „Landluft oder Stadtduft" – Erörtern Sie im Hinblick auf Ihre eigenen Wohnwünsche.

Stadtveränderung in der globalisierten Welt: sozialräumliche Differenzierungen

↜ Von der Suburbanisierung zur Reurbanisierung S. 106/107

Jede Stadt gliedert sich in einzelne markante Viertel. Unter dem Einfluss sozialer, ökonomischer, demografischer oder ethnischer Faktoren können sich deren Strukturen verändern. Welche Kräfte bewirken diesen Wandel? Wie wirkt der sich auf die Betroffenen aus?

1 Proteste gegen Gentrifizierung

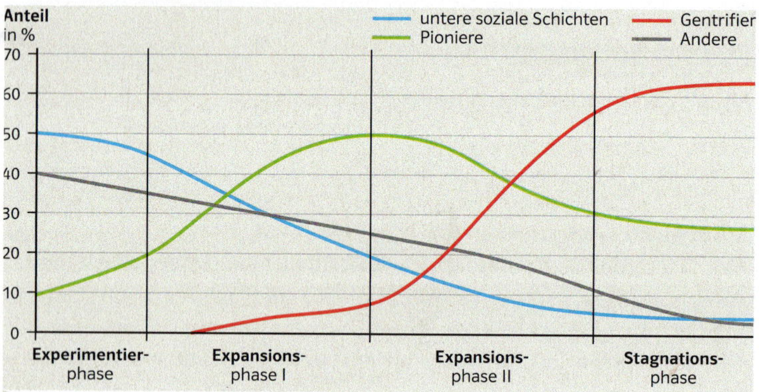

2 Phasen des Gentrifizierungsprozesses

Nach Klaus Zehner: Stadtgeographie. Gotha/Stuttgart: Klett-Perthes 2001, S. 146

Gentrifizierung

In jüngster Zeit ist ein Trend zu einer gewissen Reurbanisierung zu beobachten. Der ist in engem Zusammenhang mit Gentrifizierungsprozessen zu sehen. Die Aufwertung innerstädtischer Quartiere als Wohnstandorte ist das Ziel aller Städte. Sie wollen die Attraktivität ihrer Zentren steigern, um Bevölkerung, Gewerbe und Kaufkraft aus dem suburbanen Raum zurückzugewinnen. Indem sie vom Verfall bedrohte Quartiere als Sanierungsgebiete ausweisen, Stadtumbaumaßnahmen einleiten und Investitionen steuerlich begünstigen, geben sie selbst Impulse zur Gentrifizierung. Aus erwünschten Aufwertungsprozessen entstehen häufig unerwünschte Verdrängungseffekte. Es sind ja gerade zahlungskräftige Bevölkerungsgruppen, die zurück in die Stadt ziehen. Diese neuen Bewohner von luxuriös sanierten Altbauten, Penthouse-Etagen oder Lofts werden ironisch als „gentry" (engl. „niederer Adel") bezeichnet – daher der Begriff **„Gentrifizierung"**.

Formen und Phasen der Gentrifizierung

„Betroffen sind vor allem zentrale, innerstädtische Lagen mit Altbaubestand oder kleinteiliger industrieller Nutzung in Gebäuden aus dem frühen 20. Jahrhundert […].
Die sogenannten ‚Pioniere' der ersten Phase haben wenig Geld, aber in der Regel ‚kulturelles Kapital' und ihre eigenen Lebensentwürfe, die sie verwirklichen wollen. […] Ohne es zu intendieren, bereiten sie die Infrastruktur für die zweite Phase vor, machen das Viertel durch Kneipen, Galerien usw. für Außenstehende interessant.
Dadurch ziehen sie weitere Pioniere an, aber auch die erste […] Gentrifizierer, Paare mit höherer Schulbildung und höherem Einkommen […]. Einzelne Modernisierungen werden vorgenommen, die Mieten steigen, sind aber noch immer günstig. Erste alteingesessene Haushalte ziehen aus, […]
In der dritten Phase verstärkt sich der Zuzug der ‚Gentrifizierer' […] Die Infrastruktur der Restaurants und Geschäfte ändert sich, auch die Gewerbemieten steigen und mit ihnen die Preise der angebotenen Leistungen. Modernisierungen nehmen zu, ebenso die Umwandlung in Eigentumswohnungen. Vermehrt verlassen Bewohner aus der ersten Phase, […], das Viertel, […]
In der vierten Phase schließlich ziehen die einkommensstärksten Haushalte nach […]. In dieser Phase kann das Viertel, je nach Lage, selbst für Angehörige der Mittelklassen zu teuer werden, […]"

Martin Kronauer: Gentrifizierung – Ursachen, Formen und Folgen, Dossier. Stadt und Gesellschaft v. 09.07.2018, unter: www.bpb.de/politik/innenpolitik/stadt-und-gesellschaft/216871/gentrifizierung-ursachen-formen-und-folgen?p=all (Zugriff 27.10.2020)

3

FALLBEISPIEL: Berlin-Prenzlauer Berg – gelungene Sanierung oder Gentrifizierung?

Fiktive Aussagen über die Bewohner eines Berliner Stadtviertels im Gentrifizierungsprozess

1) Bildhauer Franz Romann (29 Jahre) findet in einem Gründerzeithaus ausreichenden und günstigen Wohn- und Arbeitsraum.
2) Michael (24 Jahre, Student) und seine WG-Mitbewohner müssen aufgrund steigender Mieten aus „ihrer“ Wohnung raus.
3) Herr und Frau Meier (beide 35 Jahre, Arzt und Lehrerin) entscheiden sich für die sehr schön sanierte, aber teure Altbauwohnung. Die gute Lage und die Einkaufsmöglichkeiten rechtfertigen für sie den Preis.
4) Klaus, Mats und Tim, BWL-Studenten, eröffnen in einer selbst renovierten Erdgeschosswohnung einen Secondhand- und Antiquitätenladen.
5) Herr Schmid (45 Jahre, Arbeiter, im Moment arbeitslos) ist sauer auf die Neuen.
6) Herr Müller-Schulze (34 Jahre, Manager) kauft eine Altbauwohnung und hofft, damit eine Investition getätigt zu haben, die sich für ihn rechnet.
7) Herr Wulff (44 Jahre, Künstler) findet die perfekten Räumlichkeiten für seine Galerie, die er bald eröffnen möchte.
8) Ilse Müller (71 Jahre, Rentnerin), seit 40 Jahren im Viertel, macht sich große Sorgen, sie informiert sich nun über Möglichkeiten des betreuten Wohnens.
9) Eva-Franziska Klimke (22 Jahre, Studentin) zieht mit ihren drei Freundinnen in eine 150 m² große WG. Das Haus ist zwar etwas heruntergekommen, aber die günstige Lage zur Uni und zur Innenstadt sowie die preiswerte Miete überzeugen die jungen Frauen.
10) Der Pächter des Gemüseladens muss aufgeben. Die Räumlichkeiten übernimmt das Gourmet-Restaurant „Délicatesse“.

4

5 Sanierung Prenzlauer Berg

Fazit des Senats von Berlin

„Für große Teile des Stadtumbaugebiets typisch ist die dichte gründerzeitliche Bebauung. Heute zählt Prenzlauer Berg insbesondere bei jungen Menschen und Familien zu den beliebtesten innerstädtischen Wohngebieten Berlins. Das war Anfang der 1990er-Jahre anders: Fast flächendeckend prägten marode Bausubstanz mit Kohleöfen und geringer Ausstattung im Sanitärbereich, desolate und unzureichende Infrastruktur, fehlende Grün- und Freiflächen sowie durch Abgase belastete Luft die Quartiere. Die heutige Attraktivität des Gebiets ist das Ergebnis eines mehr als 23-jährigen Sanierungsprozesses der Wohn- und Gewerbebauten aus privaten und öffentlichen Mitteln.“

Senatsverwaltung für Stadtentwicklung und Wohnen: Das Fördergebiet Prenzlauer Berg. (Stand Mai 2019)

Kritische Stimmen in der Presse

„Es gibt hier [am Prenzlauer Berg] mittlerweile Häuser, in denen Neumieter das Zehnfache dessen zahlen, was der Nachbar mit dem Mietvertrag aus Ostzeiten noch an den Vermieter überweist. Solche Nachbarn aus Ostzeiten aber gibt es immer weniger. [...].
Anfang der 1990er-Jahre galt der Prenzlauer Berg als grösstes Sanierungsgebiet Europas, seitdem haben sich wohl 80 Prozent der Bevölkerung ausgetauscht, so haben es Statistiker ausgerechnet [...]. Die meisten der knapp 160000 Einwohner sind Akademiker zwischen 25 und 45 Jahren, kaum von den Leistungen des Staates abhängig, oft selbstständige Kreative. [...]“

Inna Hartwich: Berlins großes Missverständnis. In: NZZ vom 31.01.2017

6

1 MK

Werten Sie die Materialien 1–4 aus:
a) Charakterisieren Sie die Phasen des Gentrifizierungsprozesses.
b) Ordnen Sie die Aussagen in Text 4 einzelnen Phasen des Modells 2 zu.

2

Charakterisieren Sie auf der Grundlage Ihrer Ergebnisse aus Aufgabe 1 den Begriff „Gentrifizierung“.

3

Nehmen Sie aus der Sicht eines Mieters, eines Investors und eines Vertreters der Senatsverwaltung Stellung zur Stadtteilaufwertung von Berlin-Prenzlauer Berg.

4 MK

Erstellen Sie ein Referat zum Thema „Mietpreisdeckel in Berlin – eine wirksame Maßnahme zur Lösung des Wohnungsproblems?“ (Internetrecherche).

7 Straßenszenen in Berlin-Kreuzberg – Klein-Istanbul?

Soziale und ethnische Segregation

Die Untersuchung der Gentrifizierungsprozesse hat gezeigt, dass die soziale Spaltung in unseren Städten zunimmt. Arme und reichere Menschen leben zunehmend getrennt voneinander in eigenen Stadtquartieren. Zu diesem Ergebnis kommt auch eine 2018 veröffentlichte Studie des „Wissenschaftszentrums Berlin für Sozialforschung" (WZB), die die Entwicklung von 2002–2014 untersucht hat.

Die deutliche lokale Konzentration bestimmter Gruppen, die in ihrer sozialen Lage, in Bildungsstand, Beruf und Einkommen große Gemeinsamkeiten aufweisen, wird als soziale **Segregation** bezeichnet. Sie ist in erster Linie auf die Mietpreise, auf die Zahlungsfähigkeit und damit auf die Zugangsmöglichkeiten zum Wohnungsmarkt zurückzuführen.

Ist in bestimmten Stadtvierteln der Anteil von Personen besonders hoch, die dieselben Merkmale im Hinblick auf Staatsangehörigkeit, Herkunft und Sprache aufweisen, wird von ethnischer Segregation gesprochen. Eine besondere Form stellen hierbei die vorwiegend von bestimmten Minderheitengruppen bewohnten Stadtteile dar. So entwickeln sich in einigen europäischen Großstädten die Viertel mit einem hohen Anteil von Migranten teilweise zu sozialen Brennpunkten.

Soziale oder ethnische Segregation ist nicht in jedem Falle das Ergebnis einer erzwungenen räumlichen Trennung von Bevölkerungsgruppen. Häufig stellt sie auch eine selbst gewählte Wohnform dar. Die Mehrheit der Bevölkerung strebt in der Regel eine sozial, demografisch und ethnisch homogene Nachbarschaft an. Ursache hierfür ist die Erfahrung, dass durch ähnliche Wertvorstellungen das Konfliktpotenzial sinkt und sich dadurch ein Sicherheitsgefühl entwickelt. Wenn der Nachbar denselben sozialen Hintergrund aufweist oder aus derselben ethnischen Gruppe stammt und womöglich auch noch zur gleichen Altersklasse gehört, dann erhöht dies das Verständnis untereinander. Dadurch werden jene Konflikte minimiert, die sich aus unterschiedlichen Lebensweisen ergeben könnten. Insbesondere bei Zuwanderern oder religiösen Gemeinden besteht möglicherweise die Gefahr der völligen Abschottung und der Ausbildung von Parallelgesellschaften.

Zunehmende Segregation

„In vielen deutschen Städten ballen sich Personen mit Bezug von Leistungen nach dem Sozialgesetzbuch II (SGB-II-Bezieher) zunehmend in bestimmten Stadtteilen. Besonders hat sich die Situation in den meisten ostdeutschen Städten verschärft [...].

Im Gegensatz zur sozialen Segregation hat die räumlich ungleiche Verteilung von Ausländern in den deutschen Städten abgenommen. War die Segregation der Armen lange Zeit geringer als die von Personen ohne deutschen Pass, so ist es mittlerweile umgekehrt [...].

In den deutschen Städten [kommt es auch] zu einer zunehmenden Segregation nach Altersgruppen. Genauer gesagt, ballen sich sowohl die 15- bis 29-Jährigen als auch die ab 65-Jährigen immer stärker in bestimmten Stadtteilen."

Marcel Helbig, Stefanie Jähnen: Wie brüchig ist die soziale Architektur unserer Städte? Berlin, Mai 2018. S. 1

8

FALLBEISPIEL: Stuttgart – gelungene ethnische Integration?

Musterstadt für Integration …
Stuttgart beherbergt Menschen aus190 Nationen. Fast jeder zweite Stadtbewohner hat Wurzeln außerhalb Deutschlands. Trotz dieser ethnischen und kulturellen Vielfalt bleibt es in der Landeshauptstadt weitgehend friedlich. Es gibt keine abgehängten Stadtviertel, keine Straßengangs, auch keine Ghettos mit hoher Gewaltbereitschaft insbesondere unter Jugendlichen.
Woran liegt es, dass Stuttgart über seine Grenzen hinaus als Beispiel für gelungene Integrationsarbeit gilt? Für die zahlreichen Neuankömmlinge, die Jahr für Jahr aus aller Welt in die Stadt ziehen, steht im „Welcome Center Stuttgart“ ein differenziertes Beratungs- und Betreuungsangebot zur Verfügung. Der wichtigste Motor der Integration sind aber die Arbeitsplätze, die der wirtschaftsstarke Mittlere Neckarraum bietet. Knapp die Hälfte der Neubürgerinnen und Neubürger stammt aus anderen EU-Ländern – z. T. gezielt angeworben als Fachkräfte. Im Gegensatz zu anderen europäischen Ländern liegt die Arbeitslosenquote selbst unter Jugendlichen im unteren einstelligen Bereich.

9

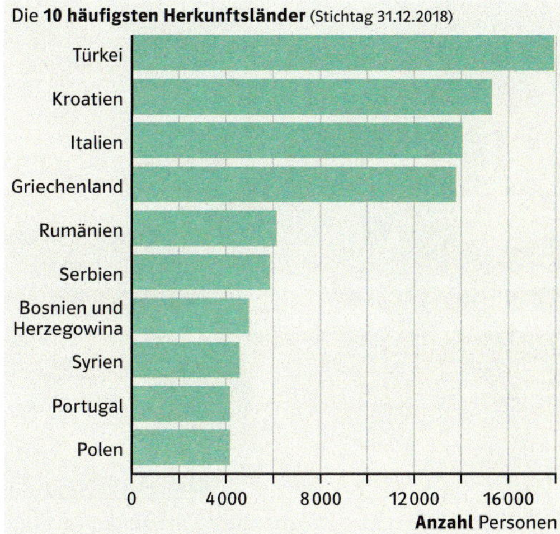

11 Ausländer in Stuttgart

Nach: Statistisches Amt, Landeshauptstadt Stuttgart https://statistik.stuttgart.de/statistiken/statistikat-las/atlas/atlas.html?indikator=i0&select=00 (Zugriff 27.10.2020)

… und trotzdem Integrationsprobleme?
„Eda Selçuk hat schon längere Zeit dieses komische Gefühl gehabt, dass irgendetwas nicht mehr stimmt in ihrer Umgebung. Aus diesem Gefühl der 37 Jahre alten Unternehmerin aus Stuttgart wurde spätestens nach einem Gespräch mit einer Bekannten Gewissheit. Die ebenfalls türkischstämmige Ärztin eröffnete Eda Selçuk, dass sie und ihre Familie für unbestimmte Zeit in das Land der Großeltern ziehen würden […]. Die Kinder [könnten] so ihre eigene Identität finden. Ein Grund sei aber auch die aktuelle Unklarheit darüber, ob man in Deutschland denn überhaupt noch erwünscht sei […].
Seit 1995 sinkt hierzulande die Zahl der türkischstämmigen Menschen. Es gibt viele Rückkehrer, die in Deutschland ausgebildet wurden, aber hier nun viel schlechtere Perspektiven sehen. Sie stoßen dabei offenbar nicht nur beruflich immer wieder an unsichtbare Grenzen […]. ‚Mein Bruder sucht als sehr gut integrierter und gut verdienender Mechaniker seit Jahren eine Wohnung und findet keine. Es ist offensichtlich, dass ein türkischer Name ein K.-o.-Kriterium ist‘, erzählt Eda Selçuk.“

Peter Stolterfoht: Stuttgart – Viele Deutschtürken fühlen sich missverstanden, in: Stuttgarter Zeitung v. 20.07.2018, unter: www.stuttgarter-zeitung.de/inhalt.deutsch tuerken-in-stuttgart-stolz-und-vorurteil.c9fd92c9-c697-4165-af2b-2d37922feecc.html (Zugriff 27.10.2020)

10

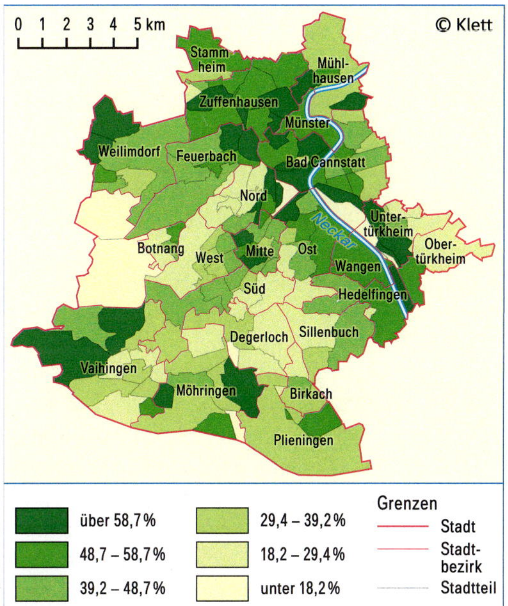

12 Stuttgart: Anteil der Bewohner mit Migrationshintergrund in den Stadtbezirken 2019

Nach: Landeshauptstadt Stuttgart, Statistisches Amt – Statistikatlas Stuttgart. Unter: https://statistik.stuttgart.de/statistiken/statistikatlas/atlas/atlas.html?indikator=i0&select=00 (Zugriff 27.10.2020)

5
Sozialräumliche Gliederung von Stuttgart (Karte 12):
a) Arbeiten Sie Grundzüge der sozialräumlichen Gliederung von Stuttgart heraus.
b) Stellen Sie mögliche Ursachen für Ihren Befund dar.

6 NE
Erläutern Sie mögliche Probleme der sozialräumlichen Segregation für den gesamten Stadtraum.

7
„Stuttgart – gelungene ethnische Integration?“. Diskutieren Sie diese Frage.

FALLBEISPIEL: São Paulo – sozialräumliche Differenzierungen

13 São Paulo – eine fragmentierte Stadt: die Favela Paraisopolis auf der einen Seite und Villenhochhäuser auf der anderen

Soziale Polarisierung

„Die zunehmende Industrialisierung [seit den 1930er-Jahren] ging mit einem starken Anstieg der Einwohnerzahlen einher. [...] Getragen wurde das demografische Wachstum zunächst überwiegend von Wanderungen. Insbesondere aus dem ‚Armenhaus' Brasiliens, dem Nordosten, strömten viele Menschen in den industrialisierten Südosten [...]. Die außergewöhnlich starke Zuwanderung armer Bevölkerungsschichten einerseits und die zunehmende Konzentration führender Unternehmen des Industrie-, Handels- und Dienstleistungssektors andererseits haben zur Verschärfung der sozialen Gegensätze beigetragen [...].
Im Stadtbild manifestiert sich die soziale Polarisierung im Gegensatz zwischen den Wohnvierteln der Oberschicht, die nach wie vor vorwiegend in Zentrumsnähe liegen, und den verschiedenen Typen der Unterschichtviertel, die heute vor allem die Peripherie bestimmen. [...] Wenn dennoch einzelne Oberschichtviertel in jüngerer Zeit außerhalb des geschlossenen Siedlungskerns entstanden sind, so hat das in erster Linie mit Sicherheitsproblemen zu tun. Gated Communities sind auf der ‚grünen Wiese' leichter zu realisieren"

Jürgen Bähr und Ulrich Jürgens: Stadtgeographie II. Regionale Stadtgeographie. Westermann, Braunschweig 2009. S. 294–295

14

Gated Communities

„Seit den 1980er-Jahren sind [...] [Gated Communities] überall in Brasilien auf dem Vormarsch. Diese Condomínos Fechados [oder ‚Barrios Cerrados', wie sie im spanischen Kulturraum genannt werden] spiegeln den zunehmenden Trend zur Selbstsegregation wider. Teilweise handelt es sich um reine Wohngebiete (sowohl in Form von luxuriösen Apartments als auch von Einfamilienhäusern), häufig mit Freizeiteinrichtungen verbunden, teilweise treten ergänzend Einzelhandels-, Büro- und Dienstleistungsfunktionen hinzu, wie im Falle von Alphaville, der größten und ältesten Gated Community Lateinamerikas, ca. 30 km vom Zentrum São Paulos entfernt gelegen. [...] Mehr als 1 000 Personen Wachpersonal sind hier beschäftigt.
Die zugangskontrollierten Enklaven entwickeln sich zu ‚exterritorialen Räumen', die sich weitgehend der öffentlichen Kontrolle entziehen. Sie sind deutlichster Ausdruck der kleinräumig fragmentierten Stadt. Nicht selten grenzen gut bewachte Apartment-Hochhäuser unmittelbar an Favelas."

Jürgen Bähr und Ulrich Jürgens: Stadtgeographie II. a. a. O. S. 295–296

16

Marginalisierung – Leben am Rande der Gesellschaft

„Die andere Seite der sozialräumlichen Stadtgliederung [von São Paolo] wird von Cortiços und Favelas bestimmt. Unter Cortiços (= Bienenstöcke) versteht man degradierte Massenunterkünfte in der Innenstadt, während Favela als Sammelbezeichnung für illegale bzw. halblegale Hüttenviertel [bzw. Marginalviertel] verwendet wird [...]. Den größten Teil der Unterschichtbevölkerung nehmen heute die Favelas auf. Diese liegen vorwiegend an der Peripherie. Nach groben Schätzungen kann man davon ausgehen, dass etwa ein Viertel der Bewohner des Ballungsraumes in Favelas lebt. In geringerer Zahl sind Favelas auch in Innenstadtnähe zu finden, und zwar in der Regel auf Flächen, die eigentlich nicht bebaut werden dürften (Grünanlagen, Grünstreifen an Schnellstraßen, freie Flächen unter Brücken und an steilen Hängen). Die hygienischen Bedingungen, Wasserver- und entsorgung sowie Lärmbelästigungen sind in diesen Vierteln meist noch erheblich problematischer als in peripheren Favelas."

Jürgen Bähr und Ulrich Jürgens: Stadtgeographie II. a. a. O. S. 296–297

15

Multimedial arbeiten
Virtuelle Exkursion São Paulo
9tb3vb

Fragmentierung

„Es ist augenfällig, dass die großräumige Bipolarität zwischen einer ‚reichen' und der ‚armen Stadt' sich zunehmend auf ein filigranes Muster reicher und armer Zellen im Stadtgebiet verlagert. [...] Der Kontrast zwischen Arm und Reich wird durch hohe Mauern, Zäune und streng bewachte Eingänge zu den einzelnen Vierteln akzentuiert, die [...] die sicheren Territorien der Reichen vor den Sturmfluten der Armen schützen sollen. Da zugleich auch [...] Hypermärkte, Malls, Fachmärkte, aber auch Bürohausquartiere von ihrer bisherigen Orientierung an der ‚reichen Stadt' ablassen und sich scheinbar regellos über das Stadtgebiet verteilen, ist die Fragmentierung das wichtigste Kennzeichen der neueren Stadtentwicklung."

Leicht verändert nach: Axel Borsdorf: Lateinamerika – Globalisierung und Stadtentwicklung. In: Politisches Lernen 3–4, 2008

17

Chancen im informellen Sektor

Für das Heer der Armen ohne berufliche Ausbildung, für die Frauen und Kinder, die mithelfen müssen, den Unterhalt der Familie zu sichern, gehört die Arbeit im informellen Sektor zu den wenigen Einkommensmöglichkeiten. Das bedeutet Jobs ohne Lizenzen, aber auch ohne Steuern zu zahlen. Chancen für einen Minimalverdienst bieten sich zum Beispiel beim

- Waschen oder Bewachen von Autos,
- Sammeln von Flaschen, Altpapier, Metall, Elektroschrott,
- Schuhputzen.

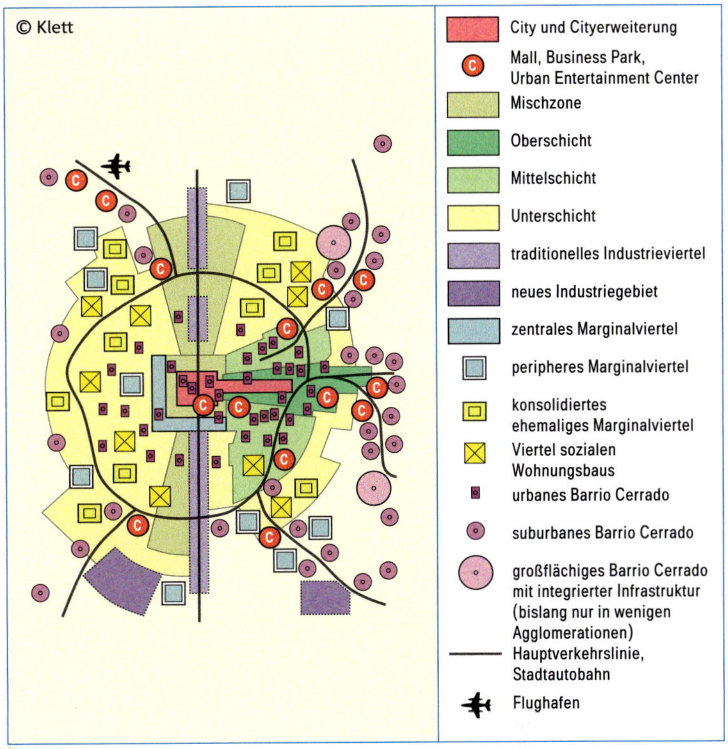

18 **Modell der fragmentierten Stadt in Lateinamerika**

Nach Axel Borsdorf: Das Ende der Stadt in Lateinamerika? In: Mitteilungen der Österreichischen Geographischen Gesellschaft, 50. Jg., Heft 4/2006, S. 245

Die Liste ließe sich fortsetzen. Die Nachfrage der Mittel- und Oberschicht nach derartigen Dienstleistungen ist groß. Die Verdienste gewähren einen bescheidenen Lebensunterhalt. Untersuchungen zeigen, dass Kinder, die in Favelas oder Slums aufwachsen, häufiger zur Schule gehen als die im ländlichen Raum.

8

Charakterisieren Sie mithilfe der Materialien 13–16 die sozialräumliche Differenzierung in São Paulo.

9 MK

Ordnen Sie das Foto 13 in das Modell 18 ein.

10

Arbeiten Sie Entstehungsursachen und Strukturen von Gated Communities heraus.

11

Leben am Rande der Gesellschaft

a) Erklären Sie möglichst umfassend den Begriff „Marginalisierung".
b) Stellen Sie Auswirkungen der Marginalisierung auf den Alltag der Betroffenen dar. NE

12

Bedeutung des informellen Sektors

a) Versetzen Sie sich in die Lage eines Jugendlichen Ihres Alters in einer Favela: Beschreiben Sie Ihre Überlebensstrategie.
b) Erörtern Sie Chancen, die Arbeit und das Leben im informellen Sektor in den formellen zu überführen. NE

13

Erläutern Sie am Beispiel der lateinamerikanischen Stadt den Begriff „Fragmentierung".

MK Megastädte und Shrinking Cities

Im Zuge des Verstädterungsprozesses entstehen weltweit riesige Megastädte. Diese „Megapolisierung“ ist ein relativ junges Phänomen im Rahmen der weltweiten Urbanisierung. Gleichzeitig ist zu beobachten, dass in einigen Regionen der Welt, auch bei uns in Deutschland, Städte deutlich schrumpfen. Wo liegen die Ursachen dieser gegensätzlichen Entwicklungen? Welche Folgen haben Megapolisierung und Schrumpfung?

1 **Entwicklung der Megacities und Verstädterung**

UNDESA Population Division – World Urbanization Prospects: The 2018 Revision. Unter: https://population.un.org/wup/ (Zugriff 18.09.2020)

Herausbildung von Megastädten

Setzt man als Schwellenwert für Megastädte eine Einwohnerzahl von mindestens 10 Mio. an, dann hatte bis zum Jahr 1930 mit New York erst eine Stadt der Welt diesen Wert erreicht. In den letzten vier Jahrzehnten hat sich ihre Zahl aber – vor allem auch als Folge der Globalisierung – rasant erhöht.

Megapolisierung und Metropolisierung

„Hauptstädte [bzw. Metropolen] erhalten ihre Wachstumsdynamik aus vielfältigen Gründen:
- Hier konzentrieren sich mit Regierung und Parlament überproportional Arbeitsplätze des öffentlichen Dienstes.
- Private und staatliche Investitionen werden aufgrund vielfältiger Agglomerationsvorteile oder aus Prestigegründen vornehmlich hier getätigt.
- Die Hauptstadt ist besser als andere Städte in das nationale und internationale Kommunikations- und Verkehrssystem eingebunden.
- Hier finden die großen Messen und internationalen Konferenzen statt.
- Hier haben die wichtigsten kulturellen und medizinischen Einrichtungen des Landes ihren Standort (u. a. Universitäten, Hospitäler, Rundfunk- und TV-Sender, Verlage großer Zeitungen, Museen).
- Hier sind die großen Banken, Versicherungskonzerne und Wirtschaftsverbände ansässig.
- Hier arbeiten diplomatische Vertretungen der Staaten und internationalen Organisationen [...]
- Aufgrund ihrer Großflughäfen und eigener Attraktivität sind die Hauptstädte auch bedeutende Tourismuszentren.

Aufgrund dieses Standortmix hochrangiger Einrichtungen kumuliert sich die Standortgunst; die Metropole ist attraktivstes Zentrum für unqualifizierte, v. a. aber für hoch qualifizierte Arbeitskräfte und damit für Massenzuwanderung aus dem Lande und aus anderen Städten. Für Industriebetriebe ist der große Arbeitsmarkt ein bedeutender Standortfaktor; die große und auch rasant wachsende Bevölkerung mit einem im Vergleich zum Landesdurchschnitt höheren Einkommen bietet einen kaufkräftigen und nahen Markt. In einem kumulativen Prozess werden so die Standortvorteile gegenüber anderen Städten stetig ausgeweitet und so die Wachstumsdynamik angetrieben.“

Karl Vorlaufer: Südostasien. Darmstadt: Wissenschaftliche Buchgesellschaft 2018. S. 97

2

Entwicklung von Shrinking Cities

Sowohl in den hoch entwickelten Staaten Europas und Nordamerikas als auch in Asien, Afrika und Mittelamerika gibt es Städte, die deutlich schrumpfen. Ein wesentlicher Grund liegt darin, dass die betroffenen urbanen Räume aufgrund ihrer Wirtschaftsstruktur im globalen Wettbewerb der Standorte zu den Verlierern gehören.

Die Folgen einer solchen Schrumpfung sind gravierend. Der Verlust von Arbeitsplätzen und der Rückgang der Bevölkerung setzen einen Prozess in Gang, der sich zum Teil selbst verstärkt. Es ziehen die weg, die es sich leisten können, die noch eine Perspektive und den Willen zur Veränderung haben. Zurück bleiben Alte und sozial Schwache, alle Resignierenden. Damit sinken die Steuereinnahmen der Gemeinden und die Sozialausgaben nehmen zu. Durch die geringeren Einwohnerzahlen steigen die anteiligen Kosten für die Infrastruktur, die kaum noch bezahlt werden kann. Die Folgen sind am Stadtbild ablesbar. Allgemeiner Verfall und allmähliches Absterben eines normalen urbanen Lebens sind sichtbare Kennzeichen des Niedergangs.

Derartige Prozesse sind auch in Deutschland zu beobachten. Auch bei uns gibt es Regionen, in denen Städte schrumpfen und sogar in Baden-Württemberg tritt dieses Phänomen teilweise auf.

Der wirtschaftliche Strukturwandel seit den 1970er-Jahren in Westdeutschland und nach der Wende in Ostdeutschland verursachte einen Niedergang traditioneller Industrieregionen. Symptome für die regionalen Deindustrialisierungsprozesse waren und sind hohe Arbeitslosigkeit, Abwanderung und Leerstände von Wohn- und Gewerbeimmobilien. Die betroffenen Menschen wandern dorthin, wo es bessere Perspektiven v.a. in Form von Arbeitsplätzen gibt. In der Regel befinden sich diese Orte in boomenden Gebieten mit wachstumsstarken Zukunftsbranchen, z.B. in Süddeutschland.

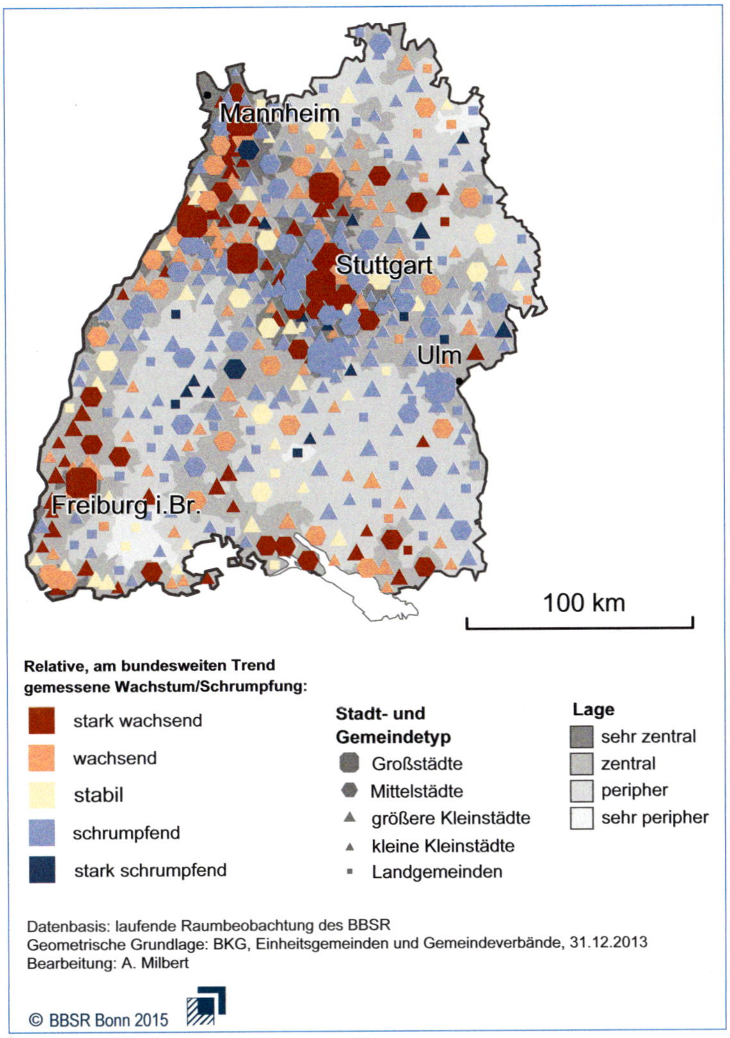

3 Wachsende und schrumpfende Städte in Baden-Württemberg

1 MK
Arbeiten Sie mit Karte 1:
a) Charakterisieren Sie die weltweite Verteilung der Megastädte 1950 bis 2020.
b) Untersuchen Sie die erwartete Entwicklung bis 2030.

2 MK
Vergleichen Sie analoge und interaktive Karten zum Städtewachstum (Online-Code).
a) Beurteilen Sie die Aussagemöglichkeiten der Karte 1 im Vergleich zu den interaktiven Kartenangeboten.
b) Arbeiten Sie den Mehrwert der interaktiven Kartendarstellung heraus.

3
Nennen Sie mögliche Folgen der Megapolisierung.

4
„Die Metropolisierung ist eine Folge zunehmender weltwirtschaftlicher Verflechtungen bzw. der Globalisierung."
Erläutern Sie diese Aussage mithilfe von Text 2.

5 MK
Arbeiten Sie aus Karte 3 Grundaussagen heraus.

6
Erklären Sie mögliche Ursachen für Ihren Befund aus Aufgabe 5.

Plus

Global Cities: Schaltstellen der Weltwirtschaft

Einigen Weltstädten und Metropolen wie zum Beispiel New York und Singapur wird eine überragende Bedeutung im Rahmen des Globalisierungsprozesses zugeschrieben. Doch in welchen Bereichen zeigt sich diese Bedeutung und wie wirkt diese global? Wie lässt sich diese Bedeutung messen und eine Rangfolge festlegen?

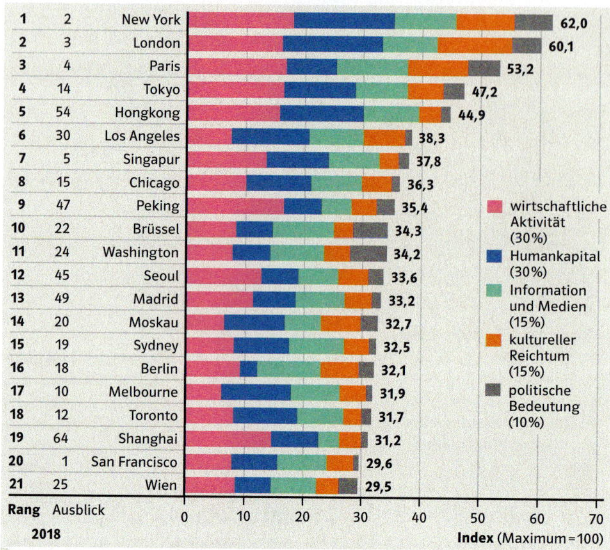

1 Global Cities Ranking (Rang) und Global Cities Outlook (Ausblick) 2018 laut Global Cities Index

Nach: A.T. Kearney 2018 Global Cities Report, www.kearney.com/global-cities/2018 (Zugriff 04.11.2020)

Bestimmte Megastädte bzw. Metropolen haben sich zu sogenannten **Global Cities** entwickelt. Deren Entstehung ist in einem unmittelbaren Zusammenhang mit der Globalisierung zu sehen. Die räumliche und sektorale Zersplitterung der Produktionsprozesse verlangt nach einer Zentralisierung der Managementfunktionen. Deren Standorte sind die Global Cities. Sie sind Knotenpunkte und Schaltstellen einer transnational organisierten Ökonomie. Hier konzentrieren sich Unternehmen des Finanz- und Handelssektors sowie unternehmensnahe Dienstleister. Das alles unterscheidet sie von der Mehrzahl der Megastädte, die trotz ihrer Größe häufig nur als nationale Zentren fungieren.

Zur Messung der „Globalität" einer Stadt wurden verschiedene Verfahren entwickelt. Eine der bekanntesten Studien ist der seit 2008 erstellte „Global Cities Index".

Bestimmung des „Global Cities Index"

Die Globalität und Rangfolge von urbanen Zentren wird z.B. mithilfe des „Global Cities Index" bestimmt. Er erhebt Daten zur Bedeutung einer Stadt. Die Auswahl und Gewichtung dieser Messgrößen erfolgt zwar nach der subjektiven Einschätzung der Autoren. Trotzdem lassen sich über die globale Stellung einer Stadt wesentliche Aussagen ableiten.

Für folgende Kategorien werden die hier in einer Auswahl vorgestellten Daten gemessen (in Klammern ihre prozentuale Gewichtung):

1. Wirtschaftsaktivitäten (30%): Größe des Kapitalmarktes, Anzahl der Hauptquartiere der weltweit 500 umsatzstärksten Firmen, Volumen der in der jeweiligen Stadt gehandelten Güter;
2. Humankapital (30%): Qualität der städtischen Universitäten, Anzahl der internationalen Schulen, Prozentanteil der Einwohner mit Universitätsabschluss;
3. Information und Medien (15%): Anzahl internationaler Nachrichtenbüros, Anteil von Nachrichten aus aller Welt in den lokalen Zeitungen;
4. Kulturangebot (15%): Anzahl bedeutender Sporterereignisse, kultureller Events und Kunst- bzw. Kulturstätten in der Stadt, Attraktivität der kulinarischen Angebote, Umfang und Ausmaß der Partnerstadtbeziehungen;
5. Politische Bedeutung (10%): Anzahl der Botschaften, Konsulate, „Denkfabriken", internationalen Organisationen und Konferenzen.

1

Global Cities Index

a) Erläutern Sie die Berechnung der „Globalität" einer Stadt anhand des „Global Cities Index".
b) Analysieren Sie die räumliche Verteilung der Global Cities.

2

Partnerarbeit

Fallbeispiele New York und Singapur

a) Begründen Sie mithilfe der Materialien die Stellung Singapurs und New Yorks unter den Top 10 des GCI und des GCO. MK
b) Entwickeln Sie auf dieser Grundlage eine SWOT-Analyse. MK
c) Erörtern Sie mögliche Gefährdungen der Position New Yorks und Singapurs.

FALLBEISPIEL: Global City New York

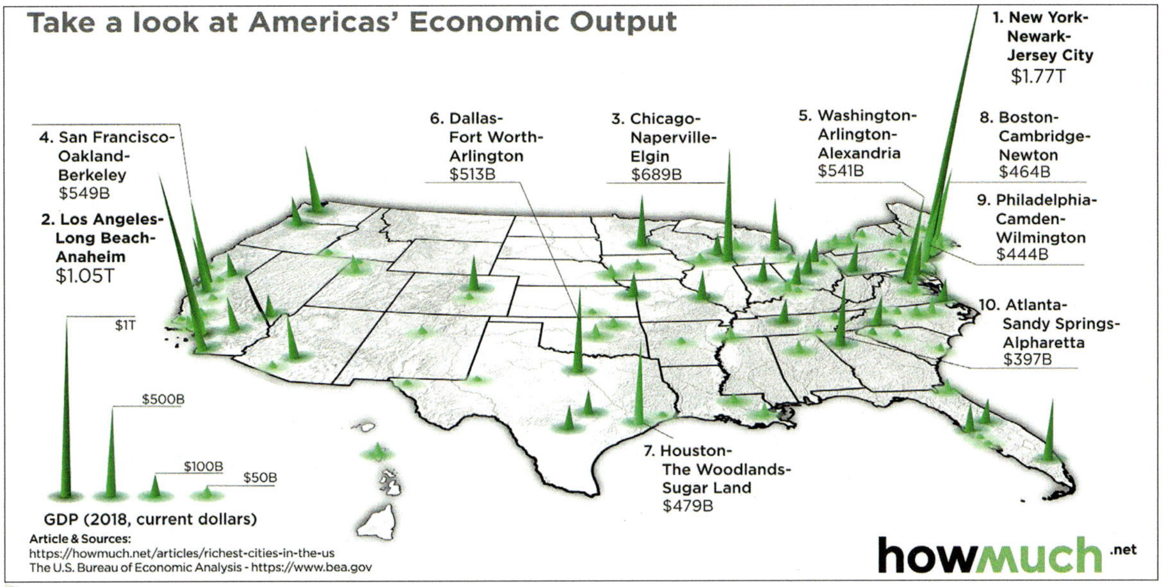

2 Beitrag US-amerikanischer Stadtregionen zum BIP der USA

Business Activity in New York

"The state of New York has the third-largest economy in the United States, trailing only Texas and California. New York's economy is so large, it would rank as the 15th or 16th largest economy in the world if it were its own country; the exact ranking depends on the source.
Its signature metropolitan center, New York City, is the single largest regional urban economy in the country. New York City is the leading job hub for banking, finance and communication in the U.S. New York is also a major manufacturing center and shipping port, and it has a thriving technological sector. There are more books, magazines and newspapers published in New York than in any other state in the country. In short, the leading industries in New York are not just driving the state's economy; they are leading the charge on a national and global scale. [...]
Financial services are highly concentrated in New York City. According to the New York Bureau of Labor Market Information, more than 90 % of jobs in securities, commodities and other investments are located in downtown New York City. Nearly every such job outside of downtown is located in Long Island or the Hudson Valley region. All told, there are more than 330,000 financial services workers in New York."

Sean Ross, New York's Economy: The 6 Industries Driving GDP Growth, Investopedia from Jun 25, 2019, under: www.investopedia.com/articles/investing/011516/new-yorks-economy-6-industries-driving-gdp-growth.asp (Zugriff 27.10.2020)

3

Best Student Cities ranking

"From architecture and arts to finance and innovation, NY City is one of the world's leaders in almost every field imaginable – and this includes higher education. With a large selection of prestigious universities located in and around the city, it's long been a magnet for international students seeking the finest education money can buy [...].
Few other cities can rival the high concentration of world-class universities in the NYC area – NY is one of the highest scoring cities in the QS World University Rankings® 2020, with world famous Columbia University placing at an impressive joint 18th place, and New York University (NYU) close behind it at 39th. The main factor preventing NYC from getting a higher overall position in the index is its low score for affordability; top-dollar tuition fees combine with relatively high overall living costs to make this one of the world's more expensive study options."

QS, New York, Best Student Cities ranking: 19th, from Jul 31, 2019, under: www.topuniversities.com/university-rankings-articles/qs-best-student-cities/new-york (Zugriff 27.10.2020)

5

Branche	ausgewählte Unternehmen	Branche	ausgewählte Unternehmen
Mode	Ann Taylor, Calvin Klein, DKNY, Michael Kors, Polo Ralph Lauren	Museen	Museum of Modern Art (MOMA), Metropolitan Museum of Art, Guggenheim Museum,
Finanzdienstleistungen	American Express, Bank of America, Citigroup, Goldman Sachs, JP Morgan Chase	Einzelhandel	Barnes & Noble, Bloomingdale's, Foot Locker, Macy's, Tiffany & Co.
Medien	ABC, CBS, HBO, MTV Networks, NBC, The New York Times, Time Warner	Versicherungen	Alleghany, AXA Insurance Company, MetLife

4 Auswahl an Unternehmen mit Hauptsitz (Headquarter) in New York City

FALLBEISPIEL: Global City Singapur

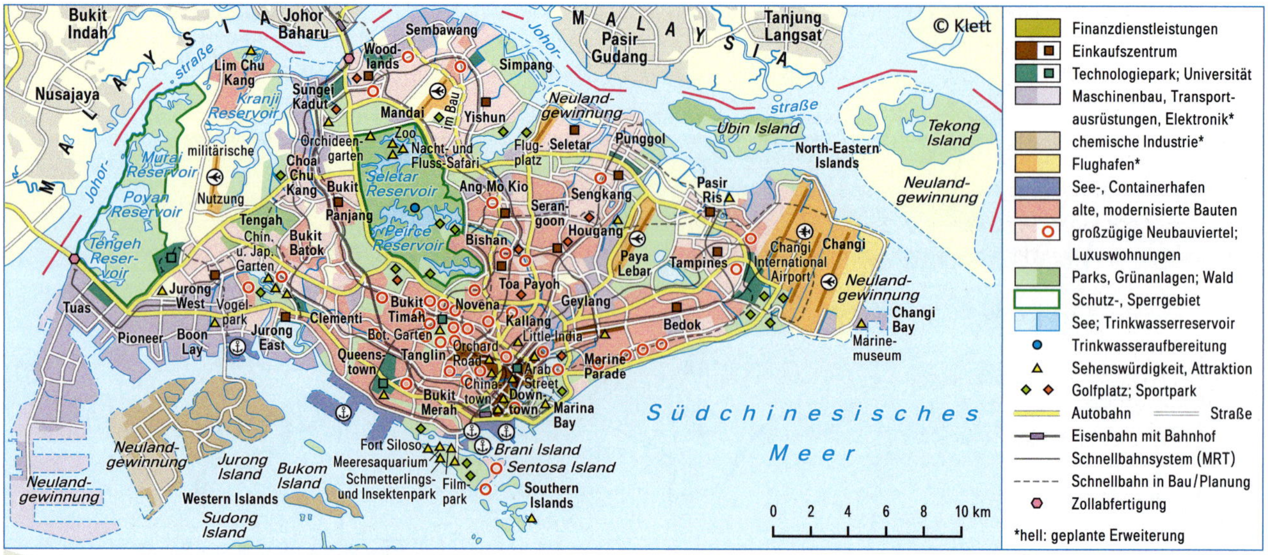

6 Singapur: Stadt- und Wirtschaftsstruktur

Zunehmende Dominanz des Dientleistungssektors
„Über 75 Prozent des singapurischen BIP werden im Dienstleistungssektor erwirtschaftet. Gleichzeitig beschäftigt der Wirtschaftszweig fast 85 Prozent aller Erwerbspersonen. Der Trend ist eindeutig. Trotz des sehr effizienten industriellen Sektors wird die Dominanz des Dienstleistungsgewerbes weiter zunehmen. [...]
Wichtigste Bereiche sind Finanzdienstleistungen, Transport und Logistik, Tourismus sowie Groß- und Einzelhandel. Der Stadtstaat mit seinen fast 6 Millionen Einwohnern ist Heim von über 200 Banken. Außerdem haben etliche internationale Finanzdienstleister ihr regionales Headquarter dort etabliert. Nicht umsonst nennt man Singapur auch ‚die Schweiz Asiens'.
Singapurs Hafen ist einer der wichtigsten Warenumschlagsplätze der Welt, noch vor Hongkong oder Rotterdam. Was die reine Tonnage angeht, lag er 2016 nach Angaben der Lloyd's List One Hundred Ports 2017 mit 31 Millionen Twenty-foot Equivalent Unit auf Platz zwei hinter Shanghai mit 37 Millionen Twenty-foot Equivalent Unit.
Der Inselstaat wird jedes Jahr von rund 10 Millionen Touristen besucht. Der wachsende Touristenstrom macht sich positiv auf den Einzelhandel bemerkbar. Neben reinen Urlaubern gesellt sich auch eine stetig wachsende Zahl an Medizintouristen hinzu. Sie kommen wegen der gut ausgebildeten Ärzte und des sehr gut ausgestatteten medizinischen Sektors."

Werner Kemper: Wirtschaftsstruktur – Singapur, Germany Trade and Invest v. Juli 2018, unter: www.gtai.de/gtai-de/trade/wirtschaftsumfeld/wirtschaftsstruktur/singapur/wirtschaftsstruktur-singapur-14586 (Zugriff 27.10.2020)

7

Industriepolitik
„Die vorhandene Industrie fokussiert auf technologisch fortgeschrittene Produkte, wie Elektronikerzeugnisse, Präzisions- und Medizintechnik sowie Arzneimittel. Es werden aber auch Ölplattformen und Schiffbau-Produkte gefertigt. Ein wichtiger Industriezweig ist zudem die chemische Industrie, wobei der Trend zu höherwertigen Erzeugnissen und Spezialchemikalien geht. Vorhanden sind aber auch die Basis- und Petrochemie. So befindet sich auf Jurong Island ein Chemiecluster auf Weltklasseniveau, das weiter ausgebaut wird. Auch der Biotechnologiesektor gewinnt – nicht zuletzt dank starker staatlicher Förderung – zunehmend an Bedeutung.
Trotz begrenztem Raum, [Fehlen jeglicher Rohstoffe] und teurer Arbeitskräfte will die Regierung das verarbeitende Gewerbe als relevanten Wirtschaftszweig beibehalten. Der Stadtstaat soll nicht zu einem reinen Dienstleistungszentrum werden. [...]
Die Regierung ist bei ihrer Industriepolitik wählerisch: Lohn- und flächenintensive Industrien sollen in kostengünstigere Länder abwandern. Willkommen sind hingegen Fertigungen von hochwertigen und wissensbasierten Produkten. Beispiele sind Präzisions- und Medizintechnik, Pharma- und Biotechnologie, Luftfahrttechnik sowie Hightech-Elektronik und IT-Technologie.
Aber die Regierung will [...] auch zunehmend Forschungs- und Entwicklungsvorhaben. Hierfür winkt sie mit attraktiven Anreizen."

Werner Kemper: Wirtschaftsstruktur – Singapur, Germany Trade and Invest v. Juli 2018 a. a. O.

8

Bildung und Wissenschaft

„Singapur verfügt über ein hervorragendes Bildungssystem mit wenigen, aber sehr guten Universitäten. Bildung und Ausbildung nehmen eine strategisch wichtige Stellung in der singapurischen Regierungspolitik ein. Da es sich um einen Stadtstaat handelt, setzt Singapur ganz auf eine wissensbasierte Ökonomie und rekrutiert qualifizierten Nachwuchs aus der ganzen Welt und besonders aus den ASEAN-Nachbarstaaten, Indien und China. Im Ranking der führenden Innovationsstandorte der World International Property Organisation (WIPO) rangiert Singapur 2016 auf Platz sechs hinter der Schweiz, Schweden, Großbritannien, den USA und Finnland.

Die National University of Singapore (NUS) [zum Beispiel] wurde 1905 gegründet und hat circa 38 000 Studierende. Es ist eine Volluniversität mit breitem Fächerspektrum, die in internationalen Rankings regelmäßig sehr gut abschneidet. [...]

Die NUS sieht sich als führende forschungsorientierte Universität und beherbergt neben 30 universitären Forschungsinstituten und Zentren auch drei von Singapurs fünf Research Centres of Excellence – spezialisiert auf Quantentechnologien, Krebsforschung und Mechanobiologie. Diese Zentren werden von der National Research Foundation und dem Bildungsministerium finanziert."

Claudia Finner: Singapur: Bildung und Wissenschaft, unter www.daad.de/de/laenderinformationen/asien/singapur/ueberblick-bildung-und-wissenschaft (Zugriff 26.10.2020)

9

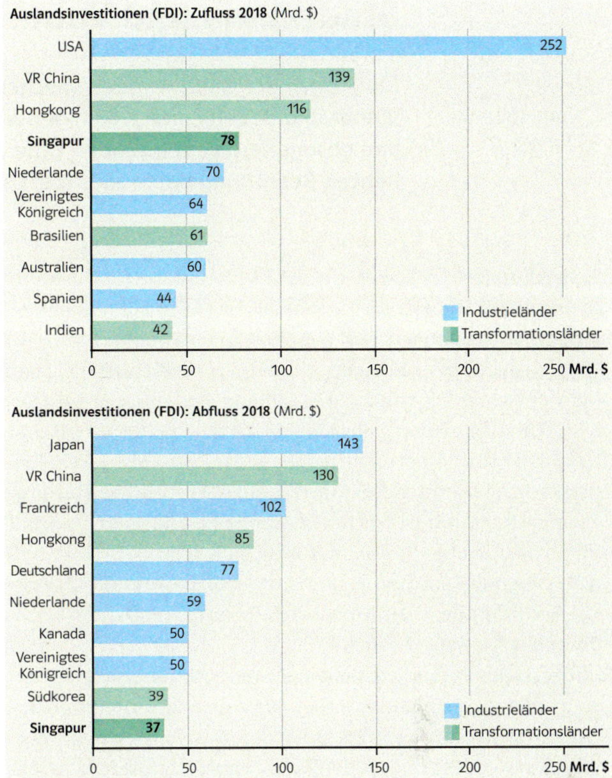

11 Ausländische Direktinvestitionen 2018

Nach UNCTAD: World Investment Report 2019. Key Messages and Overview

	Singapur	New York	Deutschland
BIP/Einw. KKP (in US-$)	101 386	85 746	52 386
HDI-Wert	0,935	0,941	0,939
HDI-Rang (von 191 Staaten)	9	k. A.	4
Lebenserwartung (in Jahren)	w: 85 m: 81	k. A.	w: 83 m: 78
Fruchtbarkeitsziffer (Kinder je Frau)	1,2	k. A.	1,6

zusammengestellt nach verschiedenen Quellen

12 Vergleichsdaten Singapur – New York – Deutschland

Kunst und Kultur

„Singapur hat in diesem Bereich eine Menge zu bieten. Zahlreiche Museen laden zu einem Besuch ein, besonders das National Museum of Singapore (NMS), das Asian Civilization Museum (ACM) und das Peranakan Museum. Die drei wurden wunderschön restauriert und bieten ständig wechselnde Ausstellungen und Veranstaltungen an. [...]

Für Kunstinteressierte gibt es eine große Anzahl kleinerer und größerer Galerien, die u. a. asiatische Kunst anbieten. Eine der etablierteren Galerien ist etwa die Art-2 Gallery. Beliebt ist auch das 2002 eröffnete Kulturzentrum ‚Esplanade – Theatres on the Bay', das über einen Theater- bzw. Opernsaal mit 2 000 und einen Konzertsaal mit 1 600 Sitzplätzen verfügt. In und vor der Esplanade werden hin und wieder kostenlose Konzerte angeboten.

Darüber hinaus gibt es zahlreiche kleine Theater (z. B. Singapore Repertory Theatre, The Stage Club, The Substation, Wild Rice, The Necessary Stage).

Für Liebhaber klassischer Musik gibt es das Singapore Symphony Orchestra, dessen Konzerte zumeist im neuen Kulturzentrum aufgeführt werden."

Deutsche Botschaft Singapur: Kunst und Kultur in Singapur, unter: https://singapur.diplo.de/sg-de/themen/willkommen/willkommen-in-singapur/1262852#content_17 (Zugriff: 27.10.2020)

10

	Unternehmen	Branche	Umsatz (in Mrd. US-$)
1	Wilmar International	Landwirtschaft	44,7
2	Flex	Elektronik	26,5
3	Olam International	Landwirtschaft	22,6
4	DBS	Bank	13,6
5	SingTel	Telekommunikation	12,9
6	Singapore Airlines	Fluggesellschaft	12,1

www.weltexporte.de/unternehmen-singapur/ (Zugriff 27.10.2020)

13 Top 10 der umsatzstärksten singapurischen Unternehmen 2018

Stadtklima und Vulnerabilität

Vulnerabilität von Städten S. 80/81

Die Folgen des Klimawandels machen Städte in besonderer Weise verwundbar. Die Vulnerabilität zeigt sich z. B. in der Verstärkung des Wärmeinseleffekts, in zunehmenden gesundheitsgefährdenden Umweltbelastungen wie durch Feinstaub und der erhöhten Bedrohung durch Naturgefahren wie Überschwemmungen oder Stürme.

Auswirkungen des Wärmeinseleffekts auf den Menschen

„In urbanen Ballungsräumen sind im Vergleich zur ländlichen Umgebung bodennah höhere Lufttemperaturen zu beobachten. Diese Überwärmung wird als städtische Wärmeinsel bezeichnet. [...] Die durch den Wärmeinseleffekt verursachten höheren bodennahen Lufttemperaturen in Städten beeinflussen das tägliche Leben und den Menschen. Die Auswirkungen sind dabei nicht immer als negativ anzusehen. In den kalten Monaten (Wintermonate) führen höhere Lufttemperaturen zu einem verringerten Einsatz von Heizungsanlagen und sparen somit Energie und verringern den Treibhausgasausstoß. [...]

In den warmen Monaten (Sommermonate) bewirkt der Wärmeinseleffekt eine Erhöhung der thermischen Belastung in städtischen Gebieten. Dies führt beispielsweise zu einem verstärkten Einsatz von Kühlanlagen wie Klimaanlagen verbunden mit einer Erhöhung des Energieverbrauchs und so zu höheren Treibhausgasemissionen. In den Sommermonaten auftretende Hitzeperioden werden durch den Wärmeinseleffekt verstärkt und zeitlich verlängert. Der auf den Menschen wirkende Hitzestress wird durch den Wärmeinseleffekt verstärkt und die Anzahl der Tage mit auftretendem Hitzestress wird erhöht. Die Verstärkung des Hitzestresses in Städten ist von großer Bedeutung, da vom Hitzestress eine Gefährdung der menschlichen Gesundheit vor allem bei Kindern und älteren Menschen ausgeht. Wissenschaftliche Studien zeigen, dass eine Erhöhung des Hitzestresses mit einer Steigerung der Mortalitätsraten korreliert."

Landeshauptstadt Stuttgart, Amt für Umweltschutz, Abt. Stadtklimatologie: Auswirkungen des Wärmeinseleffekts; www.stadtklima-stuttgart.de/index.php?klima_waermeinsel_auswirkungen (Okt. 2019) (Zugriff 28.10.2020)

1

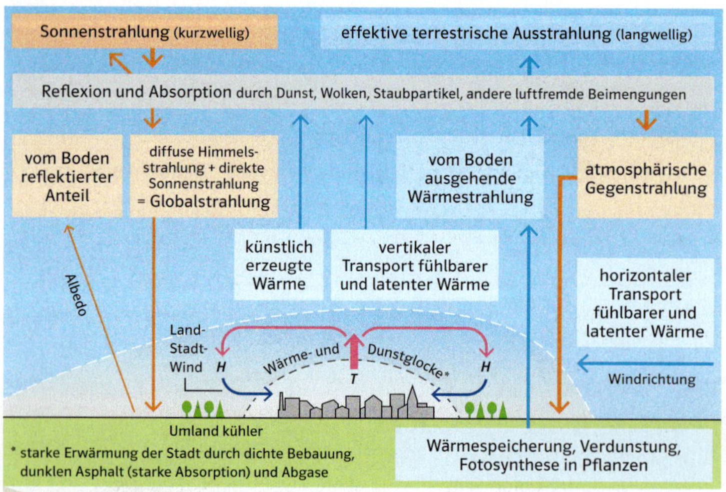

2 Urbaner Strahlungs- und Wärmehaushalt: Einflussgrößen und Phänomene

Nach www.klima-der-erde.de – Regionale Windsysteme, www.klima-der-erde.de/winde.html (Zugriff 27.10.2020)

Städtische Wärmeinsel

In großen Städten kann die Temperaturdifferenz zum Umland bis zu 10 K betragen. Mit dem fortschreitenden Klimawandel wird sich dieser Wärmeinseleffekt noch verstärken. Wo liegen die Ursachen dieser Überwärmung?

Über der Stadtoberfläche reichern sich in der Luftschicht Spurengase, Kondensationskerne und Wasserdampf an. Sie stammen von Haushalten, der Industrie und dem Verkehr. Es bildet sich eine Dunstglocke, die – wie im Treibhauseffekt – eine höhere Gegenstrahlung bewirkt.

Zur Temperaturerhöhung tragen aber auch die Baukörper mit wärmespeichernden Materialien wie Beton und Stein bei. Sie absorbieren die eingestrahlte Energie besonders gut und strahlen sie an die Umgebung ab. Dadurch wird die nächtliche Abkühlung deutlich reduziert. Weitere Erklärungen der positiven Wärmeanomalie städtischer Räume finden sich z. B. in den Gebäudeheizungen, im Betrieb von Maschinen oder im Kfz-Verkehr. Hinzu kommt, dass die niedrigeren Windgeschwindigkeiten in den dichtbebauten Stadtgebieten den Wärmestrom sowie den Abtransport wärmerer Luft verringern.

Schließlich gilt: Der städtische Wärmeinseleffekt verstärkt sich mit zunehmendem Versiegelungsgrad. Je geringer der Anteil vegetationsbedeckter Flächen in einer Stadt, desto höher sind die Temperaturen. Ursache dafür ist die geringere Verdunstung. Ein Baum kann an einem Sommertag bis zu 400 l Wasser verdunsten. Weil er dafür Wärme benötigt, kühlt sich seine Umgebung ab. Gleichzeitig erhöht sich im Umfeld der Baumkrone die Luftfeuchtigkeit um bis zu 10 %. Demzufolge leisten zusammenhängende Park- oder gar Waldflächen im Stadtgebiet einen bedeutenden Beitrag zur Verminderung des städtischen Wärmeinseleffekts.

1 Beschreiben Sie den urbanen Strahlungs- und Wärmehaushalt.

2 MK Erstellen Sie zur Entstehung des „Wärmeinseleffekts" ein Fließdiagramm.

Merkmale des Stadtklimas

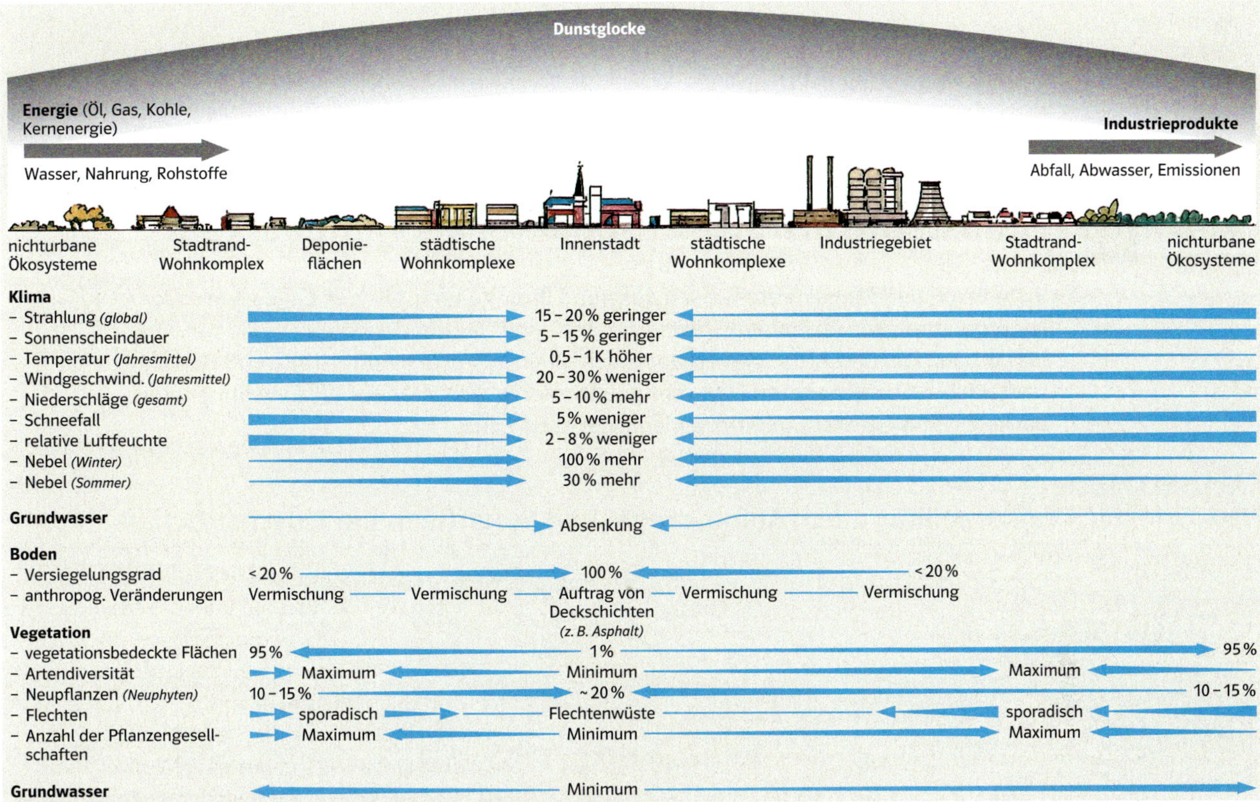

3 Typische Abweichungen der Klimafaktoren zwischen Stadt und Umland

Nach Almut Gerhardt-Dircksen/Ulrike Letschert: Die Stadt – ein von Menschen organisiertes Ökosystem. In: Praxis der Naturwissenschaften – Biologie 1990, H. 7. Aulis Verlag Köln 1990, S. 3

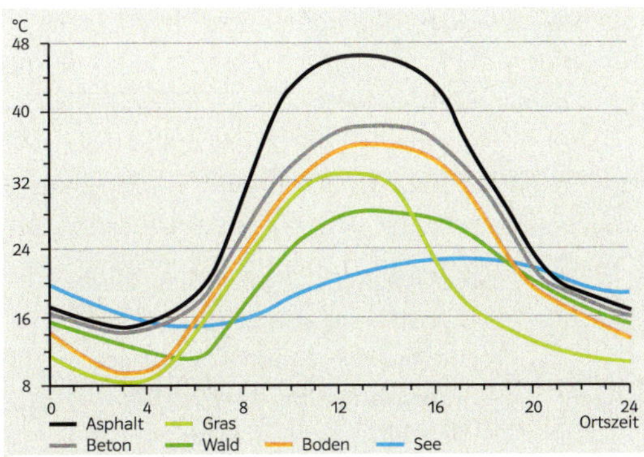

4 Temperaturen verschiedener Oberflächen an einem Hochsommertag

Nach F. Fezer: Lokalklimatologische Interpretation von Thermal-Luftbildern. In Bildmessung und Luftbildwesen, H. 4/1975, S. 152 – 158

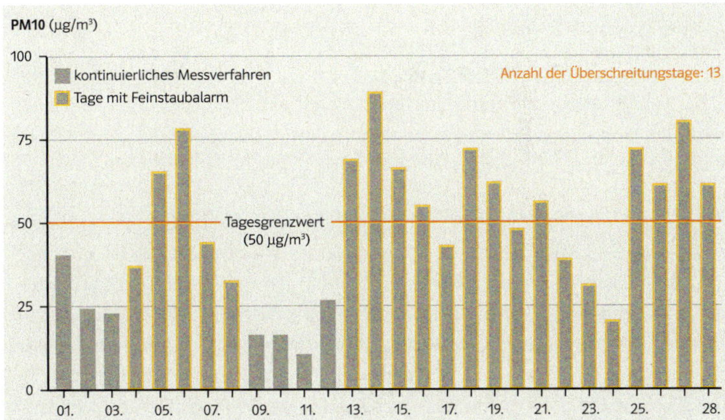

5 Stuttgart – „Am Neckartor“: Feinstaub-Tagesmittelwerte Februar 2019

Nach LUBW www.stadtklima-stuttgart.de/index.php?luft_messdaten_ueberschreitungen (Zugriff 28.10.2020)

3 Arbeiten Sie mithilfe der Abbildung 3 Besonderheiten des Stadtklimas heraus.

4 Erklären Sie die Entstehung des Flurwinds (Diagramm 2).

5 MK Analysieren Sie Medienberichte im Hinblick auf Meldungen zur besonderen Gefährdung bzw. Vulnerabilität von Städten.

6 MK Ermitteln Sie Informationen über die Feinstaubsituation (oder Luftqualität) in Ihrer Heimatstadt oder -gemeinde.

1 Gruppenarbeit

Untersuchen Sie die folgenden beiden Fallbeispiele (S. 122–125):

a) Charakterisieren Sie jeweils die naturräumliche Situation.

b) Arbeiten Sie die natürlichen und anthropogen bedingten Ursachen der Hochwasseranfälligkeit heraus.

c) Analysieren Sie mithilfe einer Simulation die Landüberflutung im Mississippi-Delta (Online-Code). MK

d) Stellen Sie jeweils die Auswirkungen einer Naturkatastrophe auf verschiedene Bevölkerungsgruppen dar.

MK Großstädte als Orte besonderer Verwundbarkeit

Viele Groß- und Megastädte weisen aufgrund ihrer geographischen Lage gegenüber Naturgefahren wie Erdbeben, Stürmen oder Überschwemmungen eine hohe Verwundbarkeit auf. Die Gefährdungen ergeben sich allein schon aus ihrer Größe und Bevölkerungsdichte. Die genannten Naturereignisse wirken sich aber auf die Einwohner einer betroffenen Megastadt in unterschiedlicher Weise aus.

FALLBEISPIEL: New Orleans – Vulnerabilität durch Klimawandel und Eingriffe in die Flusslandschaft

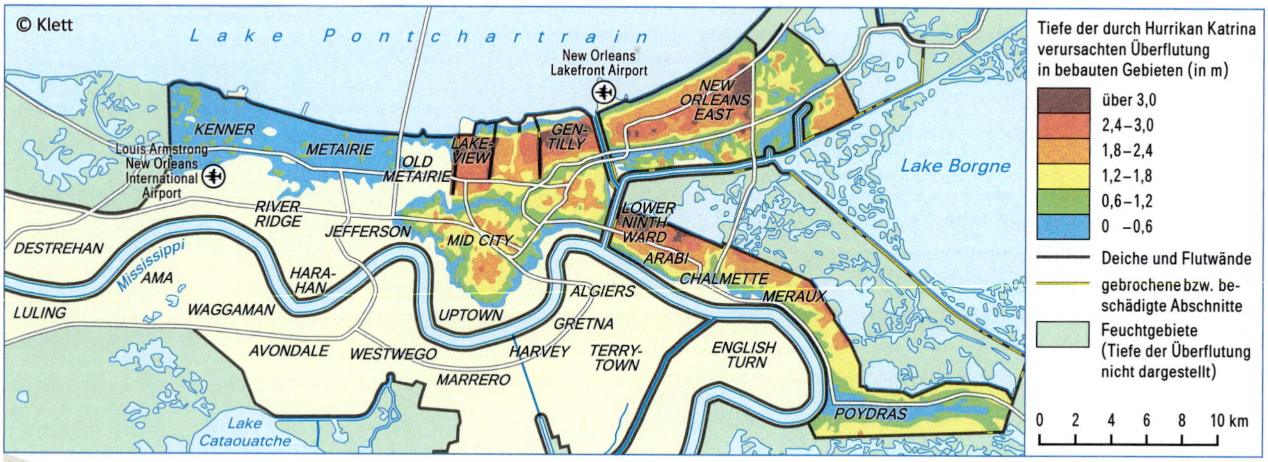

1 New Orleans nach dem Hurrikan „Katrina" am 29.08.2005

Nach: The Times-Picayune/The New Orleans Advocate – HurricaneKatrina flooding compared to a 500-year storm today: Graphic. Unter: www.nola.com/news/weather/article_a07212b9-6057-5ed6-8914-07b8135a430b.html (Zugriff 28.10.2020)

„Katrina" – der folgenschwerste Hurrikan in der Geschichte von New Orleans

„Mit rund 280 Kilometern pro Stunde traf Katrina auf die Küste und fegte über die 450 000-Einwohnerstadt hinweg. Am Nachmittag brachen auf 150 Metern die Dämme und die Wassermassen schossen ins Zentrum. Hinzu kamen sintflutartige Regenfälle; Menschen, Autos und ganze Häuser wurden einfach weggefegt.

In der Stadt, die von Natur aus an drei Seiten von Wasser umgeben ist (Mississippi, Golf von Mexiko, Lake Pontchartrain), stieg das Wasser auf 7,60 Meter. Das Zentrum war zu 80 Prozent überschwemmt. New Orleans war von der Außenwelt fast völlig abgeschnitten, es gab kein Trinkwasser, keinen Strom, es kam zu Plünderungen, Gewalt und Schießereien. […]

Mindestens 1 800 Tote und ein Schaden von rund 125 Milliarden US-Dollar, so lautet die Bilanz der staatlichen Wetter- und Ozeanografiebehörde der USA. Rund eine Million Einwohner verloren ihr Zuhause, vor allem in den US-Staaten Louisiana und Mississippi."

Annika Frank: Hurrikan Katrina. In: Planet Wissen vom 12.12.2019; unter: www.planet-wissen.de/natur/naturgewalten/stuerme/pwiehurrikankatrina100.html (Zugriff 26.10.2020)

2

New Orleans: Grundinformationen

- Stadtfläche von 907 km²; davon 51 % Land, 49 % Wasser
- Einwohnerzahl vor „Katrina": 455 900, heute: 391 500
- Lage der Stadt im Delta des Mississippi auf angeschwemmten Flusssedimenten
- wegen ausbleibender Ablagerungen Absinken der Sedimente um ca. 8 mm pro Jahr
- 70 % der Stadt bis zu 1,60 m unter dem Meeresspiegel, geschützt durch 4–7 m hohe Deiche

3

4 Nach Katrina: vielfach angewiesen auf Selbsthilfe

Die Hauptbetroffenen

„Von der Katastrophe waren hauptsächlich Arme betroffen, denn etwa $^1/_4$ der Bevölkerung New Orleans, (zu 70 % Schwarze) lebte in Armut, meist von der monatlichen Fürsorge. Etwa 100 000 Einwohner besaßen kein eigenes Auto und waren bei der angeordneten Evakuierung auf ein öffentliches Notfall-Transportsystem angewiesen, das zuvor nie erprobt wurde und dann auch versagte. Vielen war zudem zum Monatsende das Geld knapp geworden, sodass sie sich die Evakuierung bzw. eine privat organisierte Abreise nicht leisten konnten oder wollten; ein Hauptgrund, warum so viele Menschen sich nicht rechtzeitig in Sicherheit brachten. [...]

Nachdem wirksame Hilfe von außen tagelang unterblieb, wurde der Rassismus-Vorwurf unter den Betroffenen immer lauter: Wären mehr Weiße von der Katastrophe betroffen gewesen, hätten die Verantwortlichen schnell und effektiv gehandelt.“

Wera Wojtkiewicz: Infoblatt Hurrikan Katrina. Klett Geographie Infothek 18.05.2012

5

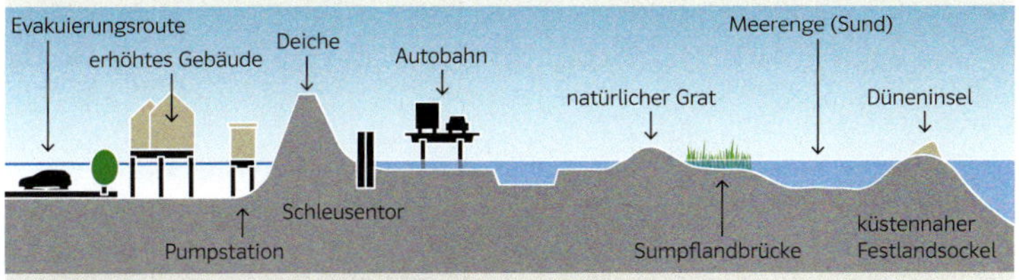

Maßnahmen gegen erneute Überflutungen

Adaption:
- Erhöhung des Deichsystems
- Reduzierung von Entwässerungsmaßnahmen
- Schutz und Wiederherstellung der Küstengebiete
- Anpassung der Infrastruktur
- Entwicklung von Evakuierungsplänen

Mitigation:
- Bindung von Treibhausgasen durch Wiederherstellung von Feuchtgebieten
- Verminderung des Treibhausgasausstoßes aus der Öl- und Gasindustrie
- Investitionen in erneuerbare Energien

Nach: Sebastian Mitulla: Case Study – Großstädte und Klimawandel. Institute of Geography, Humboldt Universität Berlin, WS 2009/2010

6

Land unter im Mississippi-Delta

„Einen entscheidenden Einschnitt in die Fluss- und Deltageschichte gab es ab den 1930er-Jahren durch den Menschen. Der Mississippi war ab dieser Zeit vollständig eingedeicht und dadurch von seinen Schwemmlandschaften und Marschen abgeschnitten. Von der Sedimentfracht blieb kaum noch etwas in seinem Delta zurück.

Die Folge: Seit den 1930er-Jahren sind rund 450 000 ha Küstenmarschland in Louisiana verlorengegangen. Das sind 80 Prozent aller Landverluste in küstennahen Feuchtgebieten in den gesamten USA .

Ein weiterer Schritt in die Katastrophe war die Entwicklung der Öl- und Gasindustrie im Delta und vor der Küste. Durch die dazu angelegten zahlreichen Kanäle für die Schifffahrt und Landabsenkungen durch die Förderanlagen konnte das Salzwasser des Meeres immer tiefer in das Hinterland eindringen. Dort wurden die Auwälder und Marschgraslandschaften zerstört, was der Erosion Vorschub leistete. Der mittlere Meeresspiegelanstieg beträgt seit 1947 etwa 9 mm pro Jahr und ist in der Region damit ungewöhnlich hoch. Die Experten führen dies auf das Absenken des Bodens durch die Öl- und Gasförderung [...] zurück.

Das Absinken des Landes und der dadurch indirekt steigende Meeresspiegel waren bereits Anlass genug für düstere Prognosen für die Zukunft des Mississippi-Deltas. Durch den Klimawandel mit der Erwärmung der Erdatmosphäre und ihre Folgen kommen nun der weltweite Meeresspiegelanstieg und immer stärkere Hurrikane in der Golfregion als weitere Bedrohungen hinzu [...]. Der Hurrikan Katrina am 29. August 2005 hat die Dimensionen der möglichen und noch zu erwartenden Katastrophen deutlich gemacht.“

Eberhard Pyritz: Land unter im Mississippi-Delta – Totengräber Klimawandel?! In: Terrasse online v. 15.11.2016 © Ernst Klett Verlag, unter: www.klett.de/alias/1105894

7

FALLBEISPIEL: Dhaka – hohe Vulnerabilität der unteren Sozialschichten

Dhaka: bedroht durch Klimawandel und Überschwemmungen

„Der Fluss [Buriganga] mit seinem stinkenden, schwarzen Wasser teilt die Stadt [...]. Den südlichen, armen Teil nennen die Bewohner ‚Asien', die wohlhabenderen Quartiere im Norden [...] ‚Europa'. Zwischen diesen Welten strampelt der Rikschafahrer Jahangir Alam um sein Leben. [...] Er lebt in einem Slum im westlichen Zentrum der Stadt [...]. [Er und seine Frau] sind Neuankömmlinge und haben es immerhin besser getroffen als diejenigen, die auf Gehsteigen übernachten müssen. Aber im Gegensatz zu den anderen Bewohnern des Slums, deren Hütten zum Schutz vor dem alljährlichen Hochwasser auf Holzstelzen stehen, hausen die beiden auf einer sechs Quadratmeter-Fläche direkt am Boden. [...]

[Bangladesch] ist [...] eine der Regionen, die am stärksten vom Klimawandel getroffen ist. Der Anstieg des Meeresspiegels bedroht die Küstenregionen [...], Zyklone berauben in immer kürzeren Abständen Hunderttausende Menschen ihrer Existenz. ‚Eine der Tragödien des Klimawandels: Er trifft besonders die Armen', sagt der Klimaexperte Atiq Rahman. Sie hätten keine Möglichkeit, sich zu schützen – etwa indem sie in stabilere Steinhäuser umzögen. [...]

Die Hochhäuser im ‚Europa' Dhakas sind dagegen massiv gebaut, viele mit Aufzug und einem großen Parkplatz im Untergeschoss. [...] In einem solchen Viertel lebt und arbeitet auch Atiq Rahman [...]. Für den Klimawandel macht er die Industrieländer verantwortlich."

Gerhard Klas: Endstation Dhaka. In: der Freitag vom 05.04.2011, unter: www.freitag.de (Zugriff 28.10.2020)

8

9 Bangladesch: Nutzungs- und Überschwemmungsgefahren

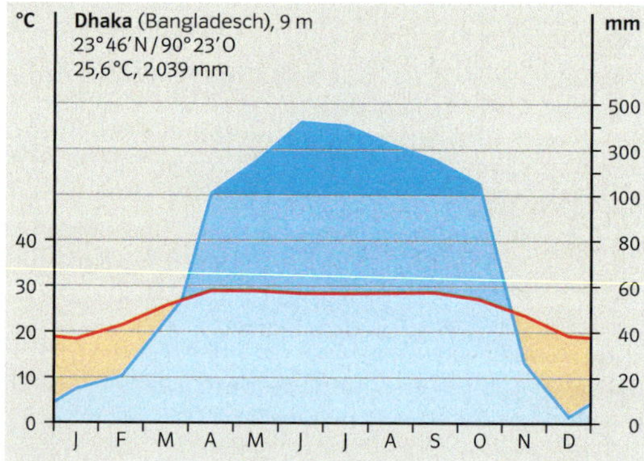

10 Klimadiagramm von Dhaka

11 Dhaka: Überflutung nach Monsunregen

Dhaka – willkommen im Chaos

„Selbst Wochen nach dem Monsun schimmern jenseits des grauen Häusermeers weite Überschwemmungsgebiete. Die Stadt liegt in einer Tiefebene voller Sümpfe, mitten im weiten Mündungsdelta, das Ganges, Brahmaputra und Meghna [...] bilden. Deren Zuflüsse und ein komplexes Kanalsystem regulierten jahrhundertelang den Wasserhaushalt, bildeten als Transportwege Dhakas Lebensadern [...]

Heute fließt der Straßenverkehr durch die einstigen Wasserwege. Sie sind mit Sand, Bauschutt und Müll aufgefüllt worden, ebenso Sümpfe und Teiche. Darauf wachsen Wohn- und Geschäftshäuser, häufig ohne Genehmigung. [...]

In Dhaka wächst neben den Slums auch die Mittel- und Oberschicht. Viele haben am Bauboom verdient, an Wucherzinsen und -mieten oder Billigindustrien. Seit die Löhne in China und Vietnam steigen, sprießen in Bangladesch noch mehr Textilfabriken aus dem Boden. Der Wirtschaftsboom produziert ein explosives Wachstum. Der Boden wird versiegelt, es bildet sich weniger Trinkwasser, Regen läuft über Asphalt rasch ab. Überschwemmungen werden von müllverstopften Abwasserkanälen verschlimmert, wenn während des Monsuns die Flusspegel steigen.

Bei Hochwasser leidet besonders Karail, der größte Slum der Stadt am Rande des Banani-Sees. Dann stehen seine Hütten unter Wasser."

Christiane Grefe: Metropole Dhaka – Willkommen im Chaos. In: DIE ZEIT Nr. 15/2013 (04.04.2013), auch unter: www.zeit.de/2013/15/megacity-dhaka-urbanisierung (Juli 2016) (Zugriff 30.10.2020)

12

Staaten beim Katastrophenmanagement überfordert

„Indien, Nepal und Bangladesch gehören zu den Ländern mit dem höchsten Flutrisiko [...]. Dass kaum Vorsorgemaßnahmen ergriffen werden, liegt häufig an den fehlenden Möglichkeiten. Weder haben die Menschen genügend finanzielle Mittel, noch helfen staatliche Stellen ausreichend, geeignete Lösungen zu identifizieren und umzusetzen. Direkte staatliche Schutzinitiativen sind ebenfalls rar."

Wolfgang Kron: Die fast übersehene Katastrophe. Münchener Rückversicherungs-Gesellschaft v. 04.01.2018. Unter: www.munichre.com/topics-online/de/climate-change-and-natural-disasters/natural-disasters/floods/huston-flooding-overshadowes-asian-floodings-2018.html (Zugriff 26.10.2020)

13

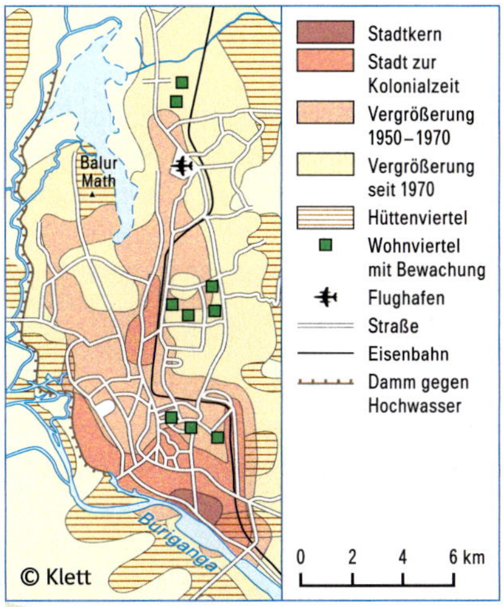

Jahr	Agglomeration Dhaka (Mio. Ew.)	Bangladesch (Mio. Ew.)
1950	0,41	41
1960	0,69	51
1970	1,47	64
1980	3,25	82
1990	6,52	104
2000	10,15	128
2005	12,43	141
2010	14,62	154
2015	17,60	169
2019	19,58	170

14 **Dhaka: Stadtgliederung und Bevölkerungsentwicklung***

* Nach Sonja Ernst: Dhaka – Das Zentrum Bangladeschs. Dossier Megastädte v. 24.08.2006,; unter: www.bpb.de/internationales/weltweit/megastaedte/64489/dhaka, Juni 2011, 2015 ergänzt (Zugriff 30.10.2020)

Bevölkerung in den Slums von Bangladesch stärken

„Die Slums liegen [...] in den meisten Fällen in marginalisierten und unbewohnbaren Gebieten der Städte, das heißt an den Rändern, nahe Müllkippen, an großen Straßen oder Wasserläufen und in Überschwemmungsgebieten. In vielen Fällen bestehen die Behausungen nur aus einfachen Holzhütten oder Bretterverschlägen mit Plastikplanen, die häufig auch noch über mafiöse Strukturen überteuert angemietet werden müssen. Pro Familie, die im Durchschnitt aus sechs Personen besteht, steht meistens nur ein Raum zur Verfügung. Die Unterkünfte stehen dicht an dicht. Es wird mit einfachsten Öfen bei offenem Feuer gekocht. Größere Brände sind daher eine alltägliche Bedrohung für die Slumbewohner [...] Die Wege sind nicht befestigt und schlammig. Es gibt mangelhafte Versorgung mit Wasser. Latrinen sind kaum vorhanden oder unzureichend. Es gibt weder Drainage- noch Abwassersysteme. Die hygienische Situation ist dramatisch und führt insbesondere in den Regenzeiten zu [...] Infektionskrankheiten."

Jan Gruss: Bevölkerung in den Slums von Bangladesch stärken. In: Städtewachstum als eine Folge von Klimawandel und Überbevölkerung – Mediendienst 9/2017.

15

Staatliche Maßnahmen und Selbsthilfestrategien

„[In den 1990er-Jahren] schüttete man im Westen der Stadt einen rund 30 Kilometer langen Deich auf. Hier ist ein etwa 136 Quadratkilometer großes Gebiet entstanden, das zumindest vor Wasser, das von außen eindringt, relativ gut geschützt ist. Der Osten hingegen bleibt weitgehend schutzlos. [...]

Die Menschen versuchen [bei Überschwemmungen] zunächst, in den Hütten oder auf den Dächern zu bleiben und Möbel oder Wertgegenstände mit aufgestapelten ‚Türmen' aus Ziegeln zu schützen. Falls das nicht ausreicht, suchen sie Unterschlupf in Notunterkünften, bei Verwandten und Bekannten oder in Rohbauten mehrgeschossiger Häuser, auf Deichen und am Rand höher gelegener Straßen."

Boris Braun: Risikoraum Dhaka. In: Bauwelt 48/2011

16

NE

Konzepte einer nachhaltigen Stadtentwicklung

Wer die Welt verändern will, muss in den Städten ansetzen und hier Konzepte der Nachhaltigkeit entwickeln und erproben. Wie sehen derartige Konzepte aus? Welche Wege zur Nachhaltigkeit schlagen die Städte ein?

1 Green City Freiburg

	Stadt
1	London
2	Stockholm
3	Edinburgh
4	Singapur
5	Wien
6	Zürich
7	München
8	Oslo
9	Hongkong
10	Frankfurt

www.arcadis.com

2 Sustainable Cities Index 2018

Städte waren stets die Innovationszentren einer Gesellschaft. Hier sitzen die meisten kreativen Köpfe, hier arbeiten Politik und Wirtschaft intensiver und richtungsweisender zusammen als in ländlichen Räumen. Ihr Potenzial, nachhaltige Entwicklung zu befördern und zu realisieren, ist gewaltig. Und in vielen Städten der Welt ist zu beobachten, dass sich die Verantwortlichen mehr und mehr einer nachhaltigen Stadtentwicklung zuwenden – mit unterschiedlichen Konzepten und Maßnahmen.

Inzwischen gibt es auch schon Versuche, die Nachhaltigkeit von Städten zu messen und ein Ranking aufzustellen. Ein solches bietet der „Sustainable Cities Index" (siehe Online-Code). Dort schaffen es zum Beispiel unter 100 untersuchten Großstädten Wien auf Platz 5 und Kopenhagen auf 11. An erster Stelle steht London.

Kompakte und durchmischte Stadt der kurzen Wege

„Als räumliche Ordnungssprinzipien der nachhaltigen Stadtentwicklung [...] werden seit den 1990er-Jahren u.a drei Punkte diskutiert:

(1) Schaffung kompakterer und dennoch hochwertiger baulicher Strukturen, die ein Ausufern der Siedlungen in die Fläche verhindern sollen. Dies sollte sicherlich nicht durch Wiederbelebung des Baus neuer Großwohnsiedlungen im Stil der 1960er-/70er-Jahre geschehen, sondern durch bessere Ausschöpfung [...] von Nutzungspotenzialen im bereits bebauten Bereich der städtischen Innenentwicklung. [...]

(2) Ziel der nachhaltigen Stadtentwicklung ist u.a. die funktionale Mischung innerhalb von Stadtquartieren durch Verflechtungen von Wohnen und Arbeiten, aber auch von Versorgung und Freizeit [...]. Von Bedeutung sind auch die Förderung sozialer Mischungen nach Einkommensklassen, Haushaltstypen und Lebensstilgruppen [...].
So fördert die nachhaltige Stadtentwicklung als neues partielles Leitbild die ‚Kompakte Stadt' oder auch die ‚Stadt der kurzen Wege' [...], darin sollten die Lebensbereiche Wohnen, Arbeiten, Sich-bilden, Einkaufen und Erholen [...] gut durchmischt sein [...]. [Dadurch] kann es auch zur Reduzierung des motorisierten Individualverkehrs bzw. zu dessen stärkerer Verlagerung auf umweltverträglichere Verkehrsmittel kommen.

(3) Als drittes räumliches Ordnungsprinzip wird die sog. Polyzentralität, insbesondere in Gestalt der sog. dezentralen Konzentration, angestrebt. Dieses Prinzip ist uns schon aus der Gartenstadtidee Howards bekannt. Dadurch können der anhaltende Siedlungsdruck im Umland der Städte auf ausgewählte Siedlungsschwerpunkte gebündelt und auch eine größere Tragfähigkeit des ÖPNV erreicht werden."

Heinz Heineberg: Stadtgeographie. Ferdinand Schöningh: Paderborn. 2017. S. 142–144

3

Nachhaltige Stadtentwicklung		
Ökonomie	**Ökologie**	**Soziales**
Nutzung von Synergien	Flächensparsamkeit	Einbeziehung der betroffenen Menschen
Verwendung des vorhandenen Bestandes	Ressourcenschonung	Partizipation der betroffenen Menschen an Freizeitangeboten
regionale Lieferanten und Produkte	Energieeffizienz	Schaffung gemeinnütziger Angebote
lokale Wirtschaftsförderung	Reduzierung von Emissionen / Immissionen	Erhalt des Telekommunikationswesens
	Recycling	Ausbau des Angebotes an bezahlbarem Wohnraum für alle
	Erhalt der Biodiversität	

4 Die drei Säulen einer nachhaltigen Stadtentwicklung

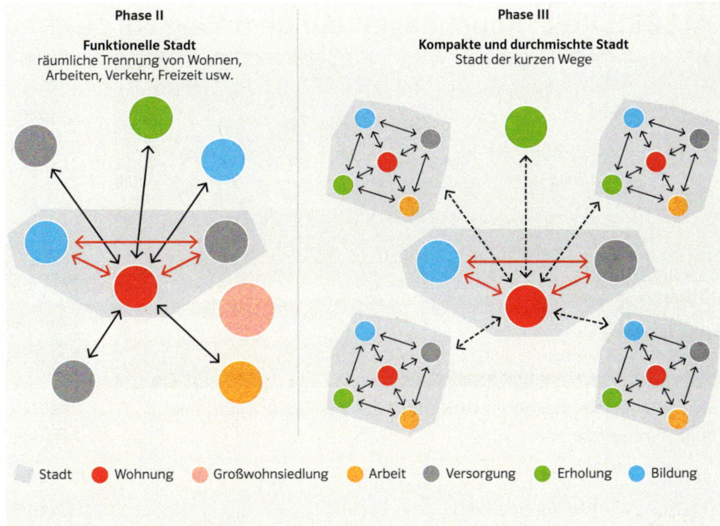

6 Von der funktionellen zur durchmischten Stadt mit mehr Nachhaltigkeit

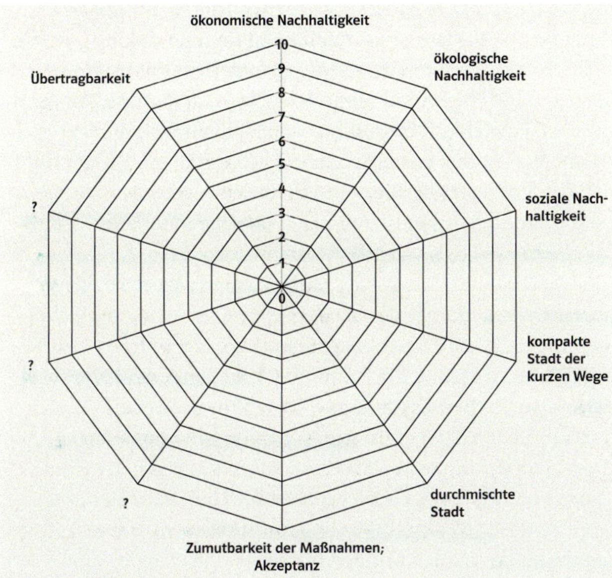

5 Analysespinne

Kriterien (Erfolgsfaktoren)	Beurteilung						
	schwächer ausgeprägt			gleichwertig	besser ausgeprägt		
	−3	−2	−1	0	+1	+2	+3
ökonomische Nachhaltigkeit							
ökologische Nachhaltigkeit							
soziale Nachhaltigkeit							
kompakte Stadt der kurzen Wege							
durchmischte Stadt							
Zumutbarkeit der Maßnahmen; Akzeptanz							
Übertragbarkeit							

7 Stärken-Schwächen-Profil

1

Partnerarbeit

Auf dem Weg zur Nachhaltigkeit verfolgen die Städte verschiedene Strategien. Die beiden folgenden Doppelseiten stellen Ihnen einige der in den Hauptstädten Kopenhagen (S 128/129) und Wien (S. 130/131) ergriffenen Maßnahmen vor. Untersuchen Sie in Partnerarbeit diese beiden Fallbeispiele anhand folgender Aufgaben:

a) Analysieren Sie die eingeschlagenen Entwicklungswege.
b) Bewerten Sie Ihre Analyseergebnisse z. B. mithilfe eines Stärken-Schwächen-Profils (M7) und/oder einer Analysespinne (M5).
c) Beurteilen Sie die ergriffenen Maßnahmen unter der Frage: Welche Stadt ist auf dem besseren Weg zur Nachhaltigkeit bzw. eignet sich eher als Vorbild für nachhaltige Entwicklung?
d) Untersuchen Sie die Nachhaltigkeitsstrategie Ihrer Heimatstadt. MK

FALLBEISPIEL: Kopenhagen auf dem Weg zur Nachhaltigkeit

8 Quartiersgestaltung mit Niedrigenergiehäusern und nahen Einkaufsmöglichkeiten

11 Kopenhagen: Trockenskipiste auf einer modernen Müllverbrennungsanlage als Heizkraftwerk

Stadtentwicklungspolitik

Bis 2025 will Kopenhagen die Lebens- und Wirtschaftsweise ihrer Bewohner auf vollständige Kohlenstoffneutralität umstellen. Sämtliche Aktivitäten, von der Mobilität und Arbeit bis zur Freizeit, sollen dann so funktionieren, dass entweder keine Treibhausgasemissionen verursacht oder diese durch [...] z. B. die Begrünung kompensiert werden.
Ein herausragendes Projekt zur Umsetzung dieser Ziele ist „Nordhavn". Auf [...] dem stillgelegten, aus dem 19. Jh. stammenden Teil des Hafens, entsteht [...] ein neuer Stadtteil. Innerhalb der kommenden 30–40 Jahre sollen hier Wohnhäuser für 40 000 Menschen und ebenso viele Arbeitsplätze entstehen. Wesentliche Merkmale der Quartiersgestaltung ist eine dichte Stadtstruktur aus Niedrigenergiehäusern mit kurzen Wegen zu Einkaufsmöglichkeiten, öffentlichen Verkehrsmitteln und einladenden Aufenthaltsbereichen direkt am Wasser. Die Strom- und Wärmeversorgung sollen erneuerbare Energieträger wie Windkraft, Geothermie und Biomasse gewährleisten.

9

Copenhagen, Denmark – Intercultural City

"Copenhagen wants to be the most inclusive city in Europe. This ambition is based on the belief that 'an integrated city is a better city'. The key definition is that 'if you feel you are a Copenhagener, this means you are included in the city.' Inclusion means partnership, shared responsibility, mutual respect, and recognition of the value of diversity. [...]
The city will focus on pressure points that limit participation. In education, this means starting as early as daycare to enhance language skills and monitoring fair access to higher education. In the workplace, this means valuing multiple cultures and languages, offering training widely, teaching Danish to jobseekers who need this skill and fighting discrimination. Copenhagen will be made safer for everyone, with an effort to enhance socioeconomic mixing in neighbourhoods."

Council of Europe, Copenhagen, Denmark – Intercultural City, unter: www.coe.int/en/web/interculturalcities/copenhagen (Zugriff 28.10.2020)

10

Grüne Hauptstadt für Dänemark

„Angetrieben vom Ostseewind liefern die Turbinen den Großteil der Energie für die Stadt – saubere Energie. ‚An einem Tag wie heute [...] kommen 77 Prozent der Energie aus Wind und Sonne [...]', sagt Christoffer Greisen vom Forschungsprojekt EnergyLab. Wie kann man noch mehr Energie sparen, um den Ausstoß von Treibhausgasen zu vermindern? Das ist eine der drängenden Fragen. Vor allem, weil die Stadt kontinuierlich wächst. Jeden Monat kommen etwa 1 000 Einwohner dazu. [...] Nicht alle können es sich leisten, im neugebauten Viertel Nordhavn [...] zu wohnen. Hier kann man sehen, wie nachhaltige Stadtplanung funktionieren kann. Auch bei Gebäuden achtet die Stadt auf den Klimaschutz – mit intelligenten Fassaden. Das Ziel für alle Häuser ist es, 20 Prozent weniger Energie zu verbrauchen. Ein riesiges blaues Gebäude ist eines der Vorzeigeprojekte. Die Internationale Schule von Kopenhagen. Christoffer Greisen erklärt: ‚Die Schule ist mit Solarpaneelen verkleidet – also vertikal. Die gesamte Fassade besteht aus Solarmodulen. Die Schule produziert ihren eigenen Strom.'
Die Energieproduktion ist der wichtigste Bereich des Klimaplans von Kopenhagen. 98 Prozent der Haushalte der Stadt sind an das Fernwärmenetz angeschlossen. Dazu trägt selbst der Müll bei. Täglich bringen bis zu 300 Lastwagen Abfall in die neue Verbrennungsanlage Amager Bakke. Bei der Müllverbrennung wird Wärme erzeugt, die reicht für etwa 72 000 Haushalte aus und liefert zusätzlich auch noch für Strom für 30 000 Haushalte.
‚Damit Ruß und Stickoxide im Gegenzug aber nicht die Luft verpesten, wurden hochmoderne Filteranlagen eingebaut.'
[...] Seit 2017 ist die Anlage in Betrieb. Und alle Welt scheint sich dafür zu interessieren. Aber Scheibye [Pressesprecher] weiß auch, dass es dabei weniger um die Technik geht. Auf dem Dach der Müllverbrennungsanlage wurde eine Skipiste gebaut – 400 Meter lang. Man fährt auf Kunststoff statt Kunstschnee."

Nadja Kriewald: Wie Kopenhagen klimaneutral werden will. n-tv Panorama vom 10.09.2019; unter: www.n-tv.de (Zugriff 26.10.2020)

12

13 Familienfreundliche Holzreihenhäuser in Modulbauweise

Wohnungsbau

„Seit gut zwei Jahrzehnten wandeln die Stadtplaner [von Kopenhagen] aufgelassene Flächen des alten Hafens, ehemalige Industriegebiete und umliegendes Marschland in Bauland für Wohnungen um. [...] Trotz der neuen Baugründe aber warten Tausende Interessenten auf eine kostengünstige Wohnung. Darum, so die Stadtarchitektin Tina Saaby, spiele in Kopenhagen ‚Almen bolig', der soziale Wohnungsbau, eine große Rolle: ‚20 Prozent aller Neubauten in Kopenhagen sollen in Zukunft Sozialwohnungen sein [...]'.
Ein Beispiel für die hauptstädtischen Neubauten sind [...] familienfreudliche Holz-Reihenhäuser. [...] Trotz der Modulbauweise erlauben sie eine architektonisch vielfältige Gestaltung. Im hochpreisigen Dänemark gelingt es mit diesem Konzept, die monatlichen Wohnkosten für Familien auf weniger als 10 000 Dänische Kronen zu drücken. Die umgerechnet 1 350 Euro sind [...] aber für eine Metropole noch erträglich."

Wie baut man Wohnungen im Ausland?, unter: www.haus.de/bauen/wie-baut-man-wohnungen-im-ausland (Zugriff 28.10.2020)

14

Kopenhagen als Wirtschaftsstandort

„[...] Die Stadt gilt als eine der führenden Bildungs- und Wirtschaftsstandorte Westeuropas. In der [Hauptstadt] Region Hovedstaten gibt es vier Universitäten mit insgesamt mehr als 60 000 Studierenden (Stand 2018) [...]
Die zentralen Branchen in Kopenhagen sind Life Sciences, Cleantech, Informations- und Kommunikationstechnik (IKT), Transport und Logistik, die Kreativindustrie sowie die Lebensmittelindustrie. In diesen Bereichen hat Kopenhagen verschiedene Cluster mit weltweit führenden Unternehmen, Forschungs- und Bildungsinstituten. Beispielhaft hierfür sind das dänisch-schwedische Life Science Cluster Medicon-Valley sowie das Cleantech Cluster CLEAN, das 2009 in Kopenhagen gegründet wurde."

Kooperation international: Greater Copenhagen, unter: www.kooperation-international.de/laender/hightech-regionen/greater-copenhagen/ (Zugriff: 14.10.2020)

15

16 „Bicycle Snake" – eine Brücke durch den Kopenhagener Hafen und nur für Radfahrer zugelassen

Fahrradstadt

„Tatsächlich. Die grüne Welle für Radler. Die Ampeln, die ein paar Sekunden früher auf Grün schalten als bei den Autos. Die breiten Radwege. Die Haltelinien an den Kreuzungen, die für die Fahrradfahrer jeweils ein paar Meter vor den Autos liegen, damit die rechtsabbiegenden Lkw-Fahrer stets die Radler im Blick haben. Die Kreisverkehre, die teils in konzentrischen Ringen angelegt sind, der knallblaue äußere Ring gehört dann den Radlern. [...]
In gewisser Weise ist Kopenhagen mittlerweile Opfer seines eigenen Erfolgs. Wenn auf zentralen Straßen am Tag 45 000 Radfahrer unterwegs sind, dann sind auch die breiten dänischen Radwege schlicht zu schmal: Fahrradstaus sind heute Alltag an manchen Stellen. ‚Wir müssen weiter ausbauen', sagt Marie Kåstrup [Leiterin des Fahrradreferats]. ‚Und wir brauchen auch viel mehr Fahrradgaragen.'
Die gute Nachricht sei, sagt Morten Kabell [Stadtparlamentarier], dass das Rad nicht nur die effizienteste, sondern für die Stadt auch die billigste Investition sei. ‚Kopenhagen hat in all den Jahren 280 Millionen Euro in die Fahrrad-Infrastruktur investiert', sagt er. ‚Das ist zufällig genau die Summe, die uns eine drei Kilometer lange Autoumgehung im Norden Kopenhagens gekostet hat.'

Kai Strittmacher: Blaupause für die Fahrradstadt. In: Süddeutsche Zeitung vom 16.01.2019

17

Die (Fahrrad-)Hauptstadt Dänemarks in Zahlen

Einwohner gesamt: *	602 481
Fahrräder gesamt: **	675 000
Stadtfläche gesamt: *	87 km²
Verkehrsmittelwahl (Modal Split): **	Autoverkehr 34 %
	Fahrradverkehr 29 %
	Fußverkehr 19 %
	ÖPNV 18 %
Gesamtlänge des Radwegnetzes *	400 km

* Stand 2018; ** Stand 2016

18

FALLBEISPIEL: Wien auf dem Weg zur Nachhaltigkeit

19 Wien: „Kühle Meile" Zieglergasse

Kühle Meile Zieglergasse: erste klimaangepasste Straße Wiens

„Die zunehmend heißen Sommertage sind eine große Belastung für die BewohnerInnen der Stadt. [...] Um nachhaltig Abhilfe zu schaffen, wird die Zieglergasse eine sogenannte ‚Kühle Meile' [...].
Entlang von gut einem Kilometer sorgen 24 Bäume für Beschattung. Wasserentnahmestellen bieten Erfrischung für Menschen und Tiere. Kühlbögen sollen bestimmte Straßenabschnitte effektiv um mehrere Grad kühlen. Diese Maßnahmen helfen die Lebensqualität auch bei zunehmender Hitze in der Stadt zu erhalten. [...] Mit den Bepflanzungen, Möblierungen, Bänken, Wasserentnahmestellen und Kühlelementen entstehen natürlich beschattete Orte für Begegnung."

Stadt Wien: Die erste klimaangepasste Straße Wiens, unter: https://smartcity.wien.gv.at/site/kuehle-meile-zieglergasse/ (Zugriff 28.10.2020)

20

Freiraumnetz Wien

„In Zukunft soll jede Wienerin und jeder Wiener in 250 Metern den nächstgelegenen Abschnitt des Freiraumnetzes erreichen. Diesem Gedanken liegt die Idee der Vernetzung qualitativ hochwertiger Grün- und Freiräume von unterschiedlicher Ausprägung zugrunde. Großgrünräume, Parks, kleinere ökologisch bedeutende Flächen, Straßen mit Grünelementen – sie alle werden miteinander verbunden.
Die Vernetzung trägt aber nicht nur zur attraktiven fußläufigen Durchwegung der Stadt bei, sie steigert auch die Aufenthalts- und Erholungsqualität im direkten Wohn- bzw. Arbeitsumfeld. Sie wirkt sich positiv auf das Stadtklima als auch auf Flora und Fauna aus.
Das enge Maschennetz stellt sicher, dass auch mobilitätseingeschränkte Personen Zugang zu qualitätsvollen Aufenthalts- und Bewegungsräumen in ihrem Nahbereich finden."

Stadt Wien, Freiraumnetz Wien – Fachkonzept Grün- und Freiraum, unter: www.wien.gv.at/stadtentwicklung/strategien/step/step2025/fachkonzepte/gruen-freiraum/freiraumnetz/index.html (Zugriff 28.10.2020)

21

Gestaltung des öffentlichen Raumes

„Durch Neubau und Schließung von Baulücken reduzieren sich mancherorts die verfügbaren öffentlichen Flächen. Dadurch wird eine effiziente und durchdachte Nutzungsplanung verstärkt zur Herausforderung. Freiräume in der Stadt sollen hohe Aufenthaltsqualität bieten und für alle Bürgerinnen und Bürger gleichermaßen zugänglich sein. Kinder, Jugendliche, ältere Menschen oder Menschen mit beengten Wohnverhältnissen sind besonders darauf angewiesen.
Die Qualität von öffentlichen Räumen steht in engem Zusammenhang mit der Lebensqualität einer Stadt. [...] Bei jeder Neu- oder Umgestaltung von öffentlichem Raum werden künftig mit mehr Bäumen, mehr Wasserflächen und helleren Bodenbelägen Maßnahmen gegen Hitze gesetzt. Beispielsweise können Hitzeinseln reduziert, Bedingungen für Gehen und Radfahren verbessert und verkehrsberuhigte Bereiche geschaffen werden.
Außerdem wird geprüft, ob für Kinder Spiel- und Bewegungsmöglichkeiten vorgesehen sind. Kinder haben andere Bedürfnisse als Erwachsene. Sie wollen spielen und lieben die Bewegung. [...]
Bis 2025 werden in Wiens öffentlichem Raum

- 10 000 zusätzliche Bäume gepflanzt,
- 800 zusätzliche Sitzmöbel in den Straßen und auf Plätzen aufgestellt und
- 400 neue Spielangebote entstehen."

Stadt Wien, Trends, Herausforderungen und Ziele – Öffentlicher Raum, unter: www.wien.gv.at/stadtentwicklung/... (Zugriff 28.10.2020)

22

Wiener Wege zur Inklusion

„Viele Menschen mit Behinderung fahren nicht mit den Öffis [öffentlichen Verkehrsmitteln], weil sie sich nicht auskennen. [...] Die Menschen brauchen eine Begleitung [...]. Die Betreuerinnen und Betreuer von behinderten Menschen haben dafür zu wenig Zeit. Sie müssen andere Aufgaben erledigen [...].
Unsere Idee: Es gibt Menschen, die gerne andere unterstützen. Sie helfen freiwillig [...]. Wir wollen sie mit den behinderten Menschen zusammenbringen. Eine Person kennt sich gut mit den Öffis aus. Sie kann jemanden beim Fahren mit den Öffis begleiten. Wir nennen diese Begleitperson Buddy. Buddy ist das englische Wort für Kameradin oder Kamerad."

Fonds Soziales Wien, Buddy-System, unter: www.wiener-wege-zur-inklusion.at/buddy-system/ (Zugriff 28.10.2020)

23

Mehr Platz für ÖPNV, Rad- und Fußverkehr

„Vor Schulen und Kindergärten werden verkehrsfreie und -beruhigte Zonen geschaffen. Als Pilotprojekte werden auch temporäre Fahrverbote vor Schulen [...] getestet.
Geeignete Straßenabschnitte werden an Wochenenden zu temporären Fußgängerzonen, wie zum Beispiel zu Spielstraßen. Temporäre Fußgängerzonen sollen [...] auch in den äußeren Bezirken Wiens eingerichtet werden.
Wo dies möglich ist, werden derzeit als Fahr-, Abbiege- oder Parkstreifen genutzte Flächen für Aufenthalt, Zu-Fuß-gehen, öffentlichen Verkehr oder Radfahren zur Verfügung gestellt."

Stadt Wien: Handlungsfeld „Öffentlicher Raum" – Fachkonzept Mobilität, unter: www.wien.gv.at/stadtentwicklung/strategien/step/step2025/fachkonzepte/... (Zugriff 28.10.2020)

24

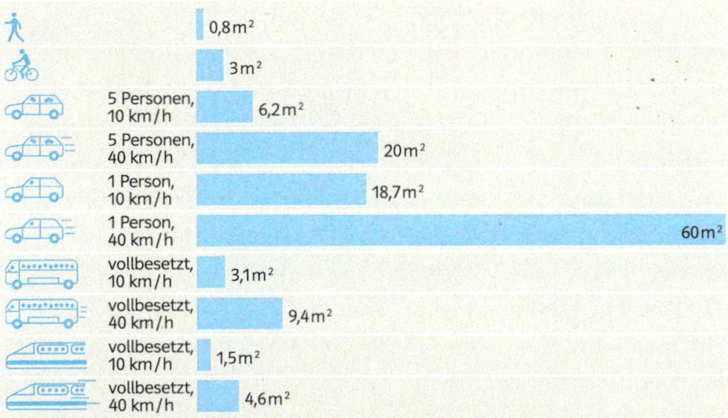

25 Raumverbrauch pro Person nach Verkehrsmittel

Nach www.wien.gv.at/stadtentwicklung/strategien... a.a.O.

Die (Fahrrad-)Hauptstadt Österreichs in Zahlen (2018)

Einwohner gesamt:	1 899 000
Fahrräder gesamt:	1 600.000
Stadtfläche gesamt:	414 km²
Verkehrsmittelwahl (Modal Split):	Autoverkehr 28 %
	Fahrradverkehr 26 %
	Fußverkehr 19 %
	ÖPNV 39 %
Gesamtlänge des Radwegnetzes *	1 431 km

26

Energieraumplanung

„Wien rüstet sich für eine CO_2-freie Zukunft. Das Fachkonzept Energieraumplanung unterstützt die Dekarbonisierung der Energieversorgung. [...] Bis zum Jahr 2050 soll das Energiesystem der Stadt weitgehend frei sein von fossilen Energieträgern und den damit verbundenen CO_2-Emissionen. [...]
1999 beschloss die Stadt Wien ein ambitioniertes Klimaschutzprogramm (KliP Wien) [...]. Bisher konnten durch die KliP-Umsetzung die Wiener Pro-Kopf-Emissionen schon über 34,8 Prozent gegenüber 1990 gesenkt werden."

Stadt Wien: Fachkonzept „Energieraumplanung" – STEP 2025. A.a.O.

27

28 Wien: sozialer Wohnungsbau mit langer Tradition

Sozialer Wohnungsbau

„62 Prozent der Wiener wohnen in einer dieser [Gemeindebau-]Wohnungen mit gedeckelten Mieten. Das wirkt sich auf den gesamten Mietmarkt aus und drückt die Preise nach unten. Die Stadt lässt sich das einiges kosten, sagt Kurt Stürzenbecher, sozialdemokratischer Gemeinderat und Vorsitzender des Wohnausschusses der Stadt. 600 Millionen Euro im Jahr gehen in die Wohnbauförderung: „Das ist einfach gesellschaftlich akzeptiert, dass 0,5 Prozent der Bruttolohnsumme sowohl von Arbeitgeber als auch Arbeitnehmer abgezogen werden und in diesen Topf Wohnbauförderung fließen [...]
Der soziale Wohnungsbau hat in Wien eine fast 100-jährige Tradition. Im Gegensatz zu vielen anderen europäischen Großstädten hat die Stadt außerdem ihren Wohnungsbestand im Laufe der Jahre behalten und nicht verkauft. ... Das Grundprinzip der Stadt könne [...] als Orientierungshilfe dienen, sagt Gemeinderat Kurt Stürzenbecher: „Das Wichtigste ist: Nicht auf den Markt alleine vertrauen, sondern den Markt korrigieren und Wohnen als Menschenrecht sehen und dieses Menschenrecht muss mit den staatlichen und kommunalen Mitteln durchgesetzt werden."

Srdjan Govedarica: Warum Wiener günstig wohnen, Deutschlandfunk. Wirtschaft und Gesellschaft v. 20.09.2018, unter: www.deutschlandfunk.de/ (Zugriff 28.10.2020)

29

Produktive Stadt

„[...] Wien positioniert sich mit dem Fachkonzept ‚Produktive Stadt' als international etablierter Wirtschaftsstandort, der neben dem Dienstleistungssektor auch dem produzierenden Bereich einen hohen Stellenwert beimisst [...].
Der produzierende Bereich ist mit Lebensgrundlage für Wiens Bevölkerung. Konkret bedeutet dies auch Mut zu neuen Formen von Durchmischung: Anstelle ausschließlich monofunktionaler Betriebs- und Wohngebiete sollen neue Mischformen von Arbeiten und Wohnen eine nachhaltige Stadtentwicklung sicherstellen. Allerdings: Nicht alle produktiven Tätigkeiten lassen sich in durchmischte Quartiere integrieren. Hier braucht es auch in Zukunft Flächen für ausschließlich industriell-gewerbliche Betriebe."

Stadt Wien: Fachkonzept „Produktive Stadt". A.a.O.

30

Smart City – das Stadtkonzept der Zukunft?

Die Städte der Zukunft sollen mehr als der Hälfte der Weltbevölkerung Platz bieten und gleichzeitig Ressourcen schonen und nachhaltig wirtschaften. Kann eine Antwort auf diese Herausforderungen die Vernetzung von Informationen und die Digitalisierung von vielen Bereichen des alltäglichen Lebens in der Smart City sein?

1 Smart City

2 Smart City: Erfassung von Informationen

Intelligente Städte – Utopie oder Horrorvision?
„Was für eine Utopie: Sensoren registrieren jede Aktivität der Bürger, Kameras haben alle im Blick, die sich in einer Stadt bewegen, die gesamte öffentliche Infrastruktur ist mit dem Internet verbunden. Intelligente Algorithmen berechnen aus all diesen Daten den effizientesten Ablauf des Lebens: welcher Verkehrsteilnehmer auf welcher Route am schnellsten zum Ziel kommt, welche Mülleimer geleert werden müssen, auf welchen öffentlichen Toiletten das Klopapier aufgefüllt werden und in welchen Gebäuden die Klimaanlage wie viel kühlen muss und welche Jalousien wann heruntergefahren werden. Die Stadtoberen treffen keine irrationalen Entscheidungen mehr, [...] und setzen es auch gleich um: Pragmatismus statt Vetternwirtschaft. Und der Stadtbewohner muss sich um vieles nicht mehr selbst kümmern, er hat wieder Zeit für das Wesentliche im Leben.
Für manche ist diese Vision einer Smart City aber auch eine Horrorvision. ‚Wenn der öffentliche Bereich einem nahtlosen Funktionieren unterworfen wird, hört die Stadt auf, ein Ort der öffentlichen Auseinandersetzung zu sein, und verkommt zu einem banalen Konsumparadies‘, fürchtet der Züricher Architekturtheoretiker Hans Frei."

Eva Wolfangel: Wie intelligent darf die Stadt der Zukunft sein?, Spektrum.de v. 29.07.2015, unter: www.spektrum.de/news/wie-intelligent-darf-die-stadt-der-zukunft-sein/1358136 (Zugriff 28.10.2020)

3

Die Bedeutung von digitalen Informationen
„Daten entwickeln sich immer mehr zur Währung [...]. Ob Passagierflüsse im ÖPNV, Energiedaten in dezentralen Netzen, WLAN-Nutzung im öffentlichen Raum, [...] Luftqualitätsmessung oder Fußgängerströme bei großen Veranstaltungen: Alle Informationen können zunehmend digital und in Echtzeit bereitgestellt werden, damit unsere Städte effizienter, die Umwelt sauberer, der Verkehr ruhiger und das Leben lebenswerter wird. Bei der ganzen Euphorie um Smart Cities haben wir aber vergessen, uns zu fragen: Welchen Wert schaffen wir durch die Daten und für wen? [...] Eine Vielzahl an Daten sind für Städte schwer oder nur käuflich zu erhalten. Sie bräuchten sie aber, um bessere Entscheidungen treffen zu können und ihr Geld effizienter einzusetzen. Unternehmen haben das erkannt und bieten immer öfter Infrastruktur und Dienstleistungen umsonst an, machen dann aber ihr Geschäft mit den Daten [...]."

Alanus von Radecki: Financing the Smart City – was sind die Daten wert? Fraunhofer IAO Social Media v. 11.09.2017, unter: https://blog.iao.fraunhofer.de/financing-the-smart-city-was-sind-die-daten-wert (Zugriff 28.10.2020)

4

Linktipp
Smart-City-Kriterien
9tb3vb

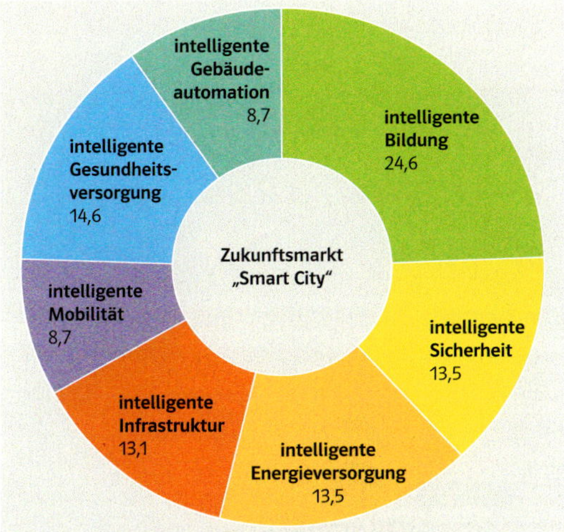

5 Anteile verschiedener Geschäftsfelder weltweit am Zukunftsmarkt „Smart City" 2012 – 2020

Nach European Cyber Security Organisation (ECSO): Smart Cities ans Smart Buildings Sector Report, 2018, S. 12, Fig. 1, www.ecs-org.eu/… (Zugriff 30.10.2020)

Smart Economy	Smart Environment	Smart Government
Startup-Ökosystem Innovationsförderung Industrie 4.0 Last-Mile-Logistik Einzelhandel 2.0 Smarte Landwirtschaft Zirkuläre Wirtschaft Digitale Tourismusangebote	Umweltschutz Fotovoltaikanlagen Smart Grid Dichtheitsprüfung Mini-Windkraftanlagen Wassermanagement Smart Metering Umweltsensorik	Digitale Dienstleistungen Smart Lighting Öffentliche Sicherheit Breitband-Versorgung Abfallmanagement Freies WiFi Open Data
Smart Living	**Smart Mobility**	**Smart People**
Intelligente Gebäude Smart Home Digitale Gesundheit und Pflege Kultur Grünflächen Bibliotheken	Elektromobilität Verkehrsregelung Radverkehrsinfrastruktur Car-/Bike-Sharing Smart Parking Integrierte Mobilität Verkehrssicherheit	Digitale Inklusion Digitale Bildung Lebenslanges Lernen MINT-Ausbildung Digitalisierung des Arbeitsmarktes

Nach bee smart city GmbH, Mülheim an der Ruhr, Jan. 2019, S. 12

7 Beispiele für Handlungsfelder in der Smart City

Strategie der Digitalstadt Darmstadt – Bürgerbeteiligung und Projektauswahl

Entdecken Sie die Projekte der Digitalstadt Darmstadt

Wie sieht das digitale Darmstadt der Zukunft aus? Und mit welchen Projektlösungen begegnen wir aktuell den digitalen Herausforderungen? Unsere Projekte warten auf Ihre Meinung, Mitgestaltung und Vor-Ort-Unterstützung.

Projektauswahl					
	Digitales Schaufenster: Normale Schaufenster bieten meist nur begrenzt Platz. Zudem haben nicht alle Geschäfte die Chance, ihr Angebot in den meistbesuchten Einkaufslagen zu präsentieren. Das Projekt „Digitales Schaufenster" ermöglicht dem Darmstädter Einzelhandel, sich auf einer zentralen Plattform online zu präsentieren.	**Digital für alle – neue Möglichkeiten der medialen Teilhabe:** Digitalisierung ist nur etwas für die jüngere, medienerfahrene Gesellschaft? Ganz und gar nicht! Das Projekt „Digital für alle" beschäftigt sich mit der Frage, wie auch Menschen mit geringer Medienkompetenz einen Zugang zur digitalen Medienkultur erhalten und als Nutzerinnen und Nutzer partizipieren können.	**Stadtlabor:** Die Digitalisierung findet in der Mitte unserer Gesellschaft statt und betrifft alle Bereiche unseres Lebens. Dennoch ist das Thema oft nur schwer zu fassen. Doch wie kann Digitalisierung greifbar gemacht werden?	**Datenplattform:** In einer intelligenten Stadt entstehen durch die Sensoren viele Daten und neue Informationen. Wie können diese Informationen gebündelt und allen Teilnehmenden zur Verfügung gestellt werden?	**Future History – „Mathildenhöhe Darmstadt":** Die „Future History"-App ist eine „virtuelle Zeitreise", die Stadtführungen durch Darmstadt digital und damit interaktiver gestaltet.

Zusammengestellt nach: www.digitalstadt-darmstadt.de/digitalstadt/de/flexPrjList/51535, (Zugriff 04.11.2020)

6

1 NE
Erläutern Sie das Smart-City-Konzept.

2
„Daten sind die Voraussetzung für das Smart-City-Konzept." Erklären Sie diese Aussage.

3
Stellen Sie Veränderungen im Erscheinungsbild unserer Städte dar, wenn das Smart-City-Konzept konsequent umgesetzt wird.

4
„Der Erfolg Darmstadts als Smart City/Digitalstadt beruht auf der Bürgerbeteiligung." Begründen Sie diese Aussage (M6).

5 NE
Erörtern Sie Chancen und Risiken des Smart-City-Konzepts vor dem Hintergrund der Agenda-2030-Ziele.

6 MK
Erstellen Sie eine Übersicht von Smart-City-Maßnahmen Ihrer Gemeinde (M7).

Zukunftsvisionen überprüfen

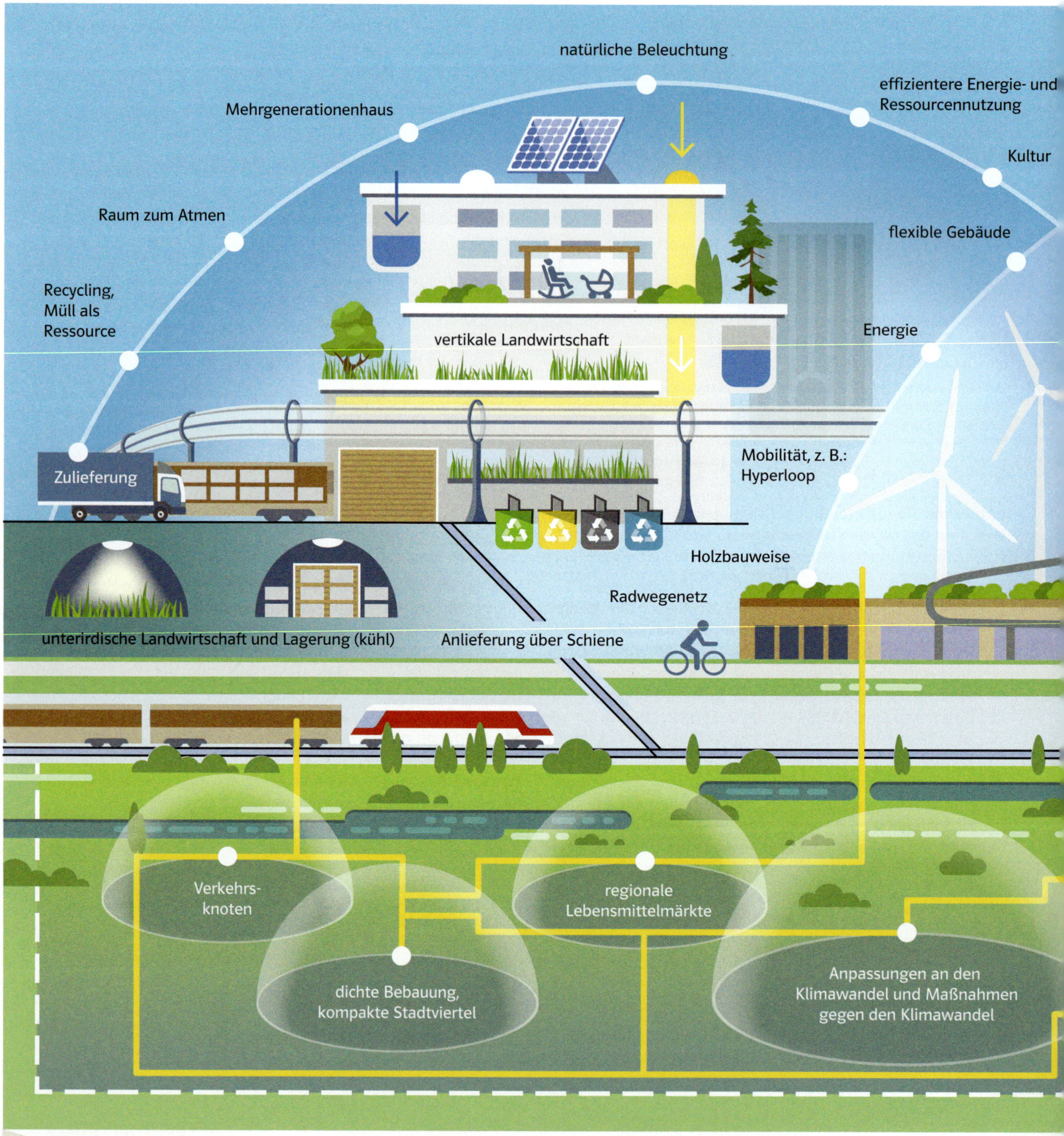

1 **Stadt der Zukunft**

1 NE

Überprüfen Sie Ihre in der „Zukunftswerkstatt" (S. 94/95) erarbeitete Vision einer nachhaltigen Stadt der Zukunft.

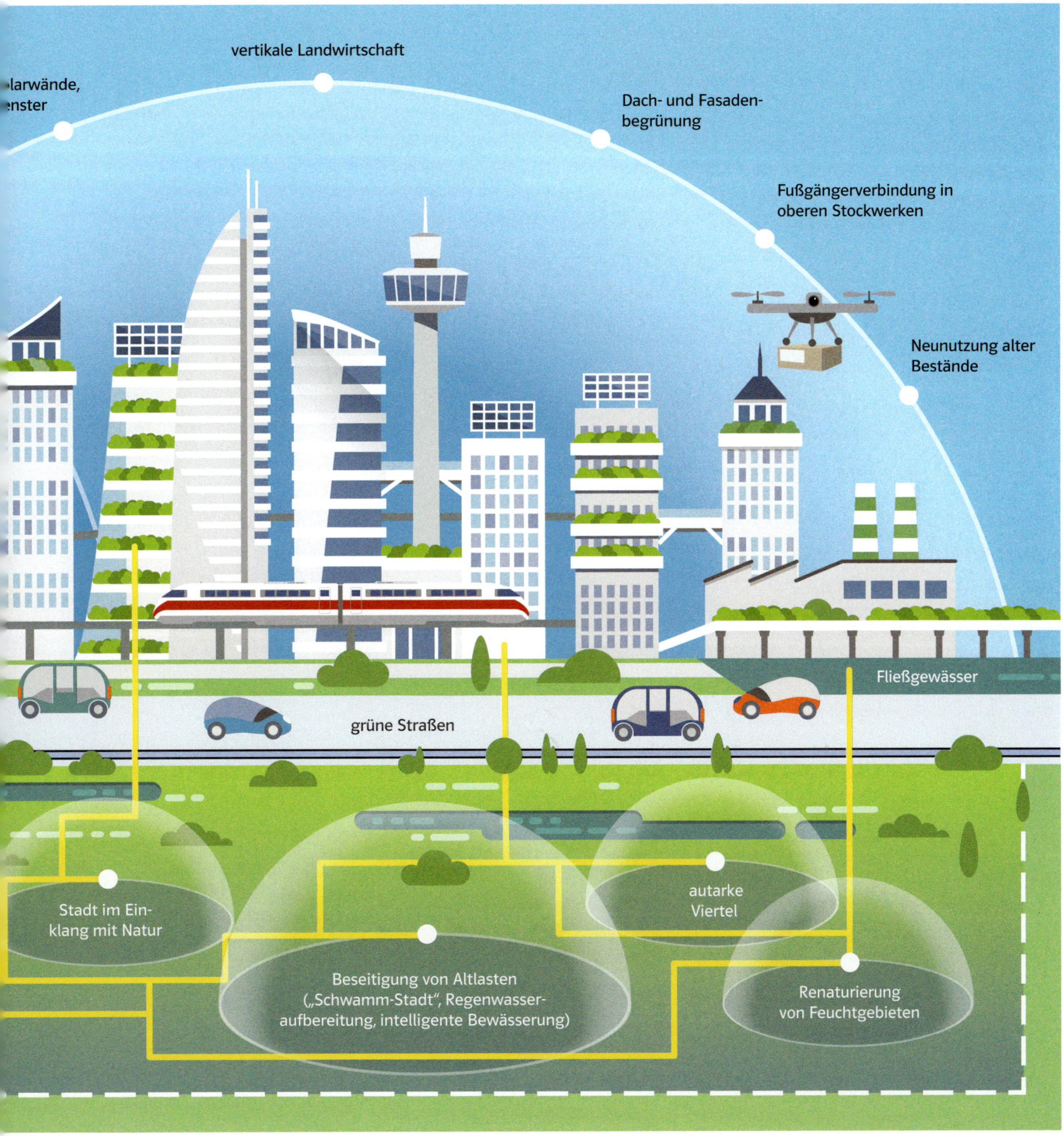

2 NE

Vergleichen Sie Ihre Vision mit dem Zukunftsbild dieser Doppelseite.

3 NE

Erstellen Sie einen Plan Ihres Wohnortes mit Zukunftselementen.

Kompetenzcheck

Wichtige Begriffe

- City
- funktionale Stadtgliederung
- Gated Community
- Gentrifizierung
- Lokale Agenda 21
- Marginalsiedlung
- Megacity
- nachhaltige Stadtentwicklung
- Reurbanisierung
- Segregation
- Shrinking City
- Slum
- städtische Wärmeinsel
- Suburbanisierung
- Urbanisierung
- Verstädterung
- Vulnerabilität

Wissen vernetzen

Die städtische Bevölkerung wächst heute weltweit doppelt so schnell wie die des ländlichen Raumes. Lebte 1975 nur rund ein Drittel der Weltbevölkerung in Städten, so ist es gegenwärtig bereits über die Hälfte.
Bei der Entwicklung der Städte bilden sich Strukturen heraus, die einem dauernden Wandel unterworfen sind. Trotz aller kulturräumlich bedingten Unterschiede ist in der Gegenwart zu beobachten, dass weltweit die Städte immer stärker durch gemeinsame bzw. ähnliche Prozesse und Problemfelder geprägt werden. Sie unterliegen bei fortschreitender Globalisierung denselben Einflussfaktoren.
Die urbanen Räume werden dadurch zu Brennpunkten unserer Gegenwartsprobleme. In ihnen spiegeln sich die Belastungen der Ökosysteme genauso wider wie die weltweiten demografischen, ökonomischen und sozialen Veränderungen. Besonders hier müssen also die Innovationen entstehen, die Konzepte entwickelt und erprobt werden, die für eine nachhaltige Lebens- und Wirtschaftsweise unerlässlich sind.
Die zukunftsfähige Gestaltung unserer Städte wird damit zu einer der wichtigsten Zukunftsaufgaben. Offen bleibt, ob bzw. inwieweit diese Gestaltungsaufgabe gelingen wird. Können die Entwicklungs- und Schwellenländer erfolgreiche Maßnahmen zur Bewältigung des enormen städtischen Wachstums einleiten? Schaffen wir die Wende zu umfassender Nachhaltigkeit in der Stadtentwicklung?
Die Stadt stellt für die meisten von uns den Lebensraum dar, in dem wir wohnen, uns bilden, uns versorgen, arbeiten und unsere Freizeit verbringen. Die oben angesprochenen Probleme und Aufgaben betreffen uns also existenziell. Aus dieser Erkenntnis heraus müssen wir fragen, was für den Einzelnen, was für uns das Leben und Wohnen in der Stadt bedeutet. Uns muss bewusst sein, dass wir uns – zum Beispiel im Rahmen des Lokale-Agenda-21-Prozesses – aktiv in die Gestaltung unserer Heimatstadt einbringen können. Grundlage für ein solches Engagement bieten die in diesem Kapitel gewonnenen Erkenntnisse und Kompetenzen.

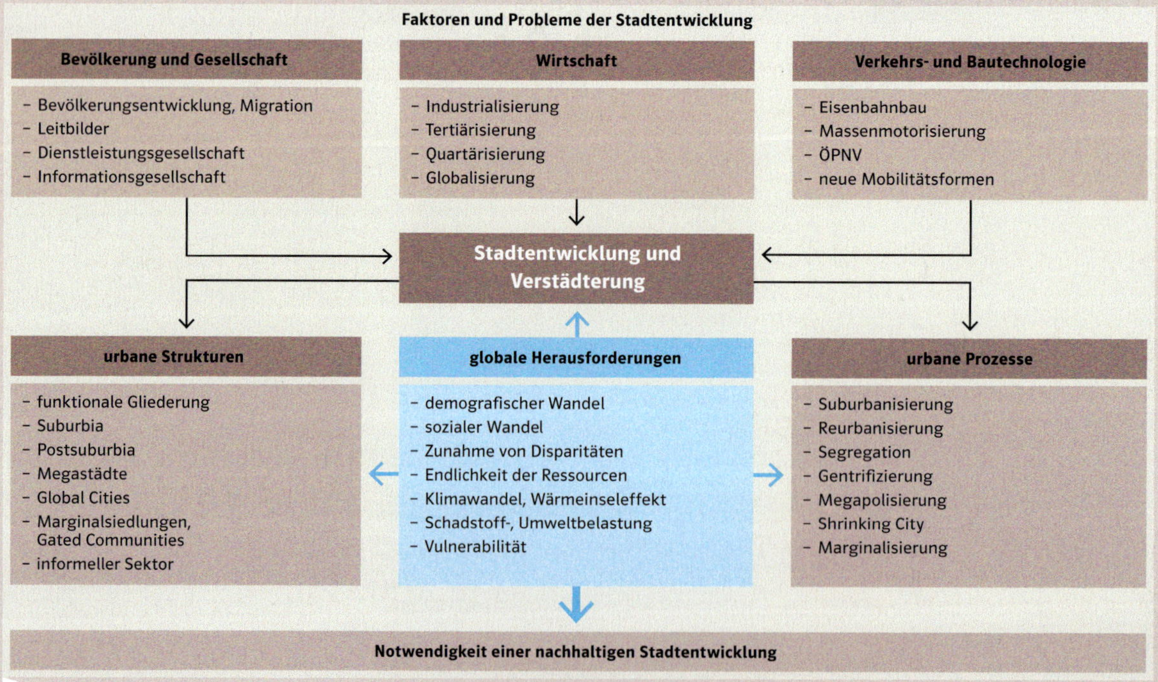

1 Globale Herausforderung: Stadtentwicklung und Verstädterung

Kompetenzen überprüfen

Sich orientieren

1 Lokalisieren Sie auf der Karte
(Weltkarte zum Ausdrucken unter Online-Code 9tb3vb)
a) zwei Regionen mit einem aktuell sehr hohen Verstädterungsgrad,
b) in fünf Kontinenten je eine Megastadt,
c) drei Global Cities.

Wissen und verstehen

2 Charakterisieren Sie den gegenwärtigen Verstädterungsprozess.

3 Stellen Sie aktuelle Problemfelder der Innenstädte bzw. Citys dar.

4 Erklären Sie den Begriff „Vulnerabilität".

Fachmethoden anwenden

5 Interpretation der thematischen Karte 3
a) Arbeiten Sie Grundzüge der Entwicklung heraus.
b) Erklären Sie Ursachen und Folgen dieses Prozesses.

6 Erstellen Sie – ausgehend von der Grafik 2 – ein Fließdiagramm zu den Ursachen und Folgen städtischer Marginalisierung in Entwicklungsländern.

Beurteilen und bewerten

7 „Die Suburbanisierung bedeutet das Ende der Kernstädte."
Bewerten Sie diese Aussage.

8 „Probleme und Verödung der City": Beurteilen Sie diese Schlagzeile vor dem Hintergrund Ihrer eigenen Wahrnehmung von Innenstädten.

Handeln

9 Erforschung des eigenen Schulortes
Bewerten Sie anhand des vorgestellten Fragebogens (Online-Code 9tb3vb) Ihren Schul- oder Heimatort als Lebensraum.

10 Nachhaltige Stadtentwicklung
a) Analysieren Sie – auch durch eine Befragung beim Stadtbauamt – eine aktuelle Sanierungs- oder Entwicklungsmaßnahme Ihrer Gemeinde.
b) Vergleichen Sie diese Maßnahme mit den Konzepten nachhaltiger Stadtentwicklung.
c) Gestalten Sie zu Ihren Untersuchungsergebnissen eine Präsentation im Plenum.

Basiskonzepte anwenden

11 Erläutern Sie an einem Fallbeispiel aus diesem Kapitel die Raumkonzepte der Geographie.

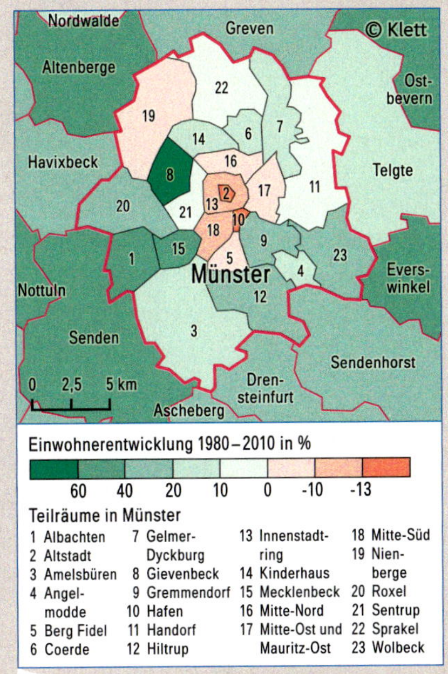

3 Bevölkerungsentwicklung in der Stadtregion Münster
Nach Heinz Heineberg: Stadtgeographie 4. Auflage. UTB GmbH, Stuttgart 2013, S. 45

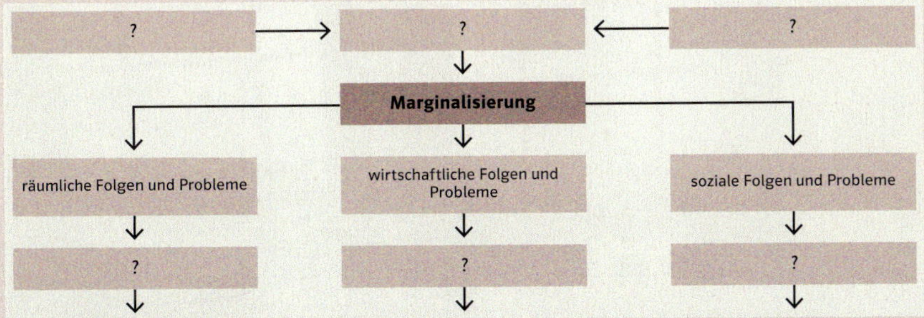

2 Städtische Marginalisierung in Entwicklungsländern: Ursachen und Folgen

Wenn Sie alle Seiten dieses Kapitels bearbeitet haben, können Sie ...

- den urbanen Lebensraum mit seinen wesentlichen stadtgeographischen Merkmalen beschreiben und gliedern;
- Ausmaß, Erscheinungsformen und Ursachen des weltweiten Verstädterungsprozesses herausarbeiten;
- Auswirkungen der Globalisierung auf die städtische Entwicklung analysieren;
- die Besonderheiten des Stadtklimas und die Vulnerabilität urbaner Lebensräume darstellen;
- Konzepte einer nachhaltigen Stadtentwicklung beurteilen und mit einem eigenen Entwurf für eine „Stadt der Zukunft" vergleichen.

6

Globale Herausforderung: disparitäre Entwicklungen

Deutschland

Indien

Die tägliche Begegnung mit vielen Menschen, der Eindruck von Märkten, die Erfahrungen in der Schule und die Wahrnehmung unserer sozialen Umwelt offenbaren vielfältige, zum Teil fundamentale Unterschiede hinsichtlich Wohlstand, Bildung, Gesundheit und vielen anderen Merkmalen.
Diese Disparitäten sind Ausdruck tieferliegender Probleme. Jeder Lösung eines erkannten Problems muss stets eine saubere Analyse vorangehen. Dabei gilt es auch, die eigenen Klischees und Voreingenommenheiten zu überwinden.
Formulieren Sie für jedes Bild einen Titel. Ordnen Sie die Bilder sodann vier der nachfolgend genannten Länder begründet zu: Rumänien, Südafrika, Deutschland, Indien, Russland, Mexiko, USA, Japan.

Mexiko

3

4

-> vom Herz: Rumänien -> Südafrika

Sie untersuchen . . .

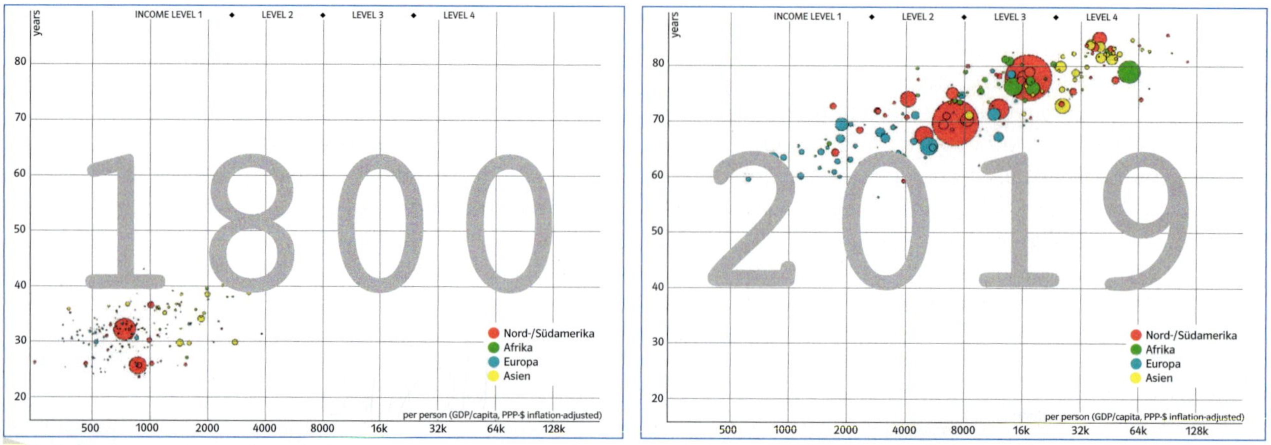

5 **Lebenserwartung und durchschnittliches Einkommen 1800 und 2019 (Screenshot www.gapminder.org/tools)**

Disparität
Der Ausdruck Disparität bezeichnet ein Nebeneinander von Ungleichem. Übersetzen lässt er sich mit „Verschiedenheit" oder „Anderssein". Disparitäten kommen im gesellschaftlichen Gefüge als soziale Disparitäten sowie mit Blick auf die regionale Verbreitung als räumliche Disparitäten zum Ausdruck.

Ungleich und doch gleich?

Gesellschaftliche und räumliche Disparitäten sind weltweit zu beobachten. Insbesondere in den großen Metropolen verdichtet sich das Aufeinandertreffen teils gewaltiger Unterschiede auf engstem Raum. Welche Ursachen, Ausdrucksformen und Auswirkungen sind diesbezüglich zu identifizieren? Und können sie überwunden werden?
Der Altkleidermarkt im Ruhrgebiet, das moderne Bürogebäude in Mumbai, Indien, die gut ausgestattete High School in Mexico City und die großen Reichtum illustrierende Villa im südafrikanischen Johannesburg repräsentieren ohne Zweifel globale Realitäten. Zugleich irritiert uns die Zuordnung der Bilder zu den genannten Staaten, da unsere Vorstellung von armen und reichen Ländern mit Blick auf Indien, Mexiko und Südafrika durch Bilder von Slums, Armut, Hunger und Zerfall bestimmt sind, die von Deutschland hingegen von weit verbreitetem Wohlstand. Wie aber ist der wirkliche Entwicklungsstand dieser Gesellschaften? Sind die Aufnahmen repräsentativ oder spiegeln sie Ausnahmesituationen?
Offensichtlich können wir uns nicht auf bestehende Vorstellungen verlassen, die etwa durch Erzählungen, einzelne Erfahrungen oder Medien transportiert und verstärkt werden. Um herauszufinden, welchen Entwicklungsstand einzelne Länder haben, benötigen wir offensichtlich andere Instrumente. Disparitäten bestehen demnach sowohl zwischen verschiedenen Ländern als auch innerhalb von Gesellschaften. Und weltweit gibt es heute offensichtlich auch Gemeinsamkeiten.
Zu fragen ist, ob das immer so gewesen ist oder ob sich der Unterschied zwischen Ländern in den vergangenen zweihundert Jahren der „Moderne" vergrößert, verkleinert oder anderweitig verändert hat. Vor allem aber gilt es, die Ursachen dieser verschiedenen Disparitäten zu verstehen.
Die Entwicklung der Staaten der Erde hat in den vergangenen zweihundert Jahren eine gewaltige Verbesserung der Lebensverhältnisse für Hunderte Millionen, wahrscheinlich für Milliarden von Menschen gebracht. Zum Ausdruck kommt dies etwa durch die Indikatoren Lebenserwartung und Einkommen. Während zu Beginn des 19. Jh die durchschnittliche Lebenserwartung der Weltbevölke-

Diesen Fragen zu disparitären Entwicklungen werden Sie nachgehen:

- Was sind Disparitäten?
- Welche Merkmale kennzeichnen Unterentwicklung?
- Kann man Entwicklung messen?
- Welcher Ursachen und Erklärungsansätze für Unterentwicklung werden diskutiert?
- Wo verlaufen die Grenzen zwischen Entwicklung und Unterentwicklung?
- Führt die Globalisierung zu Unterentwicklung oder zu deren Überwindung?
- Welche Folgen haben disparitäre Entwicklungen?
- Welcher Zielsetzung folgt der Entwicklungsgedanke?

Interaktive Karte
Raumbeispiele
ej2gh8

Multimedial arbeiten
AB Dollar Street
ej2gh8

Multimedial arbeiten
Gapminder
ej2gh8

Sie knüpfen an ...

6 Soziale Gegensätze in New York

Bekannte Begriffe

- Armutsviertel
- Disparität
- Entwicklungszusammenarbeit
- Flucht
- Human Development Index
- Land-Stadt-Wanderung
- Migration
- Migrationsursachen
- Menschenrechte
- nachhaltige Entwicklung
- Umweltflucht
- Ziele für eine nachhaltige Entwicklung/ Sustainable Development Goals

rung bei lediglich 30–40 Jahren lag, umfasst diese Spanne heute zwischen 60 und über 80 Jahren. Trotz einer für alle Menschen festzustellenden Verbesserung ist doch eine größer gewordene Kluft zu konstatieren. Zugleich leiden nach wie vor etwa 700 Mio. Menschen an Hunger, während gleichzeitig eineinhalb Milliarden weltweit übergewichtig sind. Diese wenigen Daten machen deutlich, dass die Entwicklung ungleich verläuft und aufgrund der regionalen Schwerpunktsetzungen sich **Räume unterschiedlichen Entwicklungsstandes** herausgebildet haben. Diese sind in der Regel durch das Auftreten mehrerer Entwicklungsindikatoren charakterisiert. Dazu zählen u.a. die Verfügbarkeit von Einkommen und Kaufkraft, das Auftreten von Hunger, die Gesundheitsversorgung und das Bildungsangebot.
Angesichts dieses Ist-Zustandes stellt sich die Frage, zu welchem Ziel Entwicklung führen soll. Welchen Ideen folgt dies? Geht es um Verteilungs- oder **Chancengerechtigkeit**? Geht es um Wohlstand oder eine ökologisch tragfähige Entwicklung?

Das wissen Sie schon!

Dass Arm und Reich nicht allein durch Ländergrenzen voneinander getrennt sind, sondern dass jede Gesellschaft Arme und Reiche hervorbringt, das haben Sie ausgehend von diesem Bild bereits kennengelernt. Ging es in Klasse 8 vor allem um das Phänomen der Disparitäten, so richten sich nun die Fragen vor allem auf die Ursachen und Auswirkungen gesellschaftlicher Ungleichheiten, die nicht nur hinsichtlich Einkommen, Bildung, Ernährung und medizinischer Versorgung bestehen. Wiederum ist zu fragen, ob und wie Disparitäten zu erfassen sind und wie sie im Rahmen der „Agenda 2030" und ihren 17 Zielen für eine nachhaltige Entwicklung (SDG) auf allen Ebenen überwunden werden können.

1 Überprüfen Sie Ihre Zuordnung der Bilder von Seite 138/139 zu vier der genannten Länder.

2 Begründen Sie Ihre ursprüngliche Zuordnung.

3 Erläutern Sie die Fachbegriffe aus Klasse 8 anhand der Abbildung 6.

4

Kapitelübergreifende Aufgabe/Instruktion
Die Frage nach den Ursachen disparitärer Entwicklung von Gesellschaften wird sehr unterschiedlich beantwortet. Führen Sie eine intensive und fachlich gut fundierte Debatte zur Frage „Wie können disparitäre Entwicklungen überwunden werden?" durch.
Organisieren Sie sich in verschiedenen Gruppen und arbeiten Sie zur Vorbereitung der Debatte die Seiten dieses Kapitels gründlich durch.

1

MK Kann man Entwicklung messen?

Der Begriff „Entwicklung" ist grundsätzlich positiv belegt, obwohl das Wort per se im Grunde inhaltsleer ist. Was genau damit gemeint ist, in welche Richtung die Entwicklung geht und ob diese als richtig oder falsch bewertet wird, erfordert Konkretisierung. Um festzustellen, ob eine angestrebte Entwicklung auf dem richtigen Weg ist, bedarf es Indikatoren, die sich je nach Entwicklungsidee voneinander unterscheiden. Welche sind die gängigsten?

Indikatoren geben uns Hinweise, zeigen Veränderungen an und sind somit hilfreich für den Erkenntnisgewinn. So sind Schulnoten ein zentraler Indikator für die Entwicklung der individuellen schulischen Leistung. Ungleich komplexer und somit anspruchsvoller ist es hingegen, den Entwicklungsstand oder -prozess einer Gesellschaft zu erfassen. Denn zum einen konkurrieren unterschiedliche Vorstellungen von Entwicklung und zum anderen sind Indikatoren nur begrenzt aussagekräftig. Hinzu kommt, dass sich im Laufe der Zeit die Rahmenbedingungen und damit wiederum die Konzepte von Entwicklung ändern.
So erachtet die Weltbank das **Bruttonationaleinkommen pro Kopf (BNE/Kopf)**, das früher unter der Bezeichnung Bruttosozialprodukt firmierte, als aussagekräftigen Indikator für die wirtschaftliche Entwicklung eines Landes. Das BNE erfasst alle Waren und Dienstleistungen, die in einem Zeitraum (meist 1 Jahr) von Staatsangehörigen eines Landes hergestellt wurden, gleichgültig ob dies im In- oder Ausland erfolgte. Kritiker aber merkten schon früh an, dass lediglich ein einzelner ökonomischer Indikator, der zudem nur einen begrenzten Aspekt abdecke, nicht geeignet sei, denn das BSP/Kopf wie auch das BNE/Kopf

- sei ein mathematischer Durchschnittswert, und ein solcher habe grundsätzlich begrenzte Aussagekraft,
- berücksichtige nur formale Einkommensquellen und lasse den insbesondere für die Wirtschaft der Entwicklungsländer so wichtigen informellen Sektor unbeachtet,
- erfasse nicht die vor allem für die Nahrungsversorgung in Ländern des Globalen Südens bedeutende Subsistenzwirtschaft,
- berücksichtige auch nicht die marktspezifische Kaufkraft der angegebenen Geldmenge.

Der „Index der menschlichen Entwicklung"

Angesichts dieser Kritik entwickelte die UNO einen anderen Indikator, um den Entwicklungsstand von Gesellschaften zu erfassen: den **Human Development Index (HDI)**, also den Index der menschlichen Entwicklung. In diesen gehen folgende Messgrößen ein:

- die durchschnittliche Lebenserwartung,
- die durchschnittliche Dauer der Beschulung,
- das kaufkraftbereinigte Bruttonationaleinkommen pro Kopf.

Aus diesen Teilwerten wird ein Index-Wert errechnet, der zwischen 0 und 1 liegt. Dabei gilt: je höher der Wert, desto höher der Entwicklungsstand eines Landes. Liegt der Wert über 0,8, ist ein hoher Entwicklungsstand erreicht. Doch auch der HDI kann die Wirklichkeit nur bedingt abbilden.

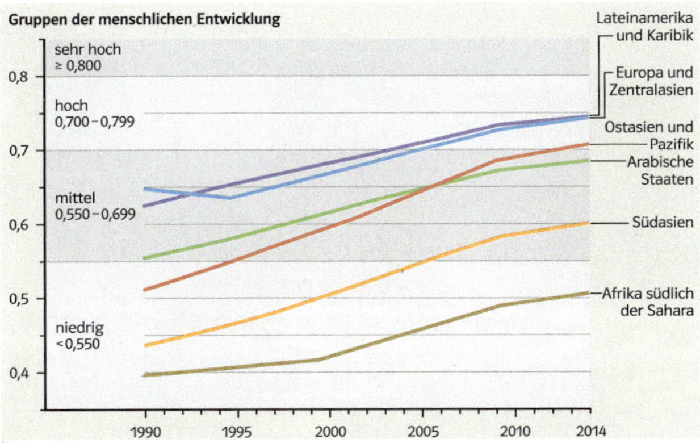

2 **Der Index der menschlichen Entwicklung nach Regionen**

Nach: United Nations Development Programme

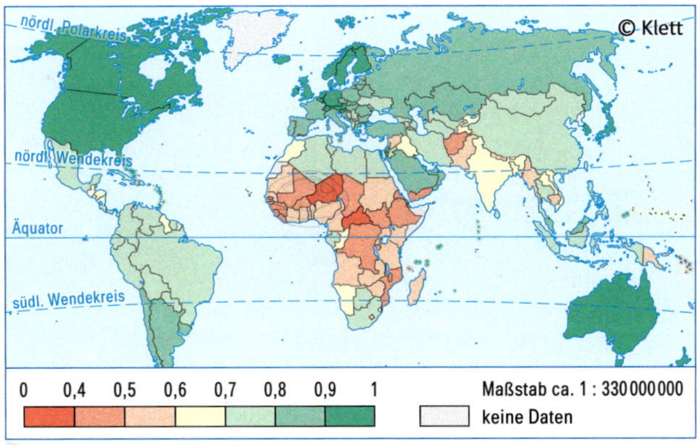

3 **Der Index der menschlichen Entwicklung nach Ländern**

Nach: UNDP Human Development Reports – Human Development Report 2019. Unter: http://hdr.undp.org/en/2019-report (Zugriff: 28.10.2020)

Weitere Entwicklungsindikatoren

Denn, so die Kritiker des HDI, dieser lasse die im Rahmen einer nachhaltigen Entwicklung bedeutenden ökologischen Aspekte außer Acht. Diese berechtigte Kritik führte 2010 zur Fortentwicklung des HDI hin zum HSDI, dem Human Sustainable Development Index, der neben den bereits bekannten Aspekten auch die Pro-Kopf-Treibhausgasemissionen in CO_2-Äquivalenten erfasst und in die Gesamtberechnung des Index-Wertes einbezieht.

Andere Entwicklungsindikatoren, wie der Happy-Planet-Index, rücken den Wohlstand und die Lebenszufriedenheit in Kombination mit dem ökologischen Fußabdruck in den Fokus.

Einen ganz anderen Weg geht Bhutan. Das Königreich im Himalaja drückt die eigene Entwicklung mithilfe des Indikators Bruttonationalglück aus. Dazu werden mithilfe von 33 Indikatoren neun verschiedene Lebensbereiche erfasst. Diese umfassen das subjektive Wohlbefinden, Gesundheit, Bildung, Kultur, die Aufteilung zwischen Arbeitszeit und Freizeit, die Politik, das Gemeinschafts- und Familienleben, die Natur sowie den Lebensstandard.

Der Nationale Wohlfahrtsindex (NWI) schließlich berücksichtigt insgesamt 20 wohlfahrtsstiftende und wohlfahrtsmindernde Aktivitäten.

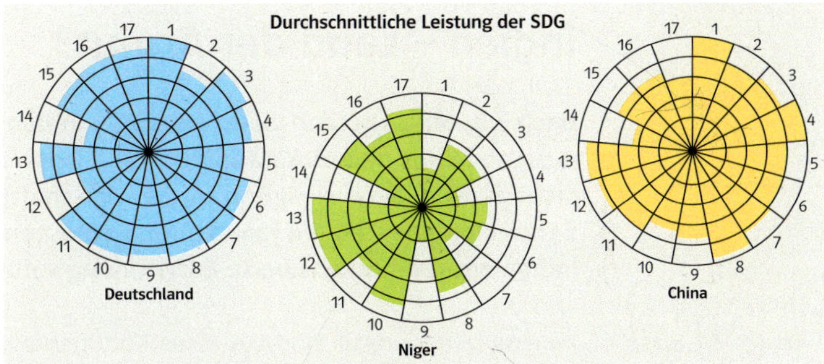

4 **Entwicklungsstände nach den SDG der „Agenda 2030"**

Nach: https://s3.amazonaws.com/sustainabledevelopment.report/2019/2019_sustainable_development_report.pdf (Zugriff 28.10.2020)

Mit dem Start der „Agenda 2030" und ihren 17 Zielen für eine nachhaltige Entwicklung zum 1.1.2016 finden neue Verfahren zur Messung des Entwicklungsstandes der Staaten der Erde Eingang in die Diskussion. In einem jährlichen Bericht erfasst der „Sustainable Development Report" den Entwicklungsstand und -prozess der Länder entlang der Zielformulierungen, die in den **17 Zielen für eine nachhaltige Entwicklung (= Sustainable Development Goals, SDG)** und den diesen zugeordneten 169 Teilzielen festgelegt sind. Die erreichten Fortschritte werden für jedes Land in einer Analysespinne dargestellt.

→ Nachhaltige Entwicklung/ Agenda 2030 S.161

1 NE

Partnerarbeit: Erklären Sie sich gegenseitig je zwei verschiedene Indikatoren zur Erfassung des Entwicklungsstandes eines Landes.

2 MK

Erstellen Sie eine Tabelle der folgenden Länder nach den hier angeführten Entwicklungsindizes: Deutschland, China, Niger (Grafik 4). Nutzen Sie dazu auch den Online-Code.

3

Bewerten Sie auf dieser Grundlage den Entwicklungsstand der drei analysierten Länder unter Berücksichtigung der unterschiedlichen Entwicklungsindikatoren.

1 Etwa 90 Millionen Inder leben unter der absoluten Armutsgrenze

2 Das teuerste private Wohnhaus der Welt (1 Mrd. US-$) steht in Mumbai

Indien – Land der Armut?

Nach wie vor verbinden viele Menschen Indien mit Bildern ausgeprägter Armut, riesigen Slums und rückständigem ländlichen Leben. Diese Vorstellung wird Indien nicht gerecht, denn sie ignoriert die wirtschaftliche, technische und gesellschaftliche Entwicklung der letzten Jahrzehnte. Gemessen am Human Development Index hat Indien eine bemerkenswerte Entwicklung vollzogen. Ganz Indien?

Wussten Sie, dass Indien ...

... bereits 2008 ein eigenes Monderforschungsprogramm erfolgreich durchführte?

... 2014 mit einer eigenen Rakete den Mars erreichte?

... in den nächsten Jahren sein eigenes Programm bemannter Raumfahrt realisieren wird?

... weltweit führende IT-Entwicklungsstandorte unterhält?

Indiens Dimensionen sind die eines Kontinents – nicht nur hinsichtlich der Größe, sondern auch hinsichtlich der gesellschaftlichen und kulturellen Vielfalt. Diversität und regional sehr unterschiedlich verlaufende Entwicklungen prägen das Land. Dennoch konnte Indien in den vergangenen vier Jahrzehnten seinen HDI von unter 0,3 und damit einem sehr niedrigen Entwicklungsstand bis 2018 auf 0,647, also einen mittleren Entwicklungsstand steigern. Im weltweiten Ranking nimmt das Land damit Platz 129 ein.

Einen wesentlichen Beitrag zur Entwicklung Indiens wird den Wirtschaftsreformen zu Beginn der 1990er-Jahre zugeschrieben. Sie zielten vor allem auf die Öffnung und Liberalisierung des bis dahin nur wenig in die Weltwirtschaft integrierten Landes ab. Mit den Reformen wurden folgende Ziele verfolgt:

- die Sanierung der zerrütteten Staatsfinanzen durch massive Ausgabenkürzungen, insbesondere bei Subventionen;
- die Liberalisierung des indischen Außenhandels u.a. durch die Lockerung von Importbeschränkungen;
- die Deregulierung des Binnenmarktes durch die Vergabe zahlreicher Lizenzen für privatwirtschaftliche Unternehmen sowie den Abbau von Hemmnissen für ausländische Unternehmen.

Die Reformen führten einerseits zur erhofften wirtschaftlichen Dynamik, brachten aber auch die Verschärfung sozialer und regionaler Disparitäten mit sich. Die jährlichen Wachstumsraten der indischen Wirtschaft liegen seither zwischen 5 und 10 %. Regional konzentriert sich diese Entwicklung jedoch vor allem auf „Die großen Vier", also die Ballungsgebiete Delhi, Mumbai – Pune, Chennai und Kolkata, aber auch auf Bangalore, Hyderabad und Ahmedabad. Während der industrielle Sektor in etwa gleich bleibt, verliert der Primäre und gewinnt der Tertiäre Sektor an Bedeutung. Letzteres ist stark mit der in Indien ausgeprägten, global agierenden IT-Industrie verbunden.

Demgegenüber sind weite Teile des landwirtschaftlich geprägten Zentralindiens sowie des Ostens deutlich weniger entwickelt, sodass hinsichtlich der Einkommensdisparitäten ein klares West-Ost-Gefälle existiert. Scharfe soziale Gegensätze sind auch in den Städten erfahrbar, wie etwa in Mumbai, wo ausgedehnte Slumgebiete wie Daravi direkt neben weltmarktorientierten Dienstleistern des IT- oder Finanzsektors angesiedelt sind. Statistisch entkommen jede Minute 44 Menschen in Indien der absoluten Armut, sodass die Mittelschicht mittlerweile auf etwa 600 Mio. Menschen angewachsen ist. Aber nach wie vor leben mindestens so viele Menschen in Armut.

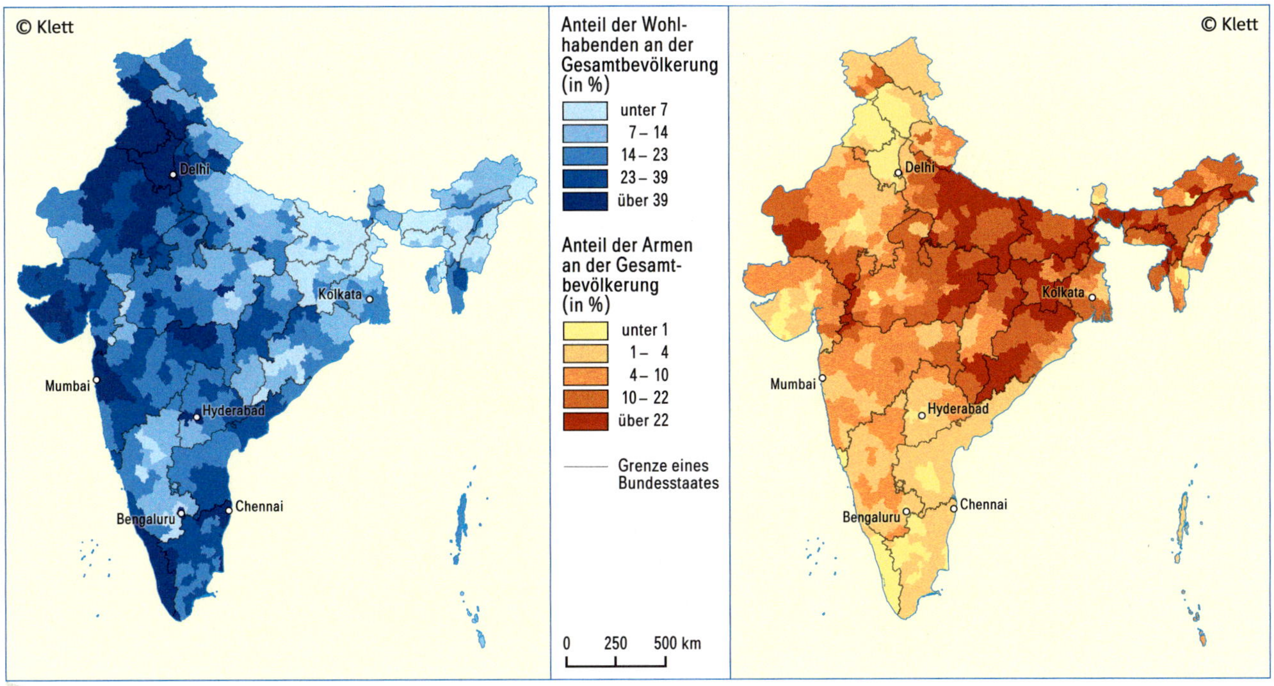

3 Anteil der Wohlhabenden und der armen Bevölkerung in Indien

Nach: National Family Health Survey. NFHS 4 unit-level data (2015-2016). Unter: http://rchiips.org/NFHS/nfhs4.shtml (Zugriff 13.08.2020)

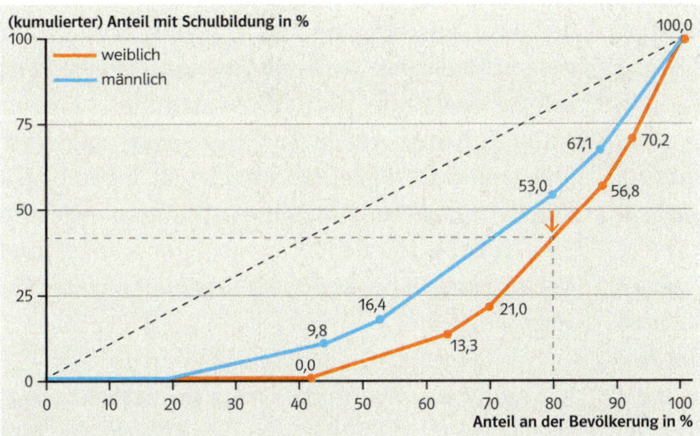

4 Bildung, Lorenzkurve Indien

Lesebeispiel: 80 % der Bevölkerung Indiens steht lediglich ein männlicher Bevölkerungsanteil von 53 % mit Schulbildung gegenüber, bei Mädchen und Frauen sogar nur 40%.

Nach: www.epdc.org/epdc-data-points/epdc-spotlight-india.html (Zugriff 02.11.2020)

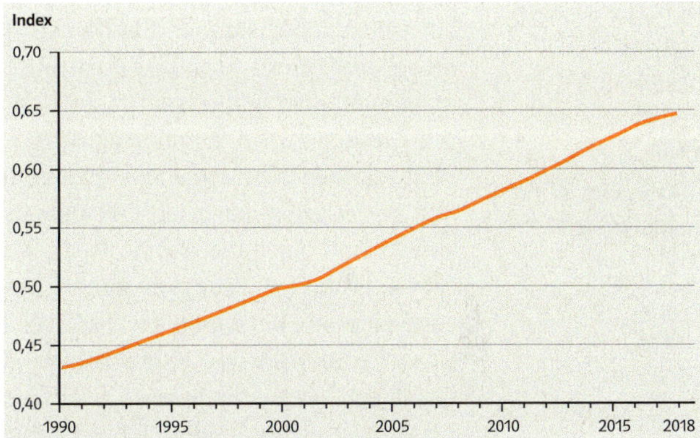

5 Entwicklung des HDI in Indien 1990 – 2018

Nach: Human Development Report, 2019 Statistical Update auf https://knoema.de/atlas/Indien/topics/Weltrankings/Weltrankings/Human-Development-Index (Zugriff 28.10.2020)

1 Beschreiben Sie verschiedene Aspekte disparitärer Entwicklungen in Indien.

2 Erläutern Sie Ursachen dieser Entwicklung.

3 NE Vergleichen Sie die Entwicklung Indiens, Deutschlands und der USA auf der Grundlage des HDI.

4 Vergleichen Sie anhand der Seiten 144 – 149 die Situation in Indien mit der in den USA und/oder in Deutschland.

5 Bewerten Sie die jüngste Entwicklung in Indien.

1 Gated Community, Florida

2 Slum, Detroit, Michigan

USA – Land des Reichtums?

Insbesondere in der zweiten Hälfte des 20. Jahrhunderts haben die USA weltweit Orientierung gegeben. Aber das „Land der unbegrenzten Möglichkeiten" zeigt zunehmend disparitäre Entwicklungen sozialer und räumlicher Art. Zwar sind die USA nach wie vor eines der reichsten Länder der Erde, doch seit geraumer Zeit greift auch eine andere Wirklichkeit Platz. Wie sieht das im Einzelnen aus?

Wussten Sie, dass in den USA ...

... mehr als 600 Milliardäre leben?

... etwa 30 Millionen Menschen keine Krankenversicherung haben?

... jeder achte Bürger arm ist?

... je 1000 Einwohner weniger Autos verfügbar sind als in Deutschland?

Disparitäre soziale Entwicklungen sind in den USA auf vielen verschiedenen Ebenen zu beobachten. Insbesondere mit Blick auf die Lohnentwicklung stellten Studien fest, dass sich seit den 1980er-Jahren diese so auseinanderentwickelt haben, dass heute wieder Unterschiede wie zu Zeiten der großen Wirtschaftskrise in den 1930er-Jahren festzustellen sind. Auch die Abstände der Gehälter von Arbeitern und Führungspersonen haben weiter zugenommen. Betrug dieser 1965 das 24-fache, so ist es heute etwa das 200-fache. Die Zahl der Obdachlosen stieg ebenfalls an und zwar auf etwa 3,5 Mio. Menschen. Zudem ist zu beobachten, dass höhere Bildungsabschlüsse nicht mehr automatisch zu höheren Einkommen führen. Zwar stiegen die Frauen gezahlten Löhne von ca. 60 % in den 1960er-Jahren auf etwa 80 % der Männern gezahlten Löhne, doch eine darüber hinaus gehende Angleichung ist nicht zu erkennen. Noch immer sind deutliche Unterschiede zwischen der Schulbildung weißer Amerikaner, Schwarzer und Hispanics festzustellen. Dies lässt sich auch auf dem Arbeitsmarkt beobachten. Schließlich sind disparitäre Entwicklungen mit Blick auf Chancen zum beruflichen Aufstieg, den Zugang zu medizinischer Versorgung, Mobilität im Alter sowie Integration von Migranten in den Arbeitsmarkt nicht zu übersehen.

Viele dieser sozial ungleichen Entwicklungen finden ihren Ausdruck in räumlichen Disparitäten auf unterschiedlichen Maßstabsebenen. Lokal sind es insbesondere die „Gated Communities", die ursprünglich Ende des 19. Jh. in New Jersey aufkamen und seit den 1970er-Jahren überall in den USA massiv zunehmen. In diesen schotten sich die „oberen 20 %" der Bevölkerung hinter schützenden Mauern von weniger wohlhabenden Teilen der Bevölkerung ab.

Auf nationaler Ebene ist – trotz Ausnahmen – generell ein Nord-Süd-Gefälle hinsichtlich der Einkommensverteilung zu erkennen, das zugleich von einem Küsten-Binnenlage-Gefälle überlagert ist. Mit Blick auf die allgemeine, mithilfe des HDI erfasste Entwicklung ist Folgendes festzustellen: Zwar konnte der HDI-Wert der USA in den vergangenen dreißig Jahren von 0,86 auf 0,92 gesteigert werden. Doch diese Entwicklung geht nicht mit einer regionalen Vereinheitlichung der Lebensverhältnisse einher. So liegen die am weitesten entwickelten Bundesstaaten mit Ausnahme von Colorado im Norden der USA, wohingegen sich die relativ schwächer, im internationalen Vergleich aber sehr hoch entwickelten Bundesstaaten im Südosten konzentrieren.

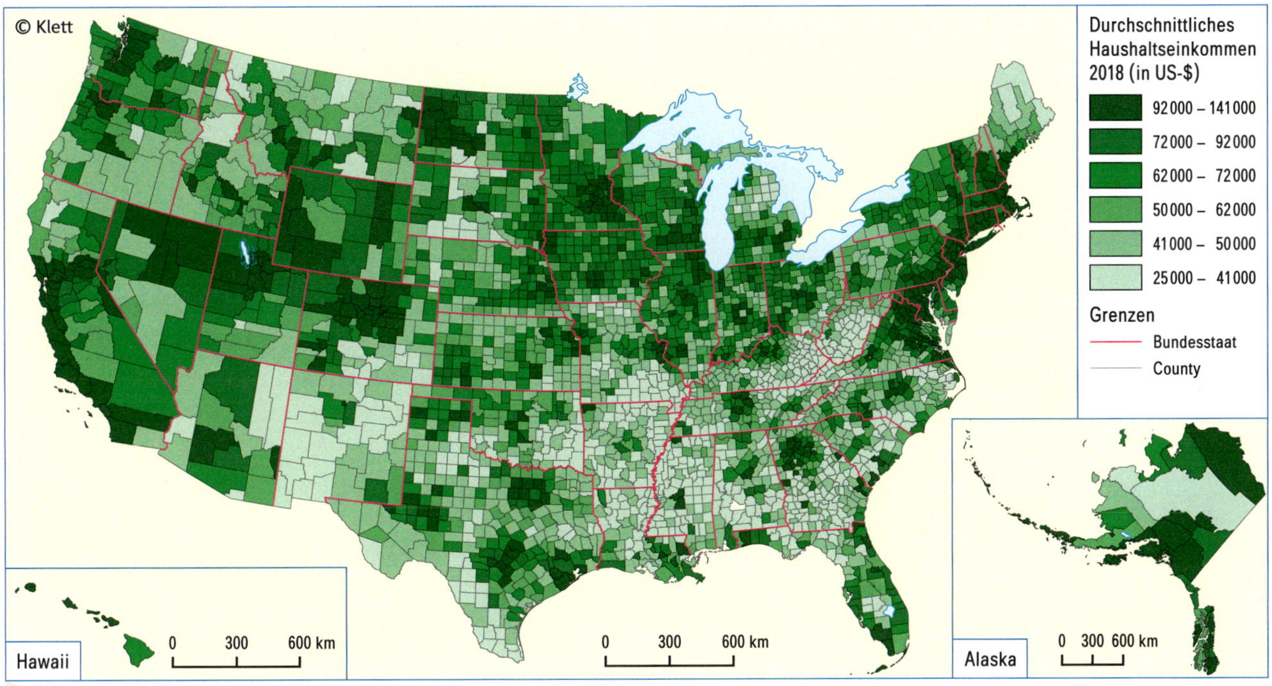

3 Durchschnittliche Haushaltseinkommen

Nach: U.S. Department of Commerce, Bureau of the Census, Small Area Income and Poverty Estimates (SAIPE) Program – Median Household Income of the Total Populationby County: 2018. Unter: www.census.gov/library/publications/2020/demo/p30-06.html (Zugriff 07.09.2020)

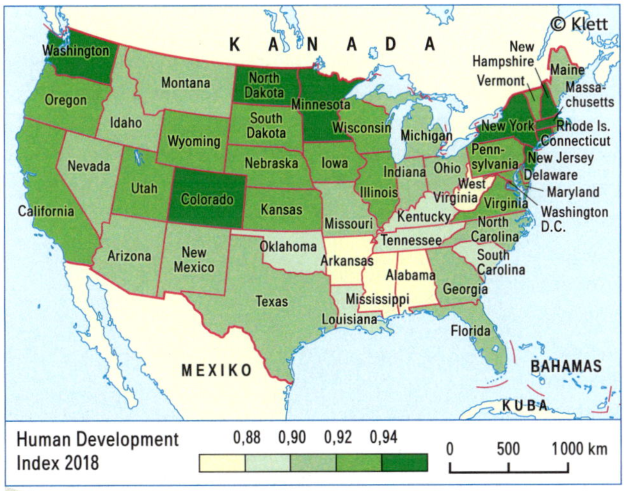

4 HDI USA nach Bundesstaaten 2018

Nach: Radboud University, Institute for Management Research – Global Data Lab. Unter: https://globaldatalab.org/shdi/ (Zugriff 08.09.2020)

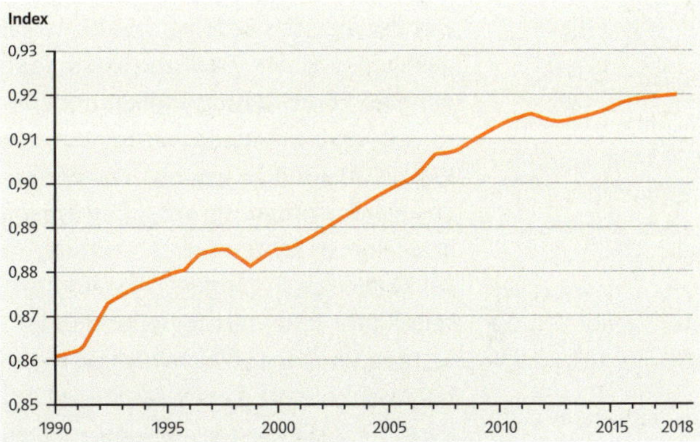

5 Entwicklung des HDI in den USA 1990 – 2018

Nach: https://knoema.com/atlas/United-States-of-America/Human-development-index. Quelle: UNDP (Zugriff 28.10.2020)

1 Beschreiben Sie verschiedene Aspekte disparitärer Entwicklungen in den USA.

2 Erläutern Sie Ursachen dieser Entwicklung.

3 NE Vergleichen Sie die Entwicklung Indiens, Deutschlands und der USA auf der Grundlage des HDI.

4 Vergleichen Sie anhand der Seiten 144 – 149 die Situation in den USA mit der in Indien und/oder in Deutschland.

5 Bewerten Sie die jüngste Entwicklung in den USA.

1 Sanierungsbedürftiges Viertel, Ueckermünde/Mecklenburg-Vorpommern

2 Hamburg-Blankenese

Deutschland – Land der Mittelschicht?

Seit den wirtschaftspolitischen Reformen der „Agenda 2010" entwickelte sich der „kranke Mann Europas" zum Wirtschaftszentrum des Kontinents. Neben diesen arbeitsmarkt- und sozialpolitischen Maßnahmen trug insbesondere der im internationalen Vergleich günstige Euro zur Stärkung der exportorientierten deutschen Wirtschaft bei. Doch diese Entwicklung zeigt regional wie sozial deutlich disparitäre Merkmale. Wie gestaltet sich dies im Einzelnen?

Wussten Sie, dass in Deutschland...

... als arm gilt, wer über weniger als 60 % des mittleren Einkommens verfügt?

... diese sogenannte „relative Armut" Menschen von sozialer Teilhabe ausgrenzt?

... in vielen Ländern des Südens Menschen unter „absoluter Armut" leiden , die das Überleben infrage stellt?

... als absolut arm gilt, wer weniger als 1,90 US-$ pro Tag zur Verfügung hat?

Deutschland wird sowohl international als auch von der eigenen Bevölkerung als wohlhabend angesehen. Diesen Eindruck bestätigen auch die gängigen Entwicklungsindikatoren. Der HDI konnte seit 1990 bis heute von einem bereits hohen Wert (0,8) auf 0,94 gesteigert werden. Angesichts der Herausforderung des Einigungsprozesses ist dies eine beachtenswerte Leistung. Die im Artikel 72 (2) des Grundgesetzes als Richtschnur gesellschafts- und regionalpolitischer Entwicklungen festgeschriebene „Gleichwertigkeit der Lebensverhältnisse" nimmt ganz wesentlich Einfluss darauf, dass die sozialen wie regionalen Disparitäten in Deutschland nicht zu groß werden. Dennoch ist zu konstatieren, dass die soziale Schere seit den vergangenen zwei Jahrzehnten auseinandergeht und die lange Zeit für Deutschland charakteristische Mittelschicht abnimmt. Einkommensunterschiede nehmen zu und mit Blick auf die Entwicklungsindikatoren Einkommen, Verschuldung, Armut, Abwanderung und andere mehr ist die historisch-politische Zweiteilung Deutschlands statistisch nach wie vor sichtbar. Regional ist ein sehr klares Süd-Nord-Gefälle zu erkennen, das zugleich von einem West-Ost-Gefälle überlagert ist.

Armutsbericht 2019

„Im Jahr 2018 waren 15,5 Prozent der Menschen in Deutschland von Armut betroffen. Im Vergleich zu 2017 sank die Armutsquote damit um 0,3 Prozentpunkte. Für Hunderttausende bedeutete dieser prozentual kleine Rückgang einen Fortschritt: 210 000 Menschen weniger als noch im Vorjahr mussten rechnerisch unterhalb der Armutsgrenze leben. Dabei ist dieser Rückgang keineswegs typisch für die vergangene Dekade. Nur in zwei der vorherigen zehn Jahre gab es überhaupt einen Rückgang der Armut, und zwar 2010 und 2014 um jeweils 0,1 Prozentpunkte. [...] Ebenso hat sich am Arbeitsmarkt der Rückgang der Arbeitslosenquote fortgesetzt und lag 2018 bei 5,2 Prozent. Haupttreiber des deutschlandweiten Rückgangs der Armut war die positive Entwicklung in drei bevölkerungsreichen Bundesländern: Nordrhein-Westfalen, Niedersachsen und Bayern.
Im Vergleich der Bundesländer müssen wir auch im Jahr 2018 weiterhin eine tiefe Spaltung feststellen. Die Spanne der Armutsquote reicht von 11,7 Prozent in Bayern bis zu 22,7 Prozent in Bremen. Im Ranking der Bundesländer haben Bayern und Baden-Württemberg die ersten beiden Plätze der Bundesländer mit der niedrigsten Armutsquote getauscht. [...]"

www.der-paritaetische.de/schwerpunkt/armutsbericht/ (Zugriff 28.10.2020)

3

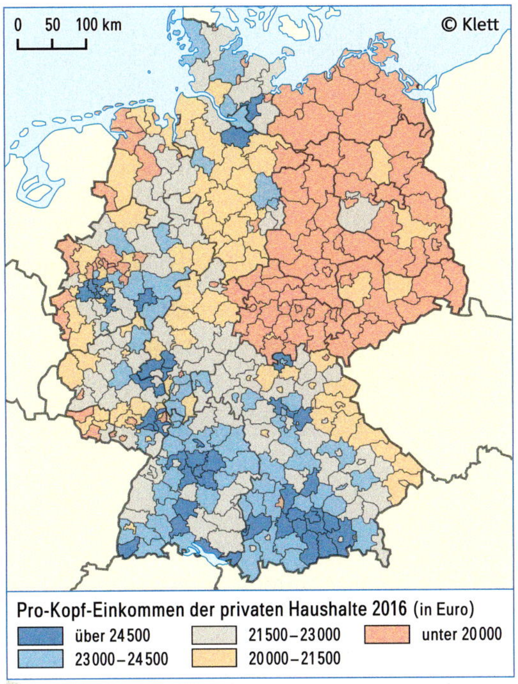

4 Haushaltseinkommen in Deutschland 2016

Nach: Wirtschafts- und Sozialwissenschaftliche Institut – verfügbare Pro-Kopf-Einkommen, regional. Unter: www.wsi.de/de/einkommen-14582-17976.htm (Zugriff 03.09.2020)

6 HDI Deutschland nach Bundesländern 2018

Nach: Radboud University, Institute for Management Research – Global Data Lab. Unter: https://globaldatalab.org/shdi/ (Zugriff 08.09.2020)

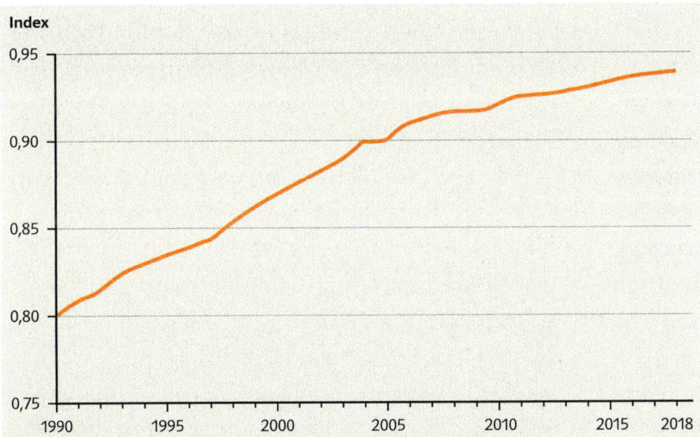

5 Entwicklung des HDI in Deutschland 1990 – 2018

Nach: Human Development Report, 2019 Statistical Update auf https://knoema.de/atlas/Deutschland/topics/Weltrankings/Weltrankings/Human-Development-Index (Zugriff 28.10.2020)

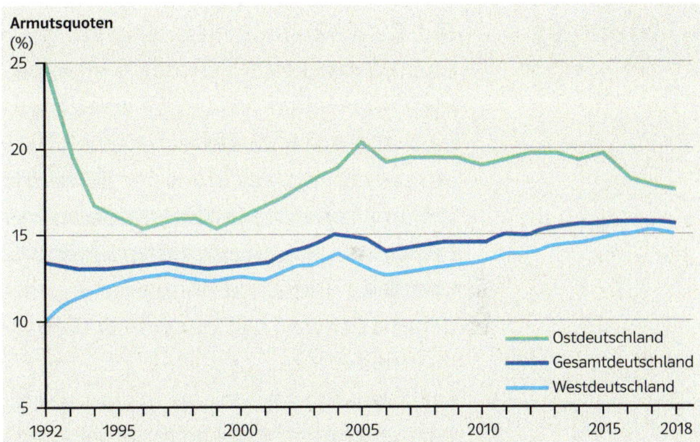

7 Armutsentwicklung in Deutschland seit 1992

Nach: Der Paritätische Gesamtverband: Der Paritätische Armutsbericht 2019, S. 12/13 Grafik 4. Datenquelle: Statistische Ämter des Bundes und der Länder, BMAS, eigene Berechnungen des Paritätischen Gesamtverbandes

1 Beschreiben Sie Aspekte disparitärer Entwicklungen in Deutschland.

2 Erläutern Sie Ursachen dieser Entwicklung.

3 NE Vergleichen Sie die Entwicklung Indiens, Deutschlands und der USA auf der Grundlage des HDI.

4 Vergleichen Sie anhand der Seiten 144 – 149 die Situation in Deutschland mit der in Indien und/oder in den USA.

5 Bewerten Sie die jüngste Entwicklung in Deutschland.

1 Chinas Tor nach Europa: die „Cosco Shipping Pisces“, eines der weltgrößten Containerschiffe, läuft den Hafen von Piräus bei Athen an

2 Assoziationen zur Globalisierung

Globalisierung – Ursache disparitärer Entwicklungen?

Wir leben im Zeitalter der Globalisierung. Diese ist keine Naturgesetzen folgende Realität, sondern eine von Menschen geschaffene weltwirtschaftliche und -politische Ordnung intensiver Verflechtungen mit vielfältigen Auswirkungen in allen Teilen der Welt. Ob die Globalisierung mehr Segen als Fluch mit sich bringt, stellt sich – je nach Perspektive – sehr unterschiedlich dar.

↖ Globalisierung S. 116

Die **Globalisierung** fiel nicht vom Himmel! Vielmehr entwickelte sich der weltweite Warenaustausch vor allem in den vergangenen 500 Jahren permanent, wobei die technischen Neuerungen es ermöglichten, dass in immer kürzerer Zeit immer größere Volumina an Gütern über immer größere Distanzen transportiert und gehandelt werden konnten. Diese kontinuierliche Intensivierung dehnte sich im Zuge der ersten Globalisierung immer weiter aus.

Fand der Fernhandel bis in das ausgehende Mittelalter in erster Linie im mediterranen Raum statt, verlagerte er sich mit dem Beginn der europäischen Expansion seit dem 16. Jh. vor allem in Richtung Karibik einerseits und Südostasien andererseits. Im Zentrum des globalen Warenhandels aber stand im 19. und über weite Strecken des 20. Jh. der Atlantik. Heute sind wir Zeuge einer neuerlichen Verlagerung weltwirtschaftlicher Ströme, die nun mehr und mehr im pazifischen Raum zu beobachten sind.

Die intensiven Handelsbeziehungen haben Auswirkungen weit über den Wirtschaftssektor hinaus. Sie beeinflussen politische Entscheidungen ebenso wie Kleidung, Essen, Kultur oder Verhaltensweisen. Diese Effekte traten in allen Weltregionen und Phasen der Menschheitsgeschichte auf. Dabei wurden stets positive neben negativen Auswirkungen deutlich.

Dies gilt auch für die seit der weltpolitischen Wende 1989/91 anhaltende zweite Globalisierung. Damit einhergehend zeigt sich, dass

- der Staat durch Deregulierung gegenüber den Marktkräften an Bedeutung verliert,
- der Weltwirtschaft keine Weltregierung gegenübersteht, um diese zu ordnen und somit offenkundig der Primat der Wirtschaft über die Politik auf globaler Ebene gegeben ist,
- ein umfangreiches Warenangebot zu niederen Preisen für immer mehr Menschen zugängig wird,
- der freie Austausch von Waren weltweit zunimmt und daher globale Produkte häufig günstiger sind als nationale Produkte. Dies führt einerseits zu negativen Auswirkungen auf tradierte Wirtschaftsstrukturen, andererseits aber auch zu Wachstumsprozessen,
- die globale Konkurrenzsituation regional unterschiedlich mal Arbeitslosigkeit und mal Beschäftigungsimpulse befördert,

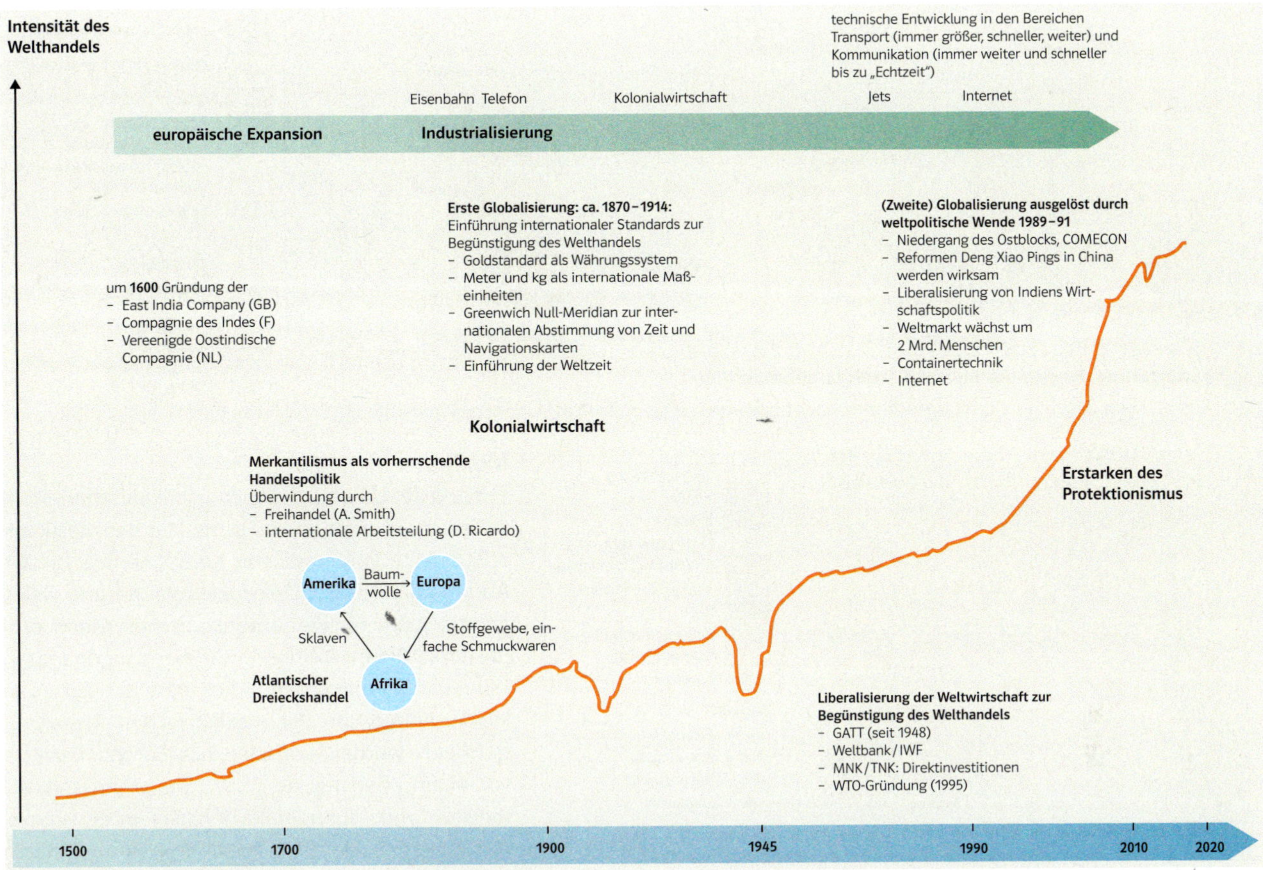

3 **Entwicklung der Weltwirtschaft und Globalisierung**
Nach: Thomas Hoffmann, 2020

- ein sozialer Aufstieg insbesondere in den Niedriglohnländern kaum zu realisieren ist,
- eine umfassende „nachholende Entwicklung" für die Masse der Menschen des Südens unmöglich ist, da die Globalisierung grundsätzlich „fragmentierend" wirkt,
- selbst eine reiche Ausstattung mit Ressourcen nicht zwingend zu wirtschaftlicher und gesellschaftlicher Entwicklung führt, sondern vielfach konfliktgeladene Konstellationen, wie im Kongo oder in Venezuela („Ressourcenfluch") hervorruft,
- der globale Wettbewerbsdruck letztlich zur Schwächung umweltpolitischer Regelungen führt,
- durch nicht-nachhaltige Wirtschaftsweisen und Verkehrszunahme Umweltprobleme in allen Bereichen (Wasserverschmutzung, Artenschwund, Treibhausgasemissionen, Übernutzung und Vermüllung der Ozeane, Bodendegradation u.a.) zunehmen,
- Krankheiten sich weltweit schneller ausbreiten (z.B. das Corona-Virus),
- die zunehmende Verflechtung per se mehr Konflikte schafft (z.B. Kriminalität, kulturelle Differenzen),
- das Zusammenwachsen der Kulturen befördert wird und somit einen positiven Beitrag zugunsten einer global friedlichen Entwicklung leisten kann.

→ „nachholende Entwicklung" und „Ressourcenfluch" S.158

1 **Partnerarbeit:** Beschreiben Sie Ihrem Lernpartner die Geschichte der Globalisierung anhand der Grafik 3.

2 Erstellen Sie eine Pro- und Contra-Tabelle hinsichtlich der Auswirkungen der Globalisierung auf disparitäre Entwicklungen.

3 Bewerten Sie die Globalisierung aus Ihrer persönlichen Sicht.

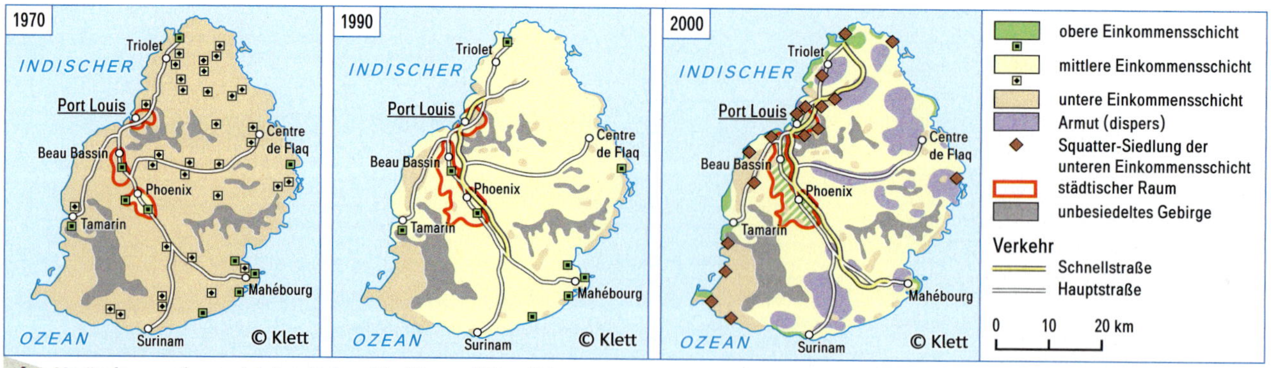

4 **Veränderung der sozialräumlichen Struktur auf Mauritius**

Nach: Kirsten Koop: Mauritius – Erfolgsgeschichte eines Entwicklungslandes. In: Geographische Rundschau, Jg. 54/Oktober 2002/H. 10, S. 24–30

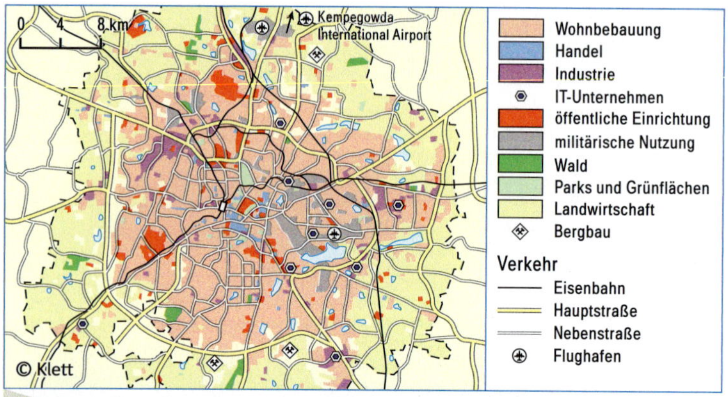

5 **Bangalore: fragmentierte Raummuster unter dem Einfluss der Globalisierung**

Nach: OpenCity – Urban Data Portal – BDA Revised Master Plan 2031, Existing Land Use Composite Map on Revised Master Plan 2015. Unter: https://opencity.in/documents/bda-revised-master-plan-2031-existing-land-use-composite-map-revised-master-plan-2015 (Zugriff: 02.11.2020)

Anhand dreier Raumbeispiele wird deutlich, wie ambivalent die Globalisierung bereits um die Jahrtausendwende wirkte.

Mauritius

Mauritius hat als ehemalige Kolonie und heutiger AKP-Staat besonderen Zugang zum europäischen Markt. Diese Sonderregulierung machte die Insel interessant für Investoren der Textilbranche, insbesondere aus China. Denn die Einfuhr chinesischer Textilien auf den europäischen Markt unterliegt klaren Mengenbegrenzungen. Diese Beschränkungen können durch eine Investition auf Mauritius umgangen werden. Die chinesischen Investitionen führten seit den 1990er-Jahren für etwa ein Jahrzehnt zu einem wirtschaftlichen Aufschwung auf Mauritius, der eine breitenwirksame Entwicklung in Gang setzte. Doch mit dem Anstieg des Lohn- und allgemeinen Preisniveaus endete dieser temporäre Vorteil, die Investoren wichen auf lohnkostengünstigere Standorte, etwa nach Madagaskar, aus.

Mexiko

Entlang der US-amerikanisch-mexikanischen Grenze lassen internationale Firmen auf der mexikanischen Seite kostengünstig Komponenten für die Automobilindustrie, Elektrokleingeräte und vieles andere mehr für den amerikanischen Markt produzieren. Die Investitionen für diese sogenannten Maquiladora-Industrien, die bereits seit den 1950er-Jahren von der mexikanischen Regierung gefördert werden, kommen aus Europa, Fernost, vor allem aber aus den USA. Sie profitieren am meisten vom Lohngefälle jenseits ihrer Grenze. Auf mexikanischer Seite profitieren im nationalen Vergleich die Grenzprovinzen, die ihrerseits Arbeitsmigranten aus dem ganzen Land anziehen. Sie finden Arbeit, allerdings für eine sehr geringe Bezahlung. Die Maquiladora-Industrien sind ein Beispiel dafür, wie regional Vorteile der Globalisierung für Unternehmer wie Arbeiter zum Tragen kommen können. Ähnliche Effekte erzielen Sonderwirtschaftszonen, deren besonderer unternehmerischer Anreiz in deren weitreichender Steuerbefreiung liegt. **Migration** ist die logische Folge.

Indien

Die indischen IT-Zentren etwa in Hyderabad, Bangalore oder Delhi genießen unter Finanzdienstleistern, Rechenzentren oder Verwaltungen weltweit einen guten Ruf. Sie bieten zum einen IT-Dienstleistungen und zum anderen IT-Entwicklungen für relativ geringe Kosten auf dem Weltmarkt an. Diese Standorte bilden gleichsam branchenspezifische prosperierende Inseln im Land. Diese sind geprägt von höheren Einkommen, einer kaufkräftigen Mittelschicht, modernen Appartementhäusern und internationalen Unternehmen. Dieser Entwicklungsstand ist dabei nicht charakteristisch für die Gesamtheit der genannten IT-Standorte. Denn eine umfassende, alle gesellschaftlichen Gruppen berücksichtigende positive Entwicklung findet nicht statt.

Here is globalization's greatest success story. "China's rise can be measured in many ways, but the most impressive number is the 700 million people that state-led reform has lifted from poverty over the past four decades. In 1986, China's per capita GDP was $282. In 2016, it climbed above $8,100. The country's middle class represented 4 percent of the population in 2002 and 31 percent in 2013. For the future, the Communist Party leadership says it can educate enough people, create enough jobs, stoke enough growth, and provide enough health care to boost 50 million more from the lowest income brackets by 2020. Despite predictions from many people over many years that a crash of China's economy is long overdue, the world's biggest emerging market and its aspirations remain aloft.

Yet, for a variety of reasons – all of them inevitable – the country's growth rates continue to slow, and its gains are under pressure. The 2008–2010 financial crisis in the West made clear to China's leaders that they must move more urgently to relieve the country's dependence for growth on the willingness of U.S. and European consumers to buy China's cheaply made manufactured goods. To lock in long-term economic stability, China needs to build and bolster its own middle class, one that can afford to buy much more of those factory-made consumer products. Success has pushed Chinese wages higher. But as pay rises, China loses the advantage that brought so many foreign companies to the country in the first place. Even Chinese companies have begun to move production to poorer countries, particularly in Southeast Asia, where labor is cheaper. Higher wages can't help you if you don't have a job."

Auszug aus: Ian Bremmer, Us vs. them. The failure of globalism, Portfolio/ Penguin, New York 2018

6

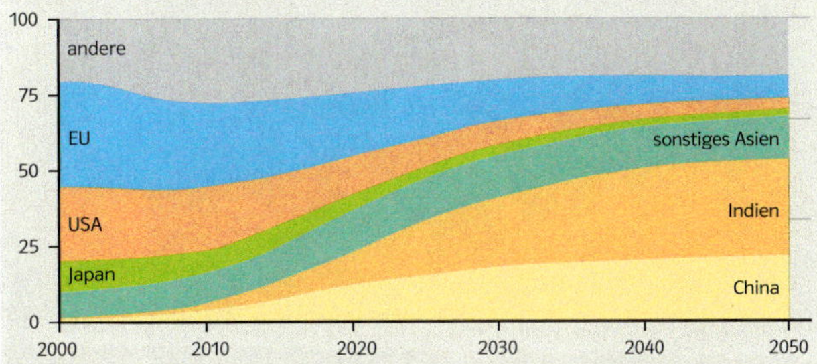

Der weltweite Konsum der Mittelklasse wird sich stark nach China, Indien und in andere asiatische Staaten (außer Japan) verlagern, da die Anteile der Länder mit hohem Einkommen sinken.

7 The global middle-class wave

Nach: H. Kharas (2010). The Emerging Middle Class in Developing Countries. OECD Development Centre Working Paper No. 285

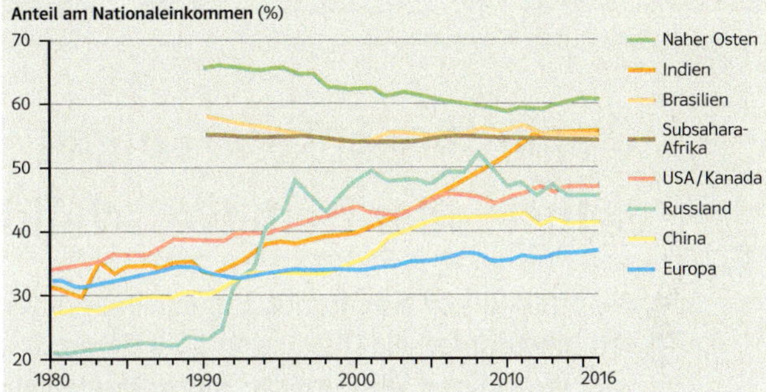

8 Einkommensanteile der obersten 10 Prozent weltweit

Nach: Bericht zur weltweiten Ungleichheit 2018, S.7

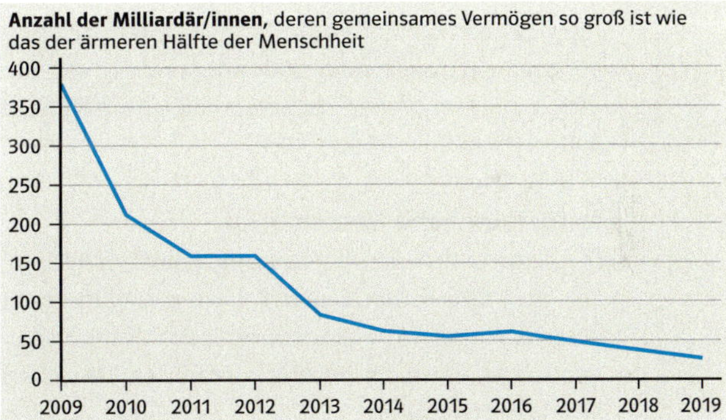

9 Milliardäre versus ärmere Hälfte der Welt

Nach: Oxfam/Credit Suisse auf www.welt.de/wirtschaft/article 172684758/Oxfam-42-Milliardaere-besitzen-so-viel-wie-die-halbe-Welt.html; (Zugriff 28.10.2020)

4 MK

Arbeiten Sie aus der Wordcloud 2 auf S.150 thesenartig die Antriebskräfte der Globalisierung heraus.

5

Beschreiben Sie anhand von Karte 4 Veränderungen, die auf Mauritius zwischen 1970 und 2000 zu beobachten waren.

6

Charakterisieren Sie die spezifischen Vorteile der Globalisierung am Beispiel von Mexiko, Indien und Mauritius.

7

Analysieren Sie anhand der Materialien 6–9 die Auswirkungen der Globalisierung.

8

Überprüfen Sie Ihre persönliche Bewertung der Globalisierung (Aufgabe 3, S.151).

1 Verladen von Kaffee für den Weltmarkt

2 Kaffee immer billiger?

Disparitäre Entwicklungen – selbst- oder fremdverschuldet?

Die offenkundig anhaltende Ungleichheit innerhalb und zwischen den Ländern hält seit Jahrzehnten die Diskussion über deren Ursache lebendig. Sind es die äußeren oder die inneren Verhältnisse, die zu Ungleichheit führen? Oder spielen noch andere Faktoren eine Rolle und nehmen positiv oder negativ Einfluss auf die Chancengerechtigkeit der betroffenen Länder?

Die Ansätze zur Erklärung von Unterentwicklung nehmen, ob isoliert oder aber miteinander verbunden, im Wesentlichen naturräumliche, innere und äußere Ursachen in den Blick.

Naturräumliche Ursachen

Die naturräumliche Ausstattung von Räumen sowie die natürlichen Gegebenheiten begünstigen oder erschweren sozioökonomische Entwicklungen, ohne diese zu determinieren. Im Einzelnen sind hier zu nennen:

- Ressourcenausstattung
  Insbesondere Vorkommen mineralischer, metallischer oder energetischer Rohstoffe nehmen maßgeblich Einfluss auf die Entwicklung. Die ölfördernden Staaten dokumentieren, dass dies zu enormem Reichtum, aber auch zu innerer Zerrissenheit führen kann (z. B. Venezuela). Zugleich können auch rohstoffarme Länder, etwa die Schweiz oder Taiwan, eine außerordentlich positive Entwicklung durchlaufen.
- klimatische Extreme
  Insbesondere die durch hohe Temperaturen und Wasserarmut gekennzeichneten randtropischen Länder, etwa des Sahel oder Südasiens, erfahren die klimatischen Extrembedingungen als entwicklungshemmend. Dabei ist es primär die Wasserarmut, die als ausschlaggebender Faktor limitierte landwirtschaftliche Produktion, aber auch begrenzte Siedlungsmöglichkeiten verursacht. Dennoch sind ausgesprochen erfolgreiche Entwicklungen inmitten der Tropen, etwa Singapur, bis in ausgesprochen kalte Regionen, Beispiel Island, zu konstatieren.

Endogene Ursachen

Innere Ursachen der Unterentwicklung zielen darauf ab, dass vor allem gesellschaftspolitische und kulturelle Eigenheiten und Entscheidungen ursächlich für die Unterentwicklung sind. Dazu zählen folgende Aspekte:

- Hohe Geburtenraten und das daraus resultierende hohe Bevölkerungswachstum, das erzielte Entwicklungserfolge letztlich wieder zunichtemache. Das ist in dieser Eindeutigkeit umstritten, wenngleich Konsens dahingehend besteht, dass ein starkes Bevölkerungswachstum Entwicklung zumindest erschwert.

Interaktive Karte
Korruptionsindex
ej2gh8

- Unzureichende Kapitalverfügbarkeit mindert die Möglichkeiten, zu investieren und somit den Entwicklungsprozess anzustoßen.
- Tradierte Wertvorstellungen sowie kulturelle oder religiöse Eigenheiten sind oftmals nicht mit einem auf kontinuierliches Wachstum ausgerichteten, westlichen Wirtschaftsmodell kompatibel. So setzen etwa die gesellschaftliche Orientierung am Glück in Bhutan oder die religiöse Ordnung wie in einigen nahöstlichen Staaten andere Wertmaßstäbe. Dies mag seinen Einfluss haben, überzeugt jedoch nicht als Ursache, da Entwicklungserfolge und -misserfolge in allen Kulturen auftreten.
- Die in vielen Ländern des Globalen Südens dokumentierte Korruption gilt als ein Haupthindernis für nachhaltige Entwicklung sowie wirtschaftliche Investitionen und ist zugleich Ursache gewaltiger wirtschaftlicher Schäden und Vertrauensverluste in den Staat.

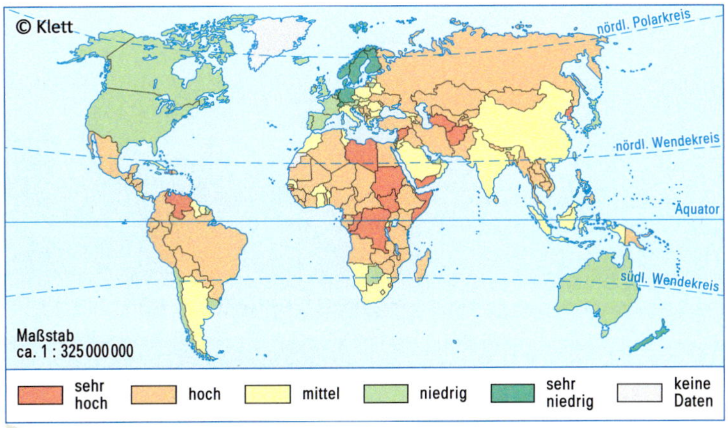

3 Korruptionsindex von Transparency International

Nach: Transparency International – Corruption Perceptions Index 2019. Unter: www.transparency.org/en/cpi (Zugriff: 28.10.2020)

4 Eisenbahnlinien in Afrika

Exogene Ursachen

Als äußere Ursachen zur Erklärung von Unterentwicklung werden Faktoren, Strukturen und Mechanismen angeführt, auf die Länder selbst keinen Einfluss haben.

- Die Kolonisierung Afrikas, Asiens und Lateinamerikas zerstörte eine Vielzahl funktionierender Gesellschafts- und Wirtschaftsmodelle sowie Kulturen und ersetzte sie durch ein allein am Profit ausgerichtetes kapitalistisches System. Die Kolonien wurden zu Rohstofflieferanten und zugleich zu Absatzmärkten degradiert und in ein System internationaler Arbeitsteilung gezwungen. Positive Effekte dieses Systems waren verbesserte medizinische Versorgung, Bildungseinrichtungen, Investitionen in Bergbau und Plantagen sowie der Ausbau einer exportorientierten Verkehrsinfrastruktur, insbesondere Eisenbahnlinien und Häfen. Willkürliche Grenzziehungen und Exportabhängigkeit von einem oder wenigen Agrargütern wirken bis heute nach.
- Die Regelungen des Weltmarktes nach der Dekolonisierung führten zur außenwirtschaftlichen Ausbeutung der ehemaligen Kolonien. Während sie Rohstoffe lieferten, konnte die technologische und wissenschaftliche Entwicklung des Globalen Nordens voranschreiten und die ungleichen Austauschbeziehungen konnten anwachsen.
- Manche Wissenschaftler sprechen nicht nur von außenwirtschaftlicher Ausbeutung, sondern von struktureller Abhängigkeit.

1 Beschreiben Sie die Eisenbahnlinien Afrikas südlich der Sahara (Karte 4).

2 MK Vergleichen Sie die Weltkarte der Korruption (Karte 3 und Online-Code) mit der des HDI (s. S. 142/143).

3 NE Entwickeln Sie ein eigenes Statement zur Diskussion um die Ursachen von Entwicklungsunterschieden.

1 Truck nahe Agadez, dem Tor zur Sahara für Migranten aus dem südlichen Afrika

Folgen disparitärer Entwicklungen

In dem Maß, in dem regionale und soziale Entwicklungen sehr unterschiedlich verlaufen, nehmen bereits bestehende Disparitäten weiter zu. Dieses Phänomen tritt innerhalb von Ländern ebenso auf wie zwischen Staaten und verursacht wiederum weitreichende Folgen. Welche sind das?

← HDI S.142/143

Die bestehende weltwirtschaftliche Ordnung sowie der multilaterale Politikansatz hat in den vergangenen Jahrzehnten in allen Weltregionen zum Anstieg des Human Development Index geführt. Doch bei genauerer Betrachtung zeigt sich, dass mit Ausnahme der Region Ostasien/Pazifik die Abstände zwischen den einzelnen Weltregionen mehr oder weniger gleich geblieben sind. Der vermeintliche Abbau von Disparitäten ist in Wirklichkeit der Erhalt derselben auf unterschiedlichen Niveaus. Angesichts der offenkundig anhaltenden Unterschiede ist nach den damit einhergehenden Konsequenzen zu fragen.

Zum einen kommen die Folgen in den Merkmalen unterentwickelter Staaten zum Ausdruck. Diese umfassen:

- niedriges Volkseinkommen,
- ungleiche Einkommensverteilung,
- unzureichende Nahrungsmittelproduktion,
- allgemeine Unterernährung und schlechter Gesundheitszustand der Bevölkerung,
- überdurchschnittliches Bevölkerungswachstum,
- hohe Arbeitslosigkeit,
- mangelhafte staatliche Infrastruktur (Verkehr, Kommunikation, Bildung, Gesundheit),
- wirtschaftliche Dominanz des Primären Sektors,
- veraltete Produktionsmethoden,
- defizitäre Handelsbilanz.

Zum anderen stehen die durch die Ungleichheit initiierten oder verstärkten Prozesse im Fokus. Dazu zählen:

- die Nichtgewährleistung der allgemeinen **Menschenrechte**,
- weltweite **Migrationsprozesse**, die primär wirtschaftlich begründet sind, aber zudem von Fluchtbewegungen aus Krisenregionen, etwa dem Nahen Osten, überlagert werden,
- die zunehmende Zerstörung natürlicher Ökosysteme, wie sie etwa im Amazonastiefland oder auch im Kongobecken durch Landnahme oder unkontrollierte Rohstoffgewinnung zu beobachten ist,
- der Zukauf von Landwirtschaftsflächen in armen Staaten zur eigenen Nahrungsmittelproduktion (**„Land Grabbing“**), wie es etwa China, Saudi-Arabien und andere in vielen Staaten Afrikas praktizieren,
- zunehmende innerstaatliche wie grenzüberschreitende Kriminalität.

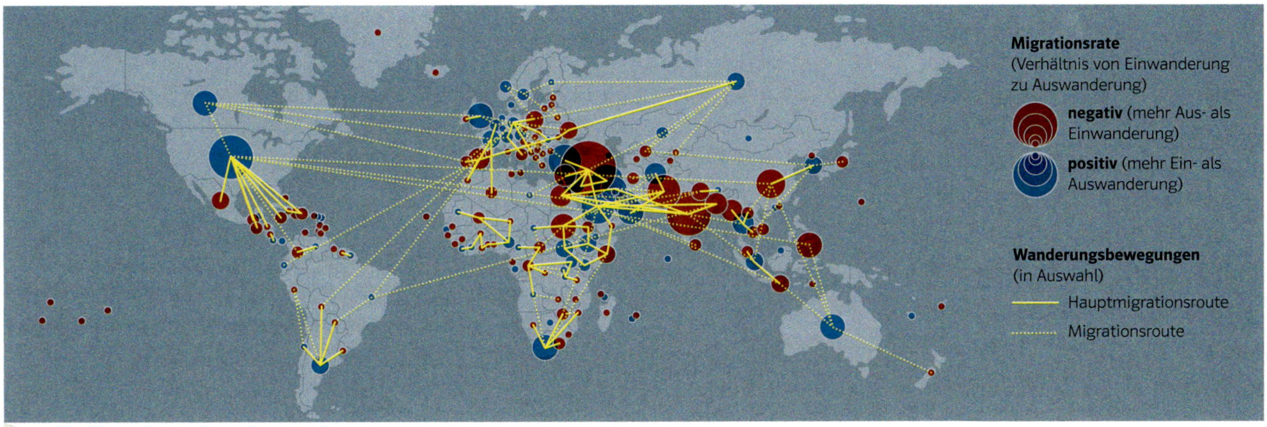

2 Migrationsprozesse weltweit

Nach http://metrocosm.com/global-immigration-map; Daten: U.N. Population Division

Lohndisparitäten und Arbeitsmigration

„Die Anziehungskräfte, die durch bessere Lebensbedingungen in den reichen Ländern und Regionen des Globalen Nordens entstehen, sind genauso stark wie die Abstoßungskräfte in den armen Ländern und Regionen des Globalen Südens. Die Folge ist grenzüberschreitende Migration. Unter den wirtschaftlichen Faktoren, die als Auslöser von Migration angesehen werden, spielen die Lohndisparitäten zwischen dem Globalen Norden und dem Globalen Süden eine Schlüsselrolle. Nach Schätzungen der ILO gibt es derzeit um die 150 Mio. Arbeitsmigrant/innen weltweit. Dabei werden als Arbeitsmigrant/innen nur die Personen gezählt, die als ‚Gastarbeiter/innen' in Zielländern beschäftigt oder auf Arbeitssuche sind. Mehr als 48 Prozent der Arbeitsmigrant/innen leben in Nordamerika und in der EU. Die meisten internationalen Migrant/innen bewegen sich von Niedrig- zu Hochlohnländern. Das erklärt, warum 60 % der weltweiten Migrant/innen in Ländern des Globalen Nordens leben, in denen lediglich 16 % der weltweit Beschäftigten beheimatet sind. In den Ländern des Globalen Südens sieht die Situation anders aus. Die 32 Mio. Arbeitsmigrant/innen in diesen Ländern machen nur ein Prozent der drei Milliarden Arbeitskräfte aus. Dabei reichen diese Anteile von null Prozent in China und Vietnam bis hin zu 70 % in den Öl exportierenden Ländern des Mittleren Ostens. Demografische, ökonomische und soziale Nord-Süd-Ungleichheiten sind inzwischen wichtige Treiber von Migration."

Gekürzt nach: Pedro Morazán, 10 – Migration und Flucht in Zeiten der Globalisierung. In: Großbaustelle Nachhaltigkeit. Deutschland und die globale Nachhaltigkeitsagenda. 2017, S.131, auch unter: www.2030report.de/de/bericht/1400/kapitel/10-migration-und-flucht-zeiten-der-globalisierung (Zugriff 28.10.2020)

3

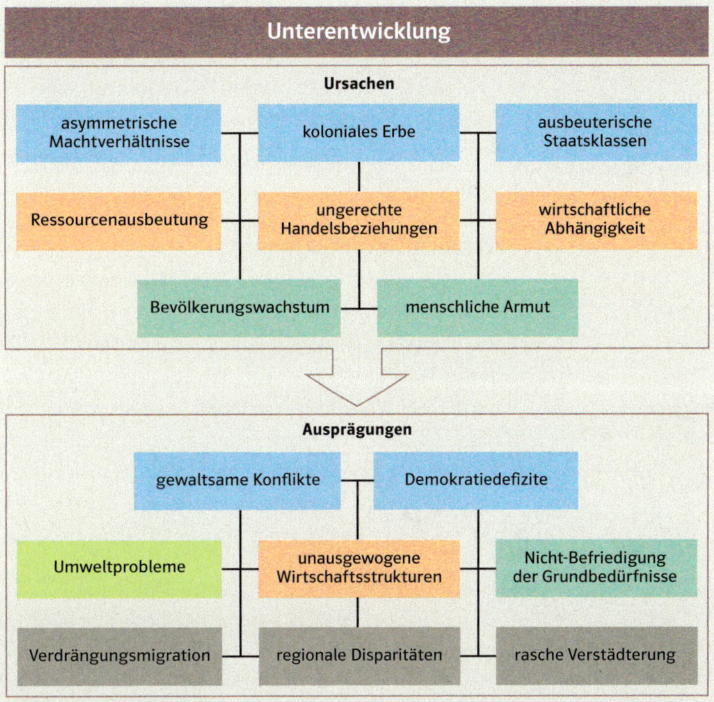

4 Ursachen und Ausprägungen von Unterentwicklung

Nach: Universität Innsbruck, Institut für Geographie: Grafiken Entwicklungsländerforschung, Grafik 6 (Martin Coy 2004), www.uibk.ac.at/geographie/agef/gallery/grafiken/ (Zugriff 28.10.2020)

1 Fassen Sie die Folgen disparitärer Entwicklungen zusammen.

2 MK Beschreiben Sie die Hauptrouten internationaler Migration anhand von Karte 2 oder dem Online-Code.

3 Erläutern Sie den Zusammenhang zwischen Globalisierung und Migration (Text 3).

4 NE Erörtern Sie das Phänomen Migration im Kontext globaler Ungleichentwicklungen.

10 WENIGER UNGLEICHHEITEN

Entwicklungstheorien und Entwicklungsstrategien

Seit dem Ende des Zweiten Weltkriegs bis in die 1990er-Jahre hinein erlangte eine Vielzahl vormaliger Kolonien in Afrika und Asien ihre staatliche Souveränität. Der überwiegenden Zahl dieser neuen Staaten sind bis heute weit verbreitete Armut und defizitäre wirtschaftliche und soziale Entwicklung gemein. Welche Erklärungstheorien und Strategien zur Überwindung dieser Realitäten stehen seither in der Diskussion?

Die aus den ehemaligen Kolonien hervorgegangenen neuen Staaten Afrikas und Asiens sowie die bereits im 19. Jh unabhängig gewordenen Staaten Lateinamerikas zeigten allesamt auch Jahrzehnte nach ihrer Eigenständigkeit ausgeprägte Armutsmerkmale und Entwicklungsdefizite. Um dieses Problem überwinden zu können, bedurfte und bedarf es der sauberen Ursachenanalyse, die ihrerseits zur Grundlage einer erfolgversprechenden Strategie werden kann. Davon ausgehend, kristallisierten sich bereits in den 1960er-Jahren zwei einander entgegengesetzte Entwicklungstheorien heraus: die Modernisierungstheorie sowie die Dependenztheorie.

Modernisierungstheorie

Die Grundüberlegungen der **Modernisierungstheorie** entstanden nicht erst mit dem Erkennen des Problems Unterentwicklung, sondern bereits in der Nachkriegszeit. Der damit verbundene ökonomische Wachstumsgedanke wurde später mit Blick auf die Entwicklungsländer um soziologische Perspektiven erweitert. Kern der Modernisierungstheorie ist die Vorstellung, dass alle Länder sich auf einem Entwicklungspfad hin zu einem besseren Zustand befinden. Dabei gibt es Staaten mit einem gewissen Entwicklungsvorsprung – damit waren die Staaten des Westens gemeint. Dem stehen jene gegenüber, die auf diesem Entwicklungspfad noch nicht so weit vorangekommen sind, womit die Entwicklungsländer, aber auch der „Ostblock“ gemeint waren.

Die Vertreter dieses Erklärungsansatzes teilen die Überzeugung, dass dieses Entwicklungsdefizit nur dann überwunden werden kann, wenn die als ausschlaggebend angesehenen inneren, also **endogenen Entwicklungsursachen** wie traditionelle Wirtschafts- und Gesellschaftsstrukturen überwunden werden. Der angestrebte Entwicklungsprozess könne dabei durchaus von außen angestoßen werden. Als bedeutende Ansatzpunkte wurden modernes städtisches Leben, vor allem aber die Überwindung traditioneller Wirtschaftssektoren und Wirtschaftsweisen identifiziert. So könne der Prozess **„nachholender Entwicklung“** gelingen. Zu den bedeutendsten Großprojekten dieser theoriebasierten Entwicklungsstrategie gehört die „Grüne Revolution“. Im Rahmen dieses in Indien und anderen asiatischen Staaten sowie besonders auch in Mexiko realisierten Projektes wur-

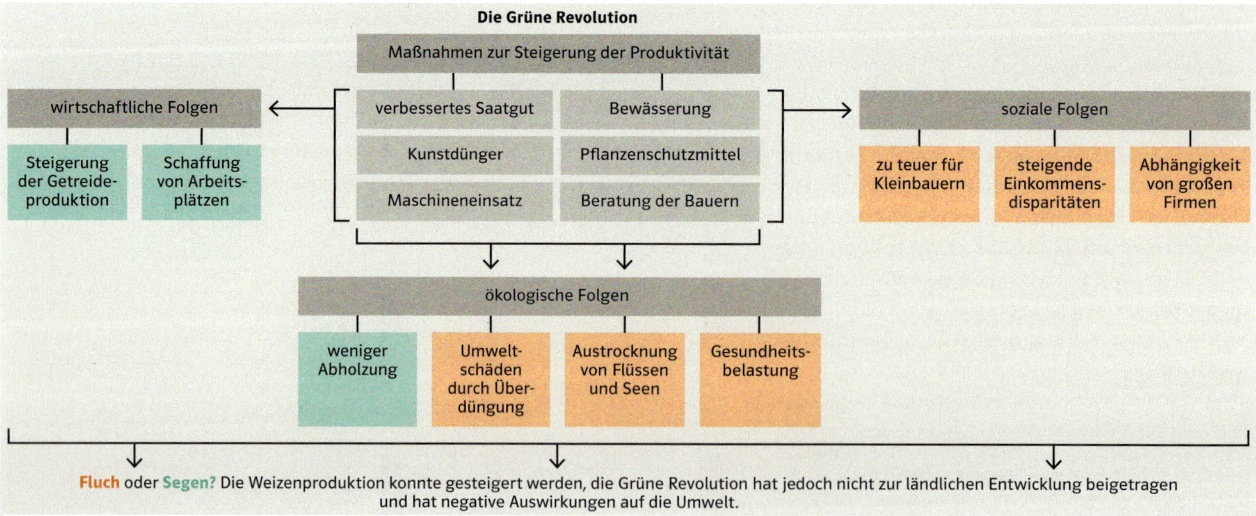

1 Grüne Revolution und Folgen

Nach GeoHilfe: Die „Grüne Revolution“ in Indien – Fluch oder Segen?, https://geohilfe.de/die-gruene-revolution-in-indien-fluch-oder-segen/. Bildquelle: geohilfe.de 2019 (Zugriff 02.11.2020) den Hochleistungssorten von Reis und Weizen zur Flächenertragssteigerung eingeführt. Dies sollte nicht nur den Agrarsektor modernisieren, sondern zugleich den entscheidenden Beitrag zur Versorgung der massiv anwachsenden Bevölkerungen leisten. Parallel dazu wurden industrielle Großprojekte in Angriff genommen, etwa das lange als Renommee-Projekt angesehene Stahlwerk Rourkela im Osten Indiens. Beide Maßnahmen zeitigten positive, aber eben auch eine Fülle negativer Effekte, sei es im gesellschaftlichen, wirtschaftlichen oder ökologischen Kontext. Die Kritik an der Modernisierungstheorie konzentriert sich vor allem auf die einseitige Orientierung des Modernisierungsbegriffs am westlich-kapitalistischen Wirtschaftsmodell. Dies lasse alternative Vorstellungen von Modernität außen vor, und wertschätze weder traditionelle Gesellschaftsmodelle noch kulturelle Traditionen oder indigenes Wissen.

Dependenztheorie

Der Modernisierungstheorie gegenüber steht die in den 1960er-Jahren im Kontext der Entwicklungen in Lateinamerika formulierte **Dependenztheorie**. Deren Vertreter teilen die Überzeugung, dass Entwicklungsprozesse nicht isoliert voneinander stattfinden, sondern sich gegenseitig bedingen. Oder anders ausgedrückt: Der Reichtum der einen ist nur möglich aufgrund der Armut der anderen. Übertragen auf die Vorstellung, dass die Industrienationen gleichsam das ökonomische Zentrum der Welt bilden, während die Entwicklungsländer deren Peripherie repräsentieren, wird die Abhängigkeit Letzterer deutlich und wirksam. Nach diesem Ansatz ist Unterentwicklung also nicht der Abstand zweier Akteure auf einem Entwicklungspfad, wie es die Vertreter der Modernisierungstheorie sahen, sondern das Resultat von struktureller Abhängigkeit und somit von außen, also durch **exogene Ursachen** bedingt. Entwicklung wäre nach diesen Überlegungen also nur möglich, wenn sich die Entwicklungsländer aus der Abhängigkeit von den Industrienationen befreien. Folgerichtig propagierten sie die Dissoziation, also das Herauslösen aus dem Weltmarkt zugunsten eines isolierten, auf Autarkie ausgerichteten Wirtschaftsmodells.

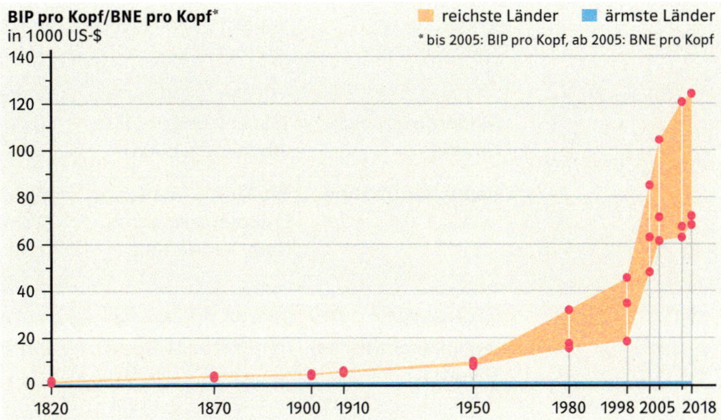

2 Entwicklung der Einkommensschere
Nach: Fischer Weltalmanach

Dieser Grundgedanke der **Dissoziationsstrategie** ist mehrfach umgesetzt worden, etwa in Birma, dem heutigen Myanmar, in Kambodscha oder in Kuba. Den extremsten Weg gingen die kambodschanischen „Roten Khmer" unter ihrem Anführer Pol Pot. Zwischen 1975 und 1979 schickten sie sich an, das Land vollkommen abzuriegeln und aus dem Nichts heraus die Versorgung der eigenen Bevölkerung zu erzwingen. Die „Killing Fields", auf denen Zigtausende Kambodschaner getötet wurden, dokumentieren, dass dieses Gesellschaftsmodell scheiterte und zudem unendliche Gewalt nach sich zog.
Alternativ zur Dissoziation favorisieren andere die Neuordnung der Weltwirtschaft als Lösungsansatz. Kritiker werfen den Vertretern der Dependenztheorie in erster Linie deren ausschließliche Fokussierung auf externe Ursachen für Unterentwicklung vor. Der Aspekt der Eigenverantwortlichkeit bliebe damit unberücksichtigt.
Die anhaltende Armut, die nicht erreichte **Befriedigung der Grundbedürfnisse** und damit die weiterhin bestehenden Entwicklungsdefizite in weiten Teilen der Welt führten im Verlauf der 1980er-Jahre zur Krise dieser beiden großen Entwicklungstheorien. Ihr Anspruch, Entwicklung und Unterentwicklung weltweit mittels einer Theorie zu erklären und zu überwinden, war gescheitert. Es bedurfte eines neuen Erklärungsansatzes.

1 **Partnerarbeit.** Erläutern Sie sich gegenseitig die Modernisierungs- bzw. die Dependenztheorie (Grafiken 1 und 2).

2 Bewerten Sie die Dissoziationsstrategie.

3 Entwickeln Sie Ihre eigene Position hinsichtlich der hier diskutierten Entwicklungstheorien.

entwicklungs-theoretische Ansätze	zeitlich-politischer Hintergrund	Hauptkennzeichen von Unterentwicklung	Erklärung von Unter-entwicklung	Hauptziel von Entwicklung
Modernisierungs-theorie	1950er-/1960er-Jahre: Nachkriegsboom	Dualismus, traditionell-modern	endogen	
Dependenztheorie	1960er-/1970er-Jahre: Entkolonialisierung, Nord-Süd-Gefälle	Abhängigkeit, Marginalität, strukturelle Heterogenität	exogen	(Dissoziation) self-reliance
Theorien „mittlerer Reichweite": regionalspezifische Theorien	1980er-Jahre: interne Differenzierung der Dritten Welt	regionalspezifische Ausprägungen und Differenzierungen	exogen und endogen	regionalspezifisch zu definieren, Valorisierung der Überlebens-ökonomie
Theorien der Globalisierung	1990er-Jahre: Auflösung der Blöcke, ökonomische/kulturelle Globalisierung	Peripherisierung, Fragmentierung	unspezifisch	globale Regimebildung

Nach: www.spektrum.de/lexikon/geographie/entwicklungstheorie/2082 (Zugriff 02.11.2020)

3 Übersicht Entwicklungstheorien

Theorien mittlerer Reichweite

Mit der Krise der universalen Entwicklungstheorien setzte sich die Einsicht durch, dass die Grundannahmen von Modernisierung und Abhängigkeit zwar zutreffend seien, dass aber die spezifischen nationalen, regionalen, gesellschaftlichen und kulturellen Eigenheiten stärker berücksichtigt werden müssen. Diese Überlegungen führten zu neuen Ansätzen, die unter dem Begriff **„Theorien mittlerer Reichweite"** in die entwicklungspolitische Diskussion eingingen. Erklärungen von Armut und Unterentwicklung wurden so entideologisiert, kamen zu klareren Analysen und damit zu potenziell geeigneteren **Entwicklungsstrategien** mit dem Ziel, die **Grundbedürfnisbefriedigung** weiter Teile der Weltbevölkerung sicherzustellen.

Mit der weltpolitischen Wende 1989/91 trat eine vollkommen neue globale Situation ein. Der Kalte Krieg und damit die Aufteilung der Welt in drei Welten waren beendet, das kapitalistische Weltsystem schien den globalen Wettlauf um die beste Ordnung gewonnen zu haben. Die Globalisierung nahm Fahrt auf und bestimmt seither die weltweite Entwicklung. Dieser Realität, die strukturell, temporär und regional sehr ambivalente Wirkungen entfaltet, trug auch die entwicklungstheoretische Forschung Rechnung.

← Globalisierung in Mexiko, Mauritius, Indien S.152

Theorie der fragmentierenden Entwicklung

Während die Vertreter der Modernisierungs- und der Dependenztheorie noch der Ansicht waren, dass die Grenze zwischen Arm und Reich, zwischen entwickelt und unterentwickelt, entlang nationalstaatlicher Grenzen verliefe, erkannte der Geograph Fred Scholz, dass in jedem Land beide Phänomene und dazu gehörende Entwicklungen nebeneinander entstehen. Daher sind in allen Ländern heute sehr unterschiedlich entwickelte Teilbereiche, also Fragmente, gegeben. Auf dieser Beobachtung aufbauend, entwickelte er die **Theorie der fragmentierenden Entwicklung**, die typisch sei für den aktuellen Prozess der Globalisierung. Charakteristisch für die fragmentierende Entwicklung sind punktuelle Konzentrationen globaler Akteure wie Global Cities, Exportenklaven, Sonderwirtschaftszonen, touristische Destinationen, Standorte der Rohstoffförderung und Massenproduktion, wobei immer nur Teile der Bevölkerung profitieren. Diese, als „global agierende Milieus" bezeichneten Profiteure der Globalisierung, greifen die gewinnversprechenden Entwicklungsimpulse der Globalisierung auf und realisieren die Neuerungen in ihrem Umfeld, meist den global ausgerichteten Wirtschaftsmetropolen ihrer Länder. Dazu zählen etwa die am Im- und Exporthandel beteiligten Großhändler in Lagos oder Mumbai ebenso wie die Investoren international ansässiger Hotelketten.

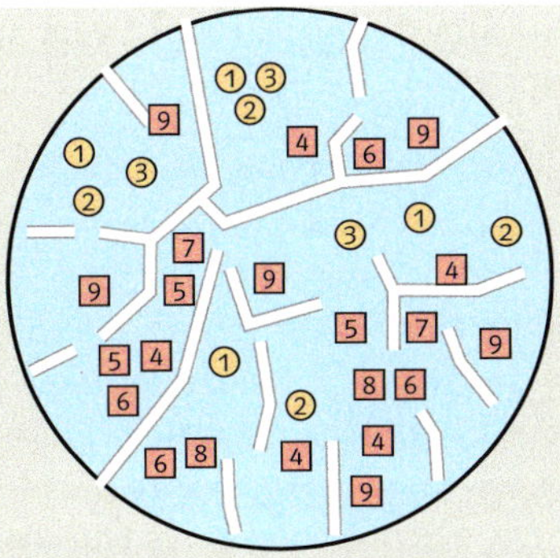

Acting Global Cities, Inseln des Reichtums **„globale Orte“**
① Kommandozentralen
② Hightech-Produktions-, Forschungs-, Innovationszentren
③ fordistische Industriezonen

Affected Global Cities, Atlantis-like islands **„globalisierte Orte“**
4 Hightech-Dienstleistungen
5 Auslagerungsindustrie
6 Billiglohn-, Konsumgüterproduktion
7 Rohstoff-, Nahrungsmittelerzeugung
8 Kinderarbeit, Informeller Sektor
9 Freizeit-, Tourismusgewerbe

Ocean of Poverty **neue Peripherie**
„neuer Süden“

4 Modell der globalen Fragmentierung

Nach Fred Scholz: Perspektiven des „Südens“ im Zeitalter der Globalisierung. In: Geographische Zeitschrift, 88. Jg., H. 1, Stuttgart: Franz Steiner Verlag 2000, S. 10

In jeder Gesellschaft aber finden sich auch gesellschaftliche Gruppen, die nicht von der Globalisierung profitieren, sondern zu deren Verlierern zählen. Diese als „stagnierende, regressive Milieus“ bezeichneten Gruppen lehnen die hereingetragenen ökonomischen und kulturellen Impulse häufig ab. Sie zählen dieser Theorie zufolge zu den Verlierern der Globalisierung. Die ehemaligen Industriearbeiter in den westlichen Industrienationen zählen ebenso zu dieser Gruppe wie an traditionellen Lebensweisen festhaltende ländliche Bevölkerungsgruppen in vielen Ländern des Globalen Südens.

NE Strategien nachhaltiger Entwicklung

Seit den 1970er-, vor allem aber in den 1980er-Jahren nahm die Erkenntnis der umweltzerstörenden Eingriffe einer auf rigoroses Wachstum setzenden Wirtschaftsstrategie zu. Parallel zur voranschreitenden Globalisierung wurden die „Grenzen des Wachstums“ intensiv diskutiert, vor allem aber wurden Entwicklung und Umweltschutz zusammengeführt. Mit der „Konferenz für Umwelt und Entwicklung“, die 1992 in Rio de Janeiro stattfand, wurden erstmals die beiden zuvor stets isoliert betrachteten Problembereiche in ihren gegenseitigen Beeinflussungen zusammengedacht. Mit der „Agenda 21“ vereinbarten nahezu alle Staaten der Erde das Nachhaltigkeitsprinzip (s. S. 42/43) zur Handlungsmaxime des 21. Jh. zu machen und **nachhaltige Entwicklung** in den Vordergrund zu rücken. Ausgehend von diesem Impuls wurden weltweit Lokale-Agenda-21-Gruppen gegründet und Nachhaltigkeitsstrategien entworfen.

NE Das Millennium-Entwicklungsprogramm

Den ersten Ansatz zur Realisierung eines globalen Entwicklungsprojektes unternahmen die Vereinten Nationen zur Jahrtausendwende mit dem „Millennium-Projekt“. Für dieses wurden acht Ziele formuliert. Danach sollte bis 2015 Folgendes erreicht werden:

- die Anzahl der Hungernden und Armen halbieren,
- allen Kindern eine Grundschulausbildung ermöglichen,
- die Gleichstellung der Geschlechter fördern und die Rechte von Frauen stärken,
- die Kindersterblichkeit verringern,
- die Gesundheit der Mütter verbessern,
- HIV/Aids, Malaria und andere übertragbare Krankheiten bekämpfen,
- den Schutz der Umwelt verbessern,
- eine weltweite Entwicklungspartnerschaft aufbauen.

Mit Ablauf des Programms konnten sektoral vor allem im Gesundheitsbereich Erfolge verzeichnet werden, regional insbesondere in Südostasien. Andere Probleme bestanden weiter, insbesondere in Afrika südlich der Sahara sowie in Südasien. Mit der „Agenda 2030“ und ihren 17 SDG setzt das aktuelle globale Entwicklungsprogramm neue Maßstäbe.

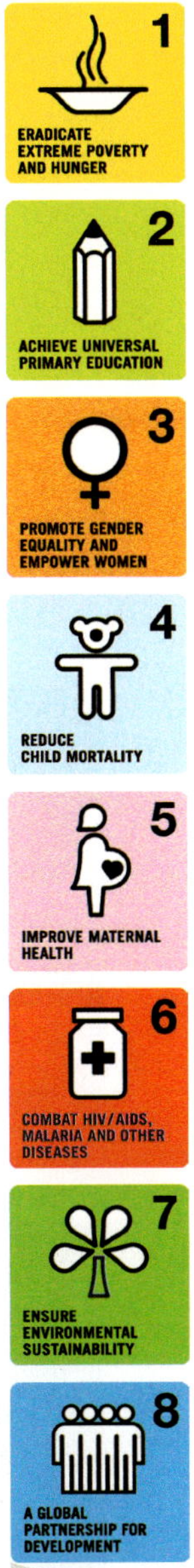

5 Die Millennium-Entwicklungsziele (2000–2015)

← SDGs S. 40/41

4 Erläutern Sie die Theorie der fragmentierenden Entwicklung anhand der Bilder der Auftaktseite dieses Kapitels (S. 138/139).

5 Ordnen Sie die Theorie der fragmentierenden Entwicklung in die Geschichte der Entwicklungstheorien ein.

6 Bewerten Sie die Theorie der fragmentierenden Entwicklung.

NE Die „Agenda 2030" in meiner Stadt – wo tragen wir dazu bei?

Weltweite Vereinbarungen zwischen Regierungen können nur dann ihre Wirkung entfalten, wenn viele Menschen sie vor Ort umsetzen. Dies gilt für Friedensverhandlungen ebenso wie für Handelsabkommen oder die „Agenda 2030".

Wie kann das im Einzelnen aussehen und wie kann jeder dazu einen Beitrag leisten?

Das kann auch im Rahmen eines Schulprojektes erfolgen. Ziel dieses Projektvorschlags ist es, die Einwohner Ihrer Stadt über die laufende „Agenda 2030" und die 17 Ziele für eine nachhaltige Entwicklung vor Ort zu informieren, indem an geeigneten Stellen der Stadt Informationstafeln angebracht werden. Diese sollen die Leser über die ausgewählte Einrichtung vor Ort, die Notwendigkeit und Zielsetzung der einzelnen Ziele für eine nachhaltige Entwicklung sowie den lokalen Beitrag informieren.

Da Sie nicht eigenmächtig im öffentlichen Raum Schilder anbringen können und zudem vielfältige Hintergrundinformationen zu Ihrer Stadt recherchieren müssen, ist die Zusammenarbeit mit dem Bürgermeisteramt der Stadt unabdingbar.

Darüber hinaus wird es im Verlauf des Projektes zur Kooperation mit einer Fülle unterschiedlicher Institutionen kommen. Partner können u.a. sein:
- der/die Bürgermeister/in zur Klärung vielfältiger Fragen zur Stadt wie zu den Umsetzungsmöglichkeiten des Projektes,
- das städtische Bauamt zur rechtlichen Beratung, wo Schilder in welcher Form angebracht werden dürfen,
- die meist für die Energie- und Wasserversorgung zuständigen Stadtwerke,
- das städtische Krankenhaus sowie andere Einrichtungen des Gesundheitswesens,
- der Eine-Welt-Laden,
- die Geschäftsführungen der ansässigen Industriebetriebe,
- das Amtsgericht oder andere Institutionen der Rechtspflege.

1 Tafelladen, SDG 1: Armut überwinden

2 Wochenmarkt, SDG 12: nachhaltiger Konsum

3 Wasserschutzgebiet, SDG 6: sauberes Wasser

1

Zur Umsetzung des Projektes werden Sie sowohl an der Schule als auch an verschiedenen Stellen Ihrer Stadt unterwegs sein. Die Erarbeitung erfolgt zum Teil im Plenum und zum Teil in Arbeitsgruppen.

a) Teilen Sie die 17 SDG unter den verschiedenen Arbeitsgruppen auf.
b) Analysieren Sie die Situation in Ihrer Stadt (im Plenum und vor Ort) hinsichtlich potenzieller Beiträge verschiedener Einrichtungen zur Realisierung der „Agenda 2030". Nutzen Sie dazu den Analysebogen.
c) Beurteilen Sie den Beitrag diverser Institutionen Ihrer Stadt zur Realisierung der „Agenda 2030".
d) Erörtern Sie geeignete Standorte für Ihre SDG-Informationstafeln.
e) Gestalten Sie Entwürfe für die Informationstafeln.
f) Entwickeln Sie Ideen für gegebenenfalls fehlende Beiträge zur „Agenda 2030" in Ihrer Stadt.

	Nachhaltiges Entwicklungsziel	Ansatzpunkt vor Ort	Ideen
1	Armut in jeder Form und überall beenden.	Sozialamt? Pfarramt?	
2	Den Hunger beenden, Ernährungssicherheit und eine bessere Ernährung erreichen und eine nachhaltige Landwirtschaft fördern.	Tafelladen? Sozialamt? Obdachlosenheim?	
3	Ein gesundes Leben für alle Menschen jeden Alters gewährleisten und ihr Wohlergehen fördern.	Krankenhaus? Fachärzte? Rotes Kreuz?	Erste-Hilfe-Kurs machen?
4	Inklusive, gerechte und hochwertige Bildung gewährleisten und Möglichkeiten des lebenslangen Lernens für alle fördern.	Schule? VHS? Uni? Nachhilfeeinrichtung?	Eigenes Angebot starten?
5	Geschlechtergerechtigkeit und Selbstbestimmung für alle Frauen und Mädchen erreichen.		
6	Verfügbarkeit und nachhaltige Bewirtschaftung von Wasser und Sanitärversorgung für alle gewährleisten.	Stadtwerke? Wasserschutzgebiet?	
7	Zugang zu bezahlbarer, verlässlicher, nachhaltiger und zeitgemäßer Energie für alle sichern.		
8	Dauerhaftes, inklusives und nachhaltiges Wirtschaftswachstum, produktive Vollbeschäftigung und menschenwürdige Arbeit für alle fördern.		
9	Eine belastbare Infrastruktur aufbauen, inklusive und nachhaltige Industrialisierung fördern und Innovationen unterstützen.	Bauamt? Planungsbehörde?	
10	Ungleichheit innerhalb von und zwischen Staaten verringern.		
11	Städte und Siedlungen inklusiv, sicher, widerstandsfähig und nachhaltig machen.		
12	Für nachhaltige Konsum- und Produktionsmuster sorgen.		Meinen Konsum hinterfragen?
13	Umgehend Maßnahmen zur Bekämpfung des Klimawandels und seiner Auswirkungen ergreifen.		
14	Ozeane, Meere und Meeresressourcen im Sinne einer nachhaltigen Entwicklung erhalten und nachhaltig nutzen.		
15	Landökosysteme schützen, wiederherstellen und ihre nachhaltige Nutzung fördern, Wälder nachhaltig bewirtschaften, Wüstenbildung bekämpfen, Bodenverschlechterung stoppen und umkehren und den Biodiversitätsverlust stoppen.		
16	Friedliche und inklusive Gesellschaften im Sinne einer nachhaltigen Entwicklung fördern, allen Menschen Zugang zur Justiz ermöglichen und effektive, rechenschaftspflichtige und inklusive Institutionen auf allen Ebenen aufbauen.		
17	Umsetzungsmittel stärken und die globale Partnerschaft für nachhaltige Entwicklung wiederbeleben.		

4 Analysebogen zur „Agenda 2030" in meiner Stadt

2 MK NE

Alternativ zur Aufstellung von SDG-Informationstafeln in Ihrer Stadt:

a) Entwickeln Sie einen Stadtplan, in den Sie geeignete Standorte für SDG-Schilder eintragen.

b) Gestalten Sie eine virtuelle Exkursion zu SDG-Stellen in Ihrer Stadt.

Wichtige Begriffe

- Befriedigung der Grundbedürfnisse
- Bruttonationaleinkommen
- Chancengerechtigkeit
- Disparität
- Dissoziationsstrategie
- endogene Ursachen
- Entwicklungsindikatoren
- Entwicklungsstrategien
- exogene Ursachen
- Globalisierung
- HDI
- Land Grabbing
- Menschenrecht
- Migration
- nachhaltige Entwicklung
- nachholende Entwicklung
- Räume unterschiedlichen Entwicklungsstandes
- Ziele für eine nachhaltige Entwicklung/ Sustainable Development Goals

Wissen vernetzen

Die Entwicklung der Lebenswirklichkeiten von Gesellschaften zeigt weltweit sehr unterschiedliche Ergebnisse. Die Grenze zwischen Arm und Reich verläuft dabei nicht entlang nationalstaatlicher Grenzen, sondern mitten durch alle Gesellschaften. Dies gilt für vermeintlich arme Länder wie Indien ebenso wie auf den ersten Blick reiche Staaten wie Deutschland oder die USA. Dieser Tatsache versuchen Staaten sowie zivilgesellschaftliche Gruppen (Kirchen, Vereine, NGOs, ...) insbesondere seit der Unabhängigkeit ehemaliger Kolonien entgegenzuwirken und so den Wohlstandsunterschied zwischen Industrie- und Entwicklungsländern zu verringern.
Dabei war von Anfang an umstritten, welche Theorie zur Erklärung der Unterentwicklung zutrifft und welche Strategie am geeignetsten sei, um die weiter zunehmenden Entwicklungsunterschiede zu überwinden. Grundsätzlich standen sich zwei Auffassungen gegenüber: die Modernisierungstheorie und die Dependenztheorie. Die Anhänger der Modernisierungstheorie sind der Auffassung, dass jede Gesellschaft eine feste Abfolge von Entwicklungsschritten durchlaufen würde. Vor diesem Hintergrund sahen sie die Länder der Erde schlicht auf unterschiedlichen Stufen dieses Prozesses. Demgegenüber vertreten die Dependenztheoretiker die Meinung, dass die einen nur reich sein können, weil die anderen arm sind. Demzufolge besteht ein fundamentales Abhängigkeitsverhältnis zwischen beiden.
Erhoben diese Theorien anfangs universellen Geltungsanspruch, setzte sich im Verlauf der 1980er-Jahre die Überzeugung durch, dass die spezifischen Gegebenheiten von Kulturen und Gesellschaften viel stärker berücksichtigt werden müssen. Daher könne man Entwicklung nur für kleinere Gebiete mithilfe von Theorien mittlerer Reichweite erklären. Mit der Ausrichtung der weltweiten Entwicklung am Nachhaltigkeitsprinzip formulierten die UNO mit den Millenniumszielen für die Zeit von 2000–2015 erstmals eine globale Vorstellung von Entwicklung. Dieses Programm wurde 2016 durch den aktuell gültigen, in der „Agenda 2030" mit seinen 17 Zielen für eine nachhaltige Entwicklung (SDG) festgelegten Konsens abgelöst.
Um feststellen zu können, ob die beabsichtigten Fortschritte stattfinden, wurden verschiedene Indikatoren festgelegt. Der aktuell bedeutendste Index zur Messung von Entwicklung ist der HDI.

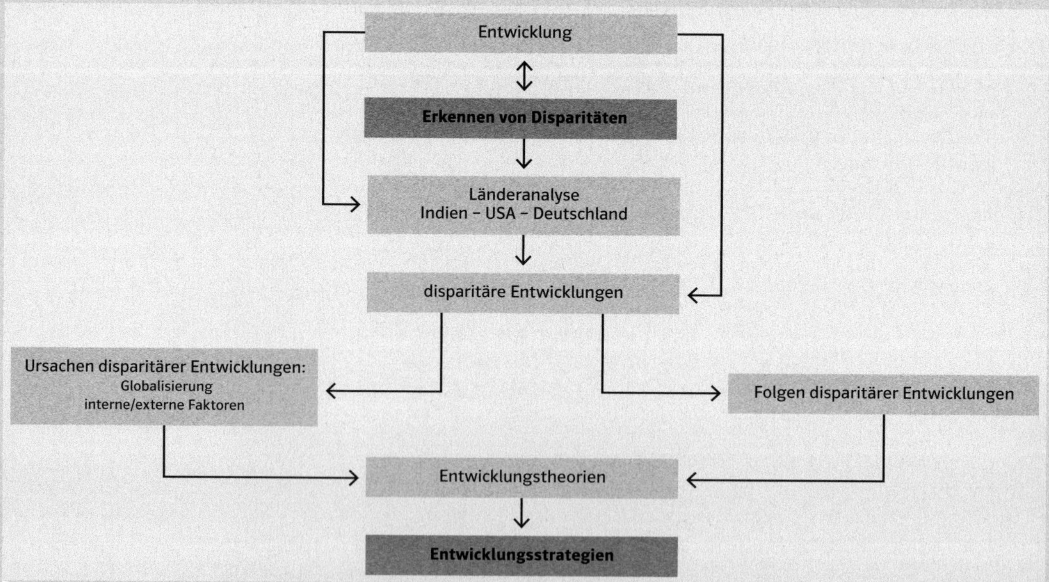

1 Vom Erkennen disparitärer Entwicklungen zur Entwicklungsstrategie

Kompetenzen überprüfen

Sich orientieren

1 Ordnen Sie in eine Weltkarte 10 Länder mit geringem und 10 Länder mit hohem Entwicklungsstand ein.

2 Überprüfen Sie Ihre Zuordnung mithilfe eines Atlas.

Wissen und verstehen

3 Erklären Sie den Human Development Index (HDI).

4 Vergleichen Sie die Kernaussagen der Modernisierungstheorie mit denen der Dependenztheorie.

5 Bewerten Sie das aktuelle globale Entwicklungsprogramm „Agenda 2030".

Fachmethoden anwenden

6 Beschreiben Sie den Entwicklungsstand von Marokko, Chile und Finnland anhand des HDI.
Nutzen Sie dazu auch ein bereits in diesem Kapitel bereits angewendetes Tool.

7 Erläutern Sie die Teufelskreise der Armut (Grafik 3) am Beispiel Indiens oder der USA oder Deutschlands. Nutzen Sie dazu auch den Atlas.

8 Stellen Sie die Grundstruktur der entwicklungspolitischen Diskussion in einem Schaubild dar.

Beurteilen und bewerten

9 Beurteilen Sie die Aussagekraft von Grafik 2.

10 Bewerten Sie die Theorie der fragmentierenden Entwicklung.

Handeln

11 Entwickeln Sie Ihren Diskussionsbeitrag über die richtige Theorie und Strategie zur Überwindung von Unterentwicklung.

12 Entwickeln Sie Ideen zur Durchbrechung der sich selbst verstärkenden Problemkreisläufe.

Basiskonzepte anwenden

13 Erläutern Sie an einem Fallbeispiel aus diesem Kapitel die Basiskonzepte der Geographie.

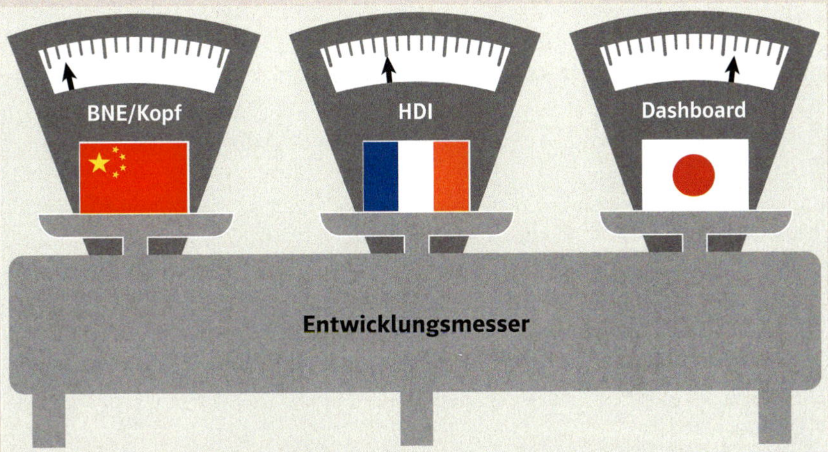

2 Entwicklungsstände messen

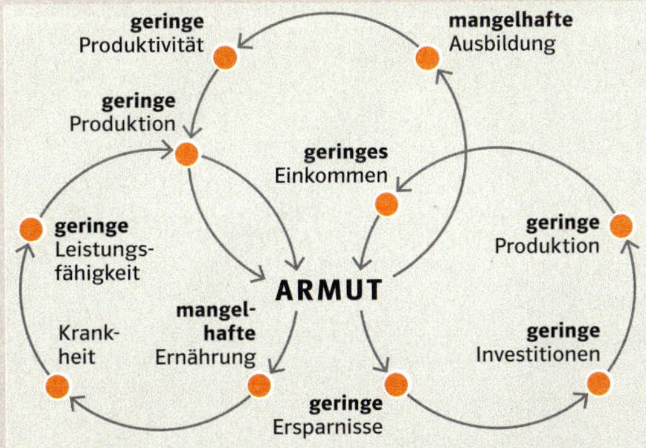

3 Sich selbst verstärkende Problemkreisläufe

Wenn Sie alle Seiten dieses Kapitels bearbeitet haben, können Sie ...

- verschiedene Entwicklungsindikatoren nennen;
- den Entwicklungsstand von Ländern beurteilen;
- anhand verschiedener Theorien eine Erklärung für disparitäre Entwicklung darlegen;
- die Bedeutung der Globalisierung im Entwicklungsprozess beurteilen;
- das aktuelle Weltentwicklungsprogramm der Vereinten Nationen, die „Agenda 2030", erläutern.

7

Entwicklungszusammenarbeit zum Abbau von Disparitäten

1

Jede Kaufentscheidung schlägt durch die erstandenen Waren eine Brücke zu den Menschen, die diese hergestellt haben. Mit jedem Kauf einer Jeans, eines Smartphones oder einer Tafel Schokolade bestätigen wir folglich auch die damit verbundenen Arbeits- und Lebensbedingungen der Arbeiterinnen und Arbeiter, die irgendwo auf der Welt Rohstoffe, Zwischen- und Fertigprodukte aller Art herstellen.

Nach wie vor lebt und arbeitet der größte Teil der Menschheit unter sehr prekären Bedingungen. Deren Ursachen sind nicht nur komplex, sondern werden – wie im vorangegangenen Kapitel gesehen – sehr unterschiedlich begründet. Entsprechend vielfältig sind die Vorschläge, wie gegen diese dramatische Ungleichheit vorgegangen werden kann.
Haben Sie einen Vorschlag?

2

3

Sie untersuchen ...

4 Von der Entwicklungshilfe zur Entwicklungszusammenarbeit

Das **Bundesministerium für wirtschaftliche Zusammenarbeit und Entwicklung (BMZ)** ist die oberste Bundesbehörde der Bundesrepublik Deutschland für Entwicklungszusammenarbeit. Das Ministerium unterhält zwei Dienstsitze. Erster Dienstsitz ist Bonn, der zweite Dienstsitz ist in Berlin.

Die **Deutsche Gesellschaft für Internationale Zusammenarbeit (GIZ) GmbH** ist eine Organisation der Entwicklungszusammenarbeit (EZ), die im Auftrag verschiedener Ministerien der Bundesrepublik Deutschland international tätig ist.

Die beiden Szenen der vorangegangenen Doppelseite zeigen die Extreme unserer heutigen Welt, die in dem Begriffspaar Hochgenuss versus Kinderarbeit pointiert zum Ausdruck kommen.
Der Weg aus dieser inakzeptablen Realität beginnt mit der Analyse der Ursachen, der Formulierung einer erklärenden Theorie und führt zur Ausarbeitung einer Entwicklungsstrategie. Deren Umsetzung erfolgt in Form von Entwicklungsprojekten. Ein Projekt hat über einen definierten Zeitraum hinweg die Aufgabe, ein klar formuliertes Ziel durch aufeinander abgestimmte Aktivitäten zu erreichen. Die finanziellen, organisatorischen und rechtlichen Rahmenbedingungen werden vorab festgelegt. Zur Umsetzung werden Teams gebildet, die bei internationalen Entwicklungsprojekten aus Partnern aller Parteien bestehen (sollten).

Vom Problem zum Projekt der Entwicklungszusammenarbeit

Entwicklungsprojekte entstehen auf der Basis partnerschaftlichen Kooperationsverständnisses. Die Regierung eines Landes des Globalen Südens wendet sich an die Regierung der Bundesrepublik Deutschland mit einem konkreten Anliegen, z.B. einer Infrastrukturmaßnahme oder der Lösung eines ökonomischen Problems etwa im Bereich der Produktqualität, des betrieblichen Managements oder der Vermarktung. Die Bundesregierung prüft durch das zuständige Bundesministerium für wirtschaftliche Zusammenarbeit und Entwicklung (BMZ), inwieweit die Problematik und der damit einhergehende Lösungsansatz mit den Grundsätzen der deutschen Entwicklungspolitik vereinbar ist. Derzeit richtet sich das BMZ an den Zielsetzungen der „Agenda 2030" aus. Sind die Anfrage und die Leitsätze des BMZ kompatibel, entwickeln beide Partner gemeinsam Zielsetzung, Maßnahmen, Laufzeit und Finanzierung des Projektes, das meist von der GIZ dann realisiert wird.
Das BMZ führt durch die GIZ weltweit kooperative Entwicklungsprojekte durch. Dabei gilt, es den jeweiligen kulturellen, politischen, religiösen Kontext ebenso zu berücksichtigen, wie konkrete Zielgruppen zu identifizieren, um nicht nur Symptome nicht-nachhaltiger Entwicklungen anzugehen, sondern nach Möglichkeit die kausal maßgeblichen Strukturen zu ändern.

Diesen Fragen zur Entwicklungszusammenarbeit werden Sie nachgehen:

- In welchen Bereichen werden Entwicklungsprojekte umgesetzt?
- Welche Zielgruppen haben Entwicklungsprojekte im Blick?
- Welche Ziele verfolgen Entwicklungsprojekte?
- Tragen Entwicklungsprojekte zum Erreichen der „Agenda-2030"-Ziele bei?
- Werden auch hier in Baden-Württemberg Entwicklungsprojekte umgesetzt?
- Kann ich mich in einem Entwicklungsprojekt engagieren?

Sie knüpfen an ...

5 Kakao-Kooperative

6 Farmer Business School

Bekannte Begriffe

- Armutsviertel
- Disparität
- Entwicklungszusammenarbeit
- Flucht
- Human Development Index
- Land-Stadt-Wanderung
- Menschenrechte
- Migration
- Migrationsursachen
- nachhaltige Entwicklung
- nachhaltige Entwicklungsziele/ Sustainable Development Goals
- Umweltflucht

Das wissen Sie schon!

Dass die schlechten Arbeits- und Lebenssituationen vieler Männer, Frauen und Kinder in den Kakaoplantagen Westafrikas nicht so sein müssen, das haben Sie bereits in Klasse 8 erfahren. Am Beispiel des Entwicklungsprojektes „Nachhaltige kleinbäuerliche Kakao- und Nahrungswirtschaft" wurde deutlich, wie Kleinbauern aus Côte d'Ivoire, Ghana, Togo, Nigeria und Kamerun in „Farmer Business Schools" zu Unternehmern werden. Auf diesem Weg sind insbesondere die finanziellen Engpässe sowie Mängel ihres technischen Wissens bei der Verarbeitung der Kakaobohnen zu überwinden sowie ihre Fähigkeiten der effektiven Betriebsführung zu fördern. Mithilfe dieser Maßnahmen wird das Ziel verfolgt, die Einkommenssituation der Kakaobauern und ihre Nahrungsversorgung aus vielfältigem Anbau nachhaltig zu verbessern, indem sie die Organisation ihrer Betriebe effektiv gestalten. Die Wirkungen des von der Deutschen Gesellschaft für internationale Zusammenarbeit (GIZ) durchgeführten Entwicklungsprojektes zeigen deutliche Steigerungen der Produktionszahlen, eine verbesserte finanzielle Situation der Teilnehmenden sowie effektivere Formen der Betriebsführung.

Entwicklungszusammenarbeit oder Entwicklungshilfe?
„In den Medien oder in Gesprächen wird statt ‚Entwicklungszusammenarbeit' oft der Begriff ‚Entwicklungshilfe' verwendet. [...] Die meisten Fachleute und auch das BMZ benutzen diesen Ausdruck trotzdem nicht, denn er klingt so, als wären Entwicklungsländer hilflos und vollständig auf die Wohltätigkeit der reichen Länder angewiesen. Bei der modernen Entwicklungszusammenarbeit sind sie aber gleichberechtigte Partner. Alle Projekte werden gemeinsam geplant und verwirklicht.
Auch die Verantwortung für Erfolge und Misserfolge wird gemeinsam übernommen. Und die Entwicklungsländer bezahlen in vielen Fällen einen großen Teil der Programme selbst.
Außerdem: Die sogenannten Geberstaaten wie Deutschland sind bei der Entwicklungszusammenarbeit gleichzeitig auch Empfänger. Sie lernen von ihren Partnerländern, knüpfen wirtschaftliche Kontakte und verbessern dadurch auch ihre wirtschaftliche Situation. Der Begriff Entwicklungszusammenarbeit beschreibt diese intensive Partnerschaft viel besser als der früher übliche Name Entwicklungshilfe."

Bundesministerium für wirtschaftliche Zusammenarbeit und Entwicklung, Entwicklungszusammenarbeit oder Entwicklungshilfe?, unter: www.checkdeinewelt.de/wissen/e/entwicklungszusammenarbeit/index.jsp (Zugriff 28.10.2020)

7

1 Erklären Sie die in Klasse 8 thematisierten Fachbegriffe.

2 Erläutern Sie die Merkmale eines Projektes.

3 Fassen Sie die Schritte von einem erkannten Entwicklungsdefizit hin zu einem Entwicklungsprojekt zusammen.

4 **Arbeitsauftrag für die Seiten 170 – 177:**
Erfolgreiche Entwicklungszusammenarbeit setzt voraus, dass laufende und abgeschlossene Entwicklungsprojekte bewertet werden.

Analysieren Sie mithilfe der Analysematrix (Online-Code) mindestens eines der dargestellten Entwicklungsprojekte.

2 Cashewverarbeitung in Gambia (a) und in Goa/Indien (b und c)

Von harten Schalen und grünen Knöpfen – Entwicklungsprojekte im Bereich Produktion und Handel

Arbeit und gerechtes Einkommen sind zentrale Pfeiler gesellschaftlicher Entwicklung. Aber vielerorts ist Arbeit rar, womöglich gefährlich und gesundheitsschädigend und die Entlohnung ungerecht. Die Ursachen für diese Realitäten sind nicht nur vor Ort zu suchen, sondern oftmals Ausdruck übergeordneter Strukturen. Wie können entwicklungspolitische Maßnahmen hier positiven Einfluss nehmen?

1 Cashewpflanze

Die Cashewpflanze kommt ursprünglich aus dem Amazonas-Tiefland, wurde von den Portugiesen jedoch bereits im 16. Jh. zunächst nach Goa/Indien, weiter nach Südostasien sowie nach Ost- und Westafrika verbracht. Das Interesse der Portugiesen galt dabei nicht den Kernen, sondern der Frucht, aus der ein alkoholisches Getränk hergestellt wird.

In den letzten zwei, drei Jahrzehnten ist die weltweite Nachfrage nach Cashewkernen gewaltig gestiegen. Das hängt sehr stark mit veränderten Essgewohnheiten in den Ländern des Globalen Nordens zusammen, wo Snacks eine immer größere Rolle gegenüber tradierten Ernährungsgewohnheiten einnehmen. Zu den Hauptanbaugebieten zählen neben Indien, Vietnam, Indonesien und Honduras vor allem die westafrikanischen Staaten von Guinea-Bissau bis nach Nigeria. Die Verarbeitung der Cashewkerne ist sehr arbeitsaufwendig und daher kostenintensiv. Nach einem Trocknungsprozess müssen die Kerne aus der sehr harten Schale herausgelöst werden, ehe sie erneut getrocknet, geschält und nach Größe und Qualität sortiert in den Export gehen. Insbesondere in Indien und Vietnam erfolgt ein Großteil der Verarbeitung vor Ort, wohingegen in vielen Staaten Westafrikas zwar im großen Stil Cashew angebaut, nicht aber verarbeitet werden. Stattdessen werden diese in ihren Schalen großenteils nach Süd- und Südostasien zur Veredelung exportiert. Damit liegt die eigentliche Wertschöpfung der hochpreisigen Cashewkerne nicht in den westafrikanischen Ländern. Eben dies zu ändern, ist das Ziel des vom BMZ in Auftrag gegebenen und von der GIZ durchgeführten Projekts „Competitive Cashew Initiative (ComCashew)".

Competitive Cashew Initiative (ComCashew)
Das Projekt wird in den afrikanischen Ländern Benin, Burkina Faso, Côte d'Ivoire, Ghana, Mosambik und Sierra Leone zusammen mit Ministerien, Unternehmen der Snack-Industrie sowie dem Handel seit 2009 umgesetzt. Eine Verlängerung über das Jahr 2020 hinaus ist zu erwarten.
Die Ausgangssituation ist durch die geringe Wettbewerbsfähigkeit in den afrikanischen Ländern bestimmt. Mit den beschlossenen Maßnahmen soll die Wettbewerbsfähigkeit verbessert und die Wertschöpfung erhöht werden, vor allem durch:
- Steigerung von Quantität und Qualität der Produktion,
- Verbesserung von Effizienz, Quantität und Qualität der Verarbeitung,
- Aufbau nachhaltiger Marktverknüpfungen: national, regional und international,
- Schaffen eines förderlichen Umfeldes, die den Cashew-Sektor begünstigen.

Erzielte Wirkungen: Mehr als 420 000 Landwirte, davon 22 % Frauen, wurden fortgebildet, die Einkommen verdoppelt und die Erträge um etwa 80 % gesteigert. Durch lokale Verarbeitung wurden 5 800 Arbeitsplätze geschaffen – 75 % davon für Frauen – und 26 Mio. US-$ Umsatz erzielt.
Nach: www.giz.de/de/weltweit/19011.html (Zugriff: 02.10.2020)

3

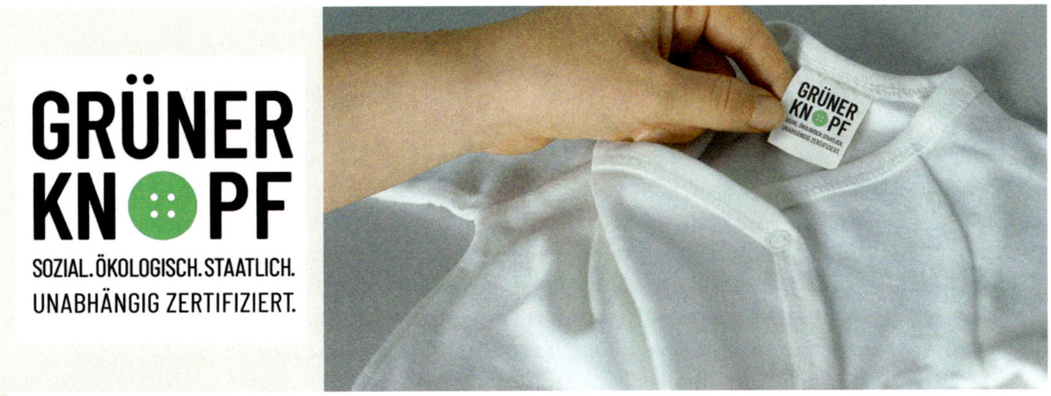

4 Grüner Knopf

SOZIAL

Gut für den Menschen
„Der Grüne Knopf stellt verbindliche Anforderungen für menschenwürdige Arbeit – von der Zahlung von Mindestlöhnen, über die Einhaltung von Arbeitszeiten bis zum Verbot von Kinder- und Zwangsarbeit."
Ebenda

Das Siegel Grüner Knopf

„Der ‚Grüne Knopf' ist ein 2019 eingeführtes staatliches Siegel für nachhaltig produzierte Kleidung. Das Besondere an diesem staatlichen Siegel ist ein umfassenderes Nachhaltigkeitsverständnis, das sowohl auf die ökologische Verträglichkeit als auch auf die Einhaltung sozialer Gerechtigkeit, z. B. in Form von Zahlung von Mindestlöhnen, achtet. Damit reiht sich der ‚Grüne Knopf' ein in die aktuellen Bestrebungen die globalen Lieferketten sozial gerechter und naturverträglicher zu gestalten. Das Bundesministerium für wirtschaftliche Zusammenarbeit und Entwicklung (BMZ) legte dabei folgende Produkt- und Unternehmenskriterien fest:
Produktkriterien: „Ein Textilprodukt mit Grünem Knopf muss soziale und ökologische Mindeststandards einhalten. Zu den sozialen Standards gehören unter anderem die Zahlung von Mindestlöhnen, die Einhaltung von Arbeitszeiten und das Verbot von Kinder- und Zwangsarbeit. Die ökologischen Standards umfassen zum Beispiel das Verbot von gefährlichen Chemikalien sowie Grenzwerte für Abwässer, die bei der Produktion anfallen.
In seiner Startphase prüft der Grüne Knopf die Herstellungsschritte ‚Zuschneiden und Nähen' sowie ‚Bleichen und Färben'. Die sozialen und ökologischen Herausforderungen sind in diesen Produktionsstufen besonders groß. In den kommenden Jahren wird das Siegel auf weitere Arbeitsschritte ausgeweitet. Letztlich soll der Grüne Knopf Mensch und Umwelt in der gesamten Lieferkette schützen – vom Baumwollfeld bis zum Bügel.
Unternehmenskriterien: Ein Unternehmen muss anhand von weiteren Kriterien nachweisen, dass es menschenrechtliche, soziale und ökologische Verantwortung übernimmt.
Grundlage für die Unternehmenskriterien sind die Leitprinzipien der Vereinten Nationen für Wirtschaft und Menschenrechte sowie die Empfehlungen der Organisation für wirtschaftliche Zusammenarbeit und Entwicklung (OECD) für den Textilsektor. Geprüft werden unter anderem Fragen wie: Gibt es Beschwerdemechanismen für die Näherinnen vor Ort? Schafft das Unternehmen Missstände ab? Legt es Risiken in seiner Lieferkette offen?"

Nach: www.gruener-knopf.de/gruener-knopf.html, www.gruener-knopf.de/kriterien.html und www.bmz.de/de/themen/textilwirtschaft/gruener_knopf/index.html (Zugriff 02.11.2020)

5

ÖKOLOGISCH

Gut für die Umwelt
„Der Grüne Knopf verbietet z. B. den Einsatz gefährlicher Chemikalien und setzt verbindliche Grenzwerte für Abwasser in der Produktion. Weichmacher und Tenside müssen biologisch abbaubar sein."
Ebenda

Unabhängige Prüfer kontrollieren die Einhaltung der Unternehmens- und Produktkriterien. Sofern diese von den Unternehmen eingehalten werden, können sie Produkte mit dem Siegel „Grüner Knopf" auszeichnen. Direkt am zertifizierten Textilprodukt angebracht, werden potenzielle Kunden über die Einhaltung von Sozial- und Umweltstandards informiert. Zusammen mit dem nationalen Netzwerk nachhaltiger Konsum beschreitet das BMZ zudem konkrete Schritte hin zu einer nachhaltigen Entwicklung im umfassenden Sinn.

Fairer Handel überlässt die Preisbildung nicht allein den Marktkräften, sondern garantiert den Erzeugern einen Mindestpreis. Dieser Preis soll den Produzenten, ein zuverlässiges Einkommen ermöglichen. Zudem sollen langfristige Beziehungen zwischen Produzenten und Abnehmern etabliert sowie Sozial- und Umweltstandards für die Arbeiter garantiert werden.

1 **Arbeiten Sie als Tandem.** Fassen Sie mithilfe der Analysematrix (Online-Link) je eines der beiden Projekte zusammen.

2 Stellen Sie sich die Projekte gegenseitig vor.

3 Bewerten Sie die Wirksamkeit der Projekte gemeinsam.

Von Schulen und Ausbildung – Entwicklungsprojekte im Bereich Frauenförderung

Die Gleichberechtigung der Frau ist weltweit nach wie vor eine Herausforderung, wenngleich regional und kulturell sehr unterschiedliche Fortschritte zu verzeichnen sind. In vielen Teilen der Welt fehlt es an gleichen Rechten und damit auch an gleichen Chancen. Frauen sind in der formalen Arbeitswelt unterrepräsentiert, selbst bei gleicher Arbeit schlechter bezahlt als Männer und zudem oft vielfältiger Gewalt ausgesetzt. Wie können Frauen gezielt gefördert werden, um für sich, aber auch für die Gesellschaft eine deutliche Verbesserung ihrer Situation zu erreichen?

Studien der Weltbank belegen, dass mit zunehmender Gleichstellung der Geschlechter sich sowohl die Wettbewerbsfähigkeit als auch der Wohlstand ganzer Gesellschaften verbessert. Wird Frauen der Zugang zu wirtschaftlichen Ressourcen ermöglich, ihre Diskriminierung überwunden und werden ihre Rechte garantiert, kommt dies offensichtlich allen zugute. Dennoch sind Hunderte Millionen von Frauen Lebenswirklichkeiten ausgesetzt, die

- ihnen keinen Zugang zu Bildung ermöglichen,
- ihnen Beschäftigungsmöglichkeiten vorenthalten,
- ihnen gesundheitliche Versorgung und körperliche Selbstbestimmungsrechte verweigern,
- sie sexueller Gewalt aussetzen,
- sie in Kinderehen zwingen,
- ihnen die Verstümmelung ihrer Genitalien antun,
- ihnen übermäßig die Pflicht zur Wasserversorgung aufbürden, ohne akzeptable sanitäre Verhältnisse bereitzustellen.

Diese Realitäten zu durchbrechen ist Ziel des folgenden Globalprogramms. Dieses wurde vom BMZ in Auftrag gegeben und wird von der GIZ umgesetzt.

1 Die Schulbildung von Mädchen – nur wenige Jahre?

2 Wasserholen – nur eine Aufgabe von Mädchen und Frauen?

Förderung von Gleichberechtigung der Geschlechter und Frauenrechten

Das Ziel des Globalprojektes ist, die Überwindung geschlechtsbedingter Ungleichheiten zu erreichen.

Die Notwendigkeit für das global ansetzende Projekt ergibt sich aus der gegebenen Situation von Frauen und Mädchen weltweit. Zumeist liegen diesen „schädliche traditionelle Praktiken, Gesetze oder diskriminierende Normen und Geschlechterrollen" zugrunde, die es ebenso zu überwinden gilt wie Gewalt gegen Frauen. Dies hat das BMZ in seinem sektorübergreifenden Konzept zur „Gleichberechtigung der Geschlechter in der deutschen Entwicklungspolitik" festgeschrieben und zur Zielsetzung erhoben. Der Gleichberechtigung der Geschlechter kommt somit in der deutschen Entwicklungszusammenarbeit ein hoher Stellenwert zu und lässt sich als durchgängiges Gestaltungsprinzip und Qualitätsmerkmal erkennen.

Dieses Konzept umfasst drei Ansätze:

- Die Gleichberechtigung der Geschlechter wird als Querschnittsaufgabe in allen Strategien und Projekten der Entwicklungszusammenarbeit realisiert, etwa hinsichtlich der Arbeitsbedingungen in der Kommunikationsbranche Ägyptens.
- Projekte zur Förderung von Frauen und Mädchen werden ganz gezielt unterstützt, etwa im Bankensektor Marokkos und Tunesiens.
- Im internationalen entwicklungspolitischen Prozess werden Gleichberechtigung und Frauenrechten fest verankert, etwa in der IT-Branche Jordaniens.

Nach: Deutsche Gesellschaft für Internationale Zusammenarbeit (GIZ) GmbH, Gleichberechtigung und Frauenrechte fördern, unter: www.giz.de/de/weltweit/65544.html (Zugriff: 02.11.2020)

3

4 Frauenförderung in Nepal

6 Berufsausbildung in technischen Berufen in der MENA-Region

Frauenförderung in Nepal: INCLUDE
Das in Nepal durchgeführte Projekt „INCLUDE" verfolgt die Zielsetzung, im ländlichen Bereich Arbeitsplätze für junge Frauen zu schaffen. Mit der Verbesserung ihrer wirtschaftlichen Situation soll die Zahl der aus den Armutsschichten des Landes kommenden Mädchen und Frauen, die jedes Jahr in die Prostitution des indischen Subkontinents verkauft werden, deutlich reduziert werden. Vor diesem Hintergrund ist das deutsche Engagement in Nepal zu sehen: Das BMZ unterstützt die nepalesische Regierung dabei, neue Einkommensmöglichkeiten zu schaffen und den Migrationsdruck für die Bevölkerung zu senken. Folgende Wertschöpfungsketten wurden im Rahmen des Programms INCLUDE ausgebaut und verbessert:
- Honig,
- Heil- und Gewürzpflanzenanbau,
- Milchprodukte,
- Gemüse- und Früchteanbau in Flussbetten,
- sozial und ökologisch verantwortlicher Tourismus.

Als größtes Problem, ein sicheres Leben zu führen, erweist sich dabei die Landlosigkeit der betroffenen jungen Frauen und deren Familien. Denn wenn die alltägliche Versorgung in Gänze durch den Kauf von Lebensmitteln auf dem Markt erfolgen muss, setzt dies entsprechende monetäre Einkünfte voraus, die meist nicht ausreichend verfügbar sind. Daher werden Ansätze gesucht, die auch ohne eigenen Landbesitz erfolgreich sein können.

Nach: Gegen Ausgrenzung: Arbeit für Arme und Landlose, unter: www.bmz.de/de/themen/2030_agenda/deutscher_beitrag/fallstudien/fallstudie_nepal_wirtschaft/index.html (Zugriff: 02.11.2020)

5

Beschäftigungsförderung von jungen Frauen in der MENA-Region
Das von BMZ in Auftrag gegebene und von der GIZ in Ägypten, Jordanien, Marokko und Tunesien durchgeführte Projekt läuft mindestens bis 2021. Die Ausgangslage in der MENA-Region (Middle East and North Africa) ist durch die weltweit geringste Beteiligung von Frauen am Wirtschaftsleben (nur etwa 20 % aller Erwerbstätigen) sowie einer trotz offener Stellen sehr hohen Arbeitslosigkeit unter Akademikerinnen (etwa 50 %) gekennzeichnet. Zudem arbeiten selbst hochqualifizierte Frauen häufig in schlecht bezahlten Jobs. Grund dafür sind religiös-kulturelle Traditionen und Rollenvorstellungen.
Erreicht werden soll die Verbesserung der Situation durch folgende Maßnahmen:
- Förderung der wirtschaftlichen Integration von Frauen,
- professionelles Management der Chancengleichheit,
- Einführung flexibler Arbeitszeiten,
- Frauenquoten bei Einstellungen,
- sozialverträgliches und familienfreundliches Arbeitsumfeld,
- Schaffung einer Plattform zum Wissensaustausch zwischen Unternehmen der MENA-Region und Deutschland bzw. Europa,
- Unterstützung von Schülerinnen beim Einstieg in MINT-Berufe.

Die Umsetzung zeigt bereits deutlich erkennbare Wirkungen. So haben Hunderte von Unternehmen der Region an Projekten teilgenommen, und 30 von ihnen Kooperationsprojekte mit der GIZ abgeschlossen. Bereits mehrere Tausend Frauen konnten von diesen Maßnahmen profitieren.

Nach: www.giz.de/de/weltweit/37953.html und www.giz.de/de/weltweit/73447.html (Zugriff 02.11.2020)

7

1 **Arbeiten Sie als Tandem.**
Fassen Sie Anlass, Zielsetzung und Maßnahmen des Globalprojekts zur Frauenförderung zusammen.

2 Analysieren Sie die Frauenförderprogramme mithilfe der Analysematrix.

3 Bewerten Sie die Wirksamkeit der Projekte gemeinsam.

1 Solarbetriebene Kühlung des Fischfangs auf den Seychellen

2 Hauskühlung über Solarstrom

Von Kühltechnik und Bienen – Entwicklungsprojekte im Bereich Klima und Umwelt

Der Klimawandel schreitet voran und es besteht Konsens, dass dieser globalen Herausforderung nur gemeinsam erfolgreich begegnet werden kann. Aber wie kann das im Einzelnen aussehen? Was genau können Entwicklungsprojekte in diesem Bereich angehen und bewirken?

Der Klimawandel hat ohne Frage eingesetzt und längst geht es darum, das Unvermeidbare zu beherrschen und das Unbeherrschbare des Klimawandels zu vermeiden. Der Grenzwert zwischen diesen beiden Szenarien wird vonseiten der Wissenschaft auf eine globale Durchschnittstemperatur von etwa +2 °C gegenüber der vorindustriellen Zeit beziffert. Um diese Zielmarke erreichen zu können, muss weltweit die emissionsintensive Energieversorgung auf den Prüfstand gestellt werden. Im Mittelpunkte stehen dabei die Bereiche Stromerzeugung, Gebäudetechnik, Mobilität, Wärmeversorgung, Klimaanlagen und auch Kühltechniken, wie sie etwa in Geschäften zur Erhaltung von Lebensmitteln eingesetzt werden. In all diesen Anwendungsbereichen stehen emissionsarme oder gar emissionsfreie alternative Technologien zur Verfügung. Aber eine entsprechende Umrüstung erfordert zum Teil hohe Investitionen. Klimaschutz kostet viel Geld, aber das spätere oder gar ausbleibende Handeln wird noch entschieden teurer, wie erstmals im Stern-Report 2007 dargelegt. Nach damaligen Berechnungen wurden die Kosten des Klimaschutzes auf 5–20% der globalen Wirtschaftsleistung beziffert.

↶ Kapitel Klimawandel S. 54–89

Globalprojekt Proklima
Das vom Bundesministerium für wirtschaftliche Zusammenarbeit (BMZ) in Auftrag gegebene und von der Deutschen Gesellschaft für internationale Zusammenarbeit (GIZ) weltweit durchgeführte Projekt läuft seit 2016 und wird voraussichtlich auch nach 2020 noch weitergeführt werden. Es handelt sich dabei um ein Sektorvorhaben, also nicht primär um ein regional gebundenes Projekt, sondern ein einen gesamten Entwicklungsbereich abdeckendes Großprojekt.
Anlass für das Projekt ist die Tatsache, dass nach wie vor im industriellen wie landwirtschaftlichen Produktionsprozess Gase entstehen oder verwendet werden, welche die Ozonschicht zersetzen und somit den natürlichen Schutzschild gegen die gesundheitsgefährdende ultraviolette Strahlung schwächen. Um dieses zu verhindern, einigten sich führende Industrienationen bereits 1987 im Montreal-Protokoll auf ein Verbot von Fluorchlorkohlenwasserstoffen, die als Kühlmittel Verwendung fanden, aber eben auch die Ozonschicht zersetzen. Mit der Gründung von Proklima 1995 verlangt die deutsche (Entwicklungs-)Politik einen Ozon- und Klimaschutz kombinierenden Ansatz.

Nach: GIZ: Proklima – Weltweite Förderung von umweltfreundlichen und energieeffizienten Kühltechnologien, unter: www.giz.de/de/weltweit/71271.html (Zugriff: 02.11.2020)

3

Im Rahmen des Globalprogramms „Pro Klima" wurde auf den Seychellen folgendes Projekt realisiert:

Green Cooling-Projekt, Seychellen

"All local refrigeration technicians in Seychelles must be certified as having been trained as part of the third phase of the Green Cooling Africa Initiative. 'We want to ensure that those involved in refrigeration are legit and receive proper training. Now people are operating without proper certification,' said Inese Chang-Waye, the ozone coordinator. She added that the local authorities are also working on a new regulation under which certified technicians will need to bring an identification card with them for jobs they do.

The workshop was aimed at establishing a suitable infrastructure for implementing the scheme within the local context for both the formal and informal sector. It was organised by the German development agency GIZ in collaboration with the Seychelles Ozone Unit in the Ministry of Environment, Energy and Climate Change. The Seychelles joined the second phase of the Green Cooling Africa Initiative program in 2017. The program is supporting its partner countries to create a shift in the cooling sector towards more sustainable technology and a low mitigation pathway.

In an effort to reduce energy use in Seychelles, the Energy Commission has also set energy efficiency standards for five types of electrical home appliances entering the country. Under the new standards, it is mandatory for bulbs, freezers and refrigerators, air conditioners, electric water heaters and washing machines to meet the required minimum standard.

The Green Cooling Initiative estimates the refrigeration and air conditioning (RAC) sector to account for 13 percent of the global greenhouse gas emissions by 2030, making the RAC sector a rapidly increasing contributor to climate change."

Seychelles News Agency (Daniel Laurence), Keeping it green and chilly: Refrigerator techs must be certified, Seychelles says, from 22.10.2018, unter: www.seychellesnewsagency.com/articles/9935/%20Keeping+it+green+and+chilly+Refrigerator+techs+%C2%ACmust+be+certified%2C+Seychelles+says (Zugriff 02.11.2020)

4

Bienenprojekt in Kenia

Neben Ackerbau und Viehzucht haben die Bienenzucht und der Verkauf von Honig eine große ökonomische Bedeutung für viele Bauern in Kenia. Zunehmend zum Problem wird für die Imker nun, dass immer mehr geeignete Flächen verschwinden, da sie für ackerbauliche Zwecke oder als Bauland genutzt werden. Der Lebensraum der Bienen nimmt stark ab.

Im Rahmen eines von der GIZ unterstützten und durch das europäische Bienengesundheitsprogramm finanzierten Projektes, das in Zusammenarbeit mit dem Internationalen Insektenzentrum in Nairobi (ICIPE) umgesetzt wird, kartiert ein IT-Spezialist für Geo-Informationssysteme und Fernerkundung nun alle für die Bienenzucht und relevanten Informationen. Dazu zählen die Verteilung, Vielfalt und Blühzyklen von Blütenpflanzen. Auf der Grundlage dieser Informationen soll erreicht werden, dass Bienenweiden besser geschützt und optimal genutzt werden. Zudem sollen Erkenntnisse über die Wirkung des Klimawandels auf die Bienenzucht gewonnen werden. Für die konkrete Umsetzung kommen Satelliten- und Luftbilder zum Einsatz. Zudem wurde eine App entwickelt und den Bauern Smartphones zur Verfügung gestellt. Mit deren Hilfe liefern die Bauern vor Ort Informationen, die auf nationaler Ebene zusammengeführt werden und zu Nutzungsempfehlungen führen. Durch das Projekt konnte die durchschnittliche jährliche Honigproduktion von 30 auf 60 kg pro Imker verdoppelt werden.

5

1 **Arbeiten Sie als Tandem.**
Fassen Sie Anlass, Zielsetzung und Maßnahmen des Globalprojekts zum Klimaschutz zusammen.

2 Analysieren Sie die Projekte „Green Cooling, Seychelles" und „Bienenhaltung in Kenia" mithilfe der Analysematrix.

3 Bewerten Sie die Wirksamkeit der Projekte gemeinsam.

12 NACHHALTIGE/R KONSUM UND PRODUKTION

Von Zukunftsmode und Selbstbestimmung – Entwicklungsprojekte aus Baden-Württemberg

Entwicklungsprojekte werden nicht nur zwischen Staaten und der Bundesrepublik Deutschland beschlossen und realisiert. Vielmehr engagiert sich eine große Zahl an Institutionen, etwa die Bundesländer oder Kommunen, Kirchen oder Stiftungen sowie eine Vielzahl zivilgesellschaftlicher Gruppen und Vereine in der Entwicklungszusammenarbeit. Wie sieht das in Baden-Württemberg aus?

sez Stiftung Entwicklungs-Zusammenarbeit Baden-Württemberg

Stiftung Entwicklungs-Zusammenarbeit Baden-Württemberg (SEZ)
Die SEZ wurde 1991 vom Landtag von Baden-Württemberg als gemeinnützige und unabhängige Stiftung errichtet. Ihr Auftrag ist Bewusstseinsbildung für globale Verantwortung sowie die Stärkung entwicklungspolitischen Engagements in Baden-Württemberg.
www.sez.de

In der entwicklungspolitischen Szene Baden-Württembergs spielt die SEZ, die Stiftung Entwicklungs-Zusammenarbeit Baden-Württemberg, eine besondere Rolle. Diese besteht darin, dass die SEZ Projekte baden-württembergischer Initiativen der Entwicklungszusammenarbeit organisatorisch und auch finanziell unterstützt. Dabei können Projekte im Ausland ebenso aus Landes- wie Stiftungsmitteln gefördert werden wie solche in Baden-Württemberg. Als offiziellem Partnerland Baden-Württembergs kommt dem ostafrikanischen Staat Burundi eine Sonderrolle zu. Wenngleich die angespannte innenpolitische Situation und autoritäre Entwicklung in Burundi die durch einen Staatsvertrag besiegelte Partnerschaft erschwert, sind die entwicklungspolitischen Akteure bemüht, die zivilgesellschaftliche Kooperation aufrechtzuerhalten. Die seit etwa drei Jahrzehnten bestehende Partnerschaft findet ihren Ausdruck in einer Vielzahl lokaler Kleinprojekte, aber auch größerer Initiativen wie den „Burundi Kids“. Die SEZ unterstützt dieses auf eine private Initiative zur Verbesserung der Schulbildung in Burundi zurückgehende Engagement ebenso wie andere Projekte zugunsten der Zivilbevölkerung. Dazu wurde eigens das „Kompetenzzentrum Burundi“ geschaffen, das Austausch und Vernetzung der Akteure ermöglicht und befördert.
Die in Baden-Württemberg (ko-)finanzierten Projekte wirken in der Regel auf die Bewusstseinsbildung der Bürger für globale Verantwortung hin, etwa im Bereich des Konsumverhaltens.

Be aware – wear Future Fashion!
„Future Fashion ist die neue Bewegung der SEZ für nachhaltige Textilien und bewusstes Konsumverhalten in Baden-Württemberg. Slow Fashion erobert mehr und mehr den Mainstream, zahlreiche Eco- und Fair-Fashion-Labels erreichen eine stetig wachsende Anhängerschaft. Soziale und ökologische Missstände in der Wertschöpfungskette bis hin zu skandalösen Katastrophen in Textilproduktionsstätten weltweit sind alarmierend. Sie rütteln Hersteller und Verbraucher auf, eine Veränderung in Produktion und Konsum herbeizuführen. Die Spirale des nachhaltigen Textilsektors fängt bei der Gewinnung der Rohstoffe an, geht über den bewussten Konsum und die langlebige Nutzung der Ware bis hin zu ihrer Verwertung. Future Fashion übernimmt Verantwortung für einen zukunftsfähigen Textilkonsum und leistet dadurch einen Beitrag zur Agenda 2030 für nachhaltige Entwicklung. [...] Der Future Fashion Store x SECONTIQUE im Kaufhaus Gerber in der Stuttgarter Innenstadt [...] macht Fashion, Nachhaltigkeit und globale Verantwortung für alle erlebbar. Hochwertige Second Hand Mode, gebrandete First Hand Mode z. B. von afrikanischen Designerinnen und Designern sowie Bildungsangebote gibt es hier [...] Der Future Fashion Store X SECONTIQUE ist eine junge Unternehmung der SEZ und der Aktion Hoffnung. Das Gemeinschaftsprojekt denkt Wirtschaftlichkeit und Nachhaltigkeit zusammen.“
Nach: SEZ: Future Fashion, unter: https://sez.de/themen/fair-handeln/future-fashion (Zugriff 02.11.2020)

2

1 Future Fashion

3 Kooperative Aprolma In Honduras

Andere Gruppen, etwa die Amber Foundation, engagieren sich aus Baden-Württemberg heraus in lokalen Projekten in Indien und Honduras. Die Amber Foundation unterstützt Kleinbauern bei der Verbesserung herkömmlicher Anbauweisen und bei der Umstellung auf eine nachhaltige Landwirtschaft. Durch die Förderung von eigenverantwortlichem Wirtschaften werden die Lebensgrundlagen der Familien und soziale Strukturen nachhaltig verbessert. Natürliche Ressourcen sollen dauerhaft und generationsbewusst nutzbar gemacht werden.

APROLMA – Frauenkooperative für Kaffee

„Die Kooperative Aprolma (Asociacion de Productoras Libres de Marcala) wurde 2013 gegründet und ist eine im Kaffeesektor äußerst seltene reine Frauenorganisation mit derzeit 69 ausschließlich weiblichen Mitgliedern. Jedes Mitglied bewirtschaftet durchschnittlich 1,5 Hektar in Mischkultur. Ziel der Kooperative ist die Produktion und Vermarktung äußerst hochwertigen Kaffees, aber auch den Frauen eine gewissen Selbstständigkeit zu ermöglichen und zum Familieneinkommen beizutragen – und das in einem Land, in dem die Rechte von Frauen permanent missachtet werden und das eine der höchsten Mordraten an Frauen weltweit hat. Ziel dieses Projektes ist die Finanzierung einer zentralen Verarbeitungsanlage für Aprolma. Denn bislang müssen die Kaffeekirschen zu einer externen, angemieteten Anlage transportiert werden, was zusätzliche Kosten produziert."

Amber Foundation: APROLMA – honduranische Frauenkooperative für Kaffee, unter: www.amberfoundation.de/index.php?id=40 (Zugriff: 02.11.2020)

4

5 Frauenprojekt in Kerala/Indien

Einkommensdiversifizierung indigener Gemeinschaften in Wayanad/Kerala, Indien

„Den im Südwesten Indiens gelegenen Bundesstaat Kerala durchziehen die Malabar-Berge. Etwa ein Fünftel der lokalen Bevölkerung lebt dort. Im Verlauf des 20. Jahrhunderts verlor sie ihre wirtschaftliche Eigenständigkeit als Eigenversorger und wurde weitgehend entrechtet und enteignet. Ihren Lebensunterhalt bestreiten die Menschen als Landarbeiter, Träger oder Hausangestellte. Zwar hat sich ihre rechtliche Situation in den vergangenen Jahren verbessert, nicht aber ihre wirtschaftliche Abhängigkeit und ausgeprägte Armut. Angesichts dieser Situation ist auch der Fortbestand ihrer Kultur, inklusive ihres traditionellen Wissens gefährdet. Die Verbesserung der Lebensbedingungen ist das Ziel dieses Projektes. Erreicht werden soll dieses Ziel durch den Aufbau und die Förderung einer biozertifizierten Kaffeeproduktion für den fairen Handel. Dazu werden den Adivasi Siedlungs- und Nutzungsrechte innerhalb eines staatlichen Waldes zugesprochen. Eine weitere Unterstützung durch den Staat, etwa beim Bau fester Häuser oder von Bildungseinrichtungen entfällt weitgehend. Da die bisherigen Einkünfte aus der Kaffeeproduktion nicht ausreichend sind, soll der landwirtschaftliche Anbau nun auf organisch angebauten, hochwertigen Pfeffer und Kurkuma ausgeweitet werden. Das Entwicklungsprojekt stellt den Adivasi dafür kostenfrei Pfeffer- und Kurkumapflanzen zur Verfügung."

Amber Foundation, Einkommensdiversifizierung indigener Gemeinschaften in Wayanad/Kerala, Indien, unter: www.amberfoundation.de/index.php?id=40 (Zugriff: 02.11.2020)

6

1

Beschreiben Sie das entwicklungspolitische Engagement Baden-Württembergs.

2 NE

Begründen Sie die Bezeichnung der hier vorgestellten Projekte als „nachhaltiges Entwicklungsprojekt".

Und was kann ich machen?

Das Engagement zugunsten einer nachhaltigen Entwicklung kann so vielfältig sein wie die Herausforderungen. Jungen Menschen steht eine Fülle von Möglichkeiten offen, sich zugunsten der Umwelt, nachhaltiger Produktion oder in sozialen Bereichen im eigenen Land oder weltweit zu engagieren. Aber was könnte zu mir passen?

Mit dem Abitur in der Tasche und noch unentschieden, für welche Berufsausbildung oder welches Studium Sie sich entscheiden werden, eröffnet sich für viele von Ihnen eine einerseits etwas unsichere, andererseits aber auch sehr spannende Zeit. Wie finde ich heraus, welchen Beruf ich ergreifen möchte, welcher Beruf ist zukunftsträchtig und welche Betätigung ist sinnstiftend? Diese und andere Fragen stehen oft im Mittelpunkt.
Eine Vielzahl staatlicher und nicht-staatlicher Institutionen und Organisationen bieten die Möglichkeit, im Rahmen von mehrmonatigen Praktika Erfahrungen zu sammeln. Diese ermöglichen einen aktiven Beitrag zur nachhaltigen Entwicklung zu leisten und gleichzeitig eine Erfahrung zu machen, die bei vielen Teilnehmenden berufsentscheidend wirken kann.

ZIELE FÜR NACHHALTIGE ENTWICKLUNG

2

↼ 17 Ziele – SDGs S. 41

„**17 Ziele für eine nachhaltige Entwicklung auf dieser Welt** – das klingt erst einmal wie eine wirklich große Aufgabe. Das sieht auch unser Kollege Christian Mäntele, Leiter des Projekts #17Ziele hier bei Engagement Global so. ‚Mit den Zielen haben wir jetzt aber erstmals einen Plan für nachhaltige Entwicklung, eine Landkarte dafür, wie wir vorgehen wollen', erklärt er. Dabei handele es sich nicht nur um Themen, die allein von Politik und Wirtschaft auf der ganzen Welt behandelt werden sollten – die Umsetzung fange im Kleinen an, bei jedem einzelnen Menschen – auch hier in Deutschland. ‚Die Frage ist doch: Was kann ich beitragen, um die 17 Ziele Wirklichkeit werden zu lassen?'
Daher suchen wir ständig nach kreativen Wegen, um gerade auch junge Menschen für die 17 Ziele der Agenda 2030 zu begeistern. Auf Bierdeckeln in lokalen Dialekten, in kurzweiligen Spots, die Studierende im Rahmen von Hochschulkooperationen produzieren, oder bei Poetry Slams – wir platzieren die 17 Ziele überall. Unsere Devise: Die Ziele sollen Spaß machen. So sind wir mit einem eigens umgebauten Schäferwagen auf Musikfestivals, Messen oder Veranstaltungen unterwegs. Wo immer das farbenfrohe 17-Ziele-Mobil auftaucht: Es ist ein Hingucker und weckt Neugier. Ob beim Haldern Pop, Lollapalooza oder auf der Fanmeile der Leichtathletik-Europameisterschaft in Berlin: Die Menschen schauen vorbei, kommen ins Gespräch, probieren einfach mal aus, mit einem Fahrrad zur Energiegewinnung ihr Handy aufzuladen oder stapeln riesige Jenga-Würfel im 17-Ziele-Look.
Im Gespräch erleben wir oft, dass sich gerade junge Menschen intensiv mit Nachhaltigkeitsthemen beschäftigen. Konsum, Mobilität und Umweltschutz stehen dabei im Fokus. Das gilt es mit den 17 Zielen zu verknüpfen und gleichzeitig aufzuzeigen, was die jungen Menschen direkt in ihrem Umfeld wie Schule, Freunde, Familien, Verein oder Stadt tun können.
Letztlich hängt der Erfolg der Agenda 2030 aber davon ab, dass alle mitmachen, dass alle etwas tun. Staaten und Organisationen genauso wie jede und jeder Einzelne – alle können einen Beitrag leisten: Sei es Verpackungsmüll zu vermeiden, mehr Fahrrad zu fahren oder in einer Bürgerinitiative aktiv zu werden. Je mehr Menschen mitmachen, desto eher gelingt es, gemeinsam eine bessere, gerechtere und nachhaltigere Welt zu gestalten.
Tu Du's für die 17 Ziele!"

Leicht gekürzt nach: Engagement Global, 17 Ziele für eine nachhaltige Entwicklung, unter: https://17ziele.de/artikel/detail/nimms-persoenlich.html (Zugriff: 02.11.2020)

1

3

13 MASSNAHMEN ZUM KLIMASCHUTZ

5 Jahre Paris – (K)ein Grund zu feiern

Die Wissenschaft ist sich einig: um das 2015 in Paris vereinbarte Klimaziel noch zu erreichen dürfen seit 2018 weltweit nur noch 580 Gt CO_2 emittiert werden. Dazu muss jedes einzelne Land seine Emissionen konsequent nach unten fahren. Denn seit 2015 ist schlicht zu wenig umgesetzt worden. Angesichts der 2019 bilanzierten Emissionen von 805 Millionen Tonnen bleibt kein Spielraum. Konkret rechnet das Wuppertal-Institut in einer neuen Studie im Auftrag von Fridays for Future vor: Bis 2025 müssen die Emissionen faktisch halbiert werden und bis 2035 muss Klimaneutralität erreicht sein. Dazu müssen alle Bereiche der Wirtschaft und Gesellschaft in diesen Prozess proaktiv einbezogen werden. Geht es weiter wie bisher, laufen wir eher auf eine +4°-Welt zu.

Fridays for Future

„**Unsere Forderungen an die Politik:** In den letzten Wochen und Monaten haben wir intensiv mit zahlreichen Wissenschaftlern und Wissenschaftlerinnen zusammengearbeitet, um konkrete Forderungen an die Politik aufzustellen. Diesen Folge zu leisten ist notwendig, um die Ziele des Pariser Klimaabkommens einzuhalten und die globale Erwärmung auf unter 1,5 °C zu begrenzen.
Die Klimakrise stellt für die Stabilität der Ökosysteme unseres Planeten und für Millionen von Menschen eine existenzielle Bedrohung dar. Eine ungebremste Erderwärmung ist eine enorme Gefahr für Frieden und Wohlstand weltweit.
Seit Beginn der Industrialisierung hat sich die Erde laut IPCC bereits um circa 1 °C erwärmt. Es bleibt daher wenig Zeit, den Klimawandel aufzuhalten und so zu verhindern, dass die Kipp-Punkte im Klimasystem überschritten werden. Tun wir das nicht, werden die verursachten Schäden weit höhere Kosten mit sich bringen als alle Investitionen in konkrete Maßnahmen zur Vermeidung der Klimakatastrophe.
Fridays for Future pocht auf die Einhaltung der Ziele des Pariser Abkommens und des 1,5 °C-Ziels. Explizit fordern wir für Deutschland:
- Nettonull 2035 erreichen;
- Kohleausstieg bis 2030;
- 100 % erneuerbare Energieversorgung bis 2035.

Entscheidend für die Einhaltung des 1,5 °C-Ziels ist, die Treibhausgasemissionen so schnell wie möglich stark zu reduzieren. Deshalb fordern wir ab sofort:
- das Ende der Subventionen für fossile Energieträger;
- 1/4 der Kohlekraft abschalten;
- eine CO_2-Steuer auf alle Treibhausgasemissionen. Der Preis für den Ausstoß von Treibhausgasen muss schnell so hoch werden wie die Kosten, die dadurch uns und zukünftigen Generationen entstehen. Laut UBA sind das 180 € pro Tonne CO_2."

Leicht gekürzt nach: Fridays for Future, Unsere Forderungen an die Politik, unter: https://fridaysforfuture.de/forderungen/ (Zugriff: 02.11.2020)

4

Mareike: Ich hatte an der Förderschule auch mit Schüler*innen zu tun, bei denen ich z. B. pflegerische Tätigkeiten übernommen habe, und an genau diesen Aufgaben bin ich extrem gewachsen! Genau deshalb würde ich auch jedem ein FSJ oder BFD empfehlen, denn in diesem Jahr lernst du ganz viel. Über dich und über das Leben. Ich hätte nie gedacht, dass ich in so kurzer Zeit so reifen kann. Doch genau das ist der Fall! Vor allem habe ich gelernt, dass es am wichtigsten ist, glücklich zu sein und das ist momentan die beste Beschreibung für mich, weil ich das bisher schönste Jahr in meinem Leben erleben durfte.

„**Der Förderverein Ökologische Freiwilligendienste e. V.** (FÖF e.V.) ist der Dachverband der 52 Träger des Freiwilligen Ökologischen Jahres (FÖJ) in Deutschland. Die Träger bieten neben etwa 3 000 Plätzen im FÖJ über die beim FÖF e.V. angesiedelte Zentralstelle ÖBFD zusätzlich etwa 600 Plätze im Ökologischen Bundesfreiwilligendienst (ÖBFD) an. Einsatzstellen können beispielsweise Naturschutzverbände, Einrichtungen der Umweltbildung, Schulbauernhöfe, Tierpflegestationen oder Naturparkzentren sein.
Mit seinen Einsatzstellen bildet das FÖJ über ganz Deutschland ein Netzwerk, das bis tief in abgelegene ländliche Regionen hineinreicht. So leistet das FÖJ einen wichtigen Beitrag zur Stärkung strukturschwacher Regionen. FÖJ und ÖBFD befähigen die Teilnehmenden zu bürgerschaftlichem Engagement. Durch Seminare und individuelles Coaching wird im Sinne einer Bildung für nachhaltige Entwicklung Gestaltungskompetenz gefördert. Zentrales Element der pädagogischen Konzepte ist die politische Bildung. Die Freiwilligen lernen Demokratie zu leben, insbesondere in den Gremien des Sprechersystems.
Der FÖF e. V. unterstützt Freiwillige und Träger bei der Umsetzung eigener Projektideen, fördert den Erfahrungsaustausch der Träger untereinander, bündelt ihre politischen Interessen und stärkt durch Öffentlichkeitsarbeit die Bedeutung der ökologischen Freiwilligendienste in der Gesellschaft."

Förderverein Ökologische Freiwilligendienste (FÖF) e. V., Eigendarstellung, unter: https://foej.de/ (Zugriff 02.11.2020)

6

„In einem **Freiwilligen Sozialen Jahr** – kurz ‚FSJ' – hilfst du in einer sozialen Einrichtung. Von Altenhilfe, Kindergarten über Krankenhaus, Kultur und Technik – im FSJ ist für jeden etwas dabei. Die möglichen Einsatzbereiche sind vielfältig. Das FSJ ist ein praktisches Bildungs- und Orientierungsangebot, das seit über 50 Jahren besteht.
Anders als der Name sagt, muss ein Freiwilliges Soziales Jahr nicht ein Jahr dauern. Viele nutzen die Zeit aus und engagieren sich 12 Monate.
Die Dienstdauer kann zwischen 6 und 18 Monaten liegen. Damit du eine FSJ-Bescheinigung bekommst, solltest du ein FSJ mindestens ein halbes Jahr machen.
Quereinstiege ins FSJ sind ebenfalls möglich. Bewerbungsfristen gibt es bei uns nicht. Beginn und Dauer deines FSJ kannst du flexibel mit der Einsatzstelle absprechen.
Es gibt viele gute Gründe für ein FSJ. Du kannst dich

- sozial engagieren und Gutes tun,
- persönlich weiterentwickeln,
- beruflich orientieren,
- praktische Erfahrung sammeln,
- Anrechnung für Fachhochschulreife, Vorpraktikum, Anerkennungsjahr,
- Auszeit und Zeit gewinnen,
- Horizont erweitern und Neues erleben."

Gekürzt nach: Freiwilliges Soziales Jahr: Was ist ein FSJ?, unter: https://ich-will-fsj.de/informiere-dich/was-ist-ein-fsj (Zugriff 02.11.2020)

7

5

8

9 **Interkulturelle Begegnungen und Erfahrungen im Rahmen eines weltwärts-Projektes**

weltwärts

„Seit **weltwärts** 2008 durch das Bundesministerium für wirtschaftliche Zusammenarbeit und Entwicklung (BMZ) ins Leben gerufen wurde, sind rund 34 000 Freiwillige ausgereist. Sie engagieren sich in einem Entwicklungsprojekt und nehmen Erfahrungen mit, die sie ihr ganzes Leben lang begleiten.

Durch die Förderung des BMZ haben alle interessierten jungen Menschen zwischen 18 und 28 Jahren die Chance, einen Freiwilligendienst in einem sogenannten Entwicklungs- oder Schwellenland zu leisten. Jährlich gehen rund 3 500 junge Menschen weltwärts. Sie engagieren sich zwischen 6 und 24 Monaten bei einer lokalen Partnerorganisation für Bildung, Gesundheit, Umwelt, Landwirtschaft, Kultur oder Menschenrechte.

weltwärts ist ein Lerndienst. Der Nord-Süd-Austausch und das gemeinsame interkulturelle Lernen stehen im Mittelpunkt. Die Freiwilligen sammeln Auslandserfahrungen und erwerben Sprachkenntnisse sowie persönliche Kompetenzen. Seit 2013 können auch junge Menschen aus den Partnerländern einen entwicklungspolitischen Freiwilligendienst in Deutschland leisten und dazu beitragen, dass der gleichberechtigte Austausch zwischen den Partnern gefördert und bestehende Partnerschaften weiter gestärkt werden.

Nach ihrem Freiwilligendienst engagieren sich die Rückkehrerinnen und Rückkehrer weiter in der entwicklungspolitischen Arbeit. Somit tragen sie ihre Erfahrungen in die Gesellschaft und leisten über ihren Auslandseinsatz hinaus einen persönlichen Beitrag für eine gerechtere Welt.“

Gekürzt nach: weltwärts, unter: www.weltwaerts.de/de/startseite.html (Zugriff 02.11.2020)

Esther Rubinal Srinivasan: Ich bin Menschen mit unterschiedlichsten Hintergründen und Lebensstilen begegnet. Ich hatte Gelegenheit, richtige Beziehungen aufzubauen, die einen dauerhaften Eindruck in meinem Leben hinterlassen werden. Ich bin viel selbstständiger geworden, weil ich in einem völlig fremden Land zurechtkommen musste und dadurch, dass ich bei der Arbeit so viele verschiedene Dinge tun durfte.

10

1 NE Arbeiten Sie die Möglichkeiten, sich zugunsten einer nachhaltigen Entwicklung zu engagieren, thesenartig heraus.

2 NE Analysieren Sie den Beitrag eines Engagements in den dargestellten Programmen entlang der 17 SDG.

3 NE Gestalten Sie mithilfe des Reflexionsbogens (Online-Code) für sich eine individuelle Entscheidungsgrundlage für oder gegen Ihr persönliches Engagement im Kontext der nachhaltigen Entwicklung.

Wichtige Begriffe

- Entwicklungsprojekt
- Entwicklungs-zusammenarbeit
- Fairer Handel
- Frauenförderung
- Freiwilliges Soziales/Ökologisches Jahr
- „Grüner Knopf"
- Kooperation
- Teilhabe

Wissen vernetzen

Entwicklungszusammenarbeit ist seit mehr als fünfzig Jahren ein fester Bestandteil der Beziehungen zwischen Ländern des Globalen Nordens und des Globalen Südens. Waren die damit einhergehenden Entwicklungsprojekte in den ersten Jahrzehnten im Sinne der Entwicklungshilfe sehr paternalistisch geprägt, hat sich dies seit den 1990er-Jahren zunehmend hin zu einer partnerschaftlich ausgerichteten Entwicklungszusammenarbeit verändert.
Im Laufe der Zeit passten sich auch die Zielrichtung und die Zielgruppen der Entwicklungsprojekte an. Entsprechend der globalen entwicklungspolitischen Rahmensetzung durch die von den Vereinten Nationen verabschiedete „Agenda 2030" sind aktuelle Projekte kooperativ geplant und grundsätzlich an der Leitidee einer nachhaltigen Entwicklung ausgerichtet.
Mithilfe von Entwicklungsprojekten sollen bestehende Strukturen sowie strukturelle Defizite überwunden und Verbesserungen in Bereichen wie der Produktion, der Betriebsorganisation, dem (fairen) Handel, der Bildung, der technischen oder auch der finanziellen Kooperation umgesetzt werden. Damit stehen immer wieder andere gesellschaftliche Gruppen im Fokus, wobei der Frauenförderung in den letzten Jahrzehnten besondere Bedeutung zukommt.
Die Förderung einzelner Gruppen und Sektoren ist dabei in aller Regel so angelegt, dass die Entwicklungsprojekte nicht isoliert wirken. Vielmehr besteht die Intention, dass mit ihnen weiterreichende Effekte gesamtgesellschaftlich positiver Veränderungen in Gang gesetzt werden.
Entwicklungsprojekte werden nicht nur von Ministerien in Auftrag gegeben und von der Gesellschaft für internationale Zusammenarbeit (GIZ) umgesetzt. Darüber hinaus führen auch andere Institutionen und zivilgesellschaftliche Gruppen Projekte durch.

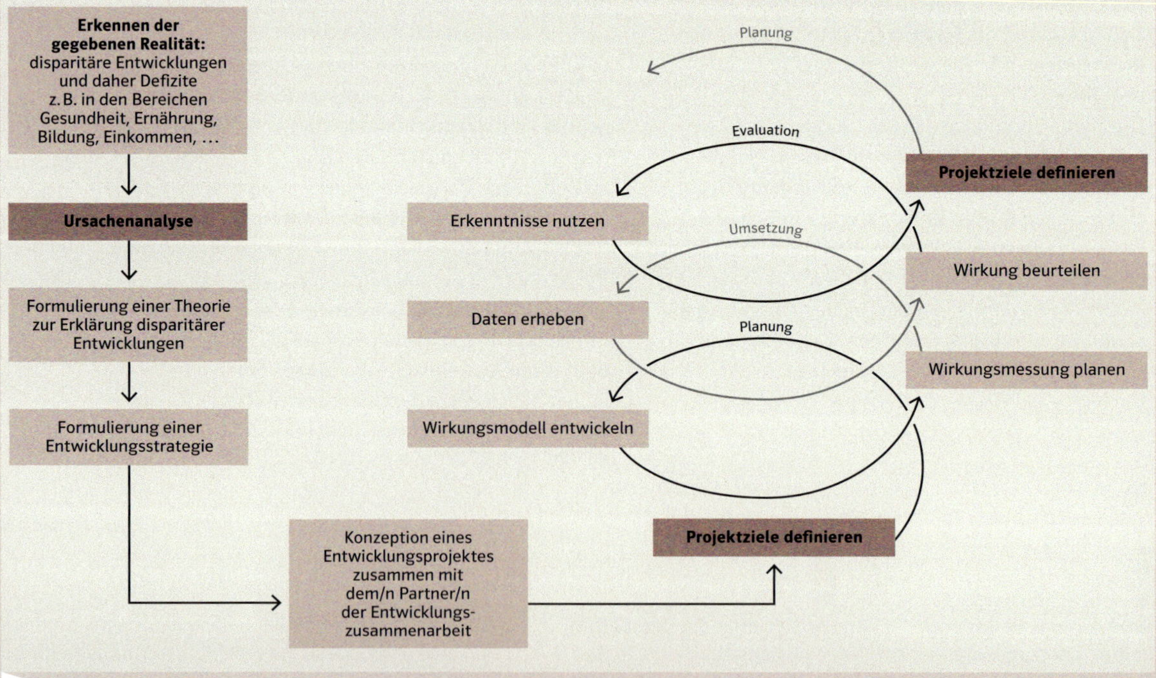

1 Entwicklungsprojekte: von der Analyse zur Umsetzung
Nach Stiftung Zewo: Wirkungsmessung in der Entwicklungszusammenarbeit, https://zewo.ch/de/wirkungsmessung-in-der-entwicklungs-zusammenarbeit (Zugriff 02.11.2020)

Kompetenzen überprüfen

Sich orientieren

1 Ordnen Sie mindestens drei der Entwicklungsprojekte, die Sie im Rahmen dieses Kapitels kennengelernt haben, in eine Weltkarte ein.

2 Ordnen Sie in dieselbe Karte aktuelle Angebote des weltwärts-Programms ein.

Wissen und verstehen

3 Beschreiben Sie die Entstehung eines Entwicklungsprojektes.

4 Erklären Sie den Unterschied zwischen Entwicklungshilfe und Entwicklungszusammenarbeit.

5 Erörtern Sie die Sinnhaftigkeit von Bildungsprojekten zugunsten der Entwicklung einer Gesellschaft.

Fachmethoden anwenden

6 Beschreiben Sie den allgemeinen Planungsablauf entwicklungspolitischer Maßnahmen anhand von M1.

7 Analysieren Sie die Karikatur (M2).

8 Erstellen Sie ein Wirkungsgefüge zu einem konkreten Entwicklungsprojekt. Berücksichtigen Sie dabei die Aspekte Anlass, Rahmenbedingungen, Maßnahmen, Folgen.

Beurteilen und bewerten

9 Beurteilen Sie ausgehend von M3 den Nutzen von Entwicklungsprojekten.

10 Bewerten Sie die Aussage „Den größten Beitrag hin zu einer nachhaltigen Entwicklung erreichen wir durch die maximale Steigerung der Frauenförderung!".

Handeln

11 Überprüfen Sie Ihren möglichen Beitrag zu einem Entwicklungsprojekt Ihrer Wahl.

Basiskonzepte anwenden

12 Erläutern Sie an einem Fallbeispiel aus diesem Kapitel die Basiskonzepte der Geographie.

2

Bilanz der Entwicklungspolitik

„Die Bilanz der staatlichen Entwicklungspolitik ist seit Jahrzehnten unter Praktikern der öffentlichen Entwicklungshilfe wie Beobachtern in Medien und Wissenschaft äußerst umstritten. Fehlschläge von Programmen und Projekten (‚Weiße Riesen') haben große Aufmerksamkeit auf sich gezogen und teilweise vernichtende Pauschalurteile provoziert. Fundamentalkritik fand auch in der Wissenschaft weite Verbreitung. Einige kamen zu dem Ergebnis, Entwicklungshilfe nütze vor allem den herrschenden Eliten, stabilisiere verkrustete Machtstrukturen und hemme politische und institutionelle Reformen. Andere machten geltend, wegen der Korruptheit und Reformunwilligkeit der politischen Eliten in diesen Ländern sei eine kontinuierliche entwicklungspolitische Aufbauarbeit weitgehend ausgeschlossen. Die Konsequenz: Entwicklungshilfe sei strikt auf Armuts- und Katastrophenhilfe zu beschränken."

Leicht verändert nach: Bilanz der Entwicklungspolitik. In: Paul Kevenhörster, Politikwissenschaft. VS Verlag für Sozialwissenschaften, Wiesbaden 2006, S.135f., auch unter: https://doi.org/10.1007/978-3-531-90035-3_4 (Zugriff 02.11.2020)

3

Wenn Sie alle Seiten dieses Kapitels bearbeitet haben, können Sie ...

- den Unterschied zwischen Entwicklungshilfe und Entwicklungszusammenarbeit erklären,
- die Bedeutung von zielgruppen- und sektorspezifischen Entwicklungsprojekten darstellen,
- Entwicklungsprojekte hinsichtlich ihrer Zielsetzung und ihres Beitrags zur nachhaltigen Entwicklung bewerten,
- Möglichkeiten für ein eigenes Engagement im Rahmen eines Entwicklungsprojektes bewerten,
- Ihre eigene Meinung zur Entwicklungspolitik entwickeln.

8

Arbeitsanhang

Dieser Anhang gibt Ihnen wertvolle Hilfen für die Arbeit im Fach Geographie. Er enthält eine Seite mit Tipps zum Bearbeiten einer Klausur, ein Klausurbeispiel, ein Glossar mit Definitionen aller Grundbegriffe sowie ein zugehöriges Register, einen Methodenanhang, Lösungshilfen zu Aufgaben sowie Hinweise zu Materialien und schließlich die Übersicht der Operatoren und Anforderungsbereiche im hinteren Buchumschlag mit einem Online-Material „Aufgaben richtig lösen".

Klausuren zählen zu den wichtigsten Leistungsnachweisen der gymnasialen Oberstufe. Auch wenn ihr stofflicher Umfang geringer ist, so unterscheiden sie sich doch weder in ihrem Aufbau noch in ihrem Anforderungsniveau von den Abiturprüfungsaufgaben. Es ist daher wichtig, das Schreiben von Klausuren zu trainieren.

Für die Bearbeitung dieses Klausurbeispiels ist es hilfreich, sich einen Überblick über die Anforderungsbereiche und Operatoren (hinterer Buchumschlag) zu verschaffen.

10 Tipps zum Bearbeiten einer Klausur

1. Die Struktur der Antwort steckt meistens schon in der Aufgabenstellung.
   - Lesen Sie die Aufgabenstellung gründlich durch und überlegen Sie: Was wird gefordert? Welches Material kann welchen Aufgaben zugeordnet werden?
   - Markieren Sie Schlüsselbegriffe, die Ihnen die gestellten Anforderungen erschließen.

2. Beachten Sie die Operatoren.
   - Bei den Operatoren handelt es sich um Verben, die genau angeben, was von Ihnen verlangt wird.
   - Sie können den Anforderungsbereichen zugeordnet werden, die durch einen ansteigenden Schwierigkeitsgrad gekennzeichnet sind.

3. Klären Sie die Lage des Untersuchungsraums.
   - Gliedern Sie soweit möglich den Untersuchungsraum in Teilräume.

4. Strukturieren Sie die Ihnen zur Verfügung stehende Zeit.
   - Nehmen Sie sich ausreichend Zeit zum strukturierten Lesen der Aufgaben und Materialien.
   - Legen Sie einen groben Zeitplan fest und bedenken Sie, dass ausreichend Zeit für das abschließende Lesen zur Verfügung stehen muss.

5. Bearbeiten Sie sorgfältig die vorliegenden Materialien.
   - Sichten Sie das Material und ordnen Sie es den Teilaufgaben und -aspekten zu.
   - Markieren Sie dabei wichtige Inhalte, Fach- und Schlüsselbegriffe auf den Materialseiten.
   - Analysieren Sie die Materialien und fertigen Sie eine erste Lösungsskizze an.

6. Formulieren Sie einen griffigen Einstieg.
   - Es ist häufig sinnvoll, mit einer geographischen Lageeinordnung zu beginnen.
   - Der weitere Einstieg sollte noch einmal kurz den thematischen Schwerpunkt aufgreifen.

7. Gliedern Sie Ihre Ausführungen und setzen Sie Akzente.
   - Achten Sie darauf, inhaltliche Schwerpunkte zu setzen.
   - Gliedern Sie Ihre Ausführungen nicht nur inhaltlich, sondern auch formal.

8. Formulieren Sie ansprechend.
   - Formulieren Sie in Sätzen und beachten Sie die Fachsprache.
   - Verknüpfen Sie die einzelnen Inhaltsaspekte auch sprachlich.

9. Ziehen Sie am Ende der Klausur ein abschließendes Fazit.
   - Fassen Sie noch einmal kurz die wesentlichen Aussagen zusammen und formulieren Sie, wenn notwendig, Ihre eigene Meinung.

10. Schauen Sie Ihre Klausur noch einmal im Gesamten durch.
    - Achten Sie hierbei vor allem auf die Lesbarkeit Ihres Textes, Rechtschreibung und Grammatik, sprachliche Exaktheit, Logik in Ihren Ausführungen und Vollständigkeit.

Klausurvorschlag

System Erde

Zeitbedarf: 60 Minuten

Lefkada ist die nördlichste der im Nordwesten Griechenlands gelegenen Ionischen Inseln. Die Aufnahme zeigt idealtypisch das Nebeneinander und Zusammenwirken der Geosphären.

1 Charakterisieren Sie ausgehend von M1 mindestens vier Geosphären und zeichnen Sie diese in die Abbildung ein.

2 Erklären Sie den Begriff „System".

3 Erläutern Sie anhand M1 das Zusammenwirken von mindestens drei Geosphären im System Erde.

4 Bewerten Sie die Stimmigkeit des Systemansatzes anhand des in M1 dargestellten Raumbeispiels.

1 Lefkada, Griechenland

A

Agenda 21: Abschlussdokument der Rio-Konferenz 1992. In diesem ist das globale Aktionsprogramm zur Zukunftssicherung der Erde auf der Grundlage des Nachhaltigkeitsprinzips für das 21. Jahrhundert festgeschrieben worden. Ziel ist eine nachhaltige Entwicklung, d.h., nicht nur die Bedürfnisse der heutigen Generation sollen erfüllt werden, sondern auch die unserer Nachkommen.
Agenda 2030: im Jahr 2015 beschlossenes Aktionsprogramm zur Zukunftssicherung unserer Erde. Die beschlossenen Ziele gelten für alle Staaten der Welt und sollen zu einer nachhaltigen Entwicklung auf der lokalen Ebene führen. Insgesamt 17 Ziele (→ SDGs) berücksichtigen gleichermaßen Umwelt, Soziales und Wirtschaft.
Agglomeration: bezeichnet eine räumliche Ballung bzw. Verdichtung von Bevölkerung und/oder Wirtschaft in einem Gebiet.
Anpassungsstrategie: bezeichnet das Bündel der Maßnahmen, die zur Anpassung an den bereits eingetretenen bzw. zu erwartenden Klimawandel ergriffen werden. So nutzen Landwirte und Weinbauern wärme- und trockenheitsresistentere Sorten als früher oder im Bereich der Innenstädte werden Verschattungen und Kaltluftschneisen installiert.
Anthroposphäre: bezeichnet den vom Menschen geschaffenen und beeinflussten Raum auf, über und unter der Erdoberfläche. In diesem Raum spielt sich alles raumrelevante menschliche Handeln ab.
Anthropozän: Geologische Erdzeitalter werden in der Regel nach dem prägendsten Geofaktor bezeichnet. Da seit der Industrialisierung und vor allem seit den 1950er-Jahren der Mensch sich als mächtigster Geofaktor im Entwicklungsprozess des Systems Erde erweist, wurde der Vorschlag unterbreitet, die aktuelle erdgeschichtliche Phase als „Anthropozän“ zu bezeichnen.
Atmosphäre: Gashülle von Himmelskörpern, speziell die Lufthülle der Erde. Diese wird nach der vertikalen Änderung der Temperatur in Troposphäre, Stratosphäre, Mesosphäre, Thermosphäre und Exosphäre eingeteilt. Die Atmosphäre besteht aus einem Gemisch verschiedener Gase.

B

Basiskonzepte der Geographie: bezeichnen die Zusammenführung zentraler geographischer Fragestellungen an den geographischen Raum. Insgesamt sind folgende Basiskonzepte der Geographie im Rahmen fragengeleiteter Raumanalysen zu berücksichtigen: Mensch-Umwelt-System, Maßstabsebenen/-wechsel, Struktur – Funktion – Prozess, Zeithorizonte, Raumkonzepte.
Befriedigung der Grundbedürfnisse: Entwicklungsstrategie, die insbesondere auf die Befriedigung elementarer Grundbedürfnisse abzielt.
Belastungsgrenzen unseres Planeten (global boundaries): ein vom „Stockholm Resilience Center“ entwickeltes Modell, das das funktionsgefährdende Ausmaß von neun Teilsystemen – darunter Stoffkreisläufe, die Ozeanversauerung, das Weltklima, die Artenvielfalt mit ihrem genetischen Pool oder die Verfügbarkeit von Süßwasser – und damit des Gesamtsystems Erde veranschaulicht und bewertet; nur solange diese planetaren Grenzen nicht überschritten werden, kann von einem in seiner Funktions- und Regenerationsfähigkeit intakten → System Erde gesprochen werden.
Bevölkerungswachstum: absolute Zunahme der Bevölkerung in einem bestimmten Gebiet.
Biosphäre: der von lebenden Organismen besiedelte Bereich der Erde; er umfasst den belebten Teil der Erdkruste, die terrestrischen Gewässer und Ozeane sowie die unteren Luftschichten.
Bruttonationaleinkommen (BNE): (früher Bruttosozialprodukt (BSP)) Gesamtwert aller in der Regel während eines Jahres produzierten Güter und Dienstleistungen, die mit Produktionsfaktoren im Eigentum von Inländern erzeugt werden, unabhängig davon, ob die Produktion der Unternehmen im In- oder Ausland erfolgt (Inländerkonzept).

C

Chancengerechtigkeit: Im Gegensatz zur Verteilungsgerechtigkeit, die die Gleichverteilung von Gütern, Kapital, Boden usw. auf die in einer Gesellschaft lebenden Menschen anstrebt, zielt die Chancengerechtigkeit darauf ab, dass jedem Mitglied einer Gesellschaft die gleichen Entwicklungschancen offenstehen.
City: bezeichnet den Stadtkern großer Städte. Dieser ist durch Dienstleistungs-, Handels-, Versorgungs-, Bildungs-, Administrations- sowie Kultureinrichtungen geprägt.

D

Dependenztheorie: Theorie, die die Unterentwicklung von → Entwicklungsländern im Wesentlichen auf äußere, also externe Faktoren zurückführt, z.B. durch die Ausbeutung während des Kolonialismus oder infolge der von den → Industrieländern beherrschten und zu ihren Gunsten wirkenden Struktur der Weltwirtschaft.
Disparitäten: soziale und/oder räumliche Ungleichheiten zwischen Ländern bzw. Regionen hinsichtlich wirtschaftlicher, sozialer und demografischer Merkmale. Damit sind unterschiedliche Lebensbedingungen und Entwicklungsmöglichkeiten verbunden.
Dissoziationsstrategie: bezeichnet eine Entwicklungsstrategie, nach der die beste Entwicklung eines Landes dann gelingt, wenn es sich aus den internationalen wirtschaftlichen Verflechtungen des Weltmarktes fernhält und stattdessen weitegehende Autarkie anstrebt.

E

Eins-Komma-fünf-Grad-Ziel (1,5-Grad-Ziel): → Klimaziele
endogene Ursachen: bezeichnen die in einer Gesellschaft selbst verursachten

entwicklungshemmenden Faktoren, etwa Tribalismus, Nepotismus oder Korruption.
Entsorgung: Beseitigung von festen Abfällen über Deponien und Müllverbrennungsanlagen sowie Abwässern über Kläranlagen.
Entwicklungsindikatoren: bezeichnen messbare Merkmale einer Gesellschaft, deren Veränderungen im zeitlichen Verlauf Aufschluss über die Qualität ihrer Entwicklung geben können. Entwicklungsindikatoren sind etwa die durchschnittliche Lebenserwartung, der Bildungsgrad einer Gesellschaft, die Ärztedichte pro 100 000 Einwohner, die Pro-Kopf-Wirtschaftsleistung oder auch die Zahl der Internetnutzer.
Entwicklungsprojekt: Ein Entwicklungsprojekt verfolgt über einen klar definierten Zeitraum hinweg ein ebenso klar formuliertes Ziel, indem aufeinander abgestimmte, gesteuerte Aktivitäten durchgeführt werden. Die finanziellen, organisatorischen, rechtlichen u.a. Rahmenbedingungen werden vorab festgelegt. Zur Umsetzung werden Teams gebildet, die bei internationalen Entwicklungsprojekten aus Partnern aller Parteien bestehen (sollten). Dabei bestimmt das Projektziel in aller Regel die Umsetzungsstrategie.
Entwicklungsstrategie: Strategie zur Umsetzung entwicklungspolitischer Zielsetzungen, z.B. der Leitbilder Modernisierung, nachholende Industrialisierung, Grundbedürfnisstrategie, nachhaltige Entwicklung.
Entwicklungszusammenarbeit: im amtlichen Sprachgebrauch verwendeter Begriff für die Kooperation mit Ländern des Globalen Südens (früher als →„Entwicklungshilfe" bezeichnet). Der Terminus soll das partnerschaftliche Verhalten zum Ausdruck bringen und nicht die Unterscheidung in Geber- und Nehmerländer, wie sie in „Entwicklungshilfe" unterschwellig anklingt.
exogene Ursachen: bezeichnen die außerhalb einer Gesellschaft verursachten entwicklungshemmenden Faktoren, etwa unfaire Handelsbeziehungen oder Kolonialismus.

F

Fairer Handel/Fairtrade: Handel mit Produkten, bei dem darauf geachtet wird, dass die Handelsgüter ökologisch verträglich produziert werden und die Produzenten, vor allem in Entwicklungsländern, gerechter bezahlt werden. Er ist ein Modell für mehr Gerechtigkeit im Welthandel und der Wertschöpfungskette.
Feinstaubbelastung: Feinstaub sind Teilchen in der Luft, die einen Durchmesser von weniger als 10 Mikrometern (µm) haben und die nicht sofort zu Boden sinken. Feinstaub kann aus natürlichen Quellen, z.B. Vulkanausbrüchen stammen oder von Menschen verursacht sein, z.B. Verbrennungsprozesse von Heizungen oder Autos sowie Reifenabrieb. Je kleiner die Staubpartikel, umso tiefer können diese in die Lunge eindringen und zu Gesundheitsschäden, z.B. Atemwegsbeschwerden führen.
Fragmentierung: räumliche Trennung nach Funktionen oder sozialen Schichten in Städten.
Frauenförderung: eine gezielt auf die Förderung von Mädchen und Frauen ausgerichtete Entwicklungsstrategie mit dem Ziel, deren soziale wie ökonomische und politische Position in ihren Gesellschaften zu stärken. Dieser Prozess wird auch „Empowerment" genannt.
Freiwilliges Soziales/Ökologisches Jahr: ist eine für junge Menschen geschaffene, staatlich finanziell unterstützte Möglichkeit, um sich, etwa nach dem Abitur oder nach einer Berufsausbildung, im sozialen oder Umweltbereich zu engagieren, spezifische Erfahrungen zu machen und Kontakte zu knüpfen, die für die individuelle wie auch weitere berufliche Entwicklung sehr prägend und förderlich sein können.
funktionale Stadtgliederung: teilt eine Stadt nach unterschiedlichen Funktionen, etwa Wohnen, Erholung, Industrie, Verkehr, Dienstleistung in verschiedene Stadtbereiche oder -viertel ein.

G

Gated Community: moderne Luxus-Wohnanlagen für privilegierte Bevölkerungsschichten, die zum Schutz vor kriminellen Übergriffen eingezäunt, meist bewacht und elektronisch gesichert sind.
Gentrifizierung: beschreibt die soziale Aufwertung von meist innenstadtnahen Stadtvierteln durch den Zuzug kaufkräftiger Bevölkerungsgruppen. Häufig erfolgt dieser Zuzug im Kontext von Stadtsanierungsprozessen. Zugleich erzwingt dieser Prozess den Wegzug von Menschen aus diesen Vierteln, die sich die einsetzende massive Erhöhung des Mietniveaus nicht leisten können und so verdrängt werden.
Geo-Engineering: fasst alle vom Menschen erdachten ingenieurtechnischen Maßnahmen zusammen, deren Anwendung zur Behebung eingetretener Umweltprobleme diskutiert oder auch umgesetzt werden. Diese reichen von der Verpressung von Kohlenstoffdioxid im geologischen Untergrund über die Installation von Sonnenspiegeln bis hin zur Düngung des Meeres mit Eisen zur Aktivierung von Algenwachstum und damit einhergehender Sauerstoffproduktion.
Geofaktoren: natürliche Gegebenheiten, die das Aussehen einer Landschaft bestimmen (z.B. Relief, Klima, Vegetation); i.w.S. auch Gegebenheiten, die vom Menschen geschaffen wurden (z.B. Siedlungen, Verkehrswege); unterschieden werden endogene Geofaktoren, d.h. Kräfte, die im Innern der Erde ihren Ursprung haben (z.B. Gebirgsbildung, Vulkanismus), und exogene Geofaktoren, d.h. Kräfte, die von außen gestaltend auf die Erdoberfläche einwirken (z.B. Niederschläge, Wind).
global boundaries: → Belastungsgrenzen unseres Planeten
Global City: eine → Weltstadt mit besonders starker Integration in die Weltwirtschaft; Kriterien: hohe Einwohnerzahl, internationales Finanzzentrum, Standort von Hauptquartieren oder Regionalzentren multinationaler Unternehmen

(Global Playern), hohe (welt-)politische Bedeutung, Sitz großer internationaler Institutionen, rapides Anwachsen des Dienstleitungssektors, Knotenpunkt internationaler Transportnetze.
globale Durchschnittstemperatur: ist die über die gesamte Erdoberfläche, also über Land und Wasser, gemittelte Temperatur in einem bestimmten Zeitraum, in der Regel in einem Jahr; die globale Durchschnittstemperatur liegt heute knapp 1 °C über dem sich aus dem natürlichen Treibhauseffekt ergebenden Mittelwert von ca. +14 °C.
globale Herausforderung: existenzielle Problemlagen für die menschliche Entwicklung, die gleichzeitig auf mindestens zwei Kontinenten auftreten; z. B. Bodendegradation, Wassermangel, Klimawandel, Artensterben; Armut, Hunger.
Globalisierung: seit Ende des 20. Jh. besonders dynamisch ablaufender Prozess, in dem Rohstoffbeschaffung, Produktion, Handel mit Gütern und Dienstleistungen, Kapital, Kommunikation und Technologie über nationale Grenzen hinweg zu einem Weltbinnenmarkt zusammenwachsen bei abnehmenden nationalen Kontroll- und Steuerungsmöglichkeiten; Kennzeichen ist eine zunehmende transnationale Vernetzung der politischen Systeme, Gesellschaften und Märkte.
Green City: Stadtentwicklungskonzept, das auf ein nachhaltiges und gesundes Leben für die Stadtbewohner abzielt.

H

Human Development Index (HDI): von der Entwicklungsorganisation der Vereinten Nationen (UNDP) seit 1990 verwendeter Indikator, der als Index den Stand der menschlichen Entwicklung in den Staaten der Welt misst. Grundlage dafür sind Sozialindikatoren wie Lebenserwartung, Alphabetisierungs- und Einschulungsrate sowie die reale Kaufkraft pro Kopf. Ab dem Bericht über die menschliche Entwicklung 2010 werden die drei Dimensionen wie folgt berechnet:
- Lebenserwartungsindex: Lebenserwartung bei Geburt;
- Bildungsindex: durchschnittliche Schulbesuchsdauer und voraussichtliche Schulbesuchsdauer in Jahren;
- Lebensstandard: Bruttonationaleinkommen (BNE) pro Kopf in Kaufkraftparität (KKP).

Hydrosphäre: der von Wasser erfüllte Teil der Geosphäre; er umfasst die Weltmeere, Flüsse, Seen, das Grundwasser sowie die ständig von Schnee und Eis bedeckten Bereiche, die auch als Kryosphäre bezeichnet werden.

I

Innere Differenzierung: Gliederung einer Stadt in verschiedene Viertel mit vorherrschenden Funktionen.

K

Kipp-Element: →Tipping point
Klimaneutralität: bezeichnet die klimarelevante Konsequenz einer wirtschaftlichen oder privaten Produktion oder Handlung. Hat diese keinen Anstieg von klimarelevanten Gasen in der Atmosphäre zur Folge, wird von Klimaneutralität gesprochen. Wird dies durch die Verlagerung der Produktion ins Ausland erreicht, ist Klimaneutralität nur scheinbar gegeben. Wird dies durch Kompensation, etwa durch Aufforstungsmaßnahmen im Umfang der produktions- oder handlungsbedingt entstandenen Treibhausgase erreicht, kann von wirklicher Klimaneutralität gesprochen werden.
Klimaschutz: bezeichnet die Gesamtheit juristischer, technischer, kultureller u. a. Maßnahmen, die zur Eindämmung des erwarteten Klimawandels führen. Insbesondere sind damit Maßnahmen gemeint, die geeignet sind die Emission von klimawirksamen →Treibhausgasen zu reduzieren.
Klimawandel: Bezeichnung für die Veränderung des Klimas auf der Erde, unabhängig davon, ob die Ursachen auf natürlichen oder menschlichen (anthropogenen) Einflüssen beruhen. Die gegenwärtige, vor allem durch Menschen verursachte globale Erwärmung ist ein Beispiel für einen Klimawandel.
Klimaziele: werden die festgeschriebenen Ziele genannt, wonach mit Blick auf die künftige globale Durchschnittstemperatur bestimmte Grenzwerte nicht überschreiten sollen. So hat die Weltgemeinschaft im November 2015 „weniger als +2 °C, wenn möglich +1,5 °C Temperaturanstieg bis zum Ende des 21. Jh." in Paris als internationales Klimaziel festgeschrieben.
Kohlenstoffdioxidsenke: Bereiche, die Kohlenstoffdioxid aufnehmen und speichern können. In Zusammenhang mit dem Klimawandel werden Kohlenstoffdioxidsenken immer wichtiger, weil sie das Treibhausgas Kohlendioxid aufnehmen und damit die Erderwärmung verlangsamen können. Wichtige Kohlenstoffdioxidsenken sind zum Beispiel Wälder oder Ozeane.

L

Lage: geographisches Merkmal einer Stadt, z. B. Fluss-, Küsten- oder Passlage
Land Grabbing: Landraub; Begriff für den großflächigen Erwerb von Boden durch in- oder ausländische Privatpersonen, Konsortien oder sogar Staaten in wirtschaftlich schwachen Staaten; häufig aus spekulativen ökonomischen Überlegungen, oft verbunden mit illegalen Praktiken gegenüber den bisherigen Bodenbesitzern/-nutzern (Bestechung, Erpressung u. a.).
Lebensqualität: von den Lebensbedingungen abhängende, an Zufriedenheit und Wohlbefinden messbare Qualität des Lebens.
Lithosphäre: äußere, feste Gesteinshülle, aus der die Platten aufgebaut sind; dazu gehören die kontinentale und ozeanische Kruste und der obere Mantel bis zur Asthenosphäre.
Lokale Agenda 21: Die auf der kommunalen Ebene erfolgende Umsetzung der in der →„Agenda 21", dem Abschlussdokument der Rio-Konferenz 1992, festgeschriebenen Zielsetzungen für das 21. Jh.

M

Marginalsiedlung: Elendssiedlung in Großstädten der Entwicklungsländer.
Megacity (auch Megastadt): Großstadt, die mindestens 8 Mio. oder 10 Mio. Einwohner hat. In der Regel sind diese Städte politisch-ökonomisches Zentrum sowie Knotenpunkt von Verkehrs- und Informationsströmen.
Meeresspiegelanstieg: Anstieg des mittleren Wasserspiegels der Ozeane. Ursachen sind das Abschmelzen grönländischer und antarktischer Eismassen, die Wärmeausdehnung des Wassers, das bei höheren Temperaturen ein größeres Volumen besitzt, sowie weiträumige Hebungen durch erdinnere Kräfte. Das Abschmelzen des arktischen Meereises hingegen hat keine Auswirkungen auf die Höhe des Meeresspiegels. Der UN-Klimarat prognostiziert einen Anstieg von bis zu 82 cm. Besonders Inselstaaten sind demnach durch den Klimawandel direkt in ihrer Existenz bedroht.
Menschenrecht: für alle Menschen auf der ganzen Welt geltende Rechte, die niemals abgesprochen werden können. Dafür wurden 30 Grundrechte 1948 von den Vereinten Nationen (= UNO) in der Allgemeinen Erklärung der Menschenrechte festgeschrieben.
Mensch-Umwelt-System: System, in dem die Umwelt alle für die menschliche Existenz erforderlichen Lebensgrundlagen wie Luft, Wasser, Boden, Vegetation und Rohstoffe bereithält. Je nach Art, wie wir Menschen diese Ressourcen nutzen, wirkt sich dies auf die Umwelt aus.
Metropole: Stadt, meist die Hauptstadt, die gegenüber den anderen Großstädten des Landes eine überragende Stellung im Hinblick auf Verkehr, Wirtschaft, Wissenschaft und Verwaltung einnimmt.
Metropolisierung: Verstädterungsprozess, meist in Entwicklungsländern, der auf eine einzige Stadt, meist die Hauptstadt, ausgerichtet ist, sodass diese zur das ganze Land beherrschenden → Metropole wird.
Migration: freiwillige oder unfreiwillige, dauerhafte Verlagerung des Wohnsitzes von Personen oder Gruppen. Dies kann sowohl innerhalb eines Landes (Binnenmigration) als auch über Ländergrenzen hinweg (internationale Migration) geschehen. Dabei wird Auswanderung als Emigration und Einwanderung als Immigration bezeichnet.
Millenniumsziele: Entwicklungsziele, die im Jahr 2000 von einer Arbeitsgruppe der UNO, der Weltbank, der OECD und mehreren Nichtregierungsorganisation (NGOs) formuliert wurden und bis zum Jahre 2015 umgesetzt werden sollten.
Modernisierungstheorie: Theorie, die die Unterentwicklung eines Landes in endogenen Ursachen (z. B. traditionsverhafteten Gesellschaftsstrukturen) sucht und Entwicklung als Modernisierung im Sinne eines Nachahmens der Industrieländer sieht (nachholende Industrialisierung).

N

nachhaltige Entwicklung (Sustainable Development): → Entwicklungsstrategie, mit der die Lebens- und Wirtschaftsweise der heutigen Generation in Einklang mit den naturräumlich ökologischen Rahmenbedingungen gebracht wird, um die Funktions- und Regenerationsfähigkeit des → Systems Erde zu erhalten und so künftigen Generationen die Möglichkeiten für eine eigene Entwicklung zu sichern.
nachhaltige Stadt: eine Stadt, in der die Prinzipien der nachhaltigen Stadtentwicklung realisiert wurden: die ökonomische Effizienz bei der Nutzung von Entwicklungsressourcen, die soziale Gerechtigkeit bei der Verteilung von Entwicklungserfolgen und den damit verbundenen Kosten sowie eine zukunftsfähige Entwicklungsbasis; zu den Indikatoren einer nachhaltigen Stadt zählen z. B. ein geringer Energieverbrauch, die nachhaltige ökologische, ökonomische und soziale Nutzung des Raumes durch den Abbau von Disparitäten.
nachhaltige Stadtentwicklung: Überbegriff einer am Nachhaltigkeitsprinzip ausgerichteten städtischen Entwicklung. Diese kann unterschiedliche Konzepte verfolgen, etwa → Smart City, Transition Town, Slow City oder CO_2-freie Stadt. Allen gemeinsam ist ein ressourcenschonender und umweltverträglicher Städtebau; Ziel nachhaltiger Stadtentwicklung ist es, die städtischen Lebensverhältnisse zu verbessern und dabei den Schutz der Umwelt, stabile wirtschaftliche Entwicklungen und eine gerechte Verteilung der Lebenschancen der Bewohner in Einklang zu bringen ohne die Chancen künftiger Generationen einzuschränken.
Nachhaltigkeit: Berücksichtigung ökonomischer, sozialer und ökologischer Aspekte bei der Nutzung und Entwicklung. Seit Beginn der 1990er-Jahre gilt dieser Begriff als Leitbild für eine zukunftsfähige Entwicklung der Menschheit, die die Lebensbedingungen der heutigen Generation verbessern soll, ohne die Chancen für zukünftige Generationen einzuschränken.
Nachhaltigkeitsmodelle: Um nachhaltige Entwicklungsprozesse in Gang zu setzen, bedarf es eines gemeinsamen Verständnisses von Nachhaltigkeit und den damit verbundenen Dimensionen. Dem dienen Nachhaltigkeitsmodelle. Sie können zugleich als Grundlage für Umsetzungsstrategien und Planungen herangezogen werden. Beispiele: Nachhaltigkeitsdreieck, Nachhaltigkeitsviereck, Leitplankenmodell der Nachhaltigkeit.
nachholende Entwicklung: bezeichnet ein Konzept der Entwicklungspolitik auf der Grundlage der Modernisierungstheorie. Nach dieser Vorstellung durchlaufen alle Staaten bzw. Gesellschaft einen mehr oder weniger gleichen Entwicklungsgang hin zu einem höheren Lebensstandard, befinden sich aber auf unterschiedlichen Etappen auf diesem Weg. Mit dem

Ausdruck „nachholende Entwicklung" wird damit die Vorstellung des vor den einzelnen Staaten noch liegenden Wegs angedeutet.
Nichtregierungsorganisation/Non-Governmental Organization (NRO, NGO): nichtstaatliche Organisation oder Institution, die beispielsweise im Rahmen der Entwicklungszusammenarbeit entwicklungspolitisch tätig ist, z.B. Kirchen, Deutscher Caritasverband, terre des hommes, Komitee Ärzte für die Dritte Welt.

O

ökologischer Fußabdruck: Methode zur Erkennung und Quantifizierung der Umweltauswirkungen bestimmter menschlicher Aktivitäten; mit dem ökologischen Fußabdruck lässt sich insbesondere der Ressourcenverbrauch des Menschen bildlich in Form des Flächenverbrauchs darstellen – mit dem Ziel, Bewertungskriterien für ein ressourcenschonendes und nachhaltiges Wirtschaften zu entwickeln.
Ökosystem: ein Wirkungsgefüge, das sich aus biotischen (lebenden) und abiotischen (unbelebten) Faktoren zusammensetzt, welche untereinander sowie mit ihrer Umwelt in energetischen und stofflichen Wechselwirkungen stehen.
Ökosystem Stadt: eine räumliche Funktionseinheit, in der biotische und abiotische Faktoren in Wechselwirkung zueinander stehen und ein Wirkungsgefüge bilden (→ Ökosystem), das durch die besonderen Bedingungen urbaner Räume beeinflusst wird (z.B. Flächenversiegelung, hohe Abwärme, Mangel an Frischluftschneisen).

P

Pedosphäre: oberster Bereich der Erdkruste, in dem die Bodenbildungsprozesse ablaufen; oberste Schicht der → Lithosphäre.
Problemlösungsorientierung: Strategie, den globalen Herausforderungen mit Lösungsansätzen zu begegnen.

Q

Quartärisierung: Zunahme der Arbeitsplätze im Quartären Sektor, dem höherwertige und hochspezialisierte Dienstleistungen, z.B. aus den Bereichen Banken, Beratung, Forschung und Entwicklung angehören.

R

Raumkonzepte: Verschiedene Perspektiven bedingen unterschiedliche Raumbegriffe. Man unterscheidet z.B. den Raum als konkreten Naturraum (Container), als System von Lagebeziehungen, als Ergebnis der individuellen Wahrnehmung oder als soziale Konstruktion. Die unterschiedlichen Perspektiven bedingen die Schwerpunktsetzung bei der Raumentwicklung.
Reduktion der Treibhausgase: Verringerung der Treibhausgase um Anteil an der Erderwärmung zu reduzieren.
Reliefsphäre: ist das morphologisch sichtbare Ergebnis des landschaftsprägenden Zusammenwirkens der → Litho-, → Pedo-, → Bio-, → Hydro-, Kryo-, → Atmo- und → Anthroposphäre.
Ressourcen: die natürlichen Produktionsmittel für die Wirtschaft, also Rohstoffe, Wasser, Energie usw.; i.e.S. die Rohstoffvorkommen, die zusätzlich zu den Reserven weitgehend bekannt, aber noch nicht abbauwürdig sind.
Ressourcenknappheit: bezeichnet das durch überhöhte Nachfrage, Übernutzung, Erschöpfung, machtpolitisch entschiedene Zugangsbeschränkungen oder Erschöpfung bekannter Lagerstätten entstehende Phänomen der unzureichenden Verfügbarkeit von Ressourcen.
Reurbanisierung: bezeichnet den etwa durch stadtplanerische Entscheidungen oder Investitionen verursachten Prozess der erneut einsetzenden Bevölkerungs- und Beschäftigungszunahme von → Innenstädten, nachdem diese in vorangegangenen Jahrzehnten eine Entvölkerung erlebten. Die → Kernstädte erfahren in diesem Prozess eine Aufwertung.

S

SDG (Sustainable Development Goals): → Ziele für eine nachhaltige Entwicklung
Segregation: Prozess der räumlichen Trennung und Abgrenzung unterschiedlicher gesellschaftlicher Gruppen, Ethnien, Religionsgemeinschaften usw.; innerhalb einer Stadt kann dies zu einer Fragmentierung führen, d.h. zu deren Auflösen in sozial stark gegensätzliche Viertel.
Shrinking City: schrumpfende Städte als ein Phänomen krisenhafter Stadtentwicklung, das durch Strukturkrisen bzw. Strukturwandel, Abwanderung und generellen Bevölkerungsrückgang durch das Ungleichgewicht von Geburtenrate und Sterberate verursacht wird.
Slum: Elendssiedlung, meist in den Großstädten der Entwicklungsländer; man unterscheidet die innerstädtischen Elendssiedlungen (Slums im engeren Sinne) und die randstädtischen Elendssiedlungen (→ Marginalsiedlungen).
Smart City: zusammenfassender Begriff für umfassende, nachhaltige Entwicklungskonzepte von Städten, die durch technologische, wirtschaftliche und gesellschaftliche Innovationen und Investitionen energieeffizienter, ökologisch intakter und sozial inklusiver gestaltet werden sollen.
Stadt: Bezeichnung für eine Siedlung mit einer dichteren Bebauung, innerer Differenzierung und mit einem Bedeutungsüberschuss für das Umland.
Stadtentwicklung: bezeichnet die Gesamtheit städtischer Entwicklungsprozesse. Diese können vom Flächenwachstum über die interne Umstrukturierung bis hin zu Funktionszuwächsen sowie Schrumpfungen reichen.
städtische Wärmeinsel/städtischer Wärmeinseleffekt: Phänomen des Stadtklimas, gekennzeichnet durch im Vergleich zum ländlichen Umland höhere Lufttemperaturen in städtischen Ballungsräumen in Bodennähe; die Intensität des Effekts ist abhängig von der Größe der Stadt, der Stadt-

struktur, topografischen und klimatischen Bedingungen.
Stadtklima: lokales Klima, das sich in größeren Städten und Ballungsräumen entwickelt; die fehlende Vegetation, die Versiegelung großer Flächen und die Wärme- und Abgaserzeugung aus Haushalten, Verkehr und Industrie bewirken spürbare klimatische Unterschiede zur umgebenden Landschaft.
Suburbanisierung: flächenhaftes Wachstum der Städte am Stadtrand, vor allem durch Abwanderung der Wohnbevölkerung aus dem inneren Stadtgebiet, häufig über die Stadtgrenzen hinaus ins nahe Umland; der Bevölkerung folgen vielfach Industriebetriebe (Industriesuburbanisierung) sowie Handel und Dienstleistungsbetriebe (tertiäre Suburbanisierung).
System Erde: Mit „sýstēma" bezeichneten die alten Griechen ein aus mehreren Einzelteilen zusammengesetztes Ganzes; dieses ist dabei nicht im Sinne der Summe aller Einzelteile zu verstehen, sondern vielmehr als ein interagierender Verbund von Teilsystemen, der eine aufgaben-, sinn- oder zweckgebundene Einheit bildet; das System Erde besteht aus einer Fülle von Teilsystemen, u.a. dem Klimasystem, dem ökologischen System, dem System Boden, dem System Meer oder den Systemen menschlicher Gesellschaften oder der Wirtschaft.

T

Teilhabe, soziale: beschreibt die von finanziellen Mindestmöglichkeiten des Einzelnen abhängige Partizipation an gesellschaftlichen und kulturellen Ereignissen, etwa Vereine, Kino-, Theater-Opernbesuche, aber auch Schwimmbad- oder Restaurantbesuche.
Tertiärisierung: Reduzierung von Arbeitsplätzen des Sekundären Sektors und Wachstum der Arbeitsplätze im Tertiären Sektor.
Tipping Points (Kipp-Elemente, früher Kippschalter): bezeichnen das Erreichen von nicht konkret bekannten Schwellenwerten, ab denen Teilsysteme des Weltklimas irreversible Veränderungen erfahren oder gar kollabieren – mit massiv negativen Auswirkungen für die Lebensgrundlage der Menschen auf der Erde. Das Konzept der Kippschalter verdeutlicht vor allem die Tatsache, dass Veränderungen des Weltklimas oder seiner Teilsysteme nicht einer unendlichen linearen Veränderung unterliegen, sondern an einem gewissen Punkt zu deren Zusammenbruch führen.
Treibhauseffekt: Unter dem natürlichen Treibhauseffekt versteht man die Fähigkeit der → Atmosphäre, die Energieverluste der Erdoberfläche durch Ausstrahlung zu kompensieren und so ein Auskühlen der Erde zu verhindern. Dabei wird die von der Erdoberfläche abgegebene langwellige Wärmestrahlung durch Wasserdampf oder Kohlenstoffdioxid als Gegenstrahlung zur Erde zurückgestrahlt. Wird dieser Mechanismus durch zusätzliche → Treibhausgase des Menschen verstärkt, spricht man vom anthropogenen Treibhauseffekt.
Treibhausgase: die Gase innerhalb der Atmosphäre, die einen Teil der von der Erdoberfläche ausgehenden Wärmestrahlung absorbieren und in alle Richtungen abstrahlen. Die Folge ist eine Erwärmung der Atmosphäre. Treibhausgase sind z.B. Wasserdampf, Kohlenstoffdioxid, Methan, Stickstoffoxid.

U

Urbanisierung: häufig synonym verwendeter Begriff zu → Verstädterung; im engeren Sinne meint Urbanisierung die Ausbreitung städtischer Lebens- und Bauformen, Haushaltsstrukturen (z.B. Singles), Konsummuster und Wertvorstellungen in ehemals ländlichen Gebieten.

V

Vernetzung: die Vernetzung einzelner Teilbereiche des → Systems Erde, etwa der Prozesse der → Pedo- mit der → Bio- und der → Hydrosphäre zeigen vielfältige (gegenseitige) Abhängigkeiten und bedingen die zunehmende Komplexität des Gesamtsystems.
Versorgung: Bereitstellung benötigter Güter und Dienstleistungen.
Verstädterung: 1. Wachstum der Städte eines Staates hinsichtlich ihrer Einwohnerzahl und/oder Fläche;
2. Vermehrung der städtischen Siedlungen eines Landes;
3. Wachsen des Anteils der Stadtbevölkerung eines Landes.
Vulnerabilität: Grad der Gefährdung durch existenzbedrohende Ereignisse sowie das Fehlen von Reaktionsmöglichkeiten zur Folgeneindämmung

Z

Zentralität: Stadt oder Gebiet kann für eine größere Raumeinheit einen Mittelpunkt im Hinblick auf Arbeitsplätze, Einkaufsmöglichkeiten, Dienstleistungen und sonstige Angebote darstellen.
Ziele für eine nachhaltige Entwicklung/Sustainable Development Goals (SDGs): beschreiben den für das Jahr 2030 angestrebten Entwicklungsstand der Welt. Die Ziele für eine nachhaltige Entwicklung sind der Kern der → „Agenda 2030". Sie beschreiben die Entwicklungsdimensionen der Weltgesellschaft bis zum Jahr 2030. Die SDGs werden durch insgesamt 169 „Targets" konkretisiert.
Zwei-Grad-Ziel: die maximale Zunahme der → globalen Durchschnittstemperatur, deren Folgen noch als beherrschbar gelten; die aus einem Anstieg der globalen Durchschnittstemperatur über 2 °C erwachsenen Konsequenzen werden von Wissenschaftlern als nicht mehr beherrschbar eingeschätzt, da damit tiefgreifende Veränderungen bis hin zum Kollaps von Teilsystemen des Weltklimas einhergehen würden.
Zukunftsorientierung: zentrale Betrachtungs- und Problemlösungsperspektive der Geographie in allen Fragen der Raumplanung und Raumgestaltung mit dem Ziel einen aktiven Beitrag zum Erhalt unserer Einen Welt zu leisten.

Sachregister

Alle **fett** gedruckten Begriffe sind als „Wichtige Begriffe" im Glossar dieses Arbeitsanhangs definiert.

MK Ausgewählte Methoden im Überblick

Ein Luftbild auswerten
(Band 1, S. 60/61)

1. Schritt: Sich orientieren
- Stelle die Bildart fest: Ist es eine Schräg- oder Senkrechtaufnahme?
- Stelle, wenn möglich, Titel und Aufnahmezeitpunkt des Bildes fest.
- Ermittle mit einer geeigneten Karte, wo und in welcher Blickrichtung die Aufnahme gemacht wurde.

2. Schritt: Den Bildinhalt beschreiben
- Beschreibe zuerst auffällige Einzelobjekte. Stelle dann die überwiegende Form der Flächennutzung und der Bebauung dar.
- Gliedere das Bild und unterscheide dabei bestimmte Bereiche/Elemente. Fertige hierzu am besten eine Skizze an: Lege Transparentpapier auf das Bild und übertrage wichtige Linien und Flächen.

3. Schritt: Den Bildinhalt deuten
Ermittle die Ursachen für die im zweiten Schritt beschriebene Verteilung.
- Werte Einzelheiten des Bildes aus. Unterscheide zum Beispiel: alt und neu bebaute Gebiete, gering bebaute und stark bebaute Flächen.
- Stelle Beziehungen zwischen einzelnen Bildelementen her und suche nach Zusammenhängen. Nutze zur Deutung des Bildes auch andere Informationsquellen.

4. Schritt: Ergebnisse darstellen
Halte das Ergebnis deiner Bildauswertung in Form eines Berichtes oder einer Skizze fest.

Ein Satellitenbild auswerten

1. Schritt: Bild verorten
Ermittle mithilfe des Atlas die Lage des Gebietes und lege die Nordrichtung des Bildausschnittes fest.

2. Schritt: Bildinhalt auswerten
Suche auf dem Satellitenbild Merkmale, die du im Atlas wiederfindest. Gliedere das Bild nach verschiedenen Kriterien, unterscheide dabei z. B. Land- und Wasserfläche oder zwischen linien- und punktförmigen Bildelementen.

3. Schritt: Bildinhalt deuten
Stelle Beziehungen zwischen den einzelnen Bildelementen her und suche nach Zusammenhängen, z. B. zwischen Verkehrswegen und einzelnen Nutzungen.
Ermittle mithilfe anderer Informationsquellen Ursachen für die in Schritt 2 beschriebene Verteilung.

4. Schritt: Bildinhalte darstellen
Lege eine Folie auf das Satellitenbild und zeichne mit dem Folienstift deutlich erkennbare Umrisse nach.
Unterscheide Gebiete mit ähnlichen Strukturen. Lege Grenzen zwischen den Räumen fest und trage diese als dünne Linien ein.
Lege eine Farblegende an.
Trage einige wichtige Orientierungshilfen in die Skizze ein.

Klimadiagramme auswerten
(Band 2, S. 36/37)

1. Schritt: Klimastation verorten
- Lies den Namen (1) und die Höhenlage (2) der Klimastation ab.
- Schau im Atlas nach und beschreibe die Lage des Ortes im Gradnetz (3).

2. Schritt: Jahreswerte bestimmen
- Lies die mittlere Jahrestemperatur (4) und den Jahresniederschlag (5) ab.
- Benenne den kältesten und den wärmsten Monat.

3. Schritt: Jahresverlauf beschreiben
Beschreibe jetzt den Kurvenverlauf der Temperatur (6) und des Niederschlags (7).

4. Schritt: Niederschlagstyp erkennen
- Stelle fest, wie viele Monate die Regenzeit (8) und die Trockenzeit (9) dauern.
- Ordne dann das Klimadiagramm einem Niederschlagstyp zu.
- Erläutere dann z. B. die Auswirkungen des Klimas auf das Pflanzenwachstum.

Eine thematische Karte auswerten
(Band 2, S. 54/55)

1. Schritt: Aufgabenstellung lesen und verstehen
Um die Aufgabenstellung richtig zu bearbeiten, musst du den Operator beachten. Jeder Operator hat seine eigene Bedeutung (siehe S. 210). Die Aufgabenstellung sagt dir, welche Aussagen der thematischen Karte du beachten musst und welche du weglassen kannst.

2. Schritt: Karteninhalte dekodieren
Deine Ausführungen erfordern eine Einleitung. In dieser beschreibst du die verwendeten Farben, Signaturen, Zeiträume und räumliche Einheiten der Kartendarstellung. Diese Informationen findest du in der Legende.

3. Schritt: Räumliche Verteilung darstellen
Beschreibe zunächst, welche Besonderheiten du wo im Raum findest. Prüfe anschließend, ob du Regelmäßigkeiten bei der Verteilung feststellen kannst.

4. Schritt: Karteninhalte erklären
Finde Ursachen für die von dir erkannten Besonderheiten und deren Verteilung. Dazu musst du zusätzliche Informationen aus dem Unterricht oder andere Quellen hinzuziehen.

5. Schritt: Schlussfolgerungen ziehen und Karteninhalt beurteilen
Beende deine Ausführungen mit einer kurzen Zusammenfassung der wesentlichen Inhalte. Im Anschluss daran kannst du Kritik z. B. an der Kartendarstellung und der Aktualität der Karte üben.

Statistiken richtig auswerten
(Band 2, S. 146/147)

1. Schritt: Sich orientieren
Überprüfe die Statistik hinsichtlich formaler Kriterien: Überschrift, Quellenangabe, Aktualität und Plausibilität der Angaben. Erfasse mithilfe der Legende, um welche Indikatoren es sich handelt und wie diese dargestellt werden.

2. Schritt: Darstellung und Aussageinhalt prüfen
Über wen oder was werden Aussagen gemacht?
Ermittle Maximal- und Minimalwerte, Veränderungen oder Entwicklungen. Vergleiche zwischen einzelnen, räumlichen oder zeitlichen Angaben und stelle eine Beziehung zwischen einzelnen Daten her. Folgende Fragestellungen helfen dir dabei:
- Wie sind die dargestellten Indikatoren definiert?
- Welche Zahlenangaben liegen vor (absolute, relative oder Indexzahlen) und in welchen Größenklassen sind diese gebildet worden?

3. Schritt: Statistiken beurteilen
Beurteile die Darstellungsform und die Aussagekraft der Statistik vor dem Hintergrund der zu lösenden Aufgabe. Kläre dazu u. a. folgende Fragestellungen:
- Sind die Angaben eindeutig?
- Sind Manipulationen erkennbar? (unangemessene Veränderung der Achsen; bei Zeitreihen wird die x-Achse nicht in gleich große Schritte eingeteilt; mangelnde Proportionalität zwischen Zahlen und dargestellten Flächen etc.)

Bevölkerungsdiagramme auswerten
(Band 2, S. 148/149)

1. Schritt: Sich orientieren
- Stelle fest, für welches Land und für welches Jahr die Angaben gemacht werden.
- Bestimme die Einteilung der Achsen.
- Überprüfe, ob die Bevölkerungsanteile in absoluten oder in relativen Zahlen angegeben werden.

2. Schritt: Beschreiben und zuordnen
- Lies die geschlechtsspezifischen Anteile in den Altersgruppen ab.
- Gib die Gesamtanteile für ausgewählte Bevölkerungsgruppen an.
- Beschreibe den Altersaufbau der Bevölkerung. Gibt es Auffälligkeiten bzw. Unregelmäßigkeiten?
- Ordne das Diagramm einem der vier Grundmodelle zu.

3. Schritt: Erklären
Sammle Hintergrundinformationen, die die Auffälligkeiten im Altersaufbau erklären.

4. Schritt: Eine Prognose erstellen
- Beurteile mithilfe der Grundformen die zukünftige Bevölkerungsentwicklung des Landes (steigend, stagnierend oder fallend).
- Formuliere dann auch Aussagen zur Auswirkung der Altersstruktur auf die Gesellschaft.

Ein Wirkungsgefüge erstellen
(Band 2, S. 166/167)

1. Schritt: Zielsetzung klären
Erfasse die Problemstellung. Achte darauf, welche Zusammenhänge im Wirkungsgefüge dargestellt werden sollen.

2. Schritt: Stichwörter sammeln
Sammle ausgehend vom Problem alle Stichwörter, die dir in diesem Zusammenhang einfallen und notiere diese auf Kärtchen.

3. Schritt: Stichwörter ordnen
- Wähle geeignete Stichwörter aus. Sortiere die Kärtchen nach über- und untergeordneten Begriffen.
- Finde zunächst den Begriff, der die wesentlichsten Merkmale einer Sache umfasst und ordne diesem weitere Begriffe zu.
- Ergänze weitere untergeordnete Begriffe auf neuen Kärtchen.

4. Schritt: Zusammenhänge durch Pfeile verdeutlichen
Welche Zusammenhänge bestehen zwischen den einzelnen Begriffen? Achte auf Ursachen und Auswirkungen. Verschiebe die Kärtchen so, um möglichst viele Begriffe mit Pfeilen zu verbinden.

5. Schritt: Zusammenhänge erklären
Begründe ausgewählte Zusammenhänge, die von dir durch Pfeile markiert wurden.

6. Schritt: Überschrift formulieren
Ergänze das Wirkungsgefüge durch eine Überschrift. Beachte, dass ein Wirkungsgefüge immer nur eine Vereinfachung der Wirklichkeit darstellt. Das Wirkungsgefüge kann ggf. durch weitere Eintragungen ergänzt werden.

Ein Kartogramm auswerten und erstellen
(Band 2, S. 182/183)

1. Schritt: Überblick verschaffen
Verschaffe dir einen Überblick über den Raum, das Thema, die Art der Zahlenangaben und ihre Darstellungsform.

2. Schritt: Beschreiben
Beschreibe die sachlichen Aussagen, wie Maximal- oder Minimalwerte, Zu- oder Abnahmen bzw. Abweichungen von Durchschnittswerten.

3. Schritt: Auswerten
Wo und wieviel z. B. Kakao angebaut wird und wieviel im jeweiligen Land oder Teil der Welt produziert wird, muss man aus den Legendensymbolen ablesen.

4. Schritt: Gesamtaussage bewerten
Bewerte das Kartogramm hinsichtlich der Überschrift und der Übersichtlichkeit.
Formuliere einen Abschlusssatz mit der zentralen Aussage.

Eine fragengeleitete Raumanalyse durchführen
(Band 2, S. 210/211)

1. Schritt: gewählten Raum abgrenzen
Kennzeichne die geographische Lage des Raumes und grenze diesen ab. Beschreibe dann stichpunktartig die prägenden Merkmale des Raumes.

2. Schritt: Eine Leitfrage formulieren
Formuliere eine Leitfrage, die dich bei diesem Raum interessiert.

3. Schritt: Arbeitsschritte planen und Material suchen
Plane deine Arbeitsschritte. Berücksichtige dabei vorgegebene Termine, um in der Zeit, die zur Verfügung steht, das Material suchen, ordnen, analysieren, bewerten und darstellen zu können.

4. Schritt: Faktoren analysieren
Sortiere das Material danach, ob es zur Beantwortung der Leitfrage beiträgt. Notiere die Faktoren, die für die Beantwortung der Leitfrage wichtig sind.

5. Schritt: Die Leitfrage beantworten
Erkläre zunächst die besonderen Merkmale und Strukturen des untersuchten Raumes und fasse die Ergebnisse der Faktorenanalyse zusammenfassen.

6. Schritt: Zusammenhänge darstellen
Präsentiere deine Ergebnisse anschaulich mithilfe von Karten, Texten, Fotos, Diagrammen. Zeige die Zusammenhänge zwischen den Einzelfaktoren des Raumes auf, z. B. als Wirkungsschemas.

7. Schritt: Ergebnisse reflektieren
War der Raumes richtig abgegrenzt?
Waren die verwendeten Methoden und Materialien der Fragestellung und dem Raum angemessen?
Sind die Ergebnisse auf andere Räume übertragbar?
Was wirst du künftig anders machen?

Mit Modellen arbeiten
(Band 3, S. 22/23)

1. Schritt: Merkmale des Modells beschreiben
Überlege, was im Modell vereinfacht wird, und erfasse die Grundaussagen bzw. wesentliche Merkmale.

2. Schritt: Voraussetzungen der Modellbildung bestimmen
Ermittle mit zusätzlichen Informationen wesentliche Annahmen, die dem Modell zugrunde liegen.

3. Schritt: Modell mit der Wirklichkeit vergleichen und Hypothesen formulieren
Vergleiche das Modell mit der Wirklichkeit und formuliere Schlussfolgerungen.
Bewerte auch die Eignung des Modells zur Beantwortung der Aufgabenstellung.

Systemisch denken
(Band 3, S. 84/85)

1. Schritt: Einzelne Faktoren identifizieren
Erstelle eine Liste mit allen Faktoren, die für das Thema von zentraler Bedeutung sind.

2. Schritt: Die Verbindungen oder Wirkungszusammenhänge zwischen den Faktoren benennen
Identifiziere die Zusammenhänge zwischen den vorliegenden Faktoren und notiere diese.

3. Schritt: Faktoren logisch zueinander anordnen und durch Linien und Pfeile zueinander in Beziehung setzen
Überführe die bereits zusammengetragenen Notizen schrittweise in eine Skizze. Notiere diese zunächst auf Zetteln zum leichteren Verschieben. Verdeutliche die unterschiedlichen Wirkzusammenhänge zwischen den Faktoren durch unterschiedliche Pfeile, aber auch durch deren Beschriftung.

4. Schritt: Das dargestellte System versprachlichen und ggf. korrigieren
Die Versprachlichung mündlich oder schriftlich dient dazu die systemischen Zusammenhänge klar zu durchdringen und ggf. zu korrigieren.

5. Schritt: Zu erwartende künftige Entwicklungen ableiten
Je besser du ein System verstanden hast, desto klarer kannst du zukünftige Entwicklungen und Veränderungen ableiten.

Karikaturen auswerten
(Band 3, S. 110/111)

1. Schritt: Allgemeine Informationen erkunden
Wer ist der Karikaturist?
In welcher Zeitung/Zeitschrift oder Internetseite ist die Karikatur veröffentlicht?

2. Schritt: Inhaltliche Annäherung durch Beschreibung der Karikatur
Was ist in der Karikatur zu sehen?
Was muss der Betrachter wissen, um die Karikatur zu verstehen?
Welches Thema bzw. Problem wird dargestellt?
Was fällt besonders auf?
Welche Mittel werden eingesetzt?

3. Schritt: Deutung
Wird ein Widerspruch dargestellt?
Sind versteckte Aussagen enthalten?
Wird eine Gegenposition dargestellt?
Wer und was wird angegriffen?
Wessen Partei ergreift der Karikaturist?
Welche Ziele verfolgt der Karikaturist?
Was wird ausgesagt?

4. Schritt: Wirkung
Was will der Karikaturist bewirken?
Hat der Karikaturist Recht mit seiner Aussage?

5. Schritt: Bewertung
Ist die Karikatur berechtigt?
Wie wirkt die Karikatur auf mich?
Wird die Karikatur der dargestellten Problematik gerecht?
Dient die Karikatur der Lösung der dargestellten Problematik?
Welche Gefahren können von der Karikatur ausgehen?

Eine Infografik auswerten und erstellen
(Band 3, S. 142/143)

Eine Infografik auswerten

1. Schritt: Thema klären
Kläre das Thema und finde heraus, ob es sich um einen Prozess oder einen Sachverhalt handelt.

2. Schritt: Faktoren identifizieren
Identifiziere als nächstes die dominant dargestellten Faktoren.

3. Schritt: Verbindungen identifizieren
Identifiziere sodann die Art und Bedeutung der zwischen diesen Hauptfaktoren dargestellten Verknüpfungen. Beachte dabei die Richtung, Stärke und Farbe der Pfeile.

4. Schritt: Infografik versprachlichen
Stelle den in der Grafik dargestellten Prozess oder Sachverhalt mündlich oder schriftlich dar.

5. Schritt: Fazit ziehen
Schließe deine Darstellung mit einem Fazit, gegebenenfalls mit einer Wertung ab.

Eine Infografik erstellen

1. Schritt: Thema klären
Kläre, ob es sich beim zu visualisierenden Thema um einen Prozess oder einen Sachverhalt handelt.

2. Schritt: Faktoren identifizieren
Überführe die Informationen des Textes in Symbole, Schlagworte, Fachausdrücke usw.

3. Schritt: Verbindungen und Zusammenhänge identifizieren

4. Schritt: Infografik erstellen
Verknüpfe die einzelnen Informationselemente durch Pfeile, setze Rahmen oder Felder ein und nutze auch Farben.

5. Schritt: Überschrift formulieren
Formuliere eine kurze und treffende Überschrift.

Disparitäten mit einem Web-GIS analysieren
(Band 2, S. 112/113)

1. Schritt: Web-GIS öffnen
Öffne das Web-GIS https://webgis.sachsen.schule/.

2. Schritt: Abfragemanager öffnen
Öffne den Abfragemanager („Daten filtern").

3. Schritt: Bedingung im Abfragemanager erstellen
a) Wähle den Indikator aus (HDI 2013).
b) Lege die Relation fest (>).
c) Trage den Wert ein, über dem der HDI der Länder, die ausgewählt werden sollen, liegt (zwischen 0 und 1). Beginne mit dem Wert 0.91.
d) Klicke auf „Anwenden".

4. Schritt: Ergebnisse betrachten
a) Klicke mit dem Mauszeiger auf die blau umrandeten Länder in der Karte und betrachte die Länderdaten.
b) Betrachte die ausgewählten Länder in der Treffertabelle.
c) Klicke auf „Nur Auswahl anzeigen".
d) Vergleiche den HDI-Wert der Länder und ermittle darunter die vier Länder mit den höchsten HDI-Werten (notiere dir die Länder und ihre Werte.

5. Schritt: Ergebnisse eingrenzen
Öffne nochmals den Abfragemanager (Symbol „Daten filtern") und ändere den Wert für den HDI in der Abfrage, sodass nur noch drei Länder übrig bleiben.

6. Schritt: Fragestellung auswerten
Beschreibe die räumliche Verteilung der Länder mit den höchsten Werten für den HDI.

Einen Text auswerten

1. Schritt: Formales/Orientierung
- Erscheinungsjahr, Textart (wissenschaftlicher Text, Kommentar, Unternehmensveröffentlichung, Zeitungsartikel, Leserbrief o. Ä.),
- Vollständigkeit.

2. Schritt: Übersicht
- Gliederungsmerkmale (Einleitung, Überschriften, Absätze, Spiegelstriche),
- wichtige bzw. unbekannte Begriffe,
- regionale Einordnung.

3. Schritt: Erfassung
- Schlüsselbegriffe und Hauptaussagen markieren,
- Sachaussagen und Meinungen bzw. Wertungen farbig unterstreichen,
- Text in Sinnabschnitte gliedern und dazu Thesen formulieren,
- unbekannte Begriffe klären.

4. Schritt: Untersuchung
- Sprachebene analysieren (Umgangs- oder Fachsprache, emotionale Begriffe),
- Prämissen, Grundsätze und Argumentationslinien des Verfassers herausarbeiten.

5. Schritt: Erklärung
- Einordnen der Aussagen in größere Zusammenhänge,
- Informationen zum Verfasser, seinen Absichten und zum Adressatenkreis,
- Lösungsangebote, Schwerpunkte,
- Vergleich mit anderen Veröffentlichungen zum Thema.

6. Schritt: Bewertung
- klare Trennung von Information und Meinung,
- Begründung und Nachprüfbarkeit der Aussagen,
- Ausgewogenheit der Darstellung.

Virtuelle Exkursionen durchführen und erstellen

1. Schritt: Inhaltliche Themen- bzw. Fragestellungen und Zielsetzung der virtuelle Exkursion erfassen

2. Schritt: Überblick über das Medium der virtuellen Exkursion verschaffen
- Art der Darstellung des virtuellen Raumes erfassen (digitale Karte, Geländemodell, Street-View, 360°Bilder, Simulation, Virtual Reality usw.).
- Prüfen, in welchem Ausschnitt und Maßstab der Raum vorliegt.
- Prüfen, welche Informationen im virtuellen Raum vorliegen und ob es weitere Ebenen mit Informationen (Wetter, Fotos usw.) gibt.
- Analysemöglichkeiten feststellen (Informationsebenen, Messung von Lange und Fläche usw.).

3. Schritt: Virtuelle Exkursion erstellen bzw. durchführen
Erstellung:
- Stationen sowie inhaltliche Themen und methodische Aufgaben für die Stationen festlegen.
- Notwendige Zusatzinformationen festlegen und Art des Mediums abklären.
- Stationen gestalten und Art der Ergebnissicherung festlegen.
- Erwartungshorizont für die Aufgaben formulieren und bei Bedarf Aufgabenstellung ändern.

Durchführung:
- Überblick über die Stationen verschaffen.
- Stationen bearbeiten, inhaltliche und methodische Aufgaben lösen.
- Entsprechend der Vorgabe Ergebnisse dokumentieren.
- Exkursionsergebnisse gemäß der Fragestellung(en) auswerten.

4. Schritt: Bewerten
- Exkursionsergebnisse und Eignung des virtuellen Raumes für die Themen- bzw. Fragestellung bewerten.

Mit interaktiven Karten arbeiten

1. Schritt: Thema der Karte erfassen
Weist die Karte einen thematischen Schwerpunkt auf?

2. Schritt: räumliche Dimensionen erfassen
Auf welcher Maßstabsebene werden die Informationen dargestellt?
Können unterschiedliche Maßstabsebenen dargestellt werden?
Verändern sich die Informationen auf unterschiedlichen Maßstabsebenen?

3. Schritt: inhaltliche Dimensionen erfassen
Welche Informationen werden dargestellt?
Welche inhaltlichen Fragestellungen können beantwortet werden?
Können die Informationen dazu- und weggeschaltet werden?
Ist eine Legende vorhanden?

4. Schritt: grafische Dimensionen erfassen
Werden die Informationen ausschließlich kartografisch dargestellt?
Welche Elemente werden zur Informationsvermittung zusätzlich genutzt?

5. Schritt: Funktionen erfassen
Wie lassen sich die Informationen bearbeiten? Ist nur Dazu- und Wegschalten möglich oder sind Informationen und Daten auswählbar und bearbeitbar?

6. Schritt: Karteninhalte beschreiben
Auf welchen Raum beziehen sich die Informationen?
Welcher Sachverhalt ist sofort, welcher erst durch die Interaktivität ersichtlich?

7. Schritt: Karteninhalte auswerten
Fragestellung entsprechend der technischen, inhaltlichen und methodischen Rahmenbedingungen beantworten.

8. Schritt: Ergebnisse bewerten
Ergebnisse im Zusammenhang mit den Rahmenbedingungen wie Aktualität, Verknüpfungsmöglichkeit grafischer und textlicher Infos etc. bewerten.

Erkundungen vor Ort mit einem virtuellen Globus

1. Schritt: Digitalen Kartendienst öffnen
Den digitalen Satelliten-/Luftbilddienst Google Earth online öffnen: www.google.com/intl/de_de/earth/.

2. Schritt: Ort suchen
Die rote Markierung des gefundenen Ortes zeigt die Verwaltungsgrenze entsprechend der amtlichen Gliederung.

3. Schritt: neues Projekt anlegen
Links in der Symbolleiste ein neues Projekt anlegen: <Projekte>/<Neues Projekt>/<KML-Datei erstellen>.
Das Projekt benennen, dafür auf das Stiftsymbol klicken: <Projekt bearbeiten>.

4. Schritt: Raum und Ort festlegen
Je nach Untersuchungsgegenstad den Ausschnitt der Kartenskizze festlegen.

5. Raum gemäß der Themenstellung erkunden
Mit Drehen des Mausrades zoomen und gedrückt gehaltenem Mausrad den Neigungswinkel verstellen. Visuelle Hilfsmittel wie Streetview nutzen.

6. Schritt: Elemente benennen und darstellen
Mit <Neues Element> hinzufügen lassen sich ein Ort suchen, eine Ortsmarkierung hinzufügen, Linie oder Form zeichnen.
Ortsmarken (Punkte) sowie Linien und Pfade zu einem Polygon verbinden, um ggf. eine Kartenskizze zu erstellen. Diese dann benennen und abspeichern.

7. Schritt: Projekt speichern
In dem Dreipunkt-Menü (links oben) das Projekt als KML-Datei exportieren. Die KML-Datei wird im Download-Ordner abgelegt.

8. Schritt: Präsentation der Ergebnisse
Im Präsentationsmodus können die Ergebnisse vorgestellt werden.

Lösungshilfen

2 System Erde

Seite 17, 4
Verschaffen Sie sich zunächst einen Überblick über die in der Grafik dargestellten Geosphären und skizzieren Sie diese auf einem Blatt. Überlegen Sie sodann, welche Verbindungen, Prozesse und wechselseitigen Beziehungen zwischen diesen Sphären bestehen.

Seite 25, 2
Rufen Sie sich zuerst Ihr Arbeitsergebnis der Bearbeitung von Frage 4, S. 17 in Erinnerung. Dabei standen bereits die zwischen den Sphären bestehenden Verknüpfungen und Prozesse im Fokus. Konzentrieren Sie sich erneut auf diese Verknüpfungen und benennen Sie die dominanten geobiochemischen Prozesse zwischen den Geosphären.

Seite 27, 3
Lesen Sie den Text M5 zunächst gründlich durch. Notieren Sie sich sodann zentrale Begriffe und Gedanken. Lesen Sie den Text nochmals und ergänzen bzw. korrigieren Sie Ihre Notizen. Ermitteln Sie nun auf der Grundlage Ihrer Notizen den zentralen Gedanken des Anthropzän-Konzepts.

Seite 29, 4
Vergegenwärtigen Sie sich zunächst den mit dem Operator „bewerten" verbundenen Arbeitsauftrag. Danach legen Sie dar, aus welcher Perspektive und aufgrund welcher Werte Sie sich dieser Aufgabe stellen. Fühlen Sie sich z. B.einer religiös ausgerichteten Werteorientierung verpflichtet, werden Sie mit Blick auf die in der Debatte um den Anthropozän-Ansatz angebrachten Vorwürfe der menschlichen Anmaßung gegenüber der göttlichen Schöpfung anders bewerten, als wenn Sie aus einer primär naturwissenschaftlichen Perspektive der Aufgabe nähern. Klären Sie daher zunächst Ihre grundsätzliche Haltung und reflektieren Sie aus dieser Perspektive den hier zu bewertenden Anthropozän-Ansatz.

3 Globale Herausforderungen und Zukunftssicherung

Seite 37, 1
Vergegenwärtigen Sie sich zunächst, dass ein Brennglas die Sonnenstrahlen bündelt und auf einen Punkt, den Brennpunkt hin konzentriert. Überlegen Sie nun ausgehend von dieser Vorstellung, welche dominanten Entwicklungen das 21. Jh prägen und inwieweit sich diese unterschiedlichen Herausforderungen in Städten wiederfinden.

Seite 39, 2
a) Analysieren Sie zunächst das Bild M1 sowie den Text S. 38. Notieren Sie alle zu erkennenden globalen Herausforderungen, die Mopipi betreffen. Suchen Sie nun die entsprechenden Stellen im Netz der globalen Herausforderungen und markieren diese:
b) Identifizieren Sie, welche Elemente im Netz der globalen Herausforderungen Informationen transportieren. Das können neben den Schriftfeldern auch Pfeile und Farben sein. Überlegen Sie nun, welche übergeordnete Kategorie z. B. der Farbe Gelb zugeordnet werden kann. Erstellen Sie entsprechend dieser Überlegungen nun Ihre Legende.
c) Identifizieren Sie augrund Ihrer Einordnung der Situation in Mopipi in das Netz der globalen Herausforderungen die Stellen, von denen besonders viele Folgewirkungen ausgehen. Gelingt es, diese zu überwinden, kann die Herausforderung entschärft werden.

Seite 39, 4
Sehen Sie sich die drei Bilder zunächst genau an. Notieren Sie, inwieweit die hier dargestellten Personen sich hinsichtlich der Merkmale Alter, regionale Herkunft, Wohlstand unterscheiden. Identifizieren Sie dann die zentralen globalen Herausforderungen des 21. Jh. Entscheiden Sie nun, welche Region und/oder Personengruppe von den einzelnen globalen Herausforderungen am stärksten betroffen sein wird. Fassen Sie Ihre Ergebnisse zusammen.

Seite 41, 2
Vergegenwärtigen Sie sich zunächst die Zielsetzung einer nachhaltigen Entwicklung. Dabei können die nachfolgenden Seiten sehr hilfreich sein, insbesondere S. 43/44 sowie 46/47. Gehen Sie sodann die 17 Ziele für eine nachhaltige Entwicklung detailliert durch und achten Sie auf möglicherweise auftretende Widersprüche der Zielbeschreibungen untereinander bzw. vor dem Hintergrund des Konzepts der nachhaltigen Entwicklung.

Seite 42,3
Nachdem Sie in Aufgabe 2 bereits die unterschiedlichen Ansätze des Nachhaltigkeitsprinzips untereinander verglichen, machen Sie sich nun weiterführende Gedanken. Dabei richten Sie Ihr Augenmerk insbesondere auf die Frage, was die Unterordnung einer Nachhaltigkeitsdimension unter eine oder mehrere an realer oder potenzieller (gesellschafts-)politischer Wirkung bedeutet.

Seite 47, 3
Überlegen Sie, welche Zielsetzungen einer „nachhaltigen Entwicklung", an welche Voraussetzungen gebunden sind (etwa wirtschaftliches Wachstum an Rohstoffverfügbarkeit). Suchen Sie nun nach Widersprüchen in dieser Zielsetzung. Dabei kann Ihnen auch Ihr Arbeitsergebnis der Aufgabe 2, S. 41 weiterhelfen.
Nehmen Sie sodann auf der Grundlage Ihrer Vorüberlegungen Stellung zu der Aussage von Dennis Meadows.

Seite 48, 2
Entscheiden Sie sich auf der Grundlage der Grafik 1 für ein spezifisches Themenfeld der Grenzen des globalen Systems. Berücksichtigen Sie dabei, dass die in die Grafik eingetragenen Fragezeichen offene Forschungsfragen kennzeichnen, zu den derzeit noch keine abschließenden Erkenntnisse und folglich auch keine Bewertungen vorliegen. Entnehmen Sie nun an der entsprechenden Stelle der Tabelle 3 detaillierte Informationen zu dem gewählten Erdsystemprozess, insbesondere der spezifischen Kon-

trollvariablen, der von der Forschung definierten planetaren Grenzen sowie dem aktuell ermittelten Werten zur abschließenden Einschätzung des Zustands des Systems Erde für das von Ihnen gewählte Teilgebiet.

4 Globale Herausforderung: Klimawandel

Seite 59, 2
Stellen Sie Bereiche zusammen, die von einer globalen Erwärmung betroffen sein könnten, zum Beispiel das Wetter, die Landwirtschaft, der Urlaub, das Wohnen, aber auch die Versorgung mit Wasser. Überlegen Sie so sodann, was sich verändert, wenn die globale Erwärmung fortschreitet, und ordnen Sie dies jeweils „Chancen" oder „Risiken" zu.

Seite 63, 12
Überprüfen Sie zunächst mithilfe des Atlas und von Klimadiagrammen die Niederschlagssituation in Deutschland. Analysieren Sie dann die Karte 15. Jetzt sind Sie in der Lage, zur Aussage begründet Stellung zu nehmen.

Seite 65, 2
Analysieren Sie zunächst die beiden Grafiken. Berechnen Sie in Grafik 3 die Strahlungsbilanz an der Erdoberfläche, für die Atmosphäre und für den Grenzbereich Atmosphäre – Weltraum. Als nächsten Schritt können Sie beschreiben, was mit der am Oberrand der Atmosphäre einfallenden Sonnenstrahlung geschieht. Als Erklärung für die unterschiedlichen Prozesse können Sie die Grafik 4 verwenden, welche die Absorption der Strahlung durch die atmosphärischen Gase verdeutlicht.

Seite 67, 12
Verdeutlichen Sie sich zunächst die Achsenbeschriftungen. Klären Sie dann z. B. für den Bereich „Einkommen": Welche Einkommensgruppen gibt es? Wie viele Menschen gehören zu dieser Gruppe? Wie hoch sind die CO_2-Emissionen dieser Gruppe in Relation zu ihrem Anteil der Weltbevölkerung?

Seite 69, 5
Notieren Sie sich zunächst anhand von Grafik 3 diejenigen Begriffe und Prozesse, die bei der Erwärmung der Arktis eine Rolle spielen auf einer Karteikarte. Dann können Sie die Karteikarten zueinander in Beziehung setzen, z. B.: Schmelzender Permafrost führt zu einem Anstieg von CO_2 in der Atmosphäre. Mehr CO_2 in der Atmosphäre …

Seite 73, 4
Tipp: Analysieren Sie zunächst die Abbildung 3. Auf der Grundlage dieser Analyse können Sie dann das Kriterium (z. B. CO_2-Emissionen) festlegen, das Sie für eine Beurteilung benötigen.

Seite 77, 4 a)
Vergegenwärtigen Sie sich zunächst einmal, wie das globale CO_2-Emissionsbudget ermittelt wird (M2). Daraus können Sie dann den Anteil für Deutschland begründen.

Seite 85, 15
Die Grafik 15 gibt Ihnen einen Hinweis, welche Handlungsfelder Sie für Ihre Gemeinde untersuchen können. Die anschließende Bewertung verlangt von Ihnen, dass Sie zunächst die Maßnahmen anhand eines oder mehrerer Kriterien beurteilen.

Seite 87, 5
Vergegenwärtigen Sie sich, was passieren würde, wenn Sie keinen Beitrag zum Klimaschutz leisten und wenn das die Empfehlung für weitere oder gar alle Menschen wäre.

5 Globale Herausforderung: Verstädterung und Stadtentwicklung

Seite 97, 2
Überlegen Sie sich einfache Messeinheiten oder Kartierungsmethoden. Die „Geschlossenheit der Siedlung" ließe sich z. B. mithilfe der Einwohnerzahl pro Flächeneinheit messen. Die „funktionale Gliederung" kann dadurch dokumentiert werden, dass die vorherrschende Nutzung in den einzelnen Stadtvierteln kartiert wird.

Seite 100/101, 4, Modell 1 und Tabelle 3
Die Stoffflüsse sind in Modell 1 sehr abstrakt dargestellt. Sie werden in ihren Dimensionen durch die Mengenangaben in Tabelle 3 etwas konkretisiert. Das Gefühl für die Größenordnung wird noch intensiver, wenn man sich klarmacht, dass der durchschnittliche Stadtbürger pro Jahr zum Beispiel
- etwa 810 kg feste Nahrung konsumiert,
- 7 500 kg Sauerstoff verbraucht und 6 400 kg Kohlendioxid ausatmet,
- 30 000 KWh Energie in Form von Strom, Erdgas, Erdöl und Kohle importiert.

Seite 103, Quellentext 3 und Grafik 4
Achten Sie auf aktuelle Meldungen in den Medien und beobachten Sie vor allem die Entwicklung in den Zentren der Städte. Experten sprechen hier gegenwärtig von einem „dreifachen Tsunami": dem Strukturwandel im Einzelhandel, den Folgen der Digitalisierung und den Auswirkungen der Corona-Pandemie. Laut Handelsverband Deutschland droht in den deutschen Innenstädten bis zu 50 000 Geschäften das Aus. Das wird die Innenstädte tiefgreifend verändern. Überprüfen Sie die Entwicklung bei ihrem nächsten Shopping.

Seite 105, 4
Als aktuelles Beispiel für eine anschauliche Präsentation bietet sich u. a. Hamburg mit seinem 2016 fertig gestellten Konzerthaus „Elbphilharmonie" an. Es wurde mit dem Ziel geplant, ein neues Wahrzeichen und Image für die Hansestadt zu schaffen.

Seite 107, 4
Überlegen Sie zunächst, an welchen Kriterien Sie sich bei Ihren (künftigen) Wohnwünschen orientieren:
Für den ländlichen Raum sprechen
- die Bezahlbarkeit des Wohneigentums,
- die hohe Umweltqualität, die Freizeitmöglichkeiten in Naturnähe,
- die Ruhe,
- die „Hilfe unter Freunden und Nachbarn".

Für die Stadt sprechen
- das große kulturelle Angebot,
- die (wahrgenommene) Offenheit, Kontaktfreudigkeit, vorurteilsfreie Aufgeschlossenheit der Menschen,
- die Erreichbarkeit aller Angebote und Dienstleistungen zu Fuß oder mit öffentlichen Verkehrsmitteln.

Seiten 108/109, Diagramm 2 und Quellentext 4
Gentrifizierung ist nicht nur in Deutschland zu bobachten. Ein markantes Beispiel stellen die Sanierungen der „Docklands" in London dar. Es ist eine interessante Aufgabe, die gewonnenen Erkenntnisse und Kompetenzen auf dieses Fallbeispiel anzuwenden. Eine erste Übersicht bietet der folgende Link: https://en.wikipedia.org/wiki/London_Docklands

Seiten 110/111, Texte 8 und 9
Die Beauftragte der Bundesregierung für Migration, Flüchtlinge und Integration legt ca. alle zwei Jahre einen „Integrationsbericht" vor. Der 12. Bericht mit dem Titel „Deutschland kann Integration: Potenziale fördern, Integration fordern, Zusammenhalt stärken" ist 2019 erschienen.
www.integrationsbeauftragte.de/ib-de

Seite 113, 12 b)
Die Lösung der Aufgabe kann z.B. von folgenden Fragen ausgehen:
- Was kann von staatlicher oder kommunaler Seite getan werden?
- Welche Wirkung hätte z.B. eine Legalisierung von bisher „informellen" Wohn- und Eigentumsrechten oder provisorischen Infrastruktureinrichtungen in den Marginalsiedlungen?
- Welcher Beitrag müsste von den Bewohnern der Marginalsiedlungen eingefordert werden, welchen können sie erbringen?

Seite 116, Grafik 1
Grafik 1 enthält in der Spalte 2 („Outlook") auch das Ranking des „Global Cities Outlook". Während der Global Cities Index (GCI) das aktuelle Erscheinungsbild der Städte misst, ermittelt der „Global Cities Outlook" (GCO) das Potenzial für die künftige Entwicklung. Er stützt sich auf die Faktoren Lebensqualität, Ökonomie, Innovation und Regierungsführung (Governance). Städte, die sowohl im GCI wie auch im GCO auftauchen, gehören zur globalen urbanen Elite.

Seiten 126/127, Text 3 und Grafik 4
Das „Sustainable Development Goal 11" beschreibt mit den Schlagworten „inklusiv, sicher, widerstandsfähig und nachhaltig" die Inhalte der angestrebten Stadtentwicklung. Sie sehen im globalen Maßstab u.a. vor:
- angemessenem, sicheren, bezahlbaren Wohnraum zu schaffen und Slums zu sanieren,
- den Zugang zu bezahlbaren, nachhaltigen Verkehrssystemen zu sichern mit besonderem Augenmerk auf den Bedürfnissen von Kindern, Behinderten oder Älteren,
- den Schutz gegen Naturkatastrophen zu verstärken mit Schwerpunkt auf Menschen in prekären Situationen,
- Umweltbelastungen zu senken
- den Zugang zu sicheren und inklusiven Grünflächen sowie öffentlichen Räumen zu gewährleisten,
- Inklusion, Ressourceneffizienz, Abschwächung des Klimawandels und Klimaanpassung zu fördern.

Seite 133, 6
Verschaffen Sie sich zunächst einen Überblick über die in der Grafik dargestellten Handlungsfelder in der Smart City (M7). Die in den Handlungsfeldern dargestellten Maßnahmen können als Grundlage für die zu erstellende Übersicht dienen.

Seite 135, 3
Stellen Sie zunächst in einer Übersicht wesentliche Elemente der Zukunftsstadt dar. Besorgen Sie sich einen Plan ihrer Stadt (ausgedruckt oder digital). Nun können Sie auf dem Plan diejenigen Standorte markieren, an denen sich bereits Elemente der Zukunftsstadt befinden. Eine Legende oder eine kurze Beschreibung zu den jeweiligen Standorten sollte Auskunft über die bereits verwirklichten Aspekte geben.

6 Globale Herausforderung: disparitäre Entwicklungen

Seite 143, 2 und 3
Lesen Sie zunächst die S.142/143 gründlich durch und notieren Sie die verschiedenen genannten Entwicklungsindizes. Tragen Sie diese sodann in eine Tabelle zusammen mit den Ländernamen ein.

Entwicklungsindex	DE	CN	NE
BNE			
HDI			
HSDI			
HPI			
Bruttonationalglück			
SDG Dashboard			
NWI			

Tragen Sie mithilfe der Grafiken bzw. des Online-Codes die Werte ein und bewerten Sie vergleichend die sich ergebenden Unterschiede.

Seiten 145/147/149, 4
Zur Bewältigung dieser Aufgabe erstellen Sie am besten eine Tabelle, in die Sie einerseits die drei zu vergleichenden Länder und andererseits die auf den genannten Seiten den Texten und Grafiken zu entnehmenden Indikatoren bzw. Informationen eintragen. Auf der Grundlage Ihrer Analysetabelle können Sie sodann den oder die Vergleiche vornehmen.

Indikator	US	DE	IN
HDI	0,92	0,938	0,64
regionale Unterschiede			
Kaufkraft			
...			
...			
...			

Seite 151, 3
Vergegenwärtigen Sie sich zunächst die Bedeutung des Operators „bewerten". Danach gelangen Sie auf der Basis von Fachkenntnissen, Materialinformationen oder eigenen Schlussfolgerungen unter Offenlegung der angewendeten Wertmaßstäbe zu einer sachlich fundierten, qualifizierenden Einschätzung bzw. entwickeln Ihre eigene begründete Meinung zu einem Sachverhalt.
Dies bedeutet, dass Sie sich zunächst mit der Frage auseinandersetzen, ob Sie sich mit der Globalisierung aus einer Position der nachhaltigen Entwicklung, der sozialen Gerechtigkeit, des Multikulturalismus, der nationalen Wohlfahrt, der Gewinnmaximierung, einer religiös-ethischen Perspektive oder einer anderen Position wertend nähern wollen. Nach dieser persönlichen Grundsatzentscheidung analysieren Sie die mit dem Globalisierungsprozess einhergehenden Phänomen und Konsequenzen und bewerten diese entsprechend Ihres individuellen Wertekanons.

Seite 153, 7
Überlegen Sie sich zunächst, in welchen Bereichen, etwa der Gesellschaft, der Wirtschaft oder der Umwelt, Auswirkungen zu erwarten sind und legen Sie ein entsprechendes Raster an. Setzen Sie sich nun mit den genannten Materialien auseinander und tragen Sie Ihre Erkenntnisse in das Raster ein. Dieses dient Ihnen nach der Fertigstellung als Grundlage für eine strukturierte Beantwortung der Aufgabe.

Seite 155, 3
Legen Sie sich unter den Überschriften „naturräumliche Ursachen", „endogene Ursachen" und „exogene Ursachen" eine Analysematrix an. Gehen Sie sodann die Materialien und Texte der S. 154/155 durch und notieren Sie sich entsprechend Stichworte in Ihrer Matrix. Finden Sie auf der Grundlage dieser Analysematrix zu Ihrer eigenen Position und formulieren Sie diese entsprechend. Reflektieren Sie dabei, inwieweit Sie sich vorherrschenden Meinungen unterwerfen und inwieweit Ihre Position Ihrem eigenen auf sachlicher Analyse basierendem Ergebnis beruht.

Seite 159, 3
Legen Sie sich zunächst ein Raster oder eine Analysematrix an, deren Spalten Sie mit den Entwicklungstheorien „Modernisierungstheorie" und „Dependenztheorie" betiteln. Überlegen Sie in einem zweiten Schritt, nach welchen Kriterien Sie die Analyse der beiden Entwicklungstheorien vornehmen möchten. Denkbar wären sicherlich die Kriterien „Vorteile", „Nachteile", „Wer profitiert?", „Wer verliert?" und andere mehr. Erweitern Sie Ihre Matrix entsprechend und gehen Sie sodann den Text dieser Doppelseite gründlich durch. Ergänzen Sie Ihre Tabelle um entsprechende Eintragungen und weitere Kriterien. Formulieren Sie abschließend auf der Grundlage der Tabelle Ihre eigene Postion und begründen Sie diese.

Seite 161, 5
Tipp: Legen Sie einen Zeitstrahl an, der ca. 1950 beginnt und bis in unsere Zeit reicht. Tragen Sie über diesem Zeitstrahl in der entsprechenden chronologischen Reihenfolge die in Diskussion stehenden Entwicklungstheorien ein und erweitern Sie Ihre Notizen zu den einzelnen Theorien stichwortartig hinsichtlich zentraler Merkmale, Überzeugungen, Annahmen und/oder Kritikpunkte. Mithilfe von Pfeilen können Sie deutlich machen, welche theoretischen Überlegungen sich gegenüberstehen bzw. welche aufgrund welcher Kritikpunkte auseinander hervorgegangen sind. Versprachlichen Sie nun auf dieser Grundlage die Einordnung der Theorie der fragmentierenden Entwicklung in die Geschichte der Entwicklungstheorien.

7 Entwicklungszusammenarbeit zum Abbau von Disparitäten

Seite 169, 3
Legen Sie zunächst eine Grobstruktur mit den Stichworten „Entwicklungsdefizit", „Ursachen", „Antragstellung", „Kooperationspartner" und „Projektplanung" an und ordnen Sie Ihre aus der gründlichen Lektüre der Erläuterungen hervorgehenden Notizen entsprechend zu. Erstellen Sie abschließend auf dieser Grundlage die Antwort auf den gegebenen Arbeitsauftrag.

Seiten 171/173/175, 3
Vergegenwärtigen Sie sich zunächst die Bedeutung des Operators „bewerten". Danach gelangen Sie auf der Basis von Fachkenntnissen, Materialinformationen oder eigenen Schlussfolgerungenunter Offenlegung der angewendeten Wertmaßstäbe zu einer sachlich fundierten, qualifizierenden Einschätzung bzw. entwickeln Ihre eigene begründete Meinung zu einem Sachverhalt. Dies bedeutet, dass Sie sich zunächst mit der Frage auseinandersetzen, ob Sie sich mit der Wirksamkeit der untersuchten Entwicklungsprojekte aus einer Position der nachhaltigen Entwicklung, der sozialen Gerechtigkeit, des Multikulturalismus, der nationalen Wohlfahrt, der Gewinnmaximierung, einer religiös-ethischen Perspektive, der Frauenförderung, der Bildungspolitik oder einer anderen Position wertend nähern wollen. Nach dieser gemeinsam getroffenen Entscheidung analysieren und bewerten Sie die Wirkung der Projekte und halten Ihre Ergebnisse schriftlich fest.

Seite 177, 2
Vergewissern Sie sich zunächst nochmals der Charakteristika einer nachhaltigen Entwicklung. Ein Rückgriff auf die S. 42–47 kann dabei hilfreich sein. Notieren Sie sich sodann zentrale Merkmale einer nachhaltigen Entwicklung und ordnen diesen Charakteristika der hier vorgestellten Entwicklungsprojekte zu. Beantworten Sie nun auf der Grundlage dieser Analyse den vorliegenden Arbeitsauftrag.

Quellennachweis

Cover.o. Alamy stock photo (Aleksandar Mijatovic), Abingdon; **Cover.u.** ShutterStock.com RF (Dimitri Weber), New York, NY; **6.1** Google Earth, Data SIO, NOAA, U.S. Navy, NGA, GEBCO; Image Landsat/ Copernicus; Image IBCAO; **7.2, 9.4, 10.7, 11.8, 12.12, 13.13** Quelle: Fögele, J. (2016). Entwicklung basiskonzeptionellen Verständnisses in geographischen Lehrerfortbildungen: Rekonstruktive Typenbildung | Relationale Prozessanalyse | Responsive Evaluation. Geographiedidaktische Forschungen: Vol. 61. Münster: Monsenstein und Vannerdat, S.73.; **8.3** ShutterStock.com RF (CatwalkPhotos), New York, NY; **9.5** nach Garschagen/Surtiari: Hochwasser in Jakarta – zwischen steigendem Risiko und umstrittenen Anpassungsmaßnahmen, In: Geographische Rundschau, Heft 4, Braunschweig 2018, S.11; **11.9** nach Deutsches Klima Konsortium/ Konsortium Deutsche Meeresforschung – Zukunft der Meeresspiegel, Berlin 2019 Unter: www.deutsches-klima-konsortium.de/de/meeresspiegel.html (Zugriff: 30.07.20); **11.10** Getty Images (Getty Images News/Ulet Ifansasti), München; **12.11** nach www.conventuslaw.com/report/indonesia-moves-capital-city-an-illusion-or-an-era; **13.14** nach Straits Times Graphics, www.straitstimes.com/asia/can-the-great-garuda-stop-jakarta-floods (Grafik); Google Earth, Image © 2020 Maxar Technologies, Data SIO, NOAA, U.S. Navy, NGA, GEBCO, Image © 2020 TerraMetrics (Hintergrundbild); **14.1, 16.3, 18.1, 19.3, 20.5, 21.7, 22.9, 23.11, 24.13** Alamy stock photo (g.thielmann), Abingdon; **15.2, 16.4, 18.2, 19.4, 20.6, 21.8, 22.10, 23.12, 24.14** Hoffmann, Dr. Thomas, Lauf; **25.15** nach IPCC, 2007: Climate Change 2007: The Physical Science Basis. Contribution of Working Group I to the Fourth Assessment Report of the Intergovernmental Panel on Climate Change, S.104, FAQ 1.2, Figure 1, www.ipcc.ch/site/assets/uploads/2018/05/ar4_wg1_full_report-1.pdf; **26.1** akg-images (euroluftbild.de/Mario Hagen), Berlin; **26.2** ShutterStock.com RF (THINK A), New York, NY; **27.3** Alamy stock photo (Debbie Hill), Abingdon; **27.6** Northwest Passage Project (Camera: Duncan Clark), Chevy Chase, MD; **27.7** nach International Commission on Stratigraphy – International Chronostratigraphic Chart. Unter: https://stratigraphy.org/timescale/ (Zugriff 29.07.20); **28.1** ShutterStock.com RF (MK Majid), New York, NY; **29.2** nach Will Steffen u.a.: The trajectory of the Anthropocene: The Great Acceleration. The Anthropocene Review, 2015, Figure 1, 3; **30.1** Picture-Alliance (Lefteris Karagiannopoulos/ Reuters), Frankfurt; **31.2** https://scilogs.spektrum.de/der-anthropozaeniker/wp-content/blogs.dir/194/files/anthrokritik.jpg; **31.3** Harald Welzer, in: Kay Müllges, Rolle und Verantwortung der Wissenschaft in der Epoche der Menschheit, Deutschlandfunk. Aus Kultur- und Sozialwissenschaften v. 27.11.14, unter: www.deutschlandfunk.de/anthropozaen-debatte-rolle-und-verantwortung-der.1148.de.html?dram:article_id=304621; **33.2** Simonds, David, London; **34.1** Getty Images (Stone/Tim Robberts), München; **36.2** Alamy stock photo (domonabikeSouthAfrica), Abingdon; **37.4** Picture-Alliance (Martin Gerten), Frankfurt; **37.5** Picture-Alliance (Patrick Pleul), Frankfurt; **38.2 m.** Alamy stock photo (christian kober), Abingdon; **38.2 o.** stock.adobe.com (Renate Wefers), Dublin; **38.2 u.** Getty Images Plus (The Image Bank/Darren Robb), München; **38.3** Hoffmann, Dr. Thomas, Lauf; **40.1** imago images (Xinhua), Berlin; **41.2.1, 3, 10, 18** United Nations Publications, New York; **41.2.2, 4, 5, 6, 7, 8, 9, 10, 11, 12, 13, 14, 15, 16, 17** United Nations Department of Global Communications, New York, NY; **42.1 m.** Verlag C. H. Beck oHG, München; **42.1 o.** BPK (Staatliche Kunstsammlungen Dresden | Herbert Boswank), Berlin; **43.2** nach Bundesministerium für wirtschaftliche Zusammenarbeit und Entwicklung, Berlin; **43.3** Nach Thomas Hoffmann u.a.: Unterrichtsbeispiel „Moderne Produktionskonzepte und nachhaltige Entwicklung“, auf: https://lehrerfortbildung-bw.de/u_gewi/geographie/gym/bp2004/fb1/aufg/bsp/dst2/nachprinz/, Jan. 2018; **43.4** ddp media GmbH (David Hecker), Hamburg; **44.1** Getty Images Plus (iStock/baytunc), München; **44.2** RAL gemeinnützige GmbH, Bonn; **44.3** nach Bernd Siebenhüner: Homo sustinens. Marburg: Metropolis 2001, S.78; **44.3** imago images (Westend61), Berlin; **45.5 li.** Joa Bauer, Industrielle Ökologie. Theoretische Annäherung an ein Konzept nachhaltiger Produktionsweisen, Institut für Volkswirtschaftslehre und Recht der Universität Stuttgart 2008, unter: https://elib.uni-stuttgart.de/bitstream/11682/5515/1/Dissertation_Bauer_.pdf; **45.5 re.** Corinna Fischer/Rainer Grießhammer, Öko-Institut Working Paper 2/2013. Mehr als nur weniger. Suffizienz: Begriff, Begründung und Potenziale, S.7ff. unter: www.oeko.de/oekodoc/1836/2013-505-de.pdf; **45.6 o.** Lexikon der Nachhaltigkeit, Konsistenz, unter: https://redaktion.nachhaltigkeit.info/artikel/konsistenz_2033.htm?sid=18heg46brl5prckqv0849f97k5 (Zugriff: 21.09.20); **45.6 u.** Joa Bauer, Industrielle Ökologie. Theoretische Annäherung an ein Konzept nachhaltiger Produktionsweisen, Institut für Volkswirtschaftslehre und Recht der Universität Stuttgart 2008, S.64, unter: https://elib.uni-stuttgart.de/bitstream/11682/5515/1/Dissertation_Bauer_.pdf; **45.7 o.** Wolfgang Irrek/ Stefan Thomas/Susanne Böhler/Meike Spitzner (Wuppertaler Institut für Klima, Umwelt, Energie GmbH), Definition Energieeffizienz, v. Juli 2008, unter: https://wupperinst.org/uploads/tx_wupperinst/energieeffizienz_definition.pdf; **45.7 u.** Mario Schmidt, Die Bedeutung der Effizienz für Nachhaltigkeit – Chancen und Grenzen, in: Susanne Hartard, Axel Schaffer, Jürgen Giegrich (Hrsg.): Ressourceneffizienz im Kontext der Nachhaltigkeitsdebatte. Nomos-Verlag Baden-Baden, 2008, S.31-46, auch unter: www.hs-pforzheim.de/fileadmin/user_upload/uploads_redakteur/Forschung/INEC/Dokumente/Team___Publikationen_/Effizienz_Suffizienz.pdf; **46.1** nach Global Footprint Network – Ecological Footprint. Unter: http://data.footprintnetwork.org/#/ (Zugriff: 29.07.20); **46.2** Leinonen, Seppo, Orivesi; **47.3** Datenquellen: Deutsche Gesellschaft für die Vereinten Nationen e.V., Global Footprint Network; **47.4** Nach www.overshootday.org, (Zugriff: 27.07.20); **48.1** nach Johan Rockström: Planetary Boundaries; **48.2** imago images (Rüdiger Wölk), Berlin; **49.3** Nach Johan Rockström, Mattias Klum: Big World Small Planet. Wie wir die Zukunft unseres Planeten gestalten. Ullstein: Berlin 2016, S.78; **50.1** Alamy stock photo (Maciej Dakowicz), Abingdon; **50.2** REWE Markt GmbH, Köln; **50.3** ShutterStock.com RF (MONOPOLY919), New York, NY; **51.4.** NABU Naturschutzbund Deutschland e.V., Berlin; **51.5** GroundTruth, Hilton, KZN; **52.1** Hintergrundbild: 123rf Germany, c/o Inmagine GmbH (smn), Nidderau; **53.3** Haitzinger, Horst, München; **53.4** HDI. Unter: http://hdr.undp.org/en/data (Zugriff 28.10.20, bearb.); Ökolog. Fußabdruck. Unter: http://data.footprintnetwork.org/?_ga=2.265652559.1162257214.1595921827-245365562.1595921827#/ (Zugriff 28.10.20, bearb.); **54.1** Alamy stock photo (Andrew Hasson), Abingdon; **55.2** Climate Lab Book. Open climate science. www.climate-lab-book.ac.uk/2018/warming-stripes/#more-5516, siehe *3; **55.o.re.** United Nations Publications, New York; **56.3** Picture-Alliance (SULUPRESS.DE), Frankfurt; **56.4 li.** BMU; © 2020 Climate Action Tracker; https://climateactiontracker.org/global/cat-thermometer/; **56.4 re.** übers. nach: https://climateactiontracker.org/global/cat-thermometer/; **57.5** nach Globus Infografik, dpa 6730; **58.1** nach Chi Xu, Timothy A. Kohler, Timothy M. Lenton u.a.: Future of the human climate niche. Unter: www.pnas.org/content/117/21/11350/tab-figures-data (Zugriff 03.09.20); **58.2** Sarah Woodall, URBAN GARDENING – Wie man Grönland grün macht, unter: https://visitgreenland.com/de/artikel/urban-gardening-wie-man-groenland-gruen-macht/ (letzter Zugriff: 16.09.20); **58.2 u.li.** Alamy stock photo (Cindy Hopkins), Abingdon; **58.3** Andreas Frey, Warum brannte Australien?, FAZ.NET v. 18.03.20, unter: www.faz.net/aktuell/wissen/erde-klima/klimawandel-warum-brannteaustralien-16684925.html; **58.3 u.re.** laif (Dean Sewell/Oculi/Agence VU), Köln; **59.4** National Oceanic and Atmospheric Administration – Global Climate Report – July 2020. Unter: www.ncdc.noaa.gov/sotc/global/202007 (Zugriff 03.09.20); **59.5** nach www.umweltbundesamt.de/monitoringbericht-2015-klimaentwicklung-in#undefined, Abb. 2. Quellen: DWD NOAA; **60.6** NASA (Joshua Stevens, using Landsat data from the USGS), Washington, D.C.; **60.7 o.li.** Picture-Alliance (Yuri Maltsev/Reuters), Frankfurt; **60.7 re.** Eisfreie Arktis – in vielen Sommern, tagesschau.de v. 27.04.20, unter: www.tagesschau.de/ausland/arktis-klimawandel-eisfrei-101.html; **60.7 u.li.** Jan Oliver Löfken, Das erste Containerschiff bewältigt die Nordostpassage, Technology Review v. 03.01.19, unter: www.heise.de/hintergrund/Das-erste-Containerschiff-bewaeltigt-die-Nordostpassage-4232227.html; **61.8** nach https://haveland.com/; ©2020 lee Robinson @ahaeland, Daten: http://psc.apl.uw.edu/research/projects/arctic-sea-ice-volume-anomaly/; **61.9** nach world glacier monitoring service, https://wgms.ch/global-glacier-state/ (Fig. 1 und 2). Quellen: SWGMS (2020, updated and earlier reports); **61.10** Vorl. Übers., Version v. 08.05.20 IPCC-Sonderbericht über den Ozean und die Kryosphärein einem sich wandelnden Klima(SROCC), v. 08.05.20, unter: www.de-ipcc.de/media/content/Hauptaussagen_SROCC.pdf; **62.11 li.** Andreas Krebs, Düstere Zukunft für unseren Planeten, TELEPOLIS v. 29.9.19, unter: www.heise.de/tp/features/Duestere-Zukunft-fuer-unseren-Planeten-4539541.html; **62.11 o.re.** Getty Images (AFP/Patrick Lux), München; **62.11 u.re.** nach Climate Central – Coastal Risk Screening Tool. Unter: https://coastal.climatecentral.org/map (Zugriff: 07.09.20); **62.12 li.** Joachim Laukemann, Dürre wird zum Normalfall, in: SonntagsZeitung v. 29.07.18, unter: www.tagesanzeiger.ch/sonntagszeitung/duerre-wird-zum-normalfall/story/23449290; **62.12 re.** Alamy stock photo (Tanja Esser), Abingdon; **63.13** Vorl. Übers., Version v. 8. Mai 20201IPCC-Sonderbericht über den Ozean und die Kryosphärein einem sich wandelnden Klima (SROCC), v. 08.05.20, unter: www.de-ipcc.de/media/content/Hauptaussagen_SROCC.pdf, S.3; **63.14** nach www.climate.gov/news-features/understanding-climate/climate-change-global-sea-level. Quelle: NOAA Climate.gov graphic, adapted from Figure 3.15a in State of the Climate in 2018; **63.15** UFZ-Dürremonitor/Helmholtz-Zentrum für Umweltforschung (UFZ); **65.2** Stefan Rahmstorf: Woher die gewaltige Energie des Klimawandels stammt, SPIEGEL Wissenschaft v. 25.01.20, unter: www.spiegel.de/wissenschaft/mensch/klimawandel-woher-die-gewaltige-energie-der-erderhitzung-stammt-a-692ebf01-faf1-4ffe-828a-16493d24715b; **65.4** nach Christian-Dietrich Schönwiese, Bernd Diekmann: Der Treibhauseffekt. Rohwolt, Reinbek 1991, S.117; **66.5** Stefan Rahmstorf: Woher die gewaltige Energie des Klimawandels stammt, SPIEGEL Wissenschaft v. 25.01.20, unter: www.spiegel.de/wissenschaft/mensch/klimawandel-woher-die-gewaltige-energie-der-erderhitzung-stammt-a-692ebf01-faf1-4ffe-828a-16493d24715b; **66.6** nach www.researchgate.net/figure/Schematic-representation-of-the-overall-perturbation-of-the-global-carbon-cycle-caused-by_fig2_337742746 (Price and Warren, 2016); **66.7** nach www.researchgate.net/figure/Combined-components-of-the-global-carbon-budget-illustrated-in-Fig-2-as-a-function-of_fig3_337742746. Quelle: Friedlingstein, Pierre,

Jones, Matthew u.a., Global Carbon Budget 2019. Earth System Science Data. Bd 11, 2019; **67.8** nach www.globalcarbonproject.org/carbonbudget/19/infographics.htm Quelle: 2019 projection by the Global Carbon Project. Trend to 2017 based on data from the IEA (2019) CO2 Emissions from Fuel Combustion, www.iea.org/statistics. All rights reserved.; **67.9** Quelle: Our World in Data based on data from the Global Carbon Project, UN Population Division (2018) & World Bank income groups auf https://ourworldindata.org/co2-by-income-region; **68.1** ShutterStock.com RF (BEST-BACKGROUNDS), New York, NY; **68.1** Will Steffen/Johan Rockström/Katherine Richardson u.a.: Trajectories of the Earth System in the Anthropocene, 06.07.18. Unter: www.pnas.org/content/115/33/8252 (Zugriff 01.09.20); ShutterStock.com RF (BEST-BACKGROUNDS), New York, NY; **68.2** Quelle: PIK/Schellnhuber, Rahmsdorf, Winkelmann: Nature Climate Change 2, 2016; **69.3** nach www.alternativesjournal.ca/energy-and-resources/sinking-feeling-infographic; **70.5 o.** nach www.eskp.de/klimawandel/wie-beeinflusst-der-klimawandel-den-jetstream-9351059; **70.5 u.** Nach Ralf Jaiser (AWI), Jana Kandarr (ESKP), Wie beeinflusst der Klimawandel den Jetstream? v. 25.10.19, unter: www.eskp.de/klimawandel/wie-beeinflusst-der-klimawandel-den-jetstream-9351059/; **70.6** Süddeutsche Zeitung Photo (euroluftbild.de), München; **70.7** Picture-Alliance (imageBROKER), Frankfurt; **71.8** Birk Grüling im Interview mit Friederike Otto, Wer ist schuld am Sturm?, in fluter v. 22.11.17, unter: www.fluter.de/extremwetter-als-folge-des-klimawandels; **71.9 li.** Carbon Brief, London; **71.9 re.** Attributing extreme weather to climate change 15.04.20, unter: www.carbonbrief.org/mapped-how-climate-change-affects-extreme-weather-around-the-world, übers. v. Matthias Scholliers; **72.1** www.bmu.de/gesetz/uebereinkommen-von-paris/ und www.bmu.de/fileadmin/Daten_BMU/Download_PDF/Klimaschutz/paris_abkommen_bf.pdf; **72.2** nach F.A.Z.-Grafik (Piron), Datenquelle: IPCC Special Report on Global Warming of 1.5 C; **73.3** Nach: www.klimafakten.de/meldung/neue-infografik-macht-ein-halbes-grad-weniger-erderwaermung-einen-unterschied und wwf; **73.4** © 2020 Climate Action Tracker. https://climateactiontracker.org/countries/; **73.5** nach United Nations Environment Programme (2019). Emissions Gap Report 2019. UNEP, Nairobi, p.XIX, Fig. ES.4; **74.1** Schmid, Andreas, Tübingen; **75.4** Climate Interactive, Washington, DC; **76.1** nach www.klimafakten.de/sites/default/files/downloads/klimafaktencop-infografik2017dt.pdf; **76.2** https://scilogs.spektrum.de/klimalounge/files/IPCC-SR15-Table-2.2-1024x643.jpg, übers. v. Matthias Schollier; **76.3** CC-BY-SA-4.0 Lizenzbestimmungen: http://creativecommons.org/licenses/by-sa/4.0/legalcode, Grafik: Prof. Stefan Rahmstorf; **77.4** nach WBGU: Kassensturz für den Weltklimavertrag - der Budgetansatz. Sondergutachten. Berlin: WBGU 2009, S. 4; **78.5** nach Science, A roadmap for rapid decarbonization, 24.03.17, https://science.sciencemag.org; **78.6** Potsdam Institute for Climate Impact Research (PIK) e. V., Mit einem „Carbon Law" Emissionen bis 2050 auf Netto-Null bringen, Pressemitteilung v. 24.03.17, unter: www.pik-potsdam.de/de/aktuelles-archiv/pressemitteilungen/use-a-carbon-law201d-to-achieve-net-zero-emissions-by-2050; **79.7** nach Nature communications, Evaluating climate geoengineering proposals in the context of the Paris Agreement temperature goals, 13.09.18, www.nature.com/articles/s41467-018-05938-3, Fig 1. Texte der Beispiele aus: Helmholtz Perspektiven, Klempnern am Klima, 04/2018, www.helmholtz.de/erde_und_umwelt/klempnern-am-klima/ (Galerie am Ende des Artikels).; **80.1** Getty Images Plus (fotografixx), München; **80.2** nach Summary for Urban Policy Markers, S. 13; **81.3** nach The Future of Urban Cosumption in a 1.5°C World. C40 CITIES Headline Report. June 2019 ©C40 Cities, Arup & University of Leeds, S. 34/35, https://c40-production-images.s3.amazonaws.com/other_uploads/images/2270_C40_CBE_MainReport_250719.original.pdf?1564075036; **81.4** nach Climate Service Center Germany (GERICS) and KfW Development Bank, 2015, Climate Focus Paper: Cities and Climate Change, Hamburg and Frankfurt am Main, S. 3, www.gerics.de/imperia/md/content/csc/cities_focus_paper_tou.pdf; **81.5** National Geographic – See which cities will feel the brunt of climate change. Unter: www.nationalgeographic.com/magazine/2020/04/these-cities-will-feel-climate-changes-effects-the-most-feature/ (Zugriff 03.09.20); **82.6** adelphi consult GmbH, aus www.umweltbundesamt.de/sites/default/files/medien/378/publikationen/umid_02-2015_gesamt_internet.pdf, S. 36; www.umweltbundesamt.de/publikationen/vulnerabilitaet-deutschlands-gegenueber-dem; **83.7** Picture-Alliance (Marijan Murat), Frankfurt; **83.8** Getty Images Plus (nedomacki), München; **83.9** Nach: Monitoring-Bericht zum Klimaschutzgesetz Baden-Württemberg Ministerium für Umwelt, Klima und Energiewirtschaft Baden-Württemberg Juni 2017, S. 139 f. unter: https://um.baden-wuerttemberg.de/fileadmin/redaktion/m-um/intern/Dateien/Dokumente/2_Presse_und_Service/Publikationen/Klima/20170705_Monitoringbericht_zum_Klimaschutzgesetz_Teil1_Klimafolgen_und_Anpassung.pdf; **83.10** Nach: Monitoring-Bericht zum Klimaschutzgesetz Baden-Württemberg Ministerium für Umwelt, Klima und Energiewirtschaft Baden-Württemberg Juni 2017, S. 130 ff., unter: https://um.baden-wuerttemberg.de/fileadmin/redaktion/m-um/intern/Dateien/Dokumente/2_Presse_und_Service/Publikationen/Klima/20170705_Monitoringbericht_zum_Klimaschutzgesetz_Teil1_Klimafolgen_und_Anpassung.pdf; **84.11** nach NewClimate Institute: Climate Opportunity: More Jobs; Better Health; Liveable Cities, 2018; **84.12** Lars Pennig, Infoblatt Agenda 21, unter: www.klett.de/alias/1015520; **85.13** nach Konzept für den Masterplan, 100% Klimaschutz für die Stadt Heidelberg, Endbericht Heidelberg, April 2014, S. 14, www.ifeu.de/wp-content/uploads/Masterplan_HD_IFEUEndbericht_Teil1_2_2014-04-22.pdf; **85.14** Stadt Heidelberg, Heidelberg, 25 Jahre nach Rio: Global denken, lokal handeln, v. 20.11.17, unter: www.heidelberg.de; **85.15** nach Konzept für den Masterplan, 100 % Klimaschutz für die Stadt Heidelberg, Endbericht Heidelberg, April 2014, S. 12, www.ifeu.de/wp-content/uploads/Masterplan_HD_IFEUEndbericht_Teil1_2_2014-04-22.pdf; **86.1** nach Bundesumweltamt. Quelle: UBA-CO2-Rechner (www.uba-co2-rechner.de/de_DE) 2017; **86.2** nach https://ourworldindata.org/food-choice-vs-eating-local; **87.3** ergänzt nach: Greenpeace e.V., Sparen Sie sich das!, 10 Tipps, was Sie für das Klima tun können, unter: www.greenpeace.de/themen/klimawandel/klimaschutz/die-zehn-wichtigsten-tipps-was-sie-fuer-das-klima-tun-koennen (Zugriff: 21.09.20); **87.3 o.li.** CO2-Rechner des Umweltbundesamtes von KlimAktiv gGmbH; **89.3** Datenquelle: Wuppertal Institut, basierend auf DIW 2007; **89.4** Greser & Lenz, Aschaffenburg; **90.1** Zaha Hadid Architects, London; **92.2** nach UN/World Urbanization Prospects: The 2005 Revision, https://undervaluedequity.com/world-urbanization-prospects-the-2005-revision/; Daten: https://population.un.org/wup/Download/; **92.3** nach https://population.un.org; **93.4** I love New York – Text: Steve Karmen © Elsmere-Music Inc.; **93.4 o.** Getty Images Plus (iStock Editorial/AndreyKrav), München; **93.5** Deutsche Stiftung Weltbevölkerung (Hrsg.): Weltbevölkerungsbericht 2007. Hannover 2007, S. 7 – 8; **95.1** akg-images, Berlin; **95.2** Bürgle, Klaus; **95.3** laif (Berthold Steinhilber), Köln; **95.4** stock.adobe.com (mikelaptev), Dublin; **95.5** Action Press GmbH (BNKR Arquitectura/Rex Features), Hamburg; **96.1** ddp media GmbH (Bernt Hoffmann), Hamburg; **96.3** Brodengeier, Dr. Egbert, Lichtenberg; **97.7** Heinz Heineberg: Stadtgeographie. Paderborn: Verlag Ferdinand Schöningh. 5. Auflage 2017, S. 28; **99.2** Google Earth; **99.3** Stadt Mannheim, Geoinformation und Stadtplanung, Mannheim;**100.2** Richard Obernosterer und Wolfgang Punz: Der „Stoffwechsel" der Stadt: Was fließt hinein, was strömt hinaus und was wird gespeichert? In: Roland Berger und Friedrich Ehrendorfer (Hg.): Ökosystem Wien. Böhlau Verlag Wien – Köln – Weimar. 2011. S. 605; **100.3** www.umweltbundesamt.de/daten/flaeche-boden-landoekosysteme/boden/bodenversiegelung#textpart-1 (November 2019); **101.4** Umweltbundesamt: Bodenversiegelung (Stand 25.06.19), unter: www.umweltbundesamt.de/daten/flaeche-boden-land-oekosysteme/boden/bodenversiegelung; **101.5** nach Landesanstalt für Umwelt, Messungen und Naturschutz Baden-Württemberg (LUBW); **102.1 li.** Thinkstock (Digital Vision), München; **102.1 m.** ShutterStock.com RF (allensima), New York, NY; **102.1 re.** ShutterStock.com RF (Aerial-motion), New York, NY; **103.2** Alamy stock photo (CHROMORANGE/Ralph Peters), Abingdon; **103.3** Martin Haar: Droht das Ende der Einkaufsmeile?, Stuttgarter Zeitung v. 09.08.19, auch unter: www.stuttgarter-zeitung.de/inhalt.koenigstrasse-in-stuttgart-droht-das-ende-der-einkaufsmeile.5d5fa2a3-4792-4228-8e2b-f201515ae1a0.html?reduced=true; **103.4** nach Ernst Brunotte u.a.: Lexikon der Geographie, Bd. 1. Spektrum Akademischer Verlag Heidelberg und Berlin 2002, S. 419; **104.2** Picture-Alliance (arkivi), Frankfurt; **104.3** ShutterStock.com RF (Inspired By Maps), New York, NY; **105.4** Christoph Gehring: Ruhr.2010: Kulturhauptstadt Europas mit sprödem Charme, Deutschlandfunk Kultur v. 01.01.10 auf: www.deutschlandfunkkultur.de/ruhr-2010-kulturhauptstadt-europas-mit-sproedem-charme.1013.de.html?dram:article_id=169963; **105.4 o.** Picture-Alliance (Julian Stratenschulte), Frankfurt; **105.5** Getty Images Plus (MadrugadaVerde), München; **105.6** Heinz Heineberg: Stadtgeographie. Paderborn: Ferdinand Schöningh 2017. S. 418 – 419; **106.1** Heinz Fassmann: Stadtgeographie I. Braunschweig: Westermann 2009, S. 183 – 187; **106.2** nach Klaus Zehner: Stadtgeographie. Gotha und Stuttgart: Klett-Perthes 2001, S. 136; **107.3** BBSR Bundesamt für Bauwesen und Raumordnung, Bonn; **107.4** Ernst Brunotte u.a. (Hrsg.): Lexikon der Geographie. Heidelberg, Berlin: Spektrum Akademischer Verlag 2002; **107.5** nach Ernst Brunotte u.a. (Hrsg.): Lexikon der Geographie. Heidelberg, Berlin: Spektrum Akademischer Verlag 2002; **108.1** Picture-Alliance (dpa /Wolfram Stein), Frankfurt; **108.2** nach Klaus Zehner: Stadtgeographie. Klett-Perthes, Gotha u. Stuttgart 2001. S. 146; **108.3** Martin Kronauer: Gentrifizierung – Ursachen, Formen und Folgen, Dossier. Stadt und Gesellschaft v. 09.07.18, unter: www.bpb.de/politik/innenpolitik/stadt-und-gesellschaft/216871/gentrifizierung-ursachen-formen-und-folgen?p=all; **109.5** imago images, Berlin; **109.6 o.** Senatsverwaltung für Stadtentwicklung und Wohnen (Anka Stahl): Das Fördergebiet Prenzlauer Berg. (Stand Mai 2019), unter: www.stadtentwicklung.berlin.de/staedtebau/foerderprogramme/nachhaltige-erneuerung/Prenzlauer-Berg.12.0.html; **109.6 u.** Inna Hartwich: Berlins großes Missverständnis. In: Neue Zürcher Zeitung v. 31.01.17, unter: www.nzz.ch/international/prenzlauer-berg-berlins-grosses-missverstaendnis-ld.142678; **110.7 li.** imago images (Winfried Rothermel), Berlin; **110.7 re.** Blickwinkel (McPHOTO/I. Schulz), Witten; **110.8** Marcel Helbig, Stefanie Jähnen: Wie brüchig ist die soziale Architektur unserer Städte? Discussion Paper P 2018–001, Berlin, WZB, Mai 2018. S. 1, auch unter: https://bibliothek.wzb.eu/pdf/2018/p18-001.pdf; **111.10** Peter Stolterfoht: Stuttgart – Viele Deutschtürken fühlen sich missverstanden, in:

Stuttgarter Zeitung v. 20.07.18, unter: www.stuttgarter-zeitung.de/inhalt.deutschtuerken-in-stuttgart-stolz-und-vorurteil.c9fd92c9-c697-4165-af2b-2d37922feecc.html; **111.11** Quelle: Statistisches Amt, Landeshauptstadt Stuttgart; **111.12** nach Landeshauptstadt Stuttgart, Statistisches Amt – Statistikatlas Stuttgart. Unter: https://statistik.stuttgart.de/statistiken/statistikatlas/atlas/atlas.html?indikator=i0&select=00 (Zugriff: 07.09.20); **112.13** Alamy stock photo (Pulsar Imagens), Abingdon; **112.14** Jürgen Bähr, Ulrich Jürgens: Stadtgeographie II. Regionale Stadtgeographie. Westermann, Braunschweig 2009. S. 294 – 295; **112.15** Jürgen Bähr, Ulrich Jürgens: Stadtgeographie II. Regionale Stadtgeographie. Westermann, Braunschweig 2009. S. 296 – 297; **112.16** Jürgen Bähr, Ulrich Jürgens: Stadtgeographie II. Regionale Stadtgeographie. Westermann, Braunschweig 2009. S. 295– 296; **113.17** leicht verändert nach: Axel Borsdorf: Lateinamerika – Globalisierung und Stadtentwicklung. In: Politisches Lernen 3 – 4, 2008; **113.18** nach Axel Borsdorf: Das Ende der Stadt in Lateinamerika? In: Mitteilungen der Österreichischen Geographischen Gesellschaft, 50. Jg., Heft 4/2006, S. 245; **114.1** nach UNDESA Population Division – World Urbanization Prospects: The 2018 Revision. Unter: https://population.un.org/wup/ (Zugriff 18.09.20), UN – The World's Cities in 2018. Unter: www.un.org/en/events/citiesday/resources.shtml (Zugriff 18.09.20); **114.2** Karl Vorlaufer: Südostasien. Darmstadt: Wissenschaftliche Buchgesellschaft 2018. S. 97; **115.3** BBSR-Analysen KOMPAKT 12/2015, S. 11 (Antonia Milbert: Wachsen oder schrumpfen? © BBSR; **116.1** nach A.T. Kearney 2018 Global Cities Report, www.kearney.com/global-cities/2018; **117.2** HowMuch.net, Wilmington, DE; **117.3** Sean Ross, New York's Economy: The 6 Industries Driving GDP Growth, Investopedia from Jun 25, 2019, under: www.investopedia.com/articles/investing/011516/new-yorks-economy-6-industries-driving-gdp-growth.asp; **117.5** QS, New York, Best Student Cities ranking: 19th, from Jul 31, 2019, under: www.topuniversities.com/university-rankings-articles/qs-best-student-cities/new-york; **118.7** Werner Kemper, Wirtschaftsstruktur – Singapur, Germany Trade and Invest v. Juli 2018, unter: www.gtai.de/gtai-de/trade/wirtschaftsumfeld/wirtschafts struktur/singapur/wirtschaftsstruktur-singapur-14586; **118.8** Werner Kemper, Wirtschaftsstruktur – Singapur, Germany Trade and Invest v. Juli 2018, unter: www.gtai.de/gtai-de/trade/wirtschafts umfeld/wirtschaftsstruktur/singapur/wirtschafts struktur-singapur-14586; **119.9** Claudia Finner, Singapur: Bildung und Wissenschaft, unter: www.daad.de/de/laenderinformationen/asien/singapur/ueberblick-bildung-und-wissenschaft/ (Zugriff: 30.09.20); **119.10** Deutsche Botschaft Singapur, Kunst und Kultur in Singapur, unter: https://singapur.diplo.de/sg-de/themen/willkommen/willkommen-in-singapur/1262852#content_17 (Zugriff: 30.09.20); **119.11** nach UNCTAD: World Investment Report 2019. Key Messages and Overview.; **119.13** www.weltexporte.de/unter nehmen-singapur/; **120.1** Landeshauptstadt Stuttgart, Amt für Umweltschutz, Abt. Stadtklimatologie: Auswirkungen des Wärmeinseleffekts; (Okt. 2019), unter: www.stadtklima-stuttgart.de/index.php?klima_waermeinsel_auswirkungen; **120.2** nach www.klima-der-erde.de – Regionale Windsysteme, www.klima-der-erde.de/winde.html; **121.3** nach Almut Gerhardt-Dircksen/Ulrike Letschert: Die Stadt – ein von Menschen organisiertes Ökosystem. In Praxis der Naturwissenschaften – Biologie 1990, H. 7. Aulis Verlag Köln 1990, S. 3; **121.4** nach F. Fezer (1975): „Lokalklimatologische Interpretation von Thermal-Luftbildern" in „Bildmessung und Luftbildwesen" Heft 4/1975, S. 152-158; **121.5** nach www.stadtklima-stuttgart.de/index.php?luft_messdaten_ueberschreitungen, Quelle: Landesanstalt für Umwelt Baden-Württemberg (LUBW); **122.1** nach The Times-Picayune/The New Orleans Advocate – Hurricane Katrina flooding compared to a 500-year storm today: Graphic. Unter: www.nola.com/news/weather/article_a07212b9-6057-5ed6-8914-07b8135a430b.html (Zugriff 07.09.20); **122.2** Annika Franck: Hurrikan Katrina. In: Planet Wissen v. 12.12.19, unter: www.planet-wissen.de/natur/naturgewalten/stuerme/pwiehurrikankatrina100.html; **123.4** Picture-Alliance (epa/Dan Anderson), Frankfurt; **123.5** Wera Wojtkiewicz: Infoblatt Hurrikan Katrina. Klett Geographie Infothek 18.05.12, TERRASSE online © Ernst Klett Verlag, unter: www.klett.de/sixcms/detail.php?template=terrasse_artikel__layout__pdf&art_id=1015980; **123.6** Nach: Sebastian Mitulla: Case Study – Großstädte und Klimawandel. Institut of Geography Humboldt Universität Berlin, WS 2009/2010, unter: www.pik-potsdam.de/en/institute/departments/climate-resilience/research/urban-transformations/teaching/referate/sebastian-mitulla; **123.6 o.** nach State of Louisiana Coastal Protection and Restoration Authority Master Plan; **123.7** Eberhard Pyritz: Land unter im Mississippi-Delta – Totengräber Klimawandel?! In: TERRASSE online v. 15.11.16 © Ernst Klett Verlag, unter: www.klett.de/alias/1105894; **124.8** Gerhard Klas: Endstation Dhaka. In: der Freitag v. 05.04.11, unter: www.freitag.de/autoren/der-freitag/endstation-dhaka; **124.11** Alamy stock photo (Mamunur Rashid), Abingdon; **125.12** Christiane Grefe: Metropole Dhaka – Willkommen im Chaos. In: DIE ZEIT Nr. 15/2013 (04.04.13), auch unter: www.zeit.de/2013/15/megacity-dhaka-urbanisierung (Juli 2016); **125.13** Wolfgang Kron: Die fast übersehene Katastrophe. Münchener Rückversicherungs-Gesellschaft v. 04.01.18, unter: www.munichre.com/topics-online/de/climate-change-and-natural-disasters/natural-disasters/floods/huston-flooding-overshadowes-asian-floodings-2018.html; **125.14 re.** Nach Sonja Ernst: Dhaka – Das Zentrum Bangladeschs. Dossier Megastädte v. 24.08.2006, unter: www.bpb.de/internationales/weltweit/megastaedte/64489/dhaka, Juni 2011, 2015 ergänzt; **125.15** Jan Gruss: Bevölkerung in den Slums von Bangladesch stärken. v. 14.09.17, In: Städtewachstum als eine Folge von Klimawandel und Überbevölkerung – Mediendienst 9/2017, auch unter: www.caritas.ch/de/artikel/blog/bevoelkerung-in-den-slums-von-bangladesch-staerken.html?no_cache=1; **125.16** Boris Braun, Risikoraum Dhaka, Bauwelt 48.11, unter: www.bauwelt.de/themen/Risikoraum-Dhaka-Risikoraum-Dhaka-Ueberschwemmung-Flussdelta-Klimawandel-2098696.html; **126.1** Alamy stock photo (imageBROKER), Abingdon; **126.2** www.arcadis.com; **126.3** Heinz Heineberg: Stadtgeographie. Ferdinand Schöningh: Paderborn. 2017. S. 142 – 144; **127.6** nach Hans Gebhardt u.a. (Hrsg.): Geographie. Spektrum Akademischer Verlag, Heidelberg 2007, S. 649; **128.8** ullstein bild (euroluftbild.de/Robert Grahn), Berlin; **128.10** Council of Europe, Copenhagen, Denmark – Intercultural City, unter: www.coe.int/en/web/interculturalcities/copenhagen; **128.11** ddp media GmbH (Ferrari Press), Hamburg; **128.12** Nadja Kriewald: Wie Kopenhagen Klimaneutral werden will. n-tv Panorama v. 10.09.19, unter: www.n-tv.de/panorama/Wie-Kopenhagen-klimaneutral-werden-will-article21196916.html; **129.13** ONV Arkitekter, Kopenhagen; **129.14** Wie baut man Wohnungen im Ausland?, unter: www.haus.de/bauen/wie-baut-man-wohnungen-im-ausland; **129.15** Kooperation international, Greater Copenhagen, unter: www.kooperation-international.de/laender/hightech-regionen/greater-copenhagen/ (Zugriff: 14.10.20); **129.16** Alamy stock photo (Niels Quist), Abingdon; **129.17** Kai Strittmatter: Blaupause für die Fahrradstadt. In: Süddeutsche Zeitung v. 16.01.19, unter: www.sueddeutsche.de/wirtschaft/kopenhagen-blaupause-fuer-die-fahrradstadt-1.4290142; **130.19** Getty Images Plus (iStock/millionhope), München; **130.20** Stadt Wien, Die erste Klimaangepasste Straße Wiens, unter: https://smartcity.wien.gv.at/site/kuehle-meile-zieglergasse/ (Zugriff: 30.09.20); **130.21** Stadt Wien, Freiraumnetz Wien – Fachkonzept Grün- und Freiraum, unter: www.wien.gv.at/stadtentwicklung/strategien/step/step2025/fachkonzepte/gruen-freiraum/freiraumnetz/index.html (Zugriff: 30.09.20); **130.22** Stadt Wien, Trends, Herausforderungen und Ziele – Öffentlicher Raum, unter: www.wien.gv.at/stadtentwicklung/architektur/oeffentlicher-raum/nutzung-trends-gestaltung.html (Zugriff: 14.10.20); **130.23** Fonds Soziales Wien, Buddy-System, unter: www.wiener-wege-zur-inklusion.at/buddy-system/ (Zugriff: 30.09.20); **131.24** Stadt Wien, Handlungsfeld „Öffentlicher Raum" – Fachkonzept Mobilität, unter: www.wien.gv.at/stadtentwicklung/strategien/step/step2025/fachkonzepte/mobilitaet/handlungsfelder/oeffentlicher-raum.html (Zugriff: 30.09.20); **131.25** nach www.wien.gv.at/stadtentwicklung/strategien/step/step2025/fachkonzepte/mobilitaet/handlungsfelder/oeffentlicher-raum.html (Copyright: MA 18); **131.27** Stadt Wien, Fachkonzept Energieraumplanung – STEP 2025, unter: www.wien.gv.at/stadtentwicklung/strategien/step/step2025/fachkonzepte/energieraumplanung/ (Zugriff: 30.09.20); **131.28** Süddeutsche Zeitung Photo (Caro/Eckelt), München; **131.29** Srdjan Govedarica, Warum Wiener günstig wohnen, Deutschlandfunk. Wirtschaft und Gesellschaft v. 20.09.18, unter: www.deutschlandfunk.de/sozialer-wohnungsbau-warum-wiener-guenstig-wohnen.769.de.html?dram:article_id=428615; **131.30** Stadt Wien, Gesicherter Platz für die Wiener Wirtschaft – Fachkonzept „Produktive Stadt", unter: www.wien.gv.at/stadtentwicklung/strategien/step/step2025/fachkonzepte/fachkonzept-produktive-stadt.html (Zugriff: 30.09.20); **132.1** ShutterStock.com RF (monicaodo), New York, NY; **132.2** ShutterStock.com RF (Zapp2Photo), New York, NY; **132.3** Eva Wolfangel, Wie intelligent darf die Stadt der Zukunft sein?, Spektrum.de v. 29.07.15, unter: www.spektrum.de/news/wie-intelligent-darf-die-stadt-der-zukunft-sein/1358136 Nutzung genehmigt durch Spektrum der Wissenschaft Verlagsgesellschaft mbH, Heidelberg 2020; **132.4** Alanus von Radecki, Financing the Smart City – was sind die Daten wert? Fraunhofer IAO Social Media v. 11.09.17, unter: https://blog.iao.fraunhofer.de/financing-the-smart-city-was-sind-die-daten-wert/; **133.5** nach European Cyber Security Organisation (ECSO): Smart Cities ans Smart Buildings Sector Report, 2018, S. 12, Figure 1, www.ecs-org.eu/documents/uploads/smart-cities-sector-report-032018.pdf; **133.6** Zusammengestellt nach: https://dabei.digitalstadt-darmstadt.de/digitalstadt/de/flexPrjList/51535; **133.7** bee smart city GmbH Wiesenstraße 35 45473 Mülheim an der Ruhr, Januar 2019, S. 12; **137.3** nach Heinz Heineberg: Stadtgeographie 4. Auflage. UTB GmbH, Stuttgart 2013, S. 45; **138.1** ddp media GmbH (Walter G. Allgöwer), Hamburg; **138.2** Alamy stock photo (Tim Graham), Abingdon; **139.3** Winpenny Ciudad de México, Cuajimalpa, C.P.; **139.4** Alamy stock photo (Sunshine Seeds), Abingdon; **140.5 li.** Source: Free material from www.gapminder.org; **140.5 re.** Source: Free material from www.gapminder.org; **141.6** Picture-Alliance (Reuters/Lucas Jackson), Frankfurt; **142.1** stock.adobe.com (SpicyTruffel), Dublin; **143.2** Quelle: United Nations Development Programme; **143.3** nach UNDP Human Development Reports – Human Development Report 2019. Unter: http://hdr.undp.org/en/2019-report (Zugriff: 07.09.20); **143.4** nach Sachs, J., Schmidt-Traub, G., Kroll, C., Lafortune, G., Fuller, G. (2019): Sustainable Development Report 2019. New York: Bertelsmann Stiftung and Sustainable Development Solutions Network (SDSN), S. 150, 208, 332, https://s3.amazonaws.com/sustainabledevelopment.report/2019/2019_

sustainable_development_report.pdf; **144.1** ShutterStock.com RF (WorldStockStudio), New York, NY; **144.2** Getty Images (Adeel Halim/ Bloomberg), München; **145.3** nach National Family Health Survey. NFHS 4 unit-level data (2015-2016). Unter: http://rchiips.org/NFHS/nfhs4.shtml (13.08.20); **145.4** Quelle: www.epdc.org/; **145.5** Quelle: Human Development Report, 2019 Statistical Update auf https://knoema.de/atlas/ Indien/topics/Weltrankings/Weltrankings/ Human-Development-Index; **146.1** Getty Images (Jeffrey Greenberg), München; **146.2** stock.adobe. com (James Martin), Dublin; **147.3** nach U.S. Department of Commerce, Bureau of the Census, Small Area Income and Poverty Estimates (SAIPE) Program - Median Household Income of the Total Populationby County: 2018. Unter: www.census. gov/library/publications/2020/demo/p30-06.html (Zugriff 07.09.20); **147.4** nach Radboud University, Institute for Management Research - Global Data Lab. Unter: https://globaldatalab.org/shdi/ (Zugriff 08.09.20); **147.5** nach: https://knoema.com/atlas/ United-States-of-America/Human-development-index. Quelle: UNDP; **148.1** FOCUS (Agentur Focus/ Sven Doering), Hamburg; **148.2** Getty Images Plus (iStock/tupungato), München; **148.3** Gekürzt nach: Der Paritätische Armutsbericht 2019, unter: www. der-paritaetische.de/schwerpunkt/armutsbericht/; **149.4** nach Wirtschafts- und Sozialwissenschaftliche Institut - Verfügbare Pro-Kopf-Einkommen, regional. Unter: www.wsi.de/de/ einkommen-14582-17976.htm (Zugriff 03.09.20), Statistische Ämter des Bundes und der Länder; **149.5** Quelle: Human Development Report, 2019 Statistical Update auf https://knoema.de/atlas/ Deutschland/topics/Weltrankings/Weltrankings/ Human-Development-Index; **149.6** nach Radboud University, Institute for Management Research - Global Data Lab. Unter: https://globaldatalab.org/ shdi/ (Zugriff 08.09.20); **149.7** Der Paritätische Gesamtverband: Der Paritätische Armutsbericht 2019, S.12/13 Grafik 4. Datenquelle: Statistische Ämter des Bundes und der Länder, BMAS, eigene Berechnungen des Paritätischen Gesamtverbandes, www.sozialpolitik-aktuell.de/tl_files/ sozialpolitik-aktuell/_Politikfelder/Einkommen-Armut/Dokumente/2019_12_Parit%C3%A4tischer_ Armutsbericht%202019.pdf; **150.1** Picture-Alliance (Photoshot), Frankfurt; **150.2** Getty Images Plus (Yuri_Arcurs), München; **152.4** nach Kirsten Koop: Mauritius - Erfolgsgeschichte eines Entwicklungslandes. In: Geographische Rundschau, Jg. 54/ Oktober 2002/H. 10, S.24-30; **152.5** nach OpenCity - Urban Data Portal - BDA Revised Master Plan 2031, Existing Land Use Composite Map on Revised Master Plan 2015. Unter: https:// opencity.in/documents/bda-revised-master-plan-2031-existing-land-use-composite-map-revised-master-plan-2015 (Zugriff: 03.09.20); **153.6** Auszug aus: Ian Bremmer, Us vs. them. the failure of globalism, Portfolio/ Penguin, New York 2018; **153.7** nach H. Kharas (2010). The Emerging Middle Class in Developing Countries. OECD Development Centre Working Paper No. 285 auf www.weforum. org/agenda/2016/11/6-surprising-facts-about-india-s-exploding-middle-class/; **153.8** nach Bericht zur weltweiten Ungleichheit 2018, S.7. Quelle: WID. world (2017)., https://wir2018.wid.world/files/ download/wir2018-summary-german.pdf; **153.9** Quelle: Oxfam/Credit Suisse auf www.welt.de/ wirtschaft/article172684758/Oxfam-42-Milliardaere-besitzen-so-viel-wie-die-halbe-Welt. html; **154.1** Alamy stock photo (Michael Dwyer), Abingdon; **154.2** ShutterStock.com RF (defotoberg), New York, NY; **155.3** nach Transparency International - Corruption Perceptions Index 2019. Unter: www.transparency.org/en/cpi (Zugriff: 03.09.20); **156.1** Picture-Alliance (REUTERS/Joe Penney), Frankfurt; **157.2** nach http://metrocosm. com/global-immigration-map; Daten: U.N. Population Division; **157.3** gekürzt nach: Pedro Morazán, 10—Migration und Flucht in Zeiten der Globalisierung, in: Großbaustelle Nachhaltigkeit. Deutschland und die globale Nachhaltigkeitsagenda. 2017, S.131, auch unter: www.2030report.de/de/bericht/1400/kapitel/10-migration-und-flucht-zeiten-der-globalisierung; **157.4** nach Universität Innsbruck, Institut für Geographie: Grafiken Entwicklungsländerforschung, Grafik 6 (Martin Coy 2004) www.uibk. ac.at/geographie/agef/gallery/grafiken/; **158.1** nach GeoHilfe: Die „Grüne Revolution" in Indien - Fluch oder Segen? https://geohilfe.de/die-gruene-revolution-in-indien-fluch-oder-segen/. Bildquelle: geohilfe.de 2019; **158.o.li.** United Nations Publications, New York; **159.2** nach Fischer Weltalmanach vers. Jahrgänge (Quellen: IWF u.a.); **160.3** Nach: www.spektrum.de/lexikon/geographie/ entwicklungstheorie/2082; **161.4** nach Fred Scholz: Perspektiven des „Südens" im Zeitalter der Globalisierung. In: Geographische Zeitschrift, 88. Jg., H.1, Stuttgart: Franz Steiner Verlag 2000, S.10; **161.5** UNDP, New York, NY; **162.1** Gabriel, Michaela, Achern-Oberachern; **162.2** ShutterStock.com RF (makasana photo), New York, NY; **162.3** stock. adobe.com (sonne_fleckl), Dublin; **166.1** Rausch, Marion, Linsenhofen (Mädchen), ShutterStock.com RF (Sorbis), New York, NY (Hintergrund); **167.2** laif (Daniel Rosenthal), Köln; **167.3** Picture Press (Clara Molden), Hamburg; **168.4** version-foto, Eichwalde; **169.5** Klaus Wohlmann, Dortmund; **169.6** imago images (Thomas Imo/photothek.net), Berlin; **169.7** Bundesministerium für wirtschaftliche Zusammenarbeit und Entwicklung, Entwicklungszusammenarbeit oder Entwicklungshilfe?, unter: www. checkdeinewelt.de/wissen/e/entwicklungs zusammenarbeit/index.jsp (Zugriff: 02.10.20); **170.1** ShutterStock.com RF (luis2499), New York, NY; **170.2A** Alamy stock photo (Flowerphotos), Abingdon; **170.2B** Alamy stock photo (agence FOB), Abingdon; **170.2C** Alamy stock photo (Joerg Boethling), Abingdon; **170.3** Nach: Deutsche Gesellschaft für Internationale Zusammenarbeit (GIZ) GmbH, Competitive Cashew Initiative (ComCashew), unter: www.giz.de/de/weltweit/ 19011.html (Zugriff: 02.10.20); **170.o.li.** United Nations Publications, New York; **171.4, o.re, m.re.** RAL gemeinnützige GmbH, Bonn; **171.5** Nach: www. gruener-knopf.de/gruener-knopf.html, www. gruener-knopf.de/kriterien.html und www.bmz.de/ de/themen/textilwirtschaft/gruener_knopf/index. html; **171.o.re, m.re.** Der Grüne Knopf. Unser Zeichen für Verantwortung, unter: www. gruener-knopf.de/gruener-knopf.html (Zugriff: 02.10.20); **171.o.re.** RAL gemeinnützige GmbH, Bonn; **172.1** VISUM Foto GmbH (Panos Pictures), München; **172.2** ShutterStock.com RF (Riccardo Mayer), New York, NY; **172.3** Nach: Deutsche Gesellschaft für Internationale Zusammenarbeit (GIZ) GmbH, Gleichberechtigung und Frauenrechte fördern, unter: www.giz.de/de/weltweit/65544. html (Zugriff: 02.10.20); **172.o.li.** United Nations Publications, New York; **173.4** FOCUS (Chris Steele-Perkins), Hamburg; **173.5** Nach: Gegen Ausgrenzung: Arbeit für Arme und Landlose, unter: www.bmz.de/de/themen/2030_agenda/ deutscher_beitrag/fallstudien/fallstudie_nepal_ wirtschaft/index.html (Zugriff: 02.10.20); **173.6** Bridgemanimages.com, Berlin; **173.7** Nach: www. giz.de/de/weltweit/37953.html und www.giz.de/ de/weltweit/73447.html; **174.1** VISUM Foto GmbH (Andrew Esiebo/Panos Pictures), München; **174.2** ShutterStock.com RF (Olga Kashubin), New York, NY; **174.3** Nach: Deutsche Gesellschaft für Internationale Zusammenarbeit (GIZ) GmbH, Proklima - Weltweite Förderung von umweltfreundlichen und energieeffizienten Kühltechnologien, unter: www.giz.de/de/weltweit/ 71271.html (Zugriff: 02.10.20); **174.o.li.** United Nations Publications, New York; **175.4** Seychelles News Agency (Daniel Laurence), Keeping it green and chilly: Refrigerator techs must be certified, Seychelles says, from 22.10.18, unter: www. seychellesnewsagency.com; **175.5 o.** Alamy stock photo (ZUMA Press), Abingdon; **176.1** SEZ/Markus Karl; **176.2** nach: Stiftung Entwicklungs-Zusammenarbeit Baden-Württemberg (SEZ), Future Fashion, unter: https://sez.de/themen/ fair-handeln/future-fashion (Zugriff: 02.10.20); **176.m.li.** Stiftung Entwicklungs-Zusammenarbeit Baden-Württemberg (SEZ), Stuttgart; **176.o.li.** United Nations Publications, New York; **177.3** imago images (Thomas Koehler), Berlin; **177.4** Amber Foundation, APROLMA - honduranische Frauenkooperative für Kaffee, unter: www. amberfoundation.de/index.php?id=40 (Zugriff: 02.10.20); **177.5** Elephant Beans (Jörg Volkmann), Freiburg; **177.6** Amber Foundation, Einkommensdiversifizierung indigener Gemeinschaften in Wayanad/Kerala, Indien, unter: www.amber foundation.de/index.php?id=40 (Zugriff: 02.10.20); **178.1** Leicht gekürzt nach: Engagement Global, 17 Ziele für eine nachhaltige Entwicklung, unter: https://17ziele.de/artikel/detail/nimms-persoenlich.html (Zugriff: 02.10.20); **178.2 o.** United Nations Publications, New York; **178.2 u.** Engagement Global gGmbH (Thomas Kierok), Bonn; **179.3** Picture-Alliance (AP Photo/Martin Meissner), Frankfurt; **179.4** Leicht gekürzt nach: Fridays for Future, Unsere Forderungen an die Politik, unter: https://fridaysforfuture.de/ forderungen/ (Zugriff: 02.10.20); **179.o.re.** United Nations Publications, New York; **180.5** Picture-Alliance (Patrick Pleul), Frankfurt; **180.6 o.** Bundesarbeitskreis (BAK) der Träger im Freiwilligen Ökologischen Jahr (FÖJ) in Deutschland; **180.6 u.** Förderverein Ökologische Freiwilligendienste (FÖF) e. V., Eigendarstellung, unter: https://foej.de/ (Zugriff: 02.10.20); **180.7 o.** Freiwilligendienste Diözese Rottenburg-Stuttgart, Wernau; **180.7 u.** Gekürzt nach: Freiwilliges Soziales Jahr: Was ist ein FSJ?, unter: https://ich-will-fsj.de/informiere-dich/ was-ist-ein-fsj (Zugriff: 02.10.20); **180.8** ShutterStock.com RF (Lucky Business), New York, NY; **181.9** Freunde der Erziehungskunst Rudolf Steiners e.V., Karlsruhe; **181.10** Gekürzt nach: weltwärts, unter: www.weltwaerts.de/de/ startseite.html (Zugriff: 02.10.20); **181.10 o.** ENGAGEMENT GLOBAL gGmbH - Service für Entwicklungsinitiativen, Bonn; **182.1** nach Stiftung Zewo: Wirkungsmessung in der Entwicklungszusammenarbeit https://zewo.ch/de/wirkungs messung-in-der-entwicklungszusammenarbeit/; **183.2** UN Women (Neelabh Banerjee), New Delhi; **183.3** Leicht verändert nach: Bilanz der Entwicklungspolitik. In: Paul Kevenhörster, Politikwissenschaft. VS Verlag für Sozialwissenschaften, Wiesbaden 2006, S.135f., auch unter: https://doi.org/10.1007/978-3-531-90035-3_4; **184** ullstein bild (Spiegel), Berlin; **187.1** ShutterStock.com RF (Lucian Bolca), New York, NY

Anforderungsbereiche und Operatoren

Schriftliches Abitur und mündliche Prüfungen

Nach einer Vereinbarung der Kultusminister sollen die Prüfungsanforderungen im Abitur in allen Bundesländern vergleichbar sein. Diese Vergleichbarkeit soll dadurch erreicht werden, dass sich die Prüfungsaufgaben bzw. Klausuren an **drei Anforderungsbereichen** orientieren (nebenstehende Übersicht).

Um diesen Anforderungsbereichen gerecht zu werden, sind ihnen sogenannte **Operatoren** zugeordnet. Sie sind als Verben formuliert (z. B. nennen, erläutern, beurteilen) und geben an, was der Prüfling konkret tun soll. Das soll den Prüflingen auch das Verständnis für die Aufgabenstellung erleichtern.

Die Anforderungsbereiche und die Art der Aufgabenstellung gelten für die schriftliche und mündliche Abiturprüfung genauso wie für die Klausuren während der gesamten Oberstufe. Die Operatoren werden auch bei den Arbeitsaufträgen zu den einzelnen Kapiteln dieses Buches verwendet. Sie decken aber nicht alle Aufgabentypen eines Schulbuches ab, da dessen primäre Funktion nicht im Abfragen bzw. Prüfen liegt. Es verfolgt auch andere, weitergehende Ziele, sodass gelegentlich auch andere Operatoren Verwendung finden.

Anforderungsbereiche	Operatoren
Anforderungsbereich I	
Reproduktion Der Anforderungsbereich I umfasst das Wiedergeben und Beschreiben von Inhalten und Materialien.	beschreiben
	bezeichnen
	nennen
Anforderungsbereich II	
Reorganisation und Transfer Der Anforderungsbereich II umfasst das selbstständige Erklären, Bearbeiten und Ordnen bekannter Sachverhalte sowie das angemessene Anwenden gelernter Inhalte und Methoden auf andere Sachverhalte.	analysieren
	begründen
	charakterisieren
	darstellen
	ein-, zuordnen
	erklären
	erläutern
	erstellen
	herausarbeiten
	vergleichen
Anforderungsbereich III	
Reflexion und Problemlösung Der AnforderungsbereichIII umfasst den reflexiven Umgang mit neuen Problemstellungen, eingesetzten Methoden und gewonnenen Erkenntnissen, um zu Begründungen, Urteilen und Handlungsoptionen zu gelangen.	beurteilen
	bewerten
	entwickeln
	erörtern
	gestalten
	überprüfen